Die Küpenfarbstoffe
und ihre Verwendung in der Färberei und im Zeugdruck

Von

Dr. Franz Weiss
Wimpassing im Schwarzatale

Mit einem Beitrag von

Dr. W. Reif
Wien

Mit 23 Textabbildungen

Wien
Springer-Verlag
1953

ISBN-13: 978-3-7091-7827-0   e-ISBN-13: 978-3-7091-7826-3

DOI: 10.1007/978-3-7091-7826-3

Vorwort.

Schon im Altertum wurde der Küpenfarbstoff Indigo verwendet. Bis in die neueste Zeit galt er als der Inbegriff der Farbechtheit und bis zu den ersten Jahren dieses Jahrhunderts waren die bekanntesten Chemiker-Koloristen an der Ausarbeitung neuer Verfahren für die Anwendung dieses Farbstoffes in der Färberei und im Zeugdruck beteiligt. Während der letzten Jahrzehnte hat aber dieser Farbstoff nahezu vollständig seine Bedeutung verloren, nachdem eine große Anzahl wesentlich echterer Küpenfarbstoffe in den verschiedensten Nuancen entdeckt worden war. Seitdem René Bohn das Indanthrenblau als ersten Küpenfarbstoff, der nicht in der Natur vorkommt, erfunden hat, ist nun ein halbes Jahrhundert vergangen. In die erste Hälfte dieses Zeitraumes fällt die Entdeckung aller wichtigen heute in Verwendung stehenden Küpenfarbstoffe. Während der zweiten Hälfte dieses Zeitraumes wurden vor allem Verfahren ausgearbeitet, die eine Verbesserung der Qualität der Färbungen und Drucke oder eine Erleichterung der Färbe- und Druckprozesse ermöglichten; im Zusammenhange damit wurden die Küpenfarbstoffe in verbesserter Form, z. B. in höherer Reinheit, in feinerer Verteilung und mit Zusätzen, die die Fixierung auf der Faser erleichtern, herausgebracht. Gleichzeitig fanden wichtige Neuentwicklungen auf maschinellem Gebiete statt, die besonders in der letzten Zeit nicht nur der Verbesserung der Qualität, sondern auch der Steigerung der Produktion dienen sollen.

Ich habe mich auf Grund langjähriger praktischer Erfahrungen sowie unter Zuhilfenahme der deutsch- und englischsprachigen Fachliteratur bemüht, nicht nur eine Beschreibung der verschiedenen Verfahren zu bringen, sondern auch die Beziehungen aufzuzeigen, die zwischen dem Chemismus und dem Verhalten der Küpenfarbstoffe bei ihrer praktischen Verwendung bestehen.

Da die meisten der in Verwendung stehenden Küpenfarbstoffe von einer größeren Anzahl von Farbenfabriken unter verschiedenen Bezeichnungen hergestellt werden, bereitet die Nomenklatur gewisse Schwierigkeiten. Bezeichnungen wie Indanthren, Indigosol sind aber heute nicht mehr als reine Firmenbezeichnungen aufzufassen, sondern sind in die deutschsprachige Literatur allgemein als Bezeichnung der betreffenden Farbstoffe eingegangen, während chemisch identische Farbstoffe unter anderen Bezeichnungen von vielen Farbenfabriken erzeugt werden. Wenn ich obige Bezeichnungen verwendete, so soll dies daher nicht als einseitige Bevorzugung aufgefaßt werden; ich habe an geeigneter Stelle die Bezeichnungen einer großen Anzahl der Konkurrenzprodukte angeführt. Aus dem gleichen Grunde habe ich bei den Hilfsmitteln die altbekannten Bezeichnungen verwendet.

Ich möchte noch Herrn Prof. Dr. REIF, Bundeslehr- und Versuchsanstalt für Textilindustrie, Wien, der als Einleitung zu meinem Werke eine Abhandlung „Theoretische Grundlagen von Küpenfärberei und Küpendruck" verfaßte und mich durch gewissenhaftes Lesen der Korrekturen unterstützte, meinen besten Dank aussprechen. Ferner schulde ich meiner Frau für ihre Mithilfe beim Lesen der Korrekturen Dank. Dem Springer-Verlag, welcher mich in verständnisvoller Weise unterstützt hat, bin ich gleichfalls zu Dank verpflichtet.

Wimpassing im Schwarzatale, im Februar 1953.

Dr. Franz Weiss.

Inhaltsverzeichnis.

Einleitung.

Theoretische Grundlagen von Küpenfärberei und Küpendruck.
Von Dr. **W. Reif**, Wien.

Hauptteil.

Die Küpenfarbstoffe und ihre Verwendung in der Färberei und im Zeugdruck.
Von Dr. **F. Weiss**, Wimpassing im Schwarzatale.

Seite

Theoretische Grundlagen von Küpenfärberei und Küpendruck.

Von Dr. **W. Reif**, Wien.

I. Der chemische Aufbau der Küpenfarbstoffe.

A. Küpenfarbstoffe.

Als *Küpenfarbstoffe* bezeichnet man wasserunlösliche Farbstoffe, die durch alkalische Reduktionsmittel in lösliche Leukoverbindungen übergeführt werden. Die Reduktion heißt „Verküpung", die alkalische Lösung des Leukoküpenfarbstoffes „Küpe". Ohne Alkalien geben die Reduktionsmittel schwach saure Verbindungen („Küpensäuren"), die in Alkalien löslich sind („Küpensalze"). Die Leukoverbindungen ziehen auf der Zellulosefaser substantiv auf und werden beim Verhängen an der Luft und Spülen mit Wasser durch den Luftsauerstoff oder andere Oxydationsmittel auf der Faser wieder zum ursprünglichen unlöslichen Farbstoff rückoxydiert. Die Oxydation heißt „Entwicklung". Die Reduktion geschieht gewöhnlich mit Hydrosulfit in Gegenwart von Natronlauge. Küpenfarbstoffe ergeben echte Färbungen und Drucke.

Für die Farbigkeit eines organischen Stoffes sind nach O. N. Witt (1876) bestimmte Atomgruppen maßgebend, Chromophore genannt, so z. B. Ketogruppen (Karbonylgruppen) $\diagup C{=}O$, die auch in Küpenfarbstoffen vorkommen. Für die Anfärbbarkeit der Faser sind wieder andere Atomgruppen, Auxochrome genannt, Voraussetzung, so z. B. Hydroxylgruppen, Aminogruppen usw.; auch diese finden sich in den Küpenfarbstoffen. Doch ist die Wittsche Farbentheorie nicht völlig ausreichend zur Erklärung der Farbigkeit. In physikalischer Hinsicht erscheint die Farbe eines Stoffes als reflektierte Komplementärfarbe zu einer absorbierten Spektralfarbe. Grundvoraussetzung ist also die Absorption eines bestimmten Teiles vom Spektrum des weißen Tageslichtes. In chemischer Hinsicht müssen nach Witt im Molekül des Stoffes als Träger der Absorption bestimmte Atomgruppen, die Chromophore, vorhanden sein. Nun enthält ein Atom in seinem Inneren kleinste Elektrizitätsteilchen, Elektronen; ihre Anordnung und Bewegung bedingen das chemische und optische Verhalten der Atome der betreffenden Stoffe. Die moderne Theorie der Farbe und Valenz der organischen Verbindungen nach EISTERT geht über die Anschauungen von WITT insofern hinaus, als sie statt der Atomgruppen mehr die Zustände der Elektronen betrachtet.

Die wichtigsten Vertreter der Küpenfarbstoffe leiten sich vom Indigo bzw. Anthrachinon ab und demgemäß unterscheidet man als Hauptgruppen die indigoiden von den anthrachinoiden Küpenfarbstoffen. Ihre Farbigkeit ist bedingt durch die Häufung von aromatischen Kernen und konjugierten Doppelbindungen. Diese beiden Bindungssysteme sind nicht durch eine einfache Strukturformel im Sinne der alten Valenztheorie wiederzugeben, sondern ihr Valenzzustand ist als Überlagerung mehrerer Grenzformeln aufzufassen, nach denen sie unter verschiedenen Bedingungen reagieren können. Das wesentliche an ihren Atomgruppierungen sind locker gebundene Elektronen, die leicht verschiebbar sind und so die Reaktionsfähigkeit und Lichtabsorption bedingen. Erst die Quantentheorie von M. PLANCK (1900), nach welcher die Energie in den Atomen nicht in beliebiger Menge, sondern nur in bestimmten Teilbeträgen (Quanten) stufenweise aufgenommen oder abgegeben wird, hat eine Erklärung gebracht. Die Energie des Lichtes wird quantenmäßig absorbiert und ausgestrahlt, wobei das Lichtquantum proportional der Schwingungszahl der Lichtwelle ist. Auch die Energie der Elektronen im Atom ist quantenmäßig festgelegt, wodurch die Valenzzustände erklärbar sind. Früher wurden die Valenzen in den aromatischen und konjugierten Verbindungen wie ein starres Gerüst innerhalb der Moleküle aufgefaßt, heute sind aber die Valenzen kaum mehr mit den alten Strichformeln wiederzugeben. In den Kernen von Benzol, Naphtalin und Anthrazen kann man einzelne Elektronen den Kohlenstoffatomen zuordnen (lokalisierte Valenzen), aber es gibt auch Elektronen, die gemeinsam dem ganzen Ringsystem angehören (nichtlokalisierte Valenzen) und daneben noch Anordnung von Elektronen in Atomgruppen mit einseitiger Ladungsverteilung (polare Strukturen, ähnlich den Ionen) und höheren Quantenzuständen (angeregte Zustände). Alle diese Zustände und Strukturen überlagern sich zur wirklich vorliegenden Bindung. Man nennt diese Auffassung der Valenz als Zwischenzustand auch Mesomerie (sie ist kein Gleichgewichtszustand wie die Tautomerie zwischen erfaßbaren Reaktionsformen). Vom modernen Standpunkt der Quantentheorie sind also die bekannten Sechseckformeln für Benzol, Naphtalin und Anthrazen richtiger als die Formeln mit den abwechselnd einfachen und doppelten Bindungen (diese entsprechen nur einem Grenzzustand, nicht aber der wirklichen Überlagerung der verschiedenen Zustände).

1. Indigoide Küpenfarbstoffe.

Die indigoiden Küpenfarbstoffe sind Indigoabkömmlinge. Sie brauchen zum Verküpen und Färben weniger Natronlauge als die anthrachinoiden Küpenfarbstoffe, lösen sich in kalter oder schwach erwärmter Küpe, die meist heller gefärbt ist als der Farbstoff.

Indigo (Indigotin, 2-2′-Bis-indolindigo) kommt in der Natur als Glukosid Indikan in der Indigopflanze (Indigofera tinctoria) und im Färberwaid (Isatis tinctoria) neben Beimengungen (Indigoleim, Indigorot, Indigobraun) vor. Daneben ist noch ein Enzym Indimulsin enthalten, welches bei der Gärung der zerschnittenen Pflanzenteile (Blätter) das Indikan in Glukose und Indoxyl spaltet, letzteres oxydiert sich an der Luft durch den Sauerstoff zu Indigo[1].

$$\text{Indikan} + H_2O = \text{Indoxyl (Enolform)} + C_6H_{12}O_6,$$

Indikan — Indoxyl (Enolform)

$$2\ \text{Indoxyl (Ketoform)} + O_2 = \text{Indigo} + 2\,H_2O$$

Indoxyl (Ketoform) — Indigo

Nach VAUBEL (1909) besitzen Indigokristalle und Indigofärbungen das doppelte Molekulargewicht, während die rotviolette Form im Indigodampf und in gewissen Lösungsmitteln wie Paraffin das einfache Molekulargewicht hat. Indigo ist in konzentrierter Schwefelsäure, Chloroform, Amylalkohol, Eisessig, Nitrobenzol, Anilin löslich.

Der natürliche Indigo ist in Europa und Amerika völlig durch den synthetischen Indigo verdrängt worden. Die Synthese des Indigo wurde von KARL HEUMANN (1890) (BASF Badische Anilin- und Sodafabrik) aus dem Naphtalin des Steinkohlenteers in genialer Weise durchgeführt. Naphtalin wird mittels rauchender Schwefelsäure bei Gegenwart von Quecksilber (SAPPER) oder mittels Luft und Vanadinoxyd (WOHL und GIBBS) zu Phtalsäureanhydrid oxydiert, dieses mit Ammonkarbonat in Phtalimid umgesetzt, welches mittels Natriumhypochlorit die Anthranilsäure (o-Aminobenzoesäure) gibt. Diese reagiert mit Monochloressigsäure zu Phenylglyzin-o-karbonsäure, die durch Ätznatronschmelze Indoxyl-o-karbonsäure gibt, die durch Abspaltung von Kohlensäure in Indoxyl und durch Lufteinleiten in Indigo übergeht.

Naphtalin — Phtalsäureanhydrid — Phtalimid

---

[1] Vgl. das Heft „Indigo“ der Ciba-Rundschau (93/1950).

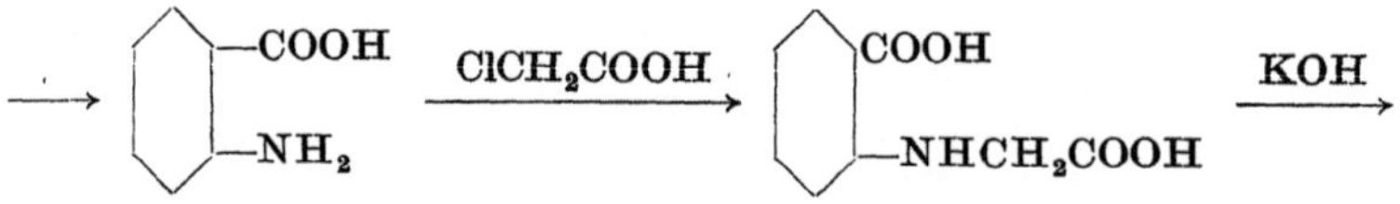

$$\longrightarrow \quad \begin{array}{c} -COOH \\ \\ -NH_2 \end{array} \quad \xrightarrow{ClCH_2COOH} \quad \begin{array}{c} COOH \\ \\ -NHCH_2COOH \end{array} \quad \xrightarrow{KOH}$$

Anthranilsäure　　　　　　　Phenylglyzin-o-karbonsäure

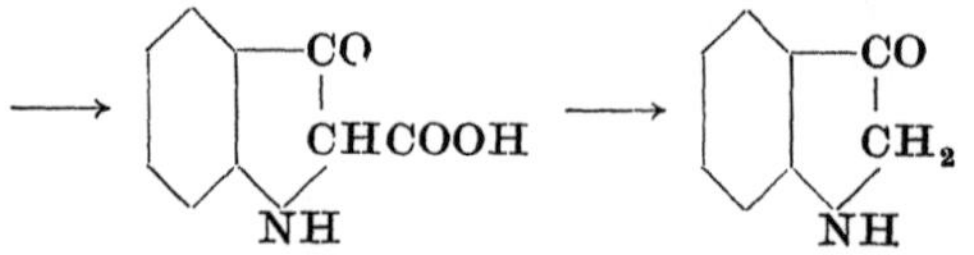

$$\longrightarrow \quad \begin{array}{c} -CO \\ | \\ CHCOOH \\ \\ NH \end{array} \quad \longrightarrow \quad \begin{array}{c} -CO \\ | \\ CH_2 \\ \\ NH \end{array}$$

Indoxyl-o-karbonsäure　　　　Indoxyl

Die Synthese von Indigo aus Benzol (Deutsche Gold- und Silberscheideanstalt) gelingt durch Umsetzung in Nitrobenzol, Reduktion zu Anilin, welches mit Monochloressigsäure Phenylglyzin (Phenylglykokoll) gibt, das durch Schmelze mit Ätznatron und Natriumamid (PFLEGER 1901) in Indoxyl und schließlich in Indigo übergeht.

$$C_6H_6 \rightarrow C_6H_5NO_2 \rightarrow C_6H_5NH_2 \rightarrow C_6H_5NHCH_2COOH$$

Benzol　　Nitrobenzol　　Anilin　　　　Phenylglyzin

Statt Monochloressigsäure kann auch Chlorhydrin (BASF) aus Äthylen und unterchloriger Säure verwendet werden.

$$C_6H_5NH_2 + ClCH_2CH_2OH \rightarrow C_6H_5NHCH_2CH_2OH$$

Anilin　　Äthylenchlorhydrin　　　Oxyäthylanilin

In Amerika wurde statt der Umsetzung von Anilin mit Chloressigsäure die Synthese aus Anilin mit Formaldehyd und Blausäure verwendet, die Phenylglyzinnitril ergibt, welches in Phenylglyzinkalium umgesetzt wird.

$$C_6H_5NH_2 + HCOH + HCN \rightarrow C_6H_5NHCH_2CN \rightarrow C_6H_5NHCH_2COOK$$

Indigosynthesen auf der Faser wurden früher als Druckverfahren durchgeführt, sind aber heute völlig ausgeschieden.

1. o-Nitrophenylpropiolsäure (A. v. Bayer 1880) wurde mit alkalischen Reduktionsmitteln (Natriumxanthogenat) und Borax und Stärke aufgedruckt (BASF), in Isatogensäure umgelagert, die unter Kohlensäureabspaltung durch Verhängen des Stoffes zu Indigo oxydiert wird.

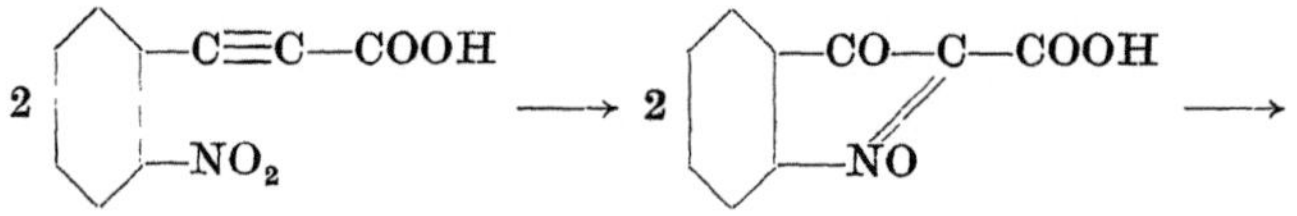

$$2 \begin{array}{c} -C{\equiv}C-COOH \\ \\ -NO_2 \end{array} \quad \longrightarrow 2 \begin{array}{c} -CO-C-COOH \\ \parallel \\ -NO \end{array} \quad \longrightarrow$$

o-Nitrophenylpropiolsäure　　　　　Isatogensäure

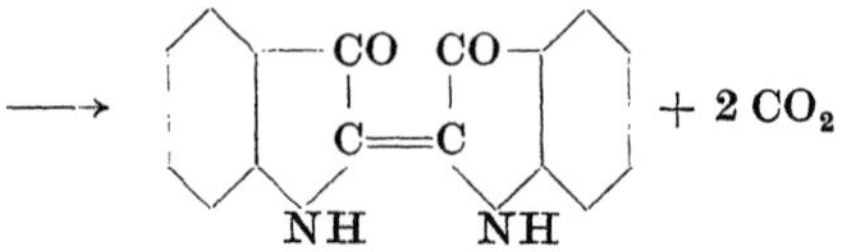

$$\longrightarrow \quad \begin{array}{c} -CO \quad CO- \\ | \quad\quad | \\ C{=}C \\ \\ NH \quad\quad NH \end{array} \quad + \; 2\,CO_2$$

Indigo

2. Indophor (BASF): Indoxylkarbonsäure in alkalischer oder saurer Lösung (mit Eisenchlorid) oxydiert zu Indigo.

$$2\ \text{Indoxylkarbonsäure} + O_2 \longrightarrow \text{Indigo} + 2\,CO_2 + 2\,H_2O$$

Indoxylkarbonsäure   Indigo

3. Indigosalz T (Kalle): o-Nitrophenylmilchsäuremethylketon (aus o-Nitrobenzaldehyd und Azeton hergestellt) wurde in Natriumbisulfit gelöst und mit Gummiverdickung aufgedruckt, gedämpft und durch eine Natronlaugepassage zu Indigo entwickelt (Bayer).

$$2\ \text{o-Nitrophenylmilchsäuremethylketon} \longrightarrow 2\ [\text{CH(OH)CH}_2\cdot C(\text{OH})\text{CH}_3,\ SO_3Na,\ NO_2] \longrightarrow$$

o-Nitrophenylmilchsäuremethylketon

$$\longrightarrow \text{Indigo} + 2\,CH_3COOH + 2\,H_2O$$

Indigo

4. Dehydroindigo (L. Kalb 1908): erhalten durch Oxydation von Indigo mit Bleidioxyd oder Kaliumpermanganat in essigsaurer Lösung, wurde mit Bisulfit wasserlöslich (Vorläufer der Indigosole!), als verdickte Lösung aufgedruckt und durch Säurepassage bei 80° C zu Indigo entwickelt.

Dehydroindigo   Dehydroindigobisulfit

Indigo

Indigo zeigt auf Baumwolle wenig Ziehvermögen (er muß in mehreren „Zügen" gefärbt werden), und keine besondere Waschechtheit und Lichtechtheit, auf Wolle zieht er besser und hat auch bessere Echtheiten.

Durch *Reduktion* von Indigo mit Traubenzucker, Hydrosulfit, Eisenvitriol, Zinkstaub erhält man Leukindigo („Indigoweiß"). Diese Verbindung verhält sich wie eine schwache Säure, nur die freie Küpensäure ist zum Farbstoff oxydierbar, nicht das Küpensalz. Die Bindung der Küpensäure durch Baumwolle erfolgt durch Adsorption, dagegen durch Wolle unter Salzbildung.

$$\text{Indigo (Indigoblau)} \quad \overset{H_2}{\underset{O_2}{\rightleftarrows}} \quad \text{Leukindigo (Indigoweiß)}$$

Indigo (Indigoblau)   Leukindigo (Indigoweiß)

Das Natriumsalz des Leukindigos ist als Indigoküpe im Handel.

Durch Oxydation von Indigo mit Salpetersäure oder Hypochlorit entsteht Isatin (Indol-o-chinon), eine gelb gefärbte Verbindung. Sie tritt beim Indigotest auf: beim Betupfen von Indigofärbungen mit konzentrierter Salpetersäure entsteht ein gelber Fleck mit grünem Rand.

$$\text{Indigo (blau)} \; + O_2 = 2 \; \text{Isatin (gelb)}$$

Indigo (blau)   Isatin (gelb)

Früher wurde Indigo im Ätzdruck mit verschiedenen Oxydationsmitteln örtlich in Isatin übergeführt, so mit Chromaten (Kaliumbichromat und Schwefelsäure), rotem Blutlaugensalz (Kaliumferrizyanid und Natronlauge), Chloraten (Natriumchlorat, Aluminiumchlorat, Cerchlorat), Bromaten (Natriumbromat und Natriumbromid), Salpetersäure (Natriumnitrat und Schwefelsäure). Fast gleichzeitig entdeckten EVA HIBBERT[1] sowie R. HALLER, J. HACKL und M. FRANKFURT[2], daß bei der photochemischen Zersetzung von Indigofärbungen durch Belichtung Isatin gebildet wird.

Durch Sulfonierung von Indigo mit konzentrierter Schwefelsäure entsteht Indigokarmin, das wasserlösliche Natriumsalz der Indigo-5,5′-disulfosäure, ein rotbronzierendes Pulver mit blauer wäßriger Lösung; er ist kein Küpenfarbstoff für Baumwolle, sondern ein unechter saurer Wollfarbstoff, aber heute für die Färberei bedeutungslos. Verwendet wird er als Waschblau, Tinte, Aquarellfarbe, in der chemischen Analyse

---

[1] J. Soc. Dyers Colourists, Sept. **1927**, 292.
[2] Melliand Textilber. **9**, 415 (1928).

als Indigolösung zur Bestimmung von Hydrosulfit und Rongalit und in
gereinigter Form als Redoxindikator.

$$NaO_3S-\!\!\!\bigcirc\!\!\!-CO \quad CO-\!\!\!\bigcirc\!\!\!-SO_3Na$$
$$C\!=\!C$$
$$NH \quad NH$$

Indigokarmin

Durch Halogenierung von Indigo erhält man chlorechtere und klarere
Farbtöne, im Handel als Brillantindigo bzw. Cibablau, z. B. 5,5',7,7'-

$$\begin{array}{c} 4 \qquad 4' \\ 5 \quad {}_3CO \quad CO \quad 5' \\ {}_2C\!=\!C_{2'} \\ 6 \qquad 6' \\ 7 \quad NH \quad NH \quad 7' \\ 1 \qquad 1' \end{array}$$

Tetrachlorindigo als Brillantindigo BASF/B, Engi, 1907 (Ciba) fand den
Tetrabromindigo, er heißt Indigo MLB/4 B oder Brillantindigo 4 B oder
Cibablau 2 B, Tetrablau 2 B, Tinonblau 2 B, Durindonblau 4 BS, Sulf-
anthrenblau 2 BD. Der antike Schneckenpurpur ist 6-6'-Dibromindigo,
er wurde von phönizischen Färbern zur Wollfärbung benutzt und von
Paul Friedländer (1908) synthetisch hergestellt. Die Purpurschnecke
(Murex brandaris) scheidet eine farblose Substanz aus, die am Licht in
den violetten Farbstoff übergeht[1].

Während im Indigo beide Molekülhälften (Indolringe) symmetrisch
liegen, gibt es auch unsymmetrische Indigoide, z. B. Indigorot (Indi-
rubin), ein 2,3-Bisindolindigo (als Farbstoff wertlos).

Indol
(Benzopyrrol)   Indigorot

Thioindigo wurde von P. Friedländer (1906) synthetisch aus Thiosalizylsäure über Thioindoxyl hergestellt. Er ist als Algolrot 5 B, Helin-
donrot 2 B, Cibarosa B, Tinonrosa B, Tetrarosa B im Handel. Thioindigo ist ein 2,2'-Bis-Benzothiophenindigo und trägt wie Indigo die

gleiche Atomgruppierung $\quad O\!=\!C \quad\quad C\!=\!O \atop C\!=\!C \quad$ mit drei konjugierten

---

[1] Vgl. K. Reinking: Melliand Textilber. 9, 634 (1928).

Doppelbindungen in Ringsystemen eingebaut (Zweikernchinone). G. ENGI, 1906 (Ciba), kondensierte Phenylthioglykol-o-karbonsäure mit Isatin.

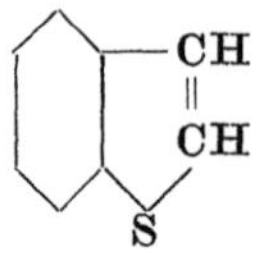

Thioindoxyl 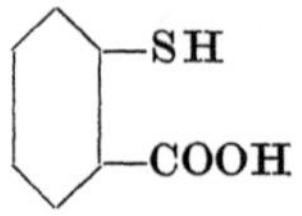   Thiosalizylsäure   Thioindigo
(Thiophenol-o-karbonsäure)

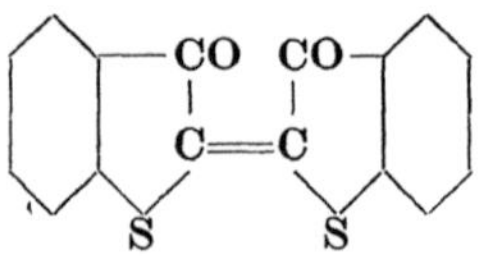

Ein substituierter Thioindigo ist z. B. 6,6′-Dichlor-4,4′-dimethyl-Thioindigo (Indanthrenbrillantrosa R).

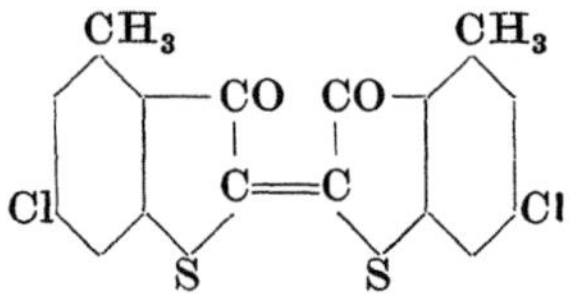

Indanthrenbrillantrosa R

Es gibt auch unsymmetrische Thioindigos, wie Algolscharlach GG (Cibascharlach G), Cibaviolett B, 3 B, Helindonbraun 5 R.

2. Anthrachinoide Küpenfarbstoffe[1].

Der Chemiker RENÉ BOHN erhielt 1901 in der Badischen Anilin- und Sodafabrik in Ludwigshafen a. Rh. durch Verschmelzen von β-Aminoanthrachinon mit Ätzkali bei 200 bis 300° C einen Farbstoff, der eine blaue Küpe gab und Baumwolle anfärbte. BOHN belegte den *indigo*ähnlichen Farbstoff aus *Anthrazen* mit dem Namen Indanthren und wurde so zum Entdecker der Indanthrenfarben. Heute heißt das erste Indanthren genauer Indanthrenblau RS. BOHN entdeckte auch das Flavanthren, heute Indanthrengelb G genannt. Von anderen Forschern wurden, vom Anthrachinon ausgehend, weitere Küpenfarbstoffe gefunden.

Anthrachinon wird aus dem Anthrazen des Steinkohlenteers durch Oxydation mit Natriumbichromat und Schwefelsäure oder durch Oxydation mit Luft und Silbervanadat als Katalysator gewonnen.

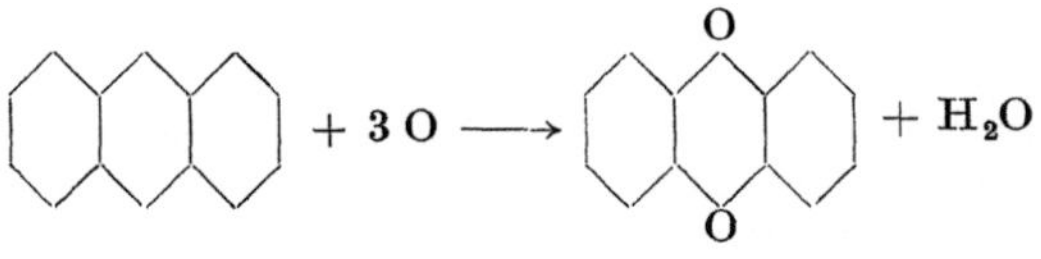

Anthrazen   Anthrachinon

---

[1] Die neueste Übersicht über die anthrachinoiden Küpenfarbstoffe gaben M. A. KUNZ: Melliand Textilber. **33**, 58 (1952); Text. Rdsch. **6**, 533 (1951). — W. SEIDENFADEN: Melliand Textilber. **31**, 839 (1950). — M. R. FOX: J. Soc. Dyers Colourists **65**, 508 (1949).

Es kann auch nach der FRIEDEL-CRAFTSschen Synthese aus Phtalsäureanhydrid (durch Oxydation von Naphtalin dargestellt) und Benzol in Gegenwart von Aluminiumchlorid erhalten werden.

$$C_6H_4 <^{CO}_{CO}> O + C_6H_6 \longrightarrow C_6H_4 <^{COC_6H_5}_{COOH} \longrightarrow$$

Phtalsäureanhydrid   Benzoylbenzoesäure

$$\longrightarrow C_6H_4 <^{CO}_{CO}> C_6H_4 + H_2O$$

Anthrachinon

Man kann die anthrachinoiden Küpenfarbstoffe in zwei Hauptklassen einteilen, nämlich in die kettensubstituierten Anthrachinonabkömmlinge, bei denen Substitution in der Seitenkette des Aminoanthrachinonkernes erfolgt, und in die ringkondensierten Anthrachinonabkömmlinge, bei welchen an den Anthrachinonkern noch andere Ringe ankondensiert werden.

a) Kettensubstituierte Anthrachinonabkömmlinge.

Azylaminoanthrachinone entstehen durch Azylierung von Aminoanthrachinonen (aus Anthrachinonsulfosäuren mittels Ammoniak erhalten) durch Benzoylchlorid. Es handelt sich um azyliertes 1- oder 2-Aminoanthrachinon, 1,4- bzw. 1,5- und 1,8-Diaminoanthrachinon (Bayer 1908, R. E. SCHMIDT). Beispiele:

Algolgelb WG   Indanthrenrot 5 GK
(Benzoyl-1-aminoanthrachinon)   (Dibenzoyl-1,4-diaminoanthrachinon)

Weitere Vertreter sind: Indanthrengelb GK, 5 GK, GGF, 3 GFN, Indanthrenrot BK, Indanthrenbrillantviolett RK, BBK, Cibanongelb 2 GR, Cibanonorange 6 R. Diese Küpenfarbstoffe verküpen sich leicht; durch zu heißes oder zu alkalisches Verküpen werden sie verseift, d. h. die Azylgruppe (Benzoylgruppe) wird abgespalten. Die Azylierung von Aminoanthrachinon kann auch mit Phosgen (Höchst) oder mit Zyanurchlorid (Ciba) erfolgen, im ersteren Fall erhält man Anthrachinonharnstoffe, z. B. Helindongelb 3 GN, in letzterem Fall Anthrachinontriazine, z. B. Cibanonrot NG.

Helindongelb 3 GN

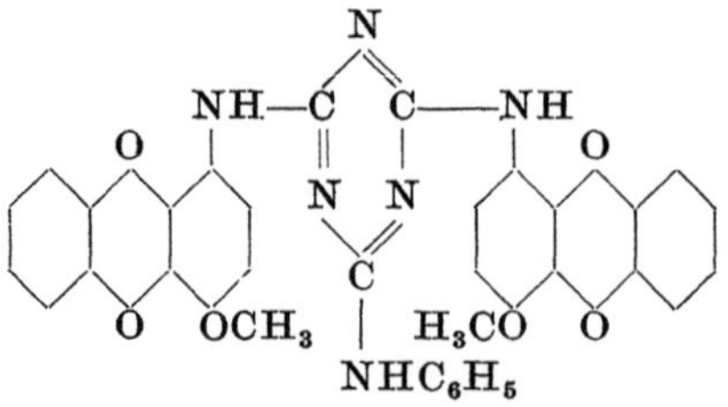

$$\text{Cibanonrot NG}$$

Anthrachinonimide (Anthrimide), hergestellt nach der ULLMANNschen Reaktion aus Aminoanthrachinonen, Halogenanthrachinonen und Kupfer als Katalysator. Beispiele:

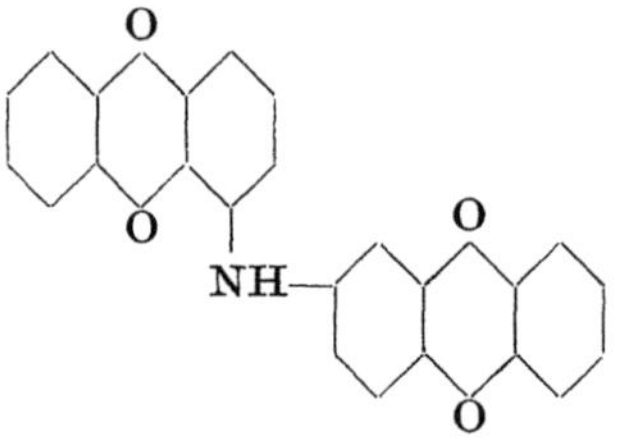

$$\text{Indanthrenorange 6 RTK}$$

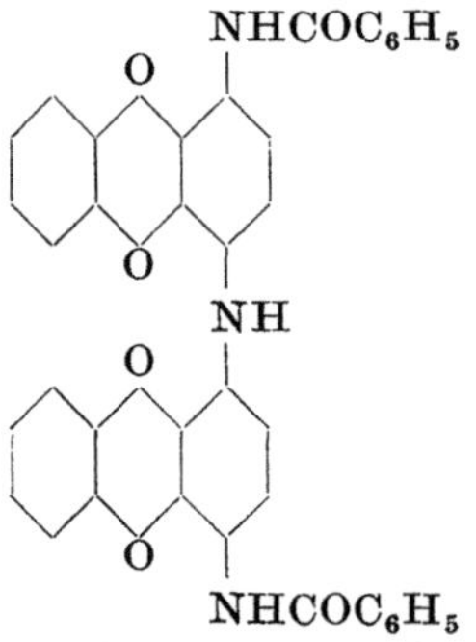

$$\text{Indanthrengrau K} \qquad \text{Indanthrenkorinth RK}$$

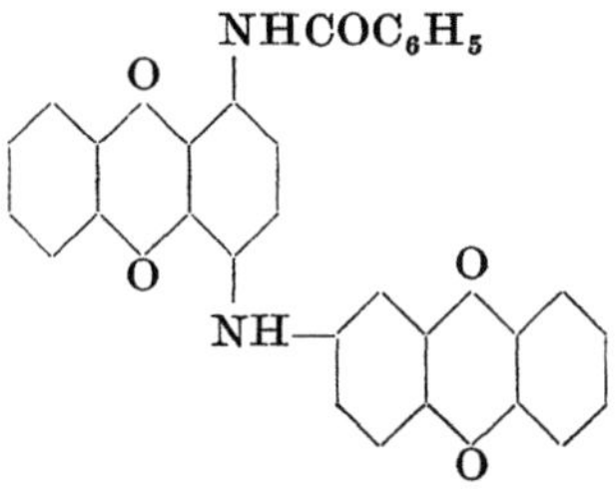

Weitere Vertreter sind Indanthrenorange 7 RK, Indanthrenoliv T, Indanthrengrau M, BG, Indanthrendirektschwarz RB.

Anthraflavone (Anthrachinonstilbene) von M. ISLER (1905) aus Halogenmethylanthrachinon dargestellt, sind heute wegen mangelnder Lichtechtheit verdrängt.

Beispiel: Algolgelb GC

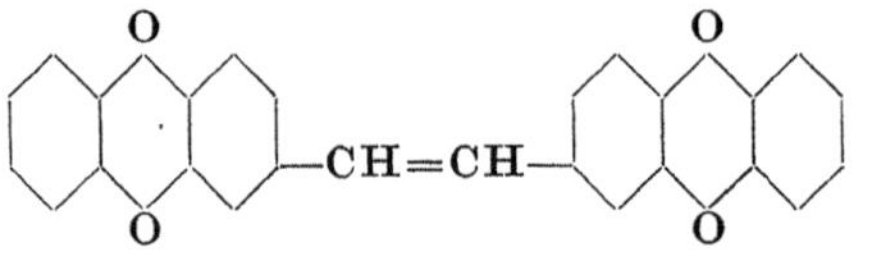

b) Ringkondensierte Anthrachinonabkömmlinge.

α) **Anlagerung von Sechserringen.** *Indanthrone* (Anthrachinonhydroazine). Das Indanthrenblau RS von R. Bohn ist ein Anthrachinondihydroazin. Es wird durch Ätznatronschmelze (mit Zusatz von Kaliumnitrat) von β-Aminoanthrachinon hergestellt.

β-Aminoanthrachinon   Indanthrenblau RS (Indanthron)

Durch Halogenieren des Indanthrons mit Königswasser oder Antimonpentachlorid erhält man chlorechtere Küpenfarbstoffe, wie z. B. Indanthrenblau BC (Dichlorindanthron), GCD (Monochlorindanthron, eine Mischung von Indanthrenblau RS und BC). Andere Vertreter sind Indanthrenblau 3 GF, 5 G, RK, Indanthrenbrillantblau 3 G, 5 G, RCL, und Indanthrengrün B, BB.

Flavanthrone. Durch Oxydation von Aminoanthrachinon in saurer Lösung (mittels Antimonpentachlorid, Aluminiumchlorid) entsteht Flavanthron, ein gelber Farbstoff mit blauer Küpe, der ebenfalls von R. Bohn gefunden wurde und mit Indanthrengelb G bezeichnet wird; bekannt ist seine Verwendung als Indanthrengelbpapier zur Kontrolle des Küpenstandes.

Indanthrengelb G   Dihydroflavanthron
(Flavanthron)   (blaue Küpe)

Benzanthrone. Aus Anthrachinon, Glyzerin und konzentrierter Schwefelsäure erhält man nach der Skraupschen Synthese Benzanthron (O. Bally, R. Scholl), welches selbst als Ausgangsstoff für weitere

Synthesen von Küpenfarbstoffen dient; z. B. liefert die Kalischmelze von Benzanthron Perylenabkömmlinge (Dibenzanthrone).

Benzanthron

Anthrachinonakridone (Diphtaloylakridone). Ihre Darstellung erfolgt aus Chloranthrachinon, Anthranilsäure, Phosphorchlorid und Aluminiumchlorid (F. ULLMANN 1911); sie enthalten die Akridongruppe als gemeinsames Glied.

Indanthrenorange 3 R   Indanthrenrot RK   Akridongruppe

Ähnlich zusammengesetzt sind: Indanthrenbrillantrosa BBL, Indanthrenorange F 3 R, Indanthrentürkisblau GK, 3 GK, Indanthrenviolett BN, FFBN, Indanthrenrotviolett RRK, Indanthrenbraun 3 GT, Indanthrenrotbraun R.

Anthrachinonthioxanthone sind die Schwefelisologen der Akridone mit der Thioxanthongruppe, z. B. Indanthrengelb GN und -goldorange GN.

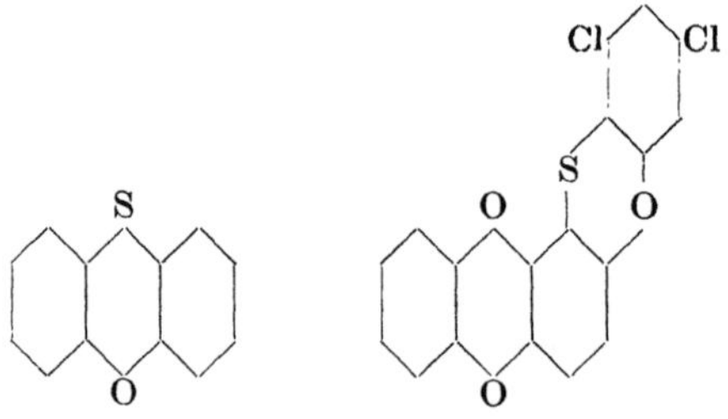

Thioxanthongruppe   Indanthrengelb GN

Anthrapyrimidine besitzen keine Chinonstruktur und sind meistens Azylamino-1-9-anthrapyrimidine. Sie entstehen aus 1-Aminobenzoyl-4-

aminoanthrachinon durch Umsatz mit Formamid, Cyanamid usw. Vertreter sind: Indanthrengelb 4 GF, 4 GK, 7 GK.

Andere heterozyklische Sechserringe enthaltende Gruppen, die nur wenige Vertreter aufweisen, sind Pyrazinanthrachinone (z. B. Indanthrenbrillantscharlach RK), Pyridonanthrachinone (z. B. Algolrot BTK).

β) **Anlagerung von Fünferringen.** *Anthrachinonazole* entstehen z. B. aus Diaminoanthrachinonen durch Behandlung mit Aldehyden oder Aminen mit Schwefel und leiten sich ab von

Anthrachinonimidazol   Anthrachinonoxazol   Anthrachinonthiazol

z. B. Indanthrenorange RRK bzw. Indanthrenrot FBB bzw. Indanthrenblau CLB. Ähnlichen Bau haben: Indanthrengelb GF, Indanthrenrubin B, Algolgelb GC (Anthragelb GC), Indanthrenblau B, CLG.

Thiophenbenzanthrone werden durch Schwefelschmelze von substituierten Benzanthronen dargestellt. Beispiel: Indanthrenblaugrün FFB (Cibanonblau 3 G)

Anthrachinonkarbazole (Diphtaloylkarbazole) entstehen durch Kondensation von Anthrimiden mit Aluminiumchlorid. Vertreter sind: Indanthrengelb RK, 3 RT, FFRK, -goldorange 3 G, -braun FFR, BR, LG, -rotbraun GR, BR, 5 RF, -khaki GG, -oliv 3 G, R, Cibanonrotbraun 2 BR, Cibanongelbbraun G.

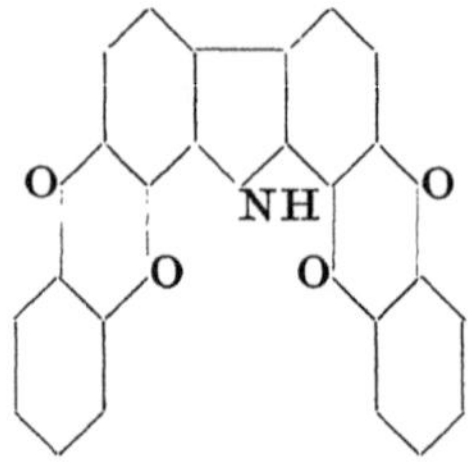

Indanthrengelb RK

Andere Fünferringe enthaltende Gruppen sind Pyrazolanthrone (z. B. Indanthrenmarineblau R) und Acedianthrone (z. B. Indanthrenrotbraun RR), sie haben aber nur wenige Vertreter.

Nun folgen einige Küpenfarbstoffgruppen, die keinen Anthrachinonkern aufweisen.

Pyrenabkömmlinge leiten sich vom Pyren des Steinkohlenteers ab.

Pyranthrone: Durch Erhitzen von Pyren mit Benzoylchlorid und Aluminiumchlorid erhalten (ROLAND SCHOLL 1905)

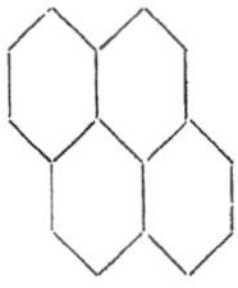

Pyren

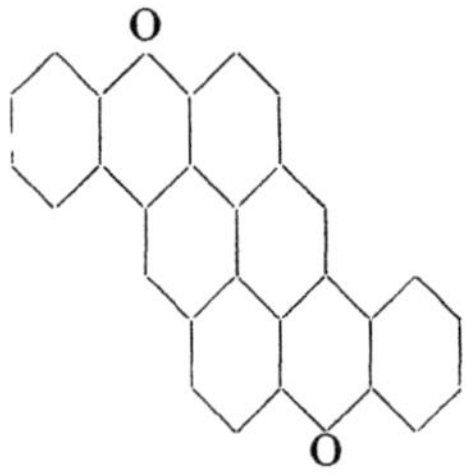

Indanthrengoldorange G
(Pyranthron)

Anthanthrone: Ihre Synthese nach L. KALB geht von Azenaphten oder 1,8-Naphtylaminsulfosäure aus. Zum Beispiel Indanthrenbrillantorange GK.

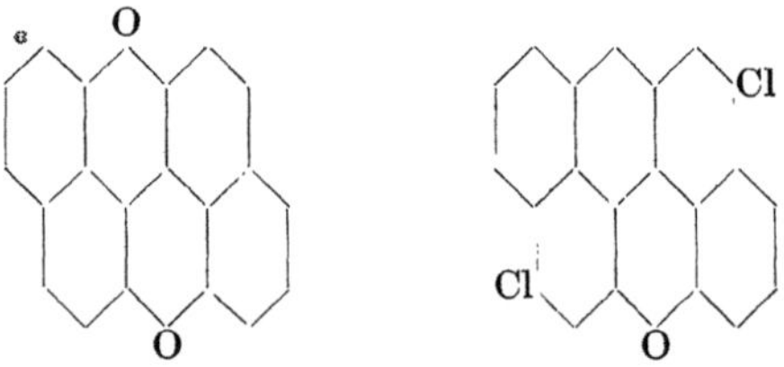

Anthanthron

Dichloranthanthron
(Indanthrenbrillantorange GK)

Dibenzpyrenchinone: Entdeckt von GEORG KRÄNZLEIN (Höchst), aus Benzanthron und Benzoylchlorid nach der FRIEDEL-CRAFTSschen Reaktion dargestellt.

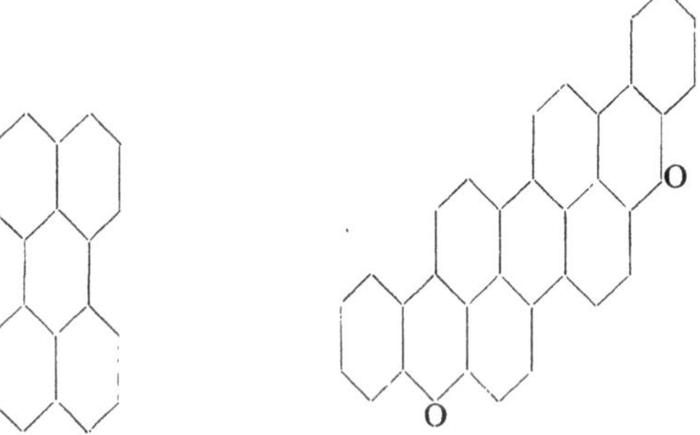

Indanthrengoldgelb GK (Dibenzpyrenchinon)

Isodibenzpyrenchinone: Isomer mit Dibenzpyrenchinonen.

Indanthrenscharlach 4 G (Isodibenzpyrenchinon)

Perylenabkömmlinge. Dibenzanthrone: Entstehen durch Kalischmelze von Benzanthron.

Perylen

Indanthrendunkelblau BO
(Dibenzanthron)

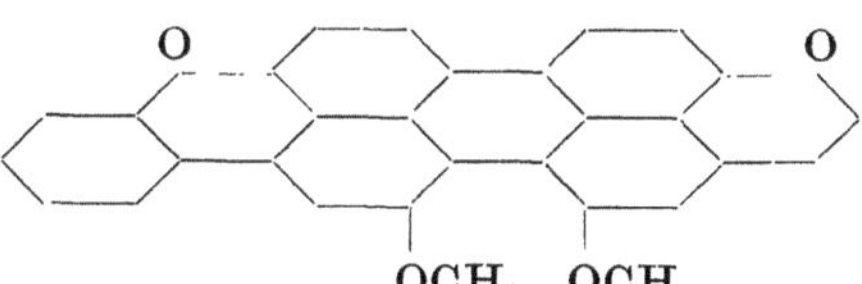

OCH₃ OCH₃

Indanthrenbrillantgrün B (Dimethoxydibenzanthron)

Indanthrenschwarz BB aus Nitrodibenzanthron und Schwefel hergestellt, ist als Farbstoff grün und wird durch Oxydation mit Hypochlorit auf der Faser schwarz. Das brillanteste Küpengrün ist das von DAVIES, THOMPSON und THOMAS (1920) gefundene Caledon Jade Green B (Scottish Dyes, ICI), entsprechend Indanthrenbrillantgrün FFB (I. G.), ein Dimethoxydibenzanthron.

Isodibenzanthrone sind Isomere der Dibenzanthrone, durch Kalischmelze von Chlorbenzanthron erhalten. Vertreter sind Indanthrenbrillantviolett 2 R, 4 R, 3 B.

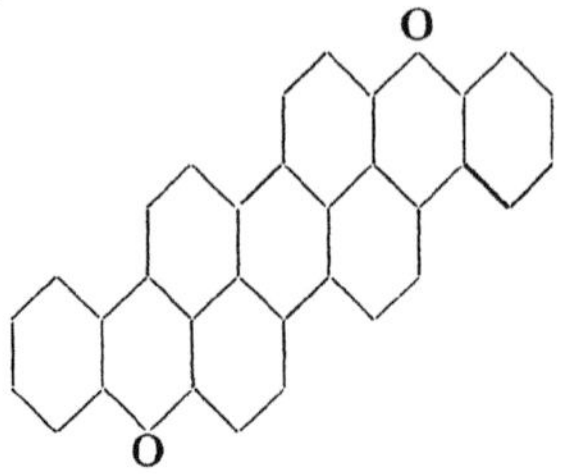

Indanthrenviolett R extra (Isodibenzanthron)

Perylentetrakarbonsäureimide (aus Azenaphten des Steinkohlenteers gewonnen): Zum Beispiel Indanthrenrot GG.

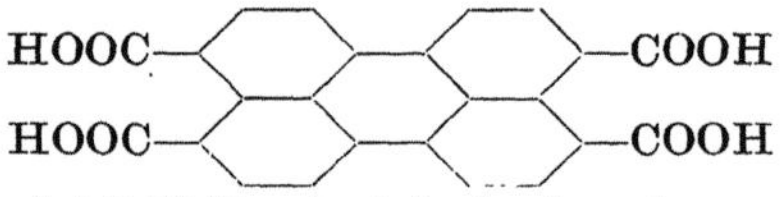

3,4,9,10-Perylentetrakarbonsäure

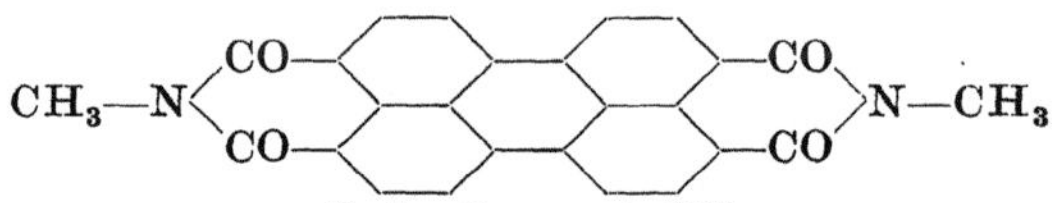

Indanthrenrot GG

Naphtalinabkömmlinge. Naphtoylenbenzimidazole aus 1,4,5,8-Naphtalintetrakarbonsäure mit o-Phenylendiamin dargestellt, zu ihnen gehört z. B. Indanthrenscharlach GG.

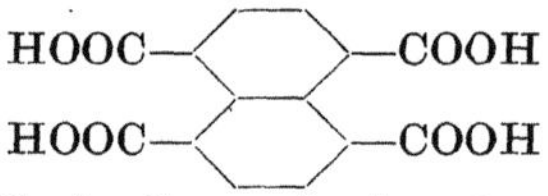

Naphtalintetrakarbonsäure

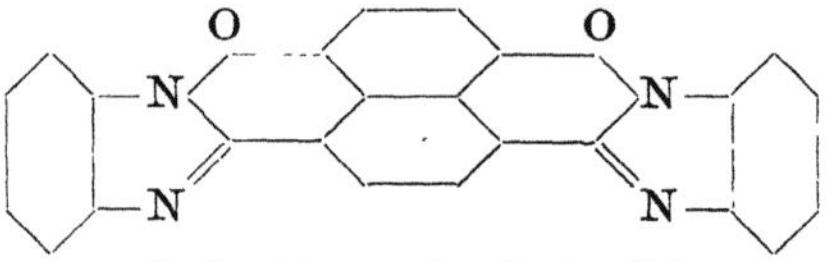

Indanthrenscharlach GG

Naphtochinone: Ein Vertreter davon ist das Indanthrengelb 6 GD.

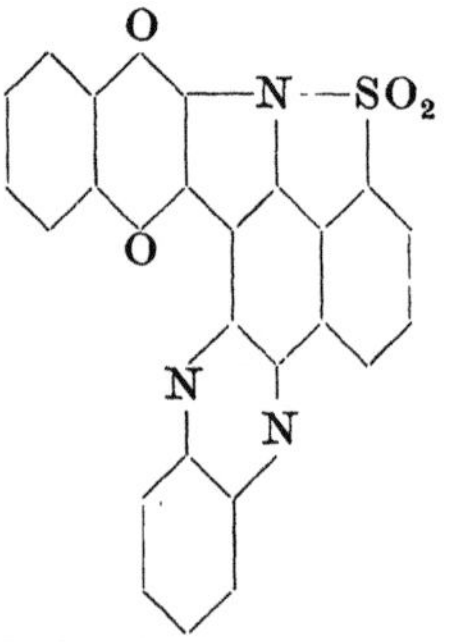

Indanthrengelb 6 GD

Phtalozyaninabkömmlinge. Den Farbenfabriken Bayer in Leverkusen gelang es 1950 eine neue Klasse von Küpenfarbstoffen aufzufinden, die zu den Metallkomplexen gehören. Ihr Vertreter ist das Indanthrenbrillantblau 4 G, ein Kobaltkomplex des Phtalozyanins mit einer Sulfogruppe. Die entsprechenden Kupferkomplexe des Phtalozyanins sind als lichtechte Pigmentfarben schon länger unter dem Handelsnamen Heliogenblau B (I. G.) und Monastral Fastblue (ICI) bekannt; durch geeignete Substitution wurde auch ein Schwefelfarbstoff dargestellt (Thionol-Ultra green der ICI). Die Phtalozyanine sind chemisch verwandt mit dem roten Blutfarbstoff Hämoglobin und dem grünen Blattfarbstoff Chlorophyll, diese sind ein Eisenkomplex bzw. Magnesiumkomplex von Porphyrinen.

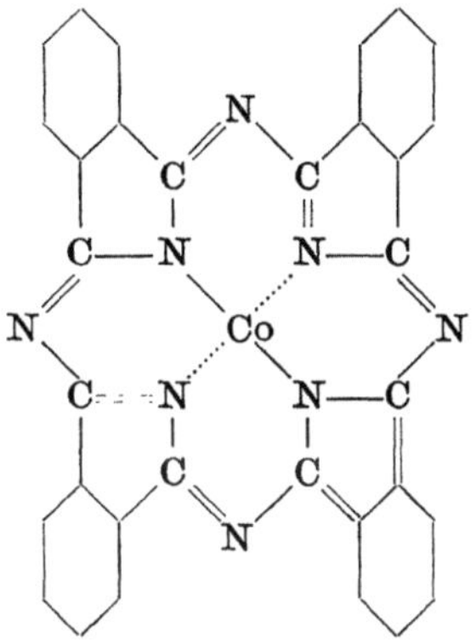

Chinonabkömmlinge. Manche Wollküpenfarbstoffe, wie z. B. Helindongelb CG (Dichloranilidochinon), gehören zu den Chinonfarbstoffen. Der Aufbau erfolgt aus p-Chloranilin und Chinon.

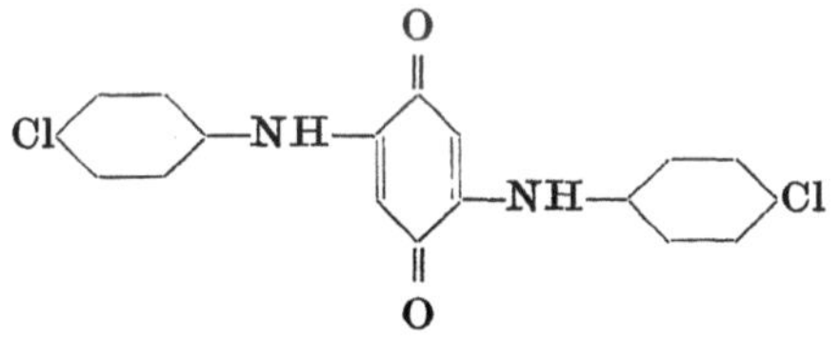

Neuerdings werden von den Farbenfabriken für Küpenfarbstoffe auch hochkondensierte Ringsysteme aufgebaut[1].

B. Indigosolfarbstoffe.

Die *Indigosole* sind wasserlösliche Natriumsalze von Leukoküpenfarbstoffschwefelsäureester und können durch Verseifung und Oxydation auf der Faser zum unlöslichen Küpenfarbstoff entwickelt werden. Sie wurden von MARCEL BADER (1921) entdeckt. Ihre Darstellung geschieht

---

[1] E. CLAR: Aromatische Kohlenwasserstoffe (Polycyklische Systeme). 2. Aufl. Berlin-Göttingen-Heidelberg: Springer-Verlag, 1952.

durch Reduktion der Küpenfarbstoffe in Pyridinsuspension mittels Metall-
pulver (Kupfer, Zink, Eisen, Aluminium) und nachfolgende Sulfurierung
der Leukoverbindungen mit Chlorsulfonsäure und Neutralisierung mit
Natronlauge.

Indigosol O

Indigosolgoldgelb IGK

Indigosolblau IBC

Die Indigosole sind nach ihrem chemischen Aufbau Dischwefelsäure-
ester, nur Indigosolblau IBC ist ein Tetraschwefelsäureester. Die Indigo-
sole in Substanz, in Lösung und unentwickelt auf der Faser sind licht-
empfindlich; das Sonnenlicht bewirkt Entwicklung (Verseifung und
Oxydation). *Handelsnamen* dieser Farbstoffe sind: Indigosol (Durand
& Huguenin), Anthrasol (Höchst), Cibantin (Ciba), Tinosol (Geigy),
Sandozol (Sandoz), Algosol (Gen. Dyest.), Soledon (ICI), Leukosol und
Ponsol soluble (DuPont).

Im Färbebad ziehen die Indigosole ähnlich wie ein substantiver Farbstoff auf die Zellulosefaser auf. Das Ziehvermögen auf Baumwolle, Zellwolle und Kunstseide ist gering, es steigert sich bei Erniedrigung der
Temperatur und Zusatz von Glaubersalz. Sie besitzen ein gutes Egali-
sierungs- und Durchdringungsvermögen.

Die Entwicklung der aufgefärbten Indigosole geschieht am besten
nach dem Verfahren von H. PERNDANNER[1] mittels Natriumnitrit und

---

[1] Melliand Textilber. **1925**, 32.

Schwefelsäure, wobei die Schwefelsäure die Hydrolyse (Verseifung) und der durch Umsetzung frei gewordene Sauerstoff die Oxydation bewirkt.

$$2\,NaNO_2 + H_2SO_4 = Na_2SO_4 + 2\,HNO_2, \quad 2\,HNO_2 = H_2O + 2\,NO + O$$

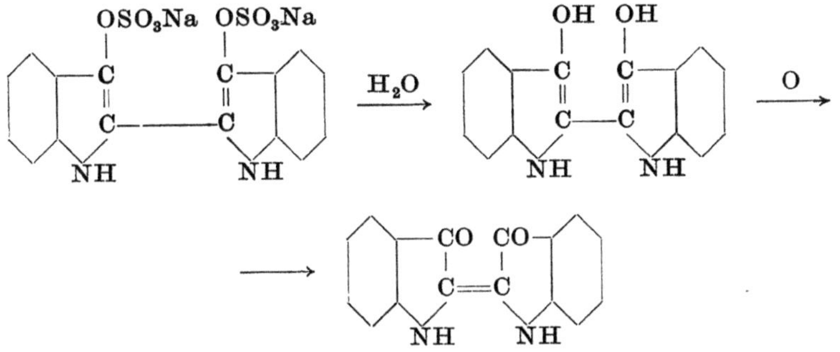

Andere Oxydationsmittel zur Entwicklung sind Bichromate und Eisen(3)-salze. Als Verseifungsmittel dient fast immer Schwefelsäure; sie kann eventuell durch Oxalsäure ersetzt werden. Nach dem VAT-CRAFT-Verfahren (USA.) werden Indigosole photochemisch entwickelt durch Behandlung der geklotzten Ware in einem Bad mit einem Sensibilisator (Cyaninfarbstoff und Uransalz) unter starker Ultraviolettbelichtung.

C. Schwefelfarbstoffe.

Die Schwefelfarbstoffe färben die Zellulosefaser im Schwefelnatrium-und an. Sie sind in Wasser unlöslich und werden durch Schwefelnatrium gut Reduktionsmittel in wasserlösliche Leukoverbindungen verwandelt, Nach Zellulose aufziehen und beim Spülen durch den Luftsauerstoff von organischen Schwefelfarbstoff oxydiert werden. Ihre Ausfärbungen ausgiebig mpfe Farbtöne, nur blaue Töne sind klar, rote Töne fehlen. Schwefelfarbstoffe sind billig, aber nicht ausgiebig. Ihre Wasch- und Schwefelnatrium, gut, ihre Chlorechtheit gering.
Leukoverbindungen Immedial (Cassella), Pyrogen, Thiogenol (Ciba), Ihre (Sandoz), Thional (Sandoz), Thionol (ICI), Sulfonal (Francocolor), Diese (Schiedam), Sulfindon (Nacco), Calcogen (Calco), Sulfogen (DuPont). und 867 erhielten CROISSANT und BRETONNIÈRE durch Schmelzen von Sägemehl mit Schwefel und Schwefelnatrium den ersten Schwefelfarbstoff. 1893 stellte VIDAL durch Schwefelschmelze von organischen Verbindungen (Amine und Phenole) Schwefelfarbstoffe her. Die Löslichkeit der Schwefelfarbstoffe in Schwefelnatrium beruht auf Disulfidgruppen (in Orthostellung zu Aminogruppen), die durch Reduktionsmittel, wie Schwefelnatrium, Hydrosulfit, Rongalit, Traubenzucker, Triäthanolaminsulfid, Thioglykolsäure, Thiosalizylsäure, in zwei Merkaptangruppen (Sulfhydrilgruppen) aufgespalten werden und Thiophenole bilden. Diese sind als Leukoverbindungen der Schwefelfarbstoffe zu betrachten, welche die Zellulosefaser im Glaubersalz-Sodabad anfärben und bei Oxydation

durch den Luftsauerstoff den ursprünglichen Schwefelfarbstoff mit den Disulfidgruppen zurückbilden.

$$Na_2S + H_2O = NaOH + NaSH$$

$$R\text{—}S\text{—}S\text{—}R' + 2\,NaSH = R\text{—}SH + R'\text{—}SH + Na_2S + S,$$

$$Na_2S + S = Na_2S_2$$

$$R\text{—}SH + NaOH \rightleftharpoons RSNa + H_2O$$

$$R\text{—}SH + R'\text{—}SH + O = R\text{—}S\text{—}S\text{—}R' + H_2O$$

Der chemische Aufbau der Schwefelfarbstoffe ist nicht genau bekannt. Die erste Gruppe, gelbe, orange und braune Schwefelfarbstoffe, enthalten *Thiazolringe*, die durch Disulfidbrücken verkettet sind. Sie heißen auch Schwefelbackfarbstoffe, weil sie durch Verbacken von Aminen und Nitroverbindungen mit Schwefel oder Schwefelnatrium bei 180 bis 300° C erhalten werden.

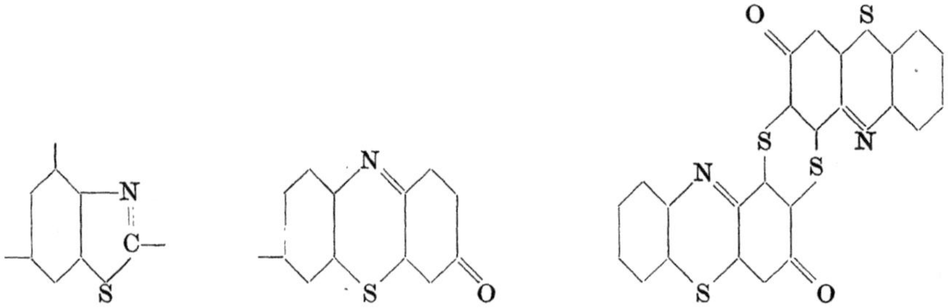

Thiazolring   Thiazonring   Thiantrenringe

Die zweite Gruppe, blaue, violette, grüne, rotbraune und schwarze Schwefelfarbstoffe, enthalten nach W. ZERWECK, H. RITTER und M. SCHUBERT[1, 2] *Thiazonringe* und entstehen durch Erhitzen von Aminen und Nitroverbindungen mit Polysulfiden in wäßrigem oder alkoholischem Medium bei 80 bis 150° C. Sie werden auch Chinonimin- oder Indophenol-Schwefelfarbstoffe genannt und stehen den Küpenfarbstoffen nahe. Die Verknüpfung der Thiazonringe zu Thiantrenstrukturen verleiht stärkere Substantivität. Die Löslichkeit in Schwefelnatrium wird durch Disulfidbrücken erleichtert, aber schon durch Verküpung des chinoiden Systems allein bewirkt. Grüne Schwefelfarbstoffe werden durch Zusatz von Kupfersulfat zur Schwefelschmelze hergestellt, sie enthalten Kupfersulfid komplex gebunden. Schwarze Schwefelfarbstoffe (Schwefelschwarz T) werden aus Dinitroverbindungen erhalten; ihre Färbungen sind nicht lagerbeständig, weil sich beim Lagern ihr Schwefelgehalt im Farbstoff teilweise katalytisch zu Schwefelsäure oxydiert, wodurch die Faser unter Bildung von Hydrozellulose geschwächt und morsch wird. Eine besondere Gruppe bilden Hydronblau und Indocarbon (Cassella). *Hydronblau* R (HAAS und HERZ 1909) wird

---

[1] Angew. Chem. **60**, 141 (1948).
[2] Melliand Textilber. **1947**, 270.

aus Karbazol und Nitrosophenol erhalten; es ist licht- und chlorecht und hat den Indigo beim Färben von Monteuranzügen verdrängt, weil es Baumwolle einfacher und echter färbt als Indigo. Hydronblau kann wie ein Küpenfarbstoff mit Hydrosulfit allein oder mit Schwefelnatrium-Hydrosulfit gefärbt werden. Andere Handelsnamen für Hydronblau sind: Thiotinon- (Geigy), Sandon- (Sandoz), Solan- (Francocolor), Cibablau (Ciba). *Indocarbon* CL wird aus p-Oxyphenyl-β-naphtylamin erhalten. Zum Unterschied von den älteren Schwefelschwarz aus Dinitroverbindungen bewirkt Indocarbon keine Faserschädigung und ist lagerbeständig, chlorecht und indanthrenecht.

Karbazol-Nitrosophenol → S → Hydronblau

p-Oxyphenyl-β-naphtylamin → S → Indocarbon

II. Die chemischen Umwandlungen der Küpenfarbstoffe.

A. Theorie der Verküpung.

Die Verküpung ist eine Reduktion in alkalischer Lösung unter Salzbildung, als Reduktionsmittel wird Hydrosulfit, als Alkali wird Natronlauge verwendet. Die chemische Wirkungsweise von Hydrosulfit und Natronlauge aufeinander und auf die Küpenfarbstoffe (als Modellbeispiele sind Indigo und Anthrachinon gewählt) geht aus den folgenden Reaktionsgleichungen hervor:

$$Na_2S_2O_4 + 4\,NaOH + [\text{Indigo}] \longrightarrow$$

Indigo

$$\longrightarrow [\text{Leukindigo}] + 2\,Na_2SO_3 + 2\,H_2O$$

Leukindigo

$$Na_2S_2O_4 + 4\,NaOH + \text{[Anthrachinon]} \longrightarrow \text{[Anthrahydrochinon]} + 2\,Na_2SO_3 + 2\,H_2O$$

Anthrachinon   Anthrahydrochinon

$$S_2O_4'' + 4\,OH^\cdot \rightarrow 2\,SO_3'' + 2\,H_2O + 2\,e$$

Das Hydrosulfit wirkt als Reduktionsmittel auf den Küpenfarbstoff und wird selbst oxydiert zu Natriumsulfit usw. Die Natronlauge ist notwendig einerseits, weil die Reduktionskraft des Hydrosulfites in alkalischer Lösung steigt, und anderseits muß sie die Leukoverbindung (Küpensäure) in das Natriumsalz (Küpensalz) überführen. Man sieht, daß man den Küpenstand kontrollieren kann, wenn man die Alkalität und die Reduktionskraft der Küpe überprüft. In qualitativer Hinsicht kann das mittels Phenolphtaleinpapier, welches durch freies Alkali gerötet und mittels Indanthrengelbpapier, welches durch überschüssiges Hydrosulfit gebläut wird, geschehen. In quantitativer Hinsicht kann es durch maßanalytische Bestimmung (Titration) der Natronlauge bzw. des Hydrosulfites erfolgen; doch führt die potentiometrische Bestimmung durch elektrische Potentialmessung rascher zum Ziel. Um die letztere in den Grundzügen zu verstehen, müssen die Begriffe Säure, Lauge, Reduktionsmittel und Oxydationsmittel näher betrachtet werden.

Das gemeinsame Merkmal aller Säuren ist der Gehalt ihrer wäßrigen Lösung an Wasserstoffionen; ähnlich enthalten alle Basen (Laugen) in wäßriger Lösung Hydroxylionen. Das Wasser selbst enthält gleichzeitig Wasserstoffionen und Hydroxylionen in äußerst geringer Menge, nämlich je 10^{-7} Grammion im Liter. Enthält eine beliebige Lösung mehr Wasserstoffionen, als im Wasser vorhanden sind, dann ist sie sauer, enthält sie weniger davon, dann ist sie alkalisch. Man gibt die Stärke einer Säure oder Base durch ihren Gehalt an Wasserstoffionen an, z. B. 10^{-2} würde einer starken Säure, 10^{-8} einer schwachen Base entsprechen. Um die Schreibweise mit den Zehnerpotenzen zu vereinfachen, versteht man nach SÖRENSEN unter dem p_H-Wert den negativen dekadischen Logarithmus der Wasserstoffionenkonzentration. Er wäre im obigen Beispiel $p_H = 2$ bzw. 8. Der Neutralpunkt hat $p_H = 7$, der saure Bereich umfaßt $p_H = 0$—7, der alkalische Bereich $p_H = 7$—14. Man kann daher in der Bleicherei und Färberei die Zusätze an Säuren und Laugen für die Bäder allgemein durch Angabe des zu erreichenden p_H-Wertes angeben. Die moderne Theorie der Säuren und Basen nach BRÖNSTED betrachtet beide Verbindungen einheitlich vom Standpunkt des Umsatzes von Wasserstoffionen (Protonen): Säure = Base + Wasserstoffion (Proton); man kann kurz sagen: eine Säure ist ein Protongeber, eine Base ein Protonnehmer.

Ähnlich wie durch die Wasserstoffionenkonzentration die Stärke von Säuren und Laugen einheitlich durch den p_H-Wert ausgedrückt werden kann, gelingt es auch, die Reduktionsmittel und Oxydationsmittel von einem gemeinsamen Standpunkt aus zu betrachten. Denkt man z. B. an die oxydierende Wirkung von Eisen(3)ionen, so gehen sie dabei in Eisen(2)ionen mit reduzierender Wirkung über unter Abgabe positiver Ladung: $Fe^{3+} \rightarrow Fe^{2+}$. Es tritt bei Ladungsänderungen der Ionen ein Umsatz von Elektronen (der kleinsten negativen Ladungseinheiten im Atom) ein. Die moderne Definition faßt das zusammen in der Gleichung Reduktionsmittel = Oxydationsmittel + Elektron. Man kann wieder kurz sagen: ein Reduktionsmittel ist ein Elektrongeber, ein Oxydationsmittel ein Elektronnehmer. Die ältere Definition lautet: Ein Reduktionsmittel ist ein Stoff, welcher Wasserstoff abspaltet und ein Oxydationsmittel ein Stoff, der Sauerstoff abgibt oder Wasserstoff aufnimmt. Aber eigentlich ist die Betrachtung nur eines Stoffes allein, nämlich eines Reduktionsmittels oder eines Oxydationsmittels allein, nicht ganz richtig, denn in Wirklichkeit hat man es mit einer chemischen Reaktion zu tun, die zwischen mehreren Stoffen vor sich geht, von denen einer z. B. Wasserstoff abgibt, also die Rolle eines Reduktionsmittels spielt, während ein anderer den Wasserstoff aufnimmt, also als Oxydationsmittel fungiert. Es ist daher ein gekoppelter Oxydations-Reduktionsvorgang, oder wie man sich auch ausdrückt, ein Redoxsystem vorhanden. Die Stärke eines Reduktions- oder Oxydationsmittels läßt sich durch den Druck von gasförmigem Wasserstoff ausdrücken, der die gleiche Wirkung hervorbringen würde. So würde z. B. ein Druck von 10^{-5} Atmosphären einem starken Reduktionsmittel, aber von 10^{-30} Atmosphären einem starken Oxydationsmittel entsprechen. Um die Zehnerpotenzen zu vermeiden, versteht man nach CLARK unter dem r_H-Wert den negativen dekadischen Logarithmus des Wasserstoffgasdruckes. Nach obiger Angabe wäre $r_H = 5$ bzw. 30.

Nun sei kurz auf die elektrische Messung der p_H- und r_H-Werte eingegangen. Taucht man in die Lösung einer Säure, Base oder eines Reduktionsmittels bzw. Oxydationsmittels eine Platinelektrode ein, so nimmt diese ein bestimmtes elektrisches Potential an. Dies erklärt sich durch die Vorgänge an der Elektrode; hier werden im Falle der Säuren und Basen Wasserstoffionen oder im Falle der Reduktions- bzw. Oxydationsmittel Elektronen umgesetzt, d. h. die Elektrode wird positiv oder negativ aufgeladen. Kombiniert man die zu untersuchende Lösung mit der eintauchenden Meßelektrode und einer Bezugselektrode (Kalomelelektrode von bekanntem Potential) zu einem galvanischen Element, so kann die auftretende Potentialdifferenz (elektrische Spannung) gemessen werden. Die Messung erfolgt entweder durch Kompensation, d. h. es wird die Gegenspannung bestimmt, die nötig ist, um die Spannung des Elementes auf Null zu bringen oder durch Verstärkung, indem die Spannung des Elementes an das Gitter einer Elektronenröhre angelegt wird. Die Spannung kann an einem Meßinstrument in Volt oder Millivolt abgelesen werden. Die entsprechenden p_H-Werte kann man entweder auf einer geeichten Skala ablesen oder aus einer Tabelle entnehmen. Den r_H-Wert kann man nicht unmittelbar aus der gemessenen Spannung entnehmen, weil in dieser noch der p_H-Wert der Redoxlösung steckt. Meist begnügt man sich mit der Angabe des Redoxpotentials in Millivolt. Manche Firmen, welche Kompensationsapparate und Röhrenvoltmeter zur p_H- und r_H-Messung liefern, benützen meist Glaselektroden als Meßelektroden und bauen ihre Geräte so, daß sie für stehende Bäder mit Eintauchelektroden, für strömende Flotten mit Durchflußelektroden versehen sind. Wegen näherer Angaben sei auf die Firmenprospekte verwiesen (Hellige in Freiburg i. Br., Hartmann & Braun in Frankfurt a. M., Hillerkus in Krefeld, Lautenschläger in München, Kuntze in Düsseldorf, Polymetron in Zürich, Seibold in Wien, Andreatta in Innsbruck, Hauke in Roitham, Philips in Eindhoven, Macbeth in Silver Springs, USA., Foxboro in Mass. usw.).

Der erste Hinweis auf die Bedeutung der r_H-Messung für die Textilveredlung und speziell für die Küpenfärberei stammt von H. H. KORS[1] und A. SCHAEFFER[2]. Letzterer maß die r_H-Werte von Hydrosulfitlösungen bei 20° C bei verschiedenen Konzentrationen und verschiedenen p_H-Werten.

Hydrosulfit 1 g/l $r_H = 0,8$ bei $p_H = 6$ und $r_H = 0,8$ bei $p_H = 11$
Hydrosulfit 0,1 g/l $r_H = 7,5$ bei $p_H = 6$ und $r_H = 4,0$ bei $p_H = 11$
Hydrosulfit 0,01 g/l $r_H = 27$ bei $p_H = 6$ und $r_H = 7,5$ bei $p_H = 11$

Seine Messungen an Rongalitlösungen bei $p_H = 11,5$ und verschiedenen Konzentrationen und Temperaturen ergaben folgende Werte:

Rongalit	100 g/l bei $p_H = 11,5$	10 g/l bei $p_H = 8$	1 g/l bei $p_H = 6,5$
20° C	$r_H = 12$	$r_H = 17$	$r_H = 22,5$
40° C	$r_H = 8$	$r_H = 17$	$r_H = 18$
60° C	$r_H = 4$	$r_H = 15$	$r_H = 16$
80° C	$r_H = 2,5$	$r_H = 10$	$r_H = 15$
100° C	$r_H = 1,1$	$r_H = 1,2$	$r_H = 13$

Man sieht aus den Meßdaten, daß Rongalitlösungen erst bei Kochtemperatur ein höheres Reduktionsvermögen (entsprechend einem niederen r_H-Wert) zeigen, während Hydrosulfitlösungen schon bei 25° C die größte Reduktionskraft erreichen. Decrolin löslich konzentriert und AZA verhalten sich ähnlich wie Rongalit in saurer Lösung. Weitere Messungen von SCHAEFFER betrafen die Küpenfarbstoffe selber:

Indanthrengoldgelb GK	$r_H = 3,8$		$r_H = 7,0$	
Indanthrengelb FFRK	$r_H = 1,2$		$r_H = 5,0$	
Indanthrengelb G	$r_H = 4,0$		$r_H = 7,5$	(beginnender
Indanthrengelb GF	$r_H = 2,4$	(zur Verküpung	$r_H = 4,5$	Farbton
Indanthrenbrillantorange GR	$r_H = 0,8$	erforderlich)	$r_H = 3,6$	umschlag der Küpe)
Indanthrenbraun R	$r_H = 1,8$		$r_H = 4,8$	
Indanthrenkhaki GG	$r_H = 0,8$		$r_H = 2,6$	

[1] Melliand Textilber. 1946, 132, 164, 203, 239.
[2] Melliand Textilber. 30, 111 (1949).

Indanthrenblau RS $r_H = 1{,}5$
Indanthrendunkelblau
BO $r_H = 1{,}6$ (zur Verküpung erforderlich)
Indanthrenbrillantgrün
FFB $r_H = 1{,}8$ $r_H = 4{,}3$ (beginnender Farbton-Umschlag der Küpe)

Bei einem Schwefelfarbstoff betrug der r_H-Wert 4,0 bis 8,5. Von D. E. MARNON und J. H. HENESSY[1] sowie von J. RATH[2] wurde auf die Bedeutung der potentiometrischen Kontrolle bei Küpenfärbungen in Gestalt des sogenannten MARHEN-Verfahrens in Amerika hingewiesen. Es handelt sich hier um die laufende Ablesung des Reduktionsstandes der Küpe im Kontinueverfahren, wobei das Redoxpotential laufend gemessen wird; es beträgt bei den meisten Küpenfarbstoffen 1000 bis 1200 Millivolt, bei sehr reduktionsempfindlichen Küpenfarbstoffen 800 bis 900 Millivolt. Durch Vorversuche wird bei einem Küpenfarbstoff das günstigste Redoxpotential ermittelt; im Kontinuebetrieb muß dann dieses durch Zugabe von Hydrosulfit und eventuell Lauge konstant gehalten werden. Setzt man z. B. in der Nähe der Elektrode eine kleine Menge Hydrosulfit zu und erfolgt ein starker Anstieg des Potentiales, so deutet dies auf einen Mangel an Hydrosulfit, ändert sich das Potential nicht, so fehlt es an Lauge. Die Messungen können auch bei Küpenfärbungen am Jigger und im Apparat durchgeführt werden. Gleichmäßige Färbungen werden bei Zusatz von Natriumnitrit, Hydroxylamin oder Formaldehyd erhalten, welche Überreduktion verhindern.

Außer der potentiometrischen Messung von p_H- und r_H-Werten kann man diese auch mittels Indikatoren bestimmen. Diese Indikatoren stellen Farbstoffe dar, die bei einem bestimmten p_H-Wert bzw. r_H-Wert einen Farbtonumschlag zeigen. So einfach diese Bestimmung auch erscheint, stehen ihr doch für die Anwendung in der Küpenfärberei einige Mängel im Wege. Einmal haben die Küpen eine Eigenfarbe, welche störend bei der Beobachtung der Indikatorfarbe wirkt und dann sind in der Küpe noch andere Stoffe gelöst, die den Umschlag stärker beeinflussen. Wegen der Bestimmung des Redoxpotentiales mit Indikatoren sei auf die Broschüre der Firma E. Merck in Darmstadt verwiesen.

Im Küpendruck erniedrigt lufthaltiger Dampf durch seine Oxydationswirkung das Reduktionspotential des Küpenfarbstoffes und vermindert dadurch die Ausgiebigkeit der Druckfarbe, wie F. FAHNOE[3] feststellte. Er fand, daß ein Luftgehalt von 0,3 Vol.-% im Dampf nicht schädlich ist. Auf die praktische Durchführung der Luftfreiheit beim Dämpfen hat auch H. BARTH[4] hingewiesen. Das Dämpfen bewirkt einen örtlichen Färbeprozeß in konzentrierter Lösung bei hoher Tempe-

---

[1] Amer. Dyestuff Reporter **10**, 292 (1952).
[2] Melliand Textilber. **33**, 862 (1952).
[3] Amer. Dyestuff Reporter **38**, 663 (1949).
[4] Melliand Textilber. **31**, 771 (1950).

ratur. Es erfolgt eine Reduktion des Farbstoffes und eine Lösung der Leukoverbindung (Enolat) im kondensierten Wasser. Der Dampf soll gesättigt sein.

Am Schluß sei noch eine physikalische Art der Verküpung genannt, die praktisch sich nicht eingeführt hat. Bei der *elektrochemischen* Verküpung[1] wird die Ware mit dem Küpenfarbstoff, Hydrosulfit und Natronlauge geklotzt und die Reduktion elektrolytisch in einem Foulard durchgeführt zwischen zwei Metallwalzen (positive Eisenwalze, negative Nickelwalze) als Elektroden, die durch eine Gummiwalze getrennt sind, mit Gleichstrom von 6 bis 10 Volt. Nachher wird wie üblich entwickelt.

Störungen beim Verküpen können eintreten, wenn man von den Verküpungs- und Färbevorschriften abweicht, weil sich dann besondere physikalisch-chemische Bedingungen ergeben, welche J. MÜLLER[2] erforschte. Von diesen Störungen seien genannt das Auskristallisieren des Küpensalzes (der Natrium-Leukoverbindung) bei zu niederer Färbetemperatur und zu hohem Natronlaugen- und Farbstoffgehalt der Küpe, weiters die Überreduktion der Küpenfarbstoffe bei zu hoher Färbetemperatur; sie kann durch folgende Modellformeln dargestellt werden:

Anthrachinon   Anthrahydrochinon
           (rückoxydierbar)

Anthron bzw. Anthranol
(nicht rückoxydierbar)

Zur Verhinderung der Überreduktion wurde in Amerika ein Zusatz von Natriumnitrit empfohlen. Bei halogenierten Küpenfarbstoffen geht mit der Überreduktion auch eine Dehalogenierung, d. h. Abspaltung von Chlor oder Brom vor sich. Bei der Überoxydation von Küpenfarbstoffen, z. B. bei Indanthrenblau, werden die beiden Wasserstoffatome ganz oder teilweise unter Bildung der gelben Azinform wegoxydiert, die sich in einer Farbtonverschiebung nach grün auswirkt. Peroxyde oder Perborat rufen keine Überoxydation hervor. Meist ist eine Rückreduktion durch Hydrosulfit (blinde Küpe) möglich, aber z. B. nicht bei Indanthrengelb 6 GD, weil hier die Azinstufe beständig ist. Eine andere Störung ist die Verseifung, d. h. Abspaltung des Säurerestes (Benzoyl) bei Azylaminoanthrachinonen, wobei eine Farbtonverschiebung nach der optisch tieferen Seite erfolgt. Die Keto-Enol-Umlagerung der Leukoverbindung wurde von J. MÜLLER[3] näher untersucht; bei viel Lauge in verdünnter Küpenflotte wandelt sich die Enolform in die Ketoform um; letztere läßt sich nicht oxydieren und ist daher färberisch nicht auswertbar.

---

[1] Englisches Patent referiert in Textil-Praxis **5**, 453 (1950).
[2] Text. Rdsch. **5**, 261, 303 (1950).
[3] Melliand Textilber. **28**, 93, 136, 273 (1947).

Anthrahydrochinon(Enol)form
tiefblau

Oxanthron(Keto)form
stumpfviolett

Die angeführten Störungen beim Verküpen bewirken meistens Farbtonänderungen.

Nachstehend folgen die wichtigsten *Reduktionsmittel*.

a) *Hyposulfite*. *Natriumhyposulfit* (Natriumdithionit) $Na_2S_2O_4$ ist das Natriumsalz der hydroschwefligen Säure (Dithionige Säure, Disulfinsäure, 1869 von P. SCHÜTZENBERGER zuerst dargestellt), als Handelsprodukt Hydrosulfit konz. Pulver (I. G., BASF, Ciba, Geigy, Sandoz) genannt. Es wird durch Reduktion von Natriumbisulfit bzw. schwefeliger Säure mit Zinkstaub gewonnen (durch Alkohol oder Kochsalz ausgefällt).

$$2\ NaHSO_3 + H_2SO_3 + Zn = Na_2S_2O_4 + ZnSO_3 + 2\ H_2O$$

oder $$Zn + 2\ HSO_3{}' = Zn^{\cdot\cdot} + S_2O_4{}'' + 2\ OH'.$$

Nach M. GOEHRING und H. STAMM[1] entspricht die Strukturformel u Salz einer Disulfinsäure. Hydrosulfit soll trocken, kühl und luftdicht chlossen aufbewahrt werden (sonst kommt es zur Selbstzersetzung Selbsterwärmung). Es dient als Reduktionsmittel in der Küpen-, als Abziehmittel für Färbungen und in der Gasanalyse zur Abvon Sauerstoff.

$$Na_2S_2O_4 + 2\ NaOH + H_2O = Na_2SO_4 + Na_2SO_3 + 2\ H_2$$

$$Na_2S_2O_4 + H_2O + O_2 = NaHSO_3 + NaHSO_4,$$

$$2\ Na_2S_2O_4 = Na_2S_2O_3 + Na_2SO_3 + SO_2.$$

b) *Sulfoxylate*. *Natriumformaldehydsulfoxylat* ist das Natriumsalz des Formaldehydadditionsproduktes der Sulfoxylsäure (Oxymethansulfinsäure) $NaHSO_2 \cdot CH_2O + 2\ H_2O$. Es entsteht durch Einwirkung von Formaldehyd auf Hydrosulfit (G. THESMAR 1905).

$$Na_2S_2O_4 + 2\ CH_2O + H_2O = NaHSO_3 \cdot CH_2O + NaHSO_2 \cdot CH_2O.$$

Das Natriumbisulfitformaldehyd hat keine Ätzwirkung, das Natriumsulfoxylatformaldehyd dient als Ätzmittel in der Druckerei und ist als

---

[1] Angew. Chem. **60**, 147 (1948).

Rongalit C extra (I. G.), Hydrosulfit FD konz. (Geigy), Hydrosulfit R konz. (Ciba), Hydrosulfit RFN (Sandoz) im Handel. Reduktionsgleichung:

$$2\,NaHSO_2CH_2O + 4\,NaOH + H_2O = Na_2SO_4 + Na_2SO_3 +$$
$$+ 2\,HCOONa + 5\,H_2.$$

Nach R. SCHOLDER und G. DECK[1] wirkt auch Kobaltsulfoxylat reduzierend und verküpend, Hydrosulfit wird durch Kobaltsalze ähnlich gespalten wie durch Formaldehyd: $CoS_2O_4 = CoSO_2 + SO_2$.

c) *Glukose. Traubenzucker* (Glukose) wird technisch als Stärkezucker durch Abbau der Stärke von Kartoffeln oder Mais mittels verdünnter Säure im Druckkessel gewonnen:

$$(C_6H_{10}O_5)_x + x\,H_2O = x\,C_6H_{12}O_6.$$

Glukose wirkt in alkalischer Lösung energisch reduzierend (Honigküpe, Melasseküpe bei Indigo), Ätzdruck von Schwefelfarbstoffen. Die Spaltung von Zucker durch Alkali verläuft nach F. FISCHLER[2] und nach F. FISCHLER, K. TÄUFEL und S. W. SOUCI[3] als ein Zerfall in $\dot{C}_3$-Ketten (Methylglyoxal, Glyzerinaldehyd, Dioxyazeton).

$$C_6H_{12}O_6 = CH_2OHCHOHCOH + CH_3COCOH + H_2O$$
$$\text{Glyzerinaldehyd} \qquad \text{Methylglyoxal}$$

$$C_6H_{12}O_6 = CH_2OHCOCH_2OH + CH_3COCOH + H_2O$$
$$\text{Dioxyazeton} \qquad \text{Methylglyoxal}$$

H. PERNDANNER, J. HACKL und H. BARTL[4] isolierten das flüchtige Methylglyoxal (Küpengeruch) und das Gemisch von Glyzerinaldehyd und Dioxyazeton („Glyzerose“) als Zersetzungsprodukte in der Küpe. R. HALLER, J. HACKL und M. FRANKFURT[5] erklären die höhere Reduktionskraft der Glukose-Hydrosulfitküpe dadurch, daß Glukose auf Hydrosulfit ähnlich wie Formaldehyd wirkt, d. h. Glukosesulfoxylat $C_6H_{12}O_6 \cdot NaHSO_2$ und Glukosebisulfit $C_6H_{12}O_6 \cdot NaHSO_3$ bildet. Auf solcher Grundlage ist das *Candit V*: $C_6H_{12}O_6 \cdot NaHSO_2$ (Pyrgos, Radebeul) aufgebaut, welches eine Weißätze von Indigo ohne Dämpfen bewirkt.

d) *Metallsalze.* In alkalischer Lösung wurden Eisenvitriol, Zinkstaub, Zinnoxydul für Indigoküpen angewandt. In saurer Lösung dienen Zinnchlorür oder Titantrichlorid für analytische Zwecke.

B. Theorie der Entwicklung.

Die Entwicklung ist die Umwandlung der Leukoverbindung auf der Faser durch Hydrolyse und Oxydation zum Küpenfarbstoff. Chemisch betrachtet, ist die Entwicklung der entgegengesetzte Vorgang zur Verküpung. Die richtige Ausführung beider Umwandlungen ist von größter

---

[1] Z. anorg. Chem. **222**, 17 (1935).
[2] Z. physiol. Chem. **157**, 1 (1926); **165**, 53 (1927).
[3] Angew. Chem. **41**, 950 (1928).
[4] Melliand Textilber. **1930**, 42.
[5] Melliand Textilber. **1928**, 41.

Bedeutung zur Erzielung einwandfreier Färbungen. Unvollständige Verküpung führt zu unegalen Färbungen, zu weitgehende Verküpung führt zu Überreduktion und Farbtonänderungen. Ähnlich führt auch unvollständige Entwicklung zu Unegalitäten und verminderten Echtheiten, während eine zu energische Oxydation Farbtonänderungen ergibt.

Die praktische Entwicklung besteht außer in einer Oxydation noch in einem Absäuern, Spülen und Abseifen. Auch diese Vorgänge, besonders die letzte Nachbehandlung durch kochendes Seifen sind für die vollständige Entwicklung des Farbtones und Erzielung guter Echtheiten wichtig.

Die Oxydation selbst wird am einfachsten und billigsten mit Luftsauerstoff durchgeführt. Dies geschieht durch Verhängen an der Luft und Spülen mit fließendem Wasser, welches auch Luftsauerstoff gelöst enthält. Meist muß künstlich oxydiert werden; als Oxydationsmittel werden eingesetzt: Natriumperborat, Wasserstoffperoxyd, Natriumperoxyd, Natrium- oder Kaliumbichromat, Natriumpersulfat, Natriumperkarbonat. Es kann auch Fettalkoholphosphat (Ondal bzw. Ondalon von BÖHME) bzw. Fetteiweißkondensat (Lamesal P von TEPHA) mit gebundenem aktiven Sauerstoff zum gleichzeitigen Oxydieren und Abseifen verwendet werden.

Nach dem Oxydieren wird gesäuert, gespült und kochend geseift. Das *Abseifen* entfernt den nur mechanisch auf der Faser sitzenden Farbstoff, der sonst mangelnde Reib- und Waschechtheit verursachen würde, erhöht die Lichtechtheit durch Kornvergröberung der Farbstoffteilchen und macht auch den Farbton lebhafter. Farbtonänderungen sind nach R. HALLER[1] durch eine Dispersitätsverringerung des Farbstoffes, nach J. WEGMANN[2] durch eine Änderung in der Polarisierbarkeit (unpolare und polare Zustandsformen) der Farbstoffmoleküle bedingt. Für das Abseifen kann die Seife ganz oder teilweise durch synthetische Waschmittel ersetzt werden, die den Vorteil der Beständigkeit gegen hartes Wasser besitzen, also keine Kalkseifen abscheiden. Wegen der theoretischen Vorstellungen über die Wirkungsweise der Seife und der Waschmittel sei auf das Buch von A. CHWALA[3] und auf die Veröffentlichungen von H. REUMUTH[4] verwiesen; in den letzten Abhandlungen sind eine Reihe hervorragender mikrokinematographischer Aufnahmen über den Waschvorgang enthalten.

Der nähere Chemismus der Oxydation des Leukofarbstoffes ist unbekannt, wahrscheinlich entstehen zuerst Primäroxyde oder unter Umständen (bei raschem Wechsel von Oxydation und Reduktion, z. B. beim Färben auf der Haspelkufe) auch Farbstoffperoxyde und Wasserstoffperoxyd, die bei ihrem Zerfall die Faser unter Oxyzellulosebildung angreifen können (Färbeschäden). Als Schutzmittel gegen diese Schäden wurde ein Zusatz von Tannin oder Brenzkatechin, deren phenolische Gruppen sich an die Leukoverbindungen anlagern, zum Färbebad empfohlen.

---

[1] Melliand Textilber. **6**, 669 (1925).
[2] Text. Rdsch. 8, 4, 97, 157 (1953).
[3] Textilhilfsmittel. Wien: Springer-Verlag. 1939.
[4] SVF **6**, 245, 285 (1951); 7, 85, 255, 303, 457, 498 (1952).

Vorgeschlagen wurde auch eine *photochemische Entwicklung* (VAT-CRAFT-Verfahren) für Küpenfarbstoffe und Indigosole[1], wobei die Ware am Foulard mit Farblösung und Netzmittel imprägniert, in einem Trog mit Uransalz und Sensibilisator lichtempfindlich gemacht und in der Belichtungskammer mit Quecksilberdampflösung entwickelt wird.

C. Die Bindung zwischen Küpenfarbstoff und der Faser.

Das Aufziehen der wasserlöslichen Natrium-Leukoverbindung eines Küpenfarbstoffes geschieht ähnlich wie bei einem substantiven Farbstoff. Die Küpe muß alkalisch sein, sonst findet eine Hydrolyse der Natriumverbindung in die freie Leukoverbindung statt, welche durch die phenolischen Hydroxylgruppen schwach sauer reagiert (Küpensäure) und in Wasser unlöslich, in Natronlauge aber löslich ist. Das Küpensalz zieht substantiv auf die Faser, wird beim Spülen in Wasser durch Hydrolyse zur Küpensäure gespalten und diese wird durch Sauerstoff zum unlöslichen Küpenfarbstoff oxydiert.

Die Leukoverbindung in der Küpe bildet assoziierte Anionen, d. h. es sind mehrere Anionen zu einem größeren Aggregat vereinigt. Eine Temperaturerhöhung bewirkt einerseits eine Erhöhung der Beweglichkeit der Teilchen, also der Diffusion ins Faserinnere und anderseits eine Herabsetzung der Assoziation der Farbstoffanionen. Die eigentliche Bindung zwischen Küpenfarbstoff und Zellulosefaser ist keine echte chemische Valenzbindung, sondern erfolgt durch Adsorption, also durch Anlagerung an die Oberflächen bzw. Einlagerung in die kleinsten kapillaren und mizellaren Hohlräume der Faser. Auch die Bindung eines substantiven Farbstoffes erfolgt durch Adsorptionskräfte. Nach der Theorie der *Substantivität* von E. SCHIRM[2] sind gehäufte konjugierte Doppelbindungen im Molekül einer Verbindung nötig, damit sie substantives Aufziehen besitzt. Betrachten wir z. B. den chemischen Aufbau von Kongorot, so erkennt man in der Formel acht konjugierte Doppelbindungen zwischen den beiden auxochromen Aminogruppen. Nach H. KRZIKALLA und B. EISTERT[3] sind auch bei Naphtolkörpern konjugierte Doppelbindungen als Ursache der Substantivität anzunehmen und ähnlich bei den Leukoverbindungen von Küpenfarbstoffen.

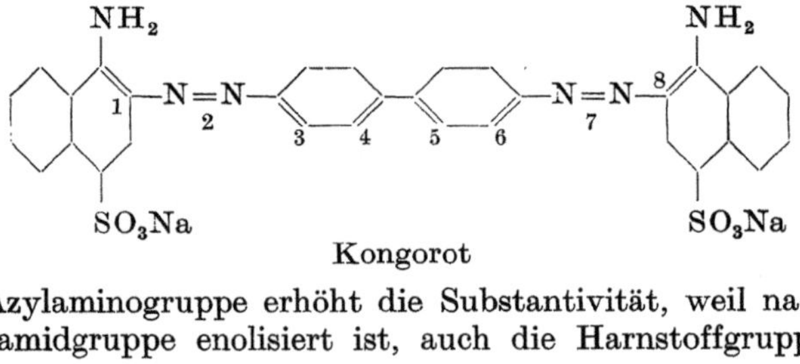

$$NH_2 \qquad\qquad NH_2$$
$$\text{[Strukturformel]}\quad 1 \;-N{=}N-\; 2 \quad 3\;4\;5\;6 \quad N{=}N-\;7 \quad 8$$
$$SO_3Na \qquad\qquad SO_3Na$$

Kongorot

Eine Azylaminogruppe erhöht die Substantivität, weil nach SCHIRM die Säureamidgruppe enolisiert ist, auch die Harnstoffgruppierung ist

---

[1] Vgl. RAVICH: Textil-Praxis **6**, 669 (1951).
[2] J. prakt. Chem. **144**, 69 (1935).
[3] J. prakt. Chem. **143**, 50 (1935).

halbseitig enolisiert. β-Naphtol ist nicht substantiv, wohl aber Naphtol AS, das in alkalischer Lösung enolisiert ist. Nach K. H. MEYER[1] sind auch die Nebenvalenzkräfte an der Bindung zwischen Faser und Farbstoff, also an der Adsorption der Leukoverbindung ausschlaggebend beteiligt.

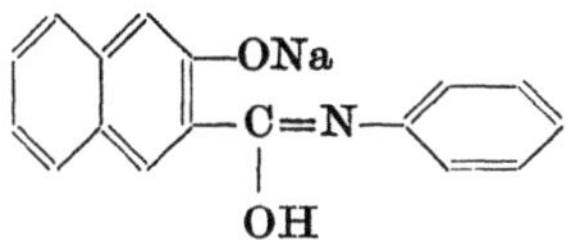

Naphtol AS
(β-Oxynaphtoesäureanilid)

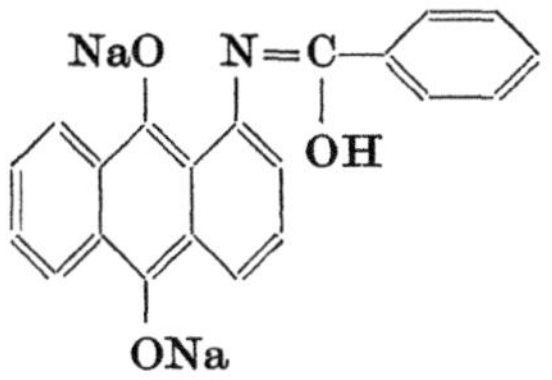

Algolgelb WG
(Benzoylaminoanthrachinon)

Die Physik hat erkannt, daß diese Kräfte nicht einheitlicher Natur sind, man nennt sie mit einem allgemeinen Ausdruck Molekularkräfte, sie äußern sich zwischen den Molekülen desselben Körpers als Kohäsion, zwischen den Molekülen verschiedener Körper als Adhäsion, Adsorption oder Nebenvalenzen. Sie werden auch VAN DER WAALsche Kräfte genannt und sind, weil sich die Moleküle aus Atomen zusammensetzen, welche wieder Elektronen enthalten, letzten Endes elektrischer Natur.

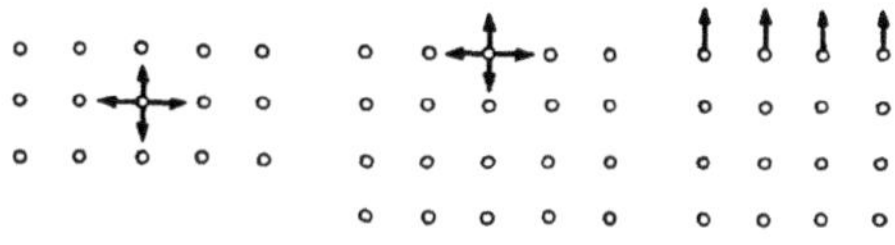

Molekül im Innern.

Molekül an der Oberfläche.

Abb. 1.

Ohne über die Art der Kraftwirkung zwischen den Molekülen Kenntnis zu haben, kann man leicht einsehen, daß von jeder Oberfläche eines Körpers Kräfte ausgehen müssen. Stellen wir uns z. B. die Oberfläche als eine Schicht von Molekülen vor, unter der sich wieder andere Molekülschichten befinden und betrachten wir ein Molekül im Innern des Körpers, so ist es allseitig von anderen Molekülen umgeben und erfährt von diesen nach allen Richtungen Anziehungskräfte (Kohäsion), die sich im Mittel aufheben, weil sie paarweise entgegengesetzt gleich sind. Betrachtet man dagegen ein Molekül an der Oberfläche, so ist dieses nicht mehr allseitig von anderen Molekülen umgeben, sondern wird von den Molekülen der unteren Schichten einseitig angezogen, was sich als Oberflächendruck oder Oberflächenspannung äußert. Es werden also nicht alle Kräfte des an der Oberfläche befindlichen Moleküls von anderen gebunden oder abgesättigt, sondern ragen in den freien Raum hinaus, sie wurden früher auch Restvalenzen genannt, haben aber mit den echten Valenzkräften zwischen den Atomen nichts zu tun. Die freien Kräfte an der Oberfläche können in der Nähe befindliche Moleküle anderer Körper anziehen, so entsteht die Adsorption (Oberflächenanziehung) von Gasen oder gelösten Stoffen durch feste Oberflächen. Bedenkt man nun, daß die Fasern eine ungeheure Zahl von Poren, Hohlräumen in ihren Strukturen ent-

---

[1] Melliand Textilber. 9, 572 (1928).

halten, angefangen von den grob sichtbaren Kapillaren, den mikroskopisch und ultramikroskopisch sichtbaren Spalten bis zu den Zwischenräumen der Mizellen (Molekülbündel), so erkennt man, daß die Fasern eine große innere Oberfläche besitzen und daher auch starke Anziehungskräfte äußern können, z. B. auf Luft oder gelöste Farbstoffe. Ist das Faserinnere z. B. mit Luft erfüllt, so muß diese zuerst von der inneren Oberfläche verdrängt werden, damit die Bindung mit dem Farbstoff zustande kommt.

Welcher Art sind nun die Bindungskräfte zwischen Faser und Farbstoff? Die erste Art wird Dispersionskräfte genannt; es ist die allgemeine Kohäsion zwischen den Molekülen und entsteht wie LONDON (1930) zeigte, durch Einwirkung der inneren Elektronenbewegung der Moleküle aufeinander. Sie ist schwach und wird übertroffen von der zweiten Art, den Dipolkräften; sie werden verursacht durch unsymmetrische Ladungsverteilung innerhalb von Molekülen oder Atomgruppen. Als Beispiel betrachten wir das Wasser; sein Molekül ist unsymmetrisch gebaut und die elektrischen Ladungen,

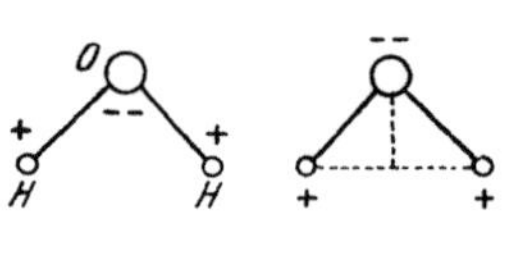

Abb. 2. Dipol.

die seine Atome tragen, heben sich in ihrer Wirkung nicht im Mittelpunkt auf, sondern ergeben zusammen einen positiven Pol und einen negativen Pol, also einen Dipol. Die Kraftwirkung eines Dipolmoleküls hängt ab vom Dipolmoment, d. i. das Produkt aus Ladung $\times$ Ladungsabstand. Wasser gehört zu den polaren Molekülen, die schon durch ihren Bau einen festen Dipol tragen. Es gibt aber auch Moleküle, bei denen erst durch Annäherung anderer Moleküle eine unsymmetrische Ladungsverschiebung stattfindet; sie werden dann induzierte Dipole. Wichtig ist besonders, daß viele Atomgruppen, die Wasserstoff enthalten, wie die Hydroxyl-, Karboxyl-, Amino- und Iminogruppe, auffallend starke Dipolwirkungen aufeinander durch elektrische Wechselwirkung zeigen. Man nennt diese Kräfte Wasserstoffbrücken. Die Zellulosefaser enthält nun in ihren Molekülen Hydroxylgruppen, die Leukoverbindungen der Küpenfarbstoffe enthalten Hydroxyl- und Aminogruppen; daher versteht man, daß die Wasserstoffbrücken an der Bindung Farbstoff—Faser eine wichtige Rolle spielen. Nebenbei sei noch bemerkt, daß die Wasserstoffbrücken auch einen großen Teil der Kohäsionskräfte bei Zellulose-, Eiweiß- und Polyamidfasern ausmachen und deren Festigkeit mitbedingen.

Was die Stärke der Bindung anlangt, sei erwähnt, daß die Größe der vorhin genannten Nebenvalenzkräfte (physikalische Molekülbindungen) etwa 1 kcal/Mol beträgt gegen 100 kcal/Mol bei Hauptvalenzkräften (echten chemischen Atombindungen); aber es können sich bei größeren Molekülen mit mehreren polaren Gruppen die Nebenvalenzkräfte zu Beträgen addieren, die an die Hauptvalenzen heranreichen.

Von R. HALLER und Mitarbeitern[1] wurde eine Erscheinung beobachtet, *physikalische Kondensation* genannt, die darin besteht, daß ge-

---

[1] R. HALLER und A. RUPERTI: Melliand Textilber. 6, 664 (1925). — A. RUPERTI: Melliand Textilber. 8, 942 (1927). — R. HALLER und J. OKANY-SCHWARZ: Helv. chim. Acta 17, 761 (1934).

färbte Fasern bei Behandlung mit heißem Wasser oder Dampf eine Aggregation des Farbstoffes innerhalb der Faser zeigen; es bilden sich Farbstoffkristalle in den Faserhohlräumen. Diese zeigen besonders Naphtolfärbungen und auch Küpenfärbungen. Durch die Heißbehandlung der Färbung wird die Bindung Farbstoff—Faser zerlegt, der Farbstoff wandert durch die mizellaren Zwischenräume in die Hohlräume (Lumina) ein, deren Oberflächen eine Anziehung ausüben, wo es dann zur Kristallisation kommt und sich die Kristalle durch die Oberflächenkräfte orientieren. Nach HALLER lassen sich saure Wollfärbungen und Beizenfärbungen nicht der physikalischen Kondensation unterwerfen; offenbar sind hier starke Bindungen zwischen Faser und Farbstoff vorhanden, im ersten Fall durch echte chemische Valenzkräfte, im letzteren durch Metallkomplexe mit Wasserstoffbrücken.

Eine Farbstoffkondensation findet auch beim Abseifen der Küpenfärbungen statt, wobei der polare Charakter von Farbstoff und Faser wichtig ist.

Abschließend sei noch erwähnt, daß für das Aufziehen der Farbstoffe und die Echtheiten der Färbungen *Größe und Gestalt* der Teilchen eine große Rolle spielen. Die Teilchengröße der feinstdispersen Pulver ist 0,1 bis 0,01, der Küpensäuren unter 0,01 Mikron (Tausendstel Millimeter). Zum Vergleich sei die Durchschnittsgröße eines Indanthrenmoleküls mitgeteilt, sie beträgt 10 Å (oder 0,001 Mikron).

Nach A. SCHAEFFER[1] haben die Küpen der indigoiden Farbstoffe eine molekular-disperse Lösung, dagegen der anthrachinoiden Farbstoffe eine kolloid-disperse Lösung. Der Durchmesser der kapillaren Hohlräume der Zellulose entspricht ungefähr der Durchschnittsgröße des Moleküls der Leukoverbindungen. Nun ist die Diffusion der Leukofarbstoffe in die feinen Kanäle der Zellulosefaser der erste Vorgang beim Färbeprozeß. Es folgt daraus, daß der von der Faser aufgenommene Leukofarbstoff sich in molekularer Zerteilung befinden muß, um ins Innere der Faser zu gelangen. In der Küpe selbst befinden sich aber Teilchen verschiedener Größe der Leukoverbindung; es existiert hier ein Aggregationsgleichgewicht zwischen einfachen Molekülen und größeren Molekülaggregaten[2]. Durch das Wegwandern der einfachen Moleküle bei der Diffusion ins Faserinnere, wo sie adsorbiert werden, wird das Gleichgewicht der Aggregation gestört; es zerfallen dann weitere Molekülaggregate in einfache Moleküle, die wieder durch Adsorption und Diffusion entzogen werden. Bei einer zu hohen Geschwindigkeit der Diffusion und Adsorption leidet die Egalität der Färbung, weil ungleichmäßiges Aufziehen erfolgt. Allerdings kann bei manchen Farbstoffen ein gewisser Ausgleich von örtlich unegalen Färbungen dadurch eintreten, daß bereits adsorbierte Teilchen wieder von der Faser weg in die Lösung gehen und an anderen Stellen aufziehen, bis sich also ein Adsorptionsgleichgewicht eingestellt hat.

---

[1] Diss. T. H. Stuttgart 1926. — Angew. Chem. **46**, 618 (1933). — SVF **7**, 491 (1952).

[2] J. VALKO: J. amer. chem. Soc. **63**, 1433 (1941).

Von der Lage des Aggregationsgleichgewichtes und des Adsorptionsgleichgewichtes in bezug auf Temperatur, Konzentration des Farbstoffes und der Lösungsgenossen (Elektrolyte, Egalisiermittel) hängt die Egalität weitgehend ab. Bei der Wollfaser zieht die freie Küpensäure ähnlich wie ein saurer Farbstoff auf unter Absättigung der Aminogruppen[1].

D. Die Hilfsmittel für Küpenfärberei und Küpendruck.

Bei der chemischen Umwandlung der Küpenfarbstoffe in der Färberei und Druckerei sind zahlreiche Hilfsmittel nötig, um gleichmäßige (egale) Farbtöne und genügende Farbtiefe zu erzielen. Man setzt aber Hilfsmittel auch bereits den Handelsformen der Küpenfarbstoffe zu, damit sie haltbarer werden und besser in Lösung gehen.

Hygroskopische Stoffe. Hygroskopische Stoffe ziehen Feuchtigkeit an, wirken als Lösungsmittel für Farbstoffe und verhindern das Eintrocknen und Einfrieren der Druckpasten.

Glyzerin. Glykol, Clykolmonoäthyläther (Cellosolve), (CCCC), Äthylglykol, Solentwickler GA (I. G.), Developsol GA (D. & H.).

Diäthylenglykol, im Handel auch als Polyglykol (I. G.). Carbitole (Carbide Carbone Chem. Corp.) sind die Äther des Diäthylenglykols.

Thiodiäthylenglykol ist im Handel als Glyecin A, Tinosollöser A (Geigy), Cibantinlöser II (Ciba), Dehapan GB (Durand & Huguenin), Lyogen TG (Sandoz), Brecolane NCI (Francocolor). Thiodiäthylenglykol darf nicht mit Salzsäure erwärmt werden, weil das giftige Gelbkreuz (Lost, Dichlordiäthylensulfid) entsteht!

Sorbit (Sorbitol, Sorbex, Karion) ist ein sechswertiger Alkohol $C_6H_{14}O_6$, ein Borsäureglyzerinester ist Liovatin FL (Sandoz).

Hydrotrope Stoffe. Hydrotrope Stoffe sind imstande, an sich wasserunlösliche Substanzen in Lösung zu bringen. Die Erscheinung der Hydrotropie wurde von C. NEUBERG[2] entdeckt und von anderen Forschern im Zusammenhang mit der Bildung von Molekülverbindungen durch Nebenvalenzen gebracht, doch ist eine einheitliche Deutung kaum möglich. In der Koloristik werden hydrotrope Stoffe zur Herstellung von Küpenfarbstoffteigen benutzt; sie erhöhen auch die Ausgiebigkeit und Gleichmäßigkeit der Druckfarben, die wichtigsten von ihnen sind N-Benzylsulfanilsaures Natrium (Solutionssalz B der I. G., Solutionssalz G von Geigy, Liovatin S von Sandoz, Sel dissolvant NB von Francocolor, N-Dimethylmetanilsaures Natrium (Dinaton), Salizylate, Harnstoff, Thioharnstoff, Hexamethylentetramin, Betain (Trimethylglykokoll), Pyridin-Sulfobetain (Pyridinium-β-oxypropansulfobetain) usw. Sie sind in den Suprafixmarken und ähnlichen Teigpräparaten enthalten.

---

[1] O. LEUPIN und B. HARTMARK: Melliand Textilber. **1943**, 394.
[2] Biochem. Z. **76**, 107 (1916).

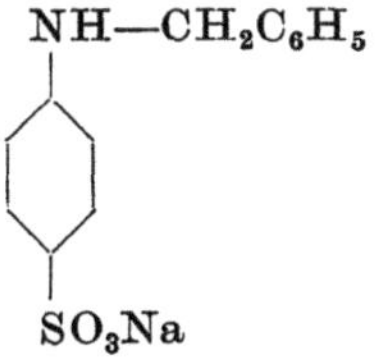

$NH{-}CH_2C_6H_5$

SO_3Na

Solutionssalz B

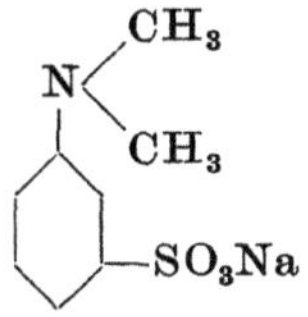

$N<^{CH_3}_{CH_3}$

SO_3Na

Dinaton

$(CH_3)_3N{-}OCO$

CH_2

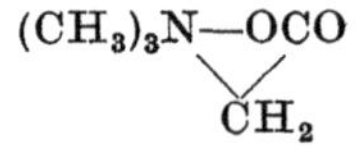

Betain
(Trimethylglykokoll)

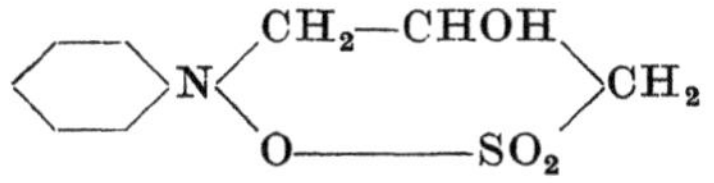

Pyridin-Sulfobetain
(Pyridinium-β-oxypropansulfobetain)

Über die Wirkung von *Harnstoff* liegen praktische und theoretische Untersuchungen vor. R. HALLER[1] beobachtet die farbverstärkende (intensivierende) Wirkung von Harnstoff an substantiven, sauren und Küpenfarbstoffen im Druck und findet, daß Harnstoff keine quellende Wirkung auf die Faser hat, wohl aber auf Stärke und andere Verdickungsmittel, wie Gummi oder Tragant in der Wärme. Harnstoff wirkt beim Druck erst im Dampf, scheinbar ohne sich zu verändern. HALLER stellt auch fest, daß Harnstoff sowohl auf substantive wie auch auf saure Farbstoffe eine auswählende (selektive) Wirkung insofern hat, als sich manche Farbstoffe mit Harnstoff fixieren, andere nicht, und darum ist auch der chemische Bau der Farbstoffe als konstitutioneller Einfluß mit in Betracht zu ziehen. H. BERTHOLD[2] weist zur Erklärung der intensivierenden Wirkung von Harnstoff und Thioharnstoff im Druck auf die Forschungen von W. SCHLENK jun.[3] hin, nach denen Harnstoff Additionsvermögen für Kohlenwasserstoffe, Alkohole, Äther, Aldehyde, Ketone, Karbonsäuren, Amine, Halogen- und Schwefelverbindungen besitzt. Ob die Bildung von Addukten (Einschlußverbindungen) mit der Leukoform des Küpenfarbstoffes oder mit dem Verdickungsmittel erfolgt, ist nach BERTHOLD nicht zu entscheiden. Als weitere Ursachen wären eine Erniedrigung der Viskosität oder eine reduzierende Wirkung der Verdickung auf die Druckfarbe anzunehmen. Da neuerdings von DuPont und Sandoz für den Druck auf Nylon und Perlon mit sauren Farbstoffen Thioharnstoff als Zusatz empfohlen und von der Ciba schon vor längerer Zeit Harnstoff (Verstärker Ciba) als Zusatz für Druck auf Zellulose empfohlen wurde, sollen die Erklärungsvorschläge noch näher betrachtet werden.

Außer von W. SCHLENK jun. wurden die Einschlußverbindungen des Harnstoffes von H. BENGEN[4] und F. CRAMER[5] näher untersucht. Harnstoff bildet mit normalen Kohlenwasserstoffen (und deren Abkömmlingen)

---

[1] Melliand Textilber. **31**, 349 (1950).
[2] Melliand Textilber. **31**, 575 (1950).
[3] Liebigs Ann. Chem. **565**, 204 (1949). — Angew. Chem. **62**, 299 (1950).
[4] Angew. Chem. **63**, 207 (1951).
[5] Angew. Chem. **64**, 437 (1952).

kristallisierte Additionsverbindungen, nicht aber mit verzweigten Kohlenwasserstoffen. Harnstoff selbst kristallisiert tetragonal, seine Addukte hexagonal. Im Kristallgitter des Harnstoffes sind kanalartige Hohlräume vorhanden, in denen Kohlenwasserstoffe Platz finden; der Kanaldurchmesser beträgt 5 Ångström (5.10^{-8} cm). Bei Thioharnstoff sind die Verhältnisse nach B. ANGLA[1] und W. SCHLENK jun.[2] ähnlich. Auch die blaue Jodstärke ist als Einschlußverbindung zu deuten, ebenso die Natronzellulose bei der Alkaliquellung der Zellulose und auch das Färben der Zellulosefaser mit substantiven Farbstoffen wird als ein „Einschließen" des Farbstoffes (mit langgestreckten Molekeln) in die Längskanäle der Faser anzusehen sein.

Die Einschlußverbindungen weisen also deutlich auf die Wichtigkeit des geometrischen Baues der Molekeln und Kristalle hin, welche Hohlräume (Kanäle) aufweisen müssen. Es fragt sich nur, ob diese Betrachtung hinreicht zur Erklärung der Wirkung des Harnstoffes im Druck. Berücksichtigt man die Beobachtungen von R. HALLER, so kommt man zum Ergebnis, daß noch andere Eigenschaften des Harnstoffes berücksichtigt werden müssen. Harnstoff kann vom Standpunkt der Mesomerie in mehreren Valenzzuständen vorkommen.

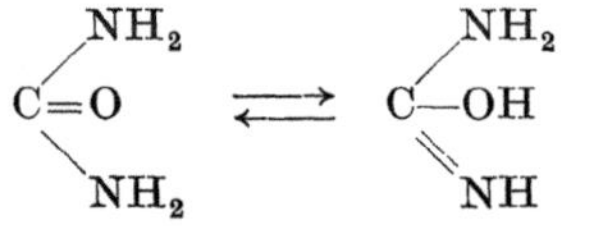

$$\underset{\text{Harnstoff}}{\overset{\displaystyle NH_2}{\underset{\displaystyle NH_2}{C=O}}} \quad \rightleftharpoons \quad \underset{\text{Isoharnstoff}}{\overset{\displaystyle NH_2}{\underset{\displaystyle NH}{C-OH}}}$$

Die Iminogruppe und die Hydroxylgruppe veranlassen in einem Molekül Dipolkräfte und können bei Annäherung anderer Moleküle mit diesen auch Wasserstoffbrücken bilden. Gerade bei höherer Temperatur, wo man nicht an kristallisierte Additionsverbindungen denken kann, wären diese Wechselwirkungen durch Dipolkräfte und Wasserstoffbindungen noch in Betracht zu ziehen, einerseits mit den Leukoverbindungen der Küpenfarbstoffe (mit OH- und NH-Gruppen) und anderseits mit den Verdickungsmitteln (mit OH- und COOH-Gruppen), sowie mit den Fasern (mit OH und NH-Gruppen), so daß damit auch die Feststellungen von HALLER gedeutet werden könnten. Harnstoff löst und verknüpft Wasserstoffbindungen. Es ist bemerkenswert, daß R. HALLER für die Verdickungsmittel einen solchen Feinbau annahm, der sie auch zur Bildung von Kanal-Einschlußverbindungen befähigt.

Noch eine andere, rein chemische Wirkung von Harnstoff soll erwähnt werden: er wird Indigosolentwicklungs- und Diazotierungsbädern zugesetzt zur Bindung der nitrosen Gase. Ähnlich wirkt Anthrasolsalz NO (ein Gemisch aus 50% Thioharnstoff und 50% Ammonsulfat) schützend bei Indigosolentwicklung gegen überschüssige salpetrige Säure.

---

[1] C. r. acad. sci., Paris **224**, 402 (1947).
[2] Liebigs Ann. Chem. **573**, 142 (1951).

$$CO\begin{smallmatrix}NH_2\\[1ex]NH_2\end{smallmatrix} + 2\ HNO_2 \longrightarrow CO\begin{smallmatrix}OH\\[1ex]OH\end{smallmatrix} + 2\ N_2 + 2\ H_2O$$

Reduktionskatalysatoren. Als Wasserstoffüberträger im Sinne eines Katalysators wird beim Ätzdruck benutzt: Anthrachinon, Anthraflavinsäure (2,6-Dioxyanthrachinon), β-anthrachinonsulfosaures Natrium (,,Silbersalz").

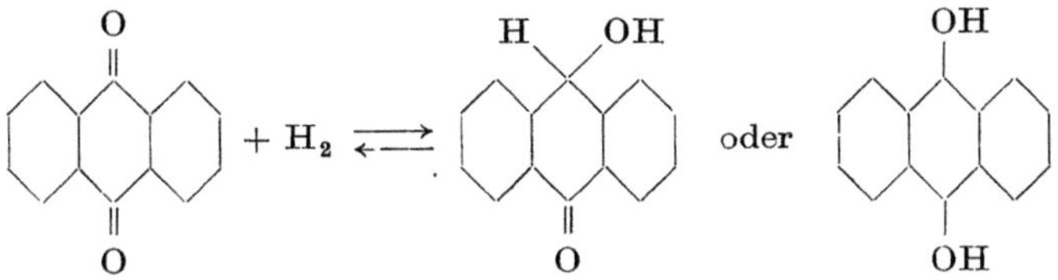

Anthrachinon   Anthrahydrochinon

Benzylierungsmittel. Benzylierungsmittel dienen als Hilfsmittel zum Ätzen von Küpenfärbungen, sie bilden mit den Leukoverbindungen der Küpenfarbstoffe luftbeständige, nicht auswaschbare Benzyläther, die eine Wiederoxydation des Ätzgrundes verhindern (REINKING 1908, BASF).

a) Dimethylphenylbenzylammoniumchlorid entsteht aus Benzylchlorid und Dimethylanilin

$$C_6H_5N\begin{smallmatrix}CH_3\\[1ex]CH_3\end{smallmatrix} + ClCH_2C_6H_5 \rightarrow \left[\begin{smallmatrix}H_3C\quad CH_3\\[1ex]C_6H_5-N-CH_2C_6H_5\end{smallmatrix}\right] Cl$$

im Handel als Leukotrop O (I. G.), Ätzsalz Ciba O (Ciba), Addol O (Geigy), Reduzin S (Sandoz), Leukofixe NJ (Francocolor), Metabol O (ICI).

Im Dampf spaltet sich Leukotrop O in Dimethylanilin und Benzylchlorid, letzteres bildet mit den Enolgruppen des Leukoküpenfarbstoffes Benzyläther. Die geätzten Stellen sind orange gefärbt.

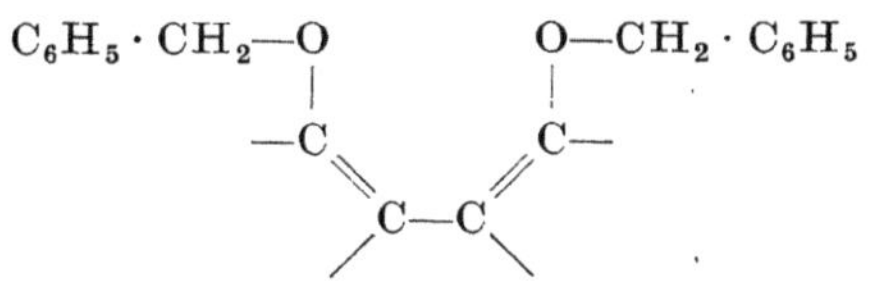

$$C_6H_5 \cdot CH_2-O \qquad O-CH_2 \cdot C_6H_5$$

b) Kalziumdisulfonat des Dimethylphenylbenzylammoniumchlorid, hergestellt aus Dimethylmetanilsäure und Chlortoluolparasulfosäure und Neutralisieren mit Kalziumhydroxyd. Es bildet Benzyläther, die in Lauge löslich sind.

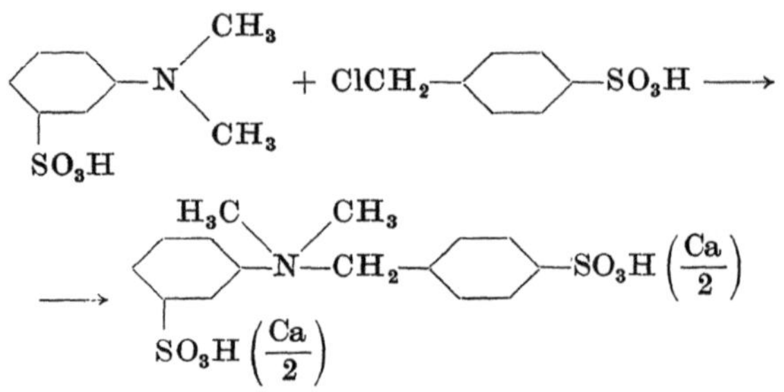

Im Handel sind Leukotrop W (I. G.), Ätzsalz Ciba W (Ciba), Addol W, extra konz. (Geigy), Reduzin S (Sandoz), Leukofixe NB (Francocolor), Metabol W (ICI). Ein Gemisch von Leukotrop W mit Rongalit C heißt Rongalit CL.

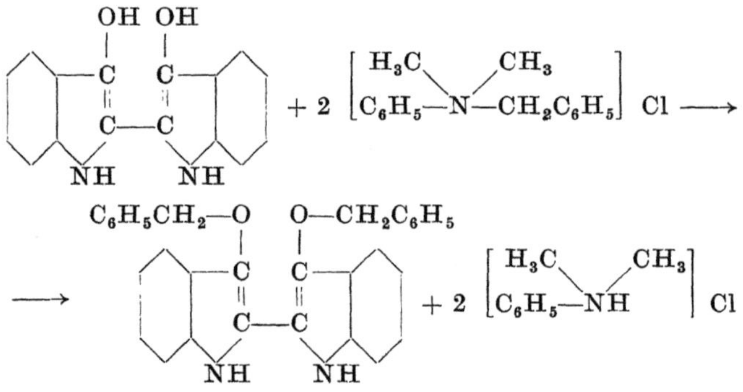

Benzyläther des Leukoindigos

Dispergiermittel. Dispergiermittel wirken auf Ausscheidungen von Farbstoffteilchen und Kalkseifen zerteilend, indem sie diese mit einem Film umhüllen und so als Schutzkolloide die Zusammenlagerung (Aggregation) zu gröberen Teilchen verhindern. Die Dispergiermittel wirken in mancher Hinsicht ähnlich wie Egalisiermittel und es läßt sich oft keine scharfe Grenze zwischen ihnen ziehen. Die wichtigsten Vertreter sind:

a) Naphtalinsulfosäureformaldehyd-Kondensate. Setamol WS (BASF) ist ein Schutzkolloid ohne Netz-, Schaum- und Waschwirkung, und wird im Stammküpen- und Küpensäureverfahren und in der Indigosolfärberei verwendet. Ähnlich wirken Solegal A (Höchst), Belloid TD (Geigy) und andere Produkte.

b) Ligninsulfonat-Konzentrate (Sulfitablaugenprodukte) dienen als Schutzkolloide in der Küpenfärberei. Dekol (I.G.), Cellex (Ciba), Levana (Sandoz), Unisol NS (Francocolor) usw.

c) Eiweißabbauprodukte aus Leim, Leder- und Hautabfällen gewonnen, wie z. B. Egalisal (Grünau) und Percolloid (Holtmann), auch Fetteiweißkondensate, wie Lamepon (Grünau)usw., werden verwendet.

Die Dispergiermittel haben nicht nur große Bedeutung für die Färbebäder der Küpenfarbstoffe, sondern auch für die Herstellung der Handelsmarken der Küpenfarbstoffe. Die Teigmarken sind leicht verküpbar, weil sie den Farbstoff in Gegenwart von zugesetzten Dispergiermitteln in feinster Verteilung enthalten. Je höher der Dispersitätsgrad (Zerteilungsgrad), desto kürzer ist die Verküpungsdauer. Auch Pulvermarken werden leicht verküpbar durch zugesetzte Dispergiermittel. Beispiele: Suprafixteig (BASF), Mikropulver, Mikroteig (Ciba), Ultrafein (Bayer), Ultrafixe (Sandoz). Die Leukosole (DuPont) enthalten Natriumdisulforizinat und Triäthanolamin als Dispergiermittel. Die Colloisole (BASF) sind so fein dispergiert, daß sie mit Wasser bereits kolloide Lösungen bilden und für alle Küpen-Kontinueverfahren und Spezialverfahren sowie in der Apparatfärberei besonders geeignet sind. Sie benötigen kein Netzmittel zum Anteigen und Klotzen.

Egalisiermittel. Das Egalisieren, d. h. gleichmäßige Anfärben hängt von der Aufziehgeschwindigkeit und vom Wanderungsvermögen des Farbstoffes ab. Die *faseraffinen* Egalisiermittel sind anionaktiv und werden von der Zellulosefaser an der Oberfläche adsorbiert, so daß den Farbstoffteilchen der Zutritt ins Faserinnere zunächst versperrt ist. Erst bei höherer Temperatur überwiegt die Affinität des Farbstoffes zur Faser, wodurch es zu einer Lockerung und Verdrängung des adsorbierten Egalisiermittels von der Oberfläche kommt. Die faseraffinen Egalisiermittel enthalten meist Sulfogruppen. Zu ihnen gehören Sulforizinate, wie Türkischrotöl, Monopolseife, Prästabitöl (Stockhausen), Calsolene Oil HS (ICI), Tinopolöl BHN (Geigy) usw., ferner Fettalkoholsulfonate, Fettsäurekondensate, z. B. Igepon T (Hostapon T) und verwandte Produkte (ihre Grundlage ist Ölsäuremethyltaurid $C_{17}H_{33}CONCH_3CH_2CH_2SO_3Na$), dann Albatex PO (Ciba), ein Fettsäurebenzimidazolsulfonat, Medialan A, ein Ölsäuresarkosid $C_{17}H_{33}CONCH_3CH_2COONa$ (ohne Sulfogruppe), Humectol CX und Alkylarylsulfonate z. B. Nekal BX (BASF), ein Diisobutylnaphtalinsulfonat, bzw. Perminal (ICI).

Die *farbstoffaffinen* Egalisiermittel sind nichtionogene oder kationaktive Mittel, die mit den Farbstoffteilchen lockere Verbindungen eingehen und deren Beweglichkeit hemmen, also ihre Wanderungsgeschwindigkeit zur Faser erniedrigen. Die Äthylenoxydkondensate (Polyglykoläther) entstehen durch Anlagerung von Äthylenoxyd (Oxyäthylierung) an Fettalkohole, Alkylphenole usw., wodurch diese wasserlöslich werden, $R—(OC_2H_4)_xOH$. Nach B. WURZSCHMITT[1] bilden die nichtionogenen Oxyäthylierungsprodukte in Gegenwart von Säuren, Salzen und Basen kationaktive Polyoxoniumderivate.

$$CH_2OCH_2 \atop \vdots \atop HOH \quad \longrightarrow \quad \left[{CH_2OCH_2 \atop \vdots \atop H} \right]^+ + OH^-$$

Polyglykoläther   Polyoxoniumhydroxyd

---

[1] Z. analyt. Chem. **1950**, 130.

Derartige Produkte führen die Handelsnamen Peregal O, OK (I. G.), Remol OK (Höchst), Levegal K (Bayer), Solidegal K (Cassella). Dispersol VL (ICI), Lissolamin V (ICI), Repellat (Böhme) sind quaternäre Pyridinium- oder Ammoniumverbindungen.

Bei niedriger Temperatur ist Peregal als kationaktives Polyoxoniumhydroxyd klar wasserlöslich, beim Erwärmen erfolgt Trübung der Lösung durch Dehydratation und Ausscheidung des nichtionogenen Polyglykoläthers. Die Erklärung der egalisierenden und abziehenden Wirkung liegt in der Bildung von lockeren Additionsverbindungen zwischen dem kationaktiven Peregal O und dem anionaktiven Leukofarbstoff. Durch Mitverwendung faseraffiner Egalisiermittel, wie z. B. Nekal BX, wird die Egalisierwirkung von Peregal O aufgehoben. Diese aufhebende Wirkung erklärt sich durch Bindung des Nekal an die Äthersauerstoffatome des Peregal unter Bildung eines kationaktiven Polyoxoniumsalzes. Charakter, A (BASF) ist ein Polyvinylpyrrolidon und bindet Leukofarbliegt stärker als Peregal. Nach J. MÜLLER[1] und M. BRÄUER[2] hat es anionaktiven Charakter, es gibt mit Säuren, Salzen und Basen Poly-Ammoniumverbindungen. Es dient als wirkungsvolles Hilfsmittel beim Abziehen von Küpenfärbungen. Zum Abziehen (oder besser ausgedrückt zum Aufhellen) von Küpenfärbungen werden blinde Küpen aus Natronlauge und Hydrosulfit eingesetzt, denen man ein Hilfsmittel, wie Albigen A, Peregal O, Albatex PO, Lissolamin V, zufügt, eventuell noch Bittersalz und ein Schutzkolloid (Eiweißabbau- oder Sulfitablaugenprodukte). Ähnlich wie Albigen A wirkt Resocol V (Sandoz).

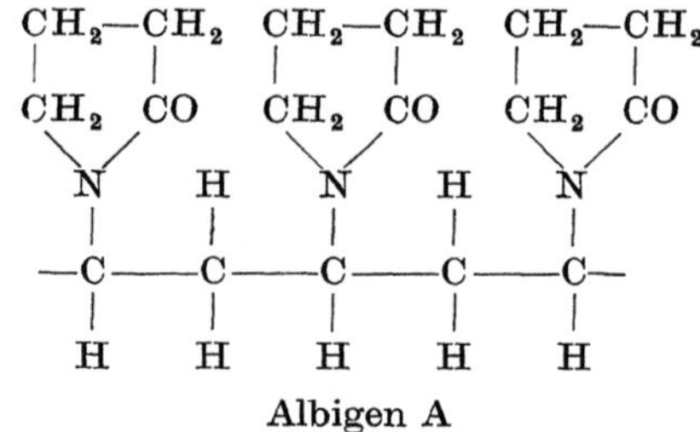

Albigen A

<hr>

[1] Melliand Textilber. **1947**, 355.
[2] Melliand Textilber. **32**, 53 (1951).

Die Küpenfarbstoffe und ihre Verwendung in der Färberei und im Zeugdruck.

Von Dr. F. Weiss, Wimpassing im Schwarzatale.

Die Küpenfarbstoffe sind wasserunlösliche Verbindungen, die reduzierbare Karbonylgruppen enthalten. Bei der Einwirkung von Reduktionsmitteln entstehen unter Bildung von Hydroxylresten wasserunlösliche Leukoverbindungen, die den Charakter schwacher Säuren besitzen. Die Leukosäuren bilden mit Alkalien wasserlösliche Salze. Bei der Reduktion der Karbonylgruppe zur phenolischen Hydroxylgruppe wird durch die freigewordene Wertigkeit des Kohlenstoffes eine Umlagerung des Farbstoffmoleküls bewirkt, die eine Veränderung der Farbe der Leukoverbindung im Vergleich zu dem nicht reduzierten Farbstoff zur Folge hat.

Die meisten Küpenfarbstoffe enthalten Indoxyl- bzw. Thioindoxylreste (indigoide Farbstoffe) oder Anthrachinonreste bzw. höher kondensierte, Karbonylgruppen enthaltende Reste (anthrachinoide Küpenfarbstoffe).

Die echtesten dieser Farbstoffe, die mit wenigen Ausnahmen der anthrachinoiden Gruppe angehören, wurden von der I. G. Farbenindustrie A. G. unter der Bezeichnung „Indanthrenfarbstoffe" zusammengefaßt. Die weniger lichtechten, teilweise auch weniger wasch- und kochechten, führen die Bezeichnung „Algolfarbstoffe"; die zum Färben der Wolle geeigneten Farbstoffe, vorwiegend indigoide Farbstoffe, erhielten die Bezeichnung „Helindonfarbstoffe". Die unter den Bezeichnungen Indanthren-, Algol- und Helindonfarbstoffe in der Zeit vor der Gründung der I. G. Farbenindustrie A. G. im Handel gewesenen Farbstoffe sind jedoch vielfach andere Produkte, da dies damals die Bezeichnungen der Badischen Anilin- und Sodafabrik bzw. der Farbwerke Fr. Bayer und der Höchster Farbwerke ohne Rücksicht auf die Echtheit und vielfach auch für identische Produkte waren.

Die entsprechenden Produkte der anderen Farbenfabriken führen folgende Bezeichnungen, wobei die zuerst genannten Namen die echtesten, den Indanthrenfarbstoffen entsprechenden Farbstoffe bedeuten: „Caledon"- bzw. „Durindon"-Farbstoffe (ICI), „Cibanon"- bzw. „Ciba"-Farbstoffe (Ciba), „Tinonchlor"- bzw. „Tinon"-Farbstoffe (J. R. Geigy A. G.), „Sandothren" bzw. „Sandon"-Farbstoffe (Sandoz & Co.), „Solanthren"- bzw. „Solan"-Farbstoffe (Kuhlmann, jetzt Francolor), „Ponsol"- bzw. „Duranthren"-Farbstoffe (DuPont), „Calcosol"- bzw. „Calcoloid"-Farbstoffe (Calco Chemical Co.), „Carbanthren"- bzw. „Vat"- („Küpen"-) Farbstoffe (National Aniline & Chemical Co.) u. a. Die Farbstoffe der General Dyestuffs Corp. haben die gleichen Bezeichnungen wie die der I. G. und ihrer Nachfolgefirmen.

Erster Teil

Chemie der Küpenfarbstoffe.

I. Zusammenstellung der wichtigsten Küpenfarbstoffe[1].

A. Indigoide Küpenfarbstoffe.

Die Küpenfarbstoffe, die sich vom Indoxyl $\begin{array}{c}-CO\\ >CH_2\\ -NH\end{array}$ und vom Thioindoxyl $\begin{array}{c}-CO\\ >CH_2\\ -S\end{array}$ ableiten, werden als indigoide Küpenfarbstoffe zusámmengefaßt.

1. Indigo und seine Derivate.

Indigo besteht **aus** zwei symmetrisch mittels einer Doppelbindung verbundenen Indoxylresten. Indigo und seine Halogenierungsprodukte sind blau bis violett gefärbte Farbstoffe. Die Farbstoffe dieser Gruppe werden allgemein nach Stammküpenverfahren gefärbt. Indigo selbst, der früher einmal als der Inbegriff eines echten Farbstoffes betrachtet wurde, ist tatsächlich ein verhältnismäßig wenig echter Farbstoff. Besonders die Lichtechtheit ist recht gering (3), auch die Chlorechtheit ist gering und auch die übrigen Echtheitseigenschaften sind mäßig. Durch Halogenierung gelangt man zu Produkten, die meist klarere Farbtöne und etwas bessere Echtheitseigenschaften aufweisen, obwohl auch diese Produkte die anthrachinoiden Küpenfarbstoffe an Echtheit bei weitem nicht erreichen. Die Farbstärke ist molekular ungefähr die gleiche wie die des nicht halogenierten Indigos; die Affinität zu allen Fasern wird jedoch durch die Halogenierung erhöht. Ähnlich wie die Halogenierung wirkt sich auch die Methylierung aus.

---

[1] In den angegebenen Literaturstellen bedeutet die römische Ziffer den betreffenden Band des Werkes von P. FRIEDLÄNDER, Fortschritte der Teerfarbenindustrie.

Das Indigorot ist ein Produkt, bei dem die Verbindung der beiden Indoxylreste an verschiedenen Stellen des Fünferringes stattfindet, das also im Gegensatz zu Indigo nicht symmetrisch gebaut ist.

2. Thioindigo und seine Derivate.

Thioindigo unterscheidet sich chemisch vom Indigo dadurch, daß die Iminogruppe im Indoxyl durch Schwefel ersetzt ist; er besteht daher aus zwei mittels einer Doppelbindung verbundenen Thioindoxylresten. Die Farbstoffe dieser Gruppe, die ebenfalls am besten nach Stammküpenverfahren gefärbt werden, aber auch nach dem IN- oder IW-Verfahren gefärbt werden können, ergeben lebhafte orange, rote, violette bis blaue Farbtöne. Die Licht-, Chlor- und Waschechtheit sind besser als bei den Indigoabkömmlingen. Lediglich der Umstand, daß die ungefähr gleichzeitig entwickelten anthrachinoiden Küpenfarbstoffe noch höhere Echtheitseigenschaften besitzen, und der hohe Preis verhinderten eine weitgehende Verbreitung der Abkömmlinge des Thioindigos. Immerhin konnten sich einige Produkte wegen ihrer sonst nicht erreichbaren klaren Nuance durchsetzen; vor allem sind verschiedene Indanthrenbrillantrosamarken zu erwähnen, die in das Indanthrensortiment aufgenommen wurden, obwohl sie, besonders hinsichtlich der Lichtechtheit, die meisten anthrachinoiden Küpenfarbstoffe nicht vollständig erreichen. Der rote Farbton des Thioindigos wird durch Halogenierung oder durch andere Substituenten entweder nach der gelben oder nach der blauen Seite verschoben.

3. Gemischte Abkömmlinge des Indigos und des Thioindigos.

Es existieren auch Küpenfarbstoffe, bei denen ein Indoxylrest mit einem Thioindoxylrest kombiniert ist. Die Verbindung des Indoxylrestes mit dem Thioindoxylrest kann sowohl symmetrisch als auch unsymmetrisch stattfinden (wie beim Indigorot). Die Farbtöne dieser Gruppe sind ebenfalls orange, rot, violett und braun. Häufig liegt der Farbton zwischen dem des entsprechenden Indigoabkömmlings und des Thioindigoabkömmlings, so daß z. B. violette Nuancen resultieren. Hinsichtlich der Brillanz der Farbtöne und auch hinsichtlich der Echtheitseigenschaften erreichen diese Farbstoffe meist nicht die Thioindigoderivate.

4. Indigoide Küpenfarbstoffe mit höher kondensierten Resten.

Die dem normalen Indigo und seinen Halogenierungsprodukten entsprechenden Naphtoindigos sind grüne Küpenfarbstoffe mit guten Echtheitseigenschaften. Unter den Naphtothioindigos zeichnen sich braune Vertreter durch gute Echtheitseigenschaften aus.

Es gibt weiters Produkte, bei denen ein Indoxyl- oder Thioindoxylrest mit anderen Ortho-Diketonen der Naphtalin- oder Anthrazenreihe verbunden sind. Derartige Produkte zeichnen sich vielfach durch gute Echtheitseigenschaften aus, ohne aber die Indanthrenechtheit zu erreichen.

a) Indigo und seine Derivate.

1	[Strukturformel: Indigo]	Indigo (BASF, MLB u. a.)	Literatur sehr zahlreich, z. B. MAYER: Chemie d. org. Farbstoffe, S. 211 ff. — FIERZ-DAVID: Künstl. org. Farbstoffe, S. 432 ff.
2	[Strukturformel]	Indigo MLB/R (RR, RRN) Indigo BASF/R (RR) Indigo Ciba R (RR) Tinonindigo R (RR) Indigo NR (N 2 R Kuhlmann)	FOX: Vat Dyestuffs and Vat Dyeing, S. 16.
3	[Strukturformel]	Antiker Purpur	FIERZ-DAVID: Künstl. org. Farbstoffe, S. 452.
4	[Strukturformel]	Indigo RBN Indigo MLB/BB Indigo BASF/RB Indigo N 2 B (Kuhlmann) Sulfanthrenmarineblau 2 BD (2 BDN)	FIERZ-DAVID: Künstl. org. Farbstoffe, S. 449. — DRP. 128 575; 144 249; 145 910; 149 941; 149 989. — VI. 589; VII. 280 ff.
5	[Strukturformel]	Indigo MLB/BB Indigo BASF/RB (RBN) Sulfanthrenmarineblau MR	FOX: Vat Dyestuffs and Vat Dyeing, S. 16.

Nr.	Formel	Name	Literatur
6	Cl, Cl, Cl, Cl — CO·C=C·CO, NH, NH	—	FIERZ-DAVID: Künstl. org. Farbstoffe, S. 451.
7	Cl, Cl, Cl, Cl — CO·C=C·CO, NH, NH	Brillantindigo BASF/B	FIERZ-DAVID: Künstl. org. Farbstoffe, S. 451.
8	Br, Br, Br, Br — CO·C=C·CO, NH, NH	Brillantindigo 4 B (BASF/4B) Indigo 4 B Durindonblau 4 BS (ICI) Cibablau 2 B (2 BD, 2 BDG) Tetrablau 2 B (Sandoz) Tinonblau 2 B Sulfanthrenblau 2 BD (2 BDN)	FIERZ-DAVID: Künstl. org. Farbstoffe, S. 450. — DRP. 193438; 208471. IX. 523ff.
9	Cl, Br, Cl, Br — CO·C=C·CO, NH, NH	Brillantindigo BASF/4 G Brillantindigo N4J (Kuhlmann) Sulfanthrenbrillantblau 4 G	FIERZ-DAVID: Künstl. org. Farbstoffe, S. 452. — DRP. 234961. X. 390.
10	Br, Br, Br, Br, Br, Br — CO·C=C·CO, NH, NH	Cibablau G Durindonblau 5 B Indigo 5 B Indigo 6 B (Hexabromindigo gemischt mit Penta- und Tetrabromindigo)	Fox: Vat Dyestuffs and Vat Dyeing, S. 16. — MAYER: Chemie d. org. Farbstoffe, S. 227.

11	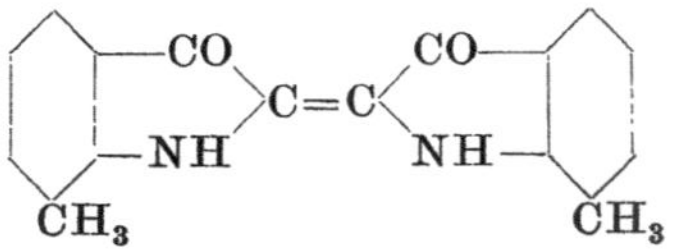	Indigo rein BASF/G	MAYER: Chemie d. org. Farbstoffe, S. 226.
12	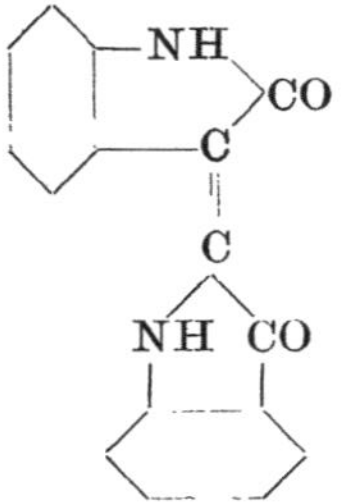	Indigorot, Indirubin	FIERZ-DAVID: Künstl. org. Farbstoffe, S. 429, 432, 446, 447.

b) Thioindigo und seine Derivate.

13	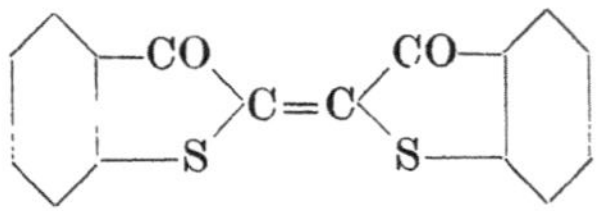	Thioindigorot B Algolrot 5 B Helindonrot 2 B Indanthrendruckrot 5 B Durindonrot BS (ICI) Cibarosa B Tetrarosa B (Sandoz) Tinonrosa B	FIERZ-DAVID: Künstl. org. Farbstoffe, S. 461. — MAYER: Chemie d. org. Farbstoffe, S. 229. — DRP. 194237. — VIII. 1373. — Ber. dtsch. chem. Ges. **39**, 1060. — Liebigs Ann. Chem. **351**, 390.
14	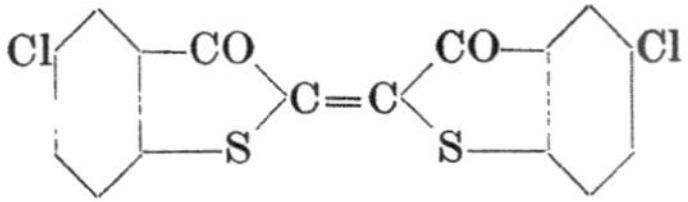	Thioindigorot BG Algolrubin B	FOX: Vat Dyestuffs and Vat Dyeing, S. 17.

Nr.	Formel	Farbstoffe	Literatur
15	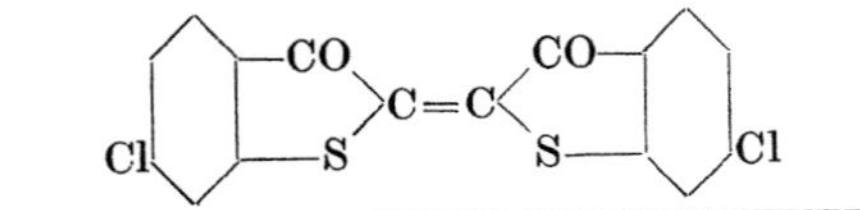 Cl—⟨⟩—CO·S·C=C·CO·S—⟨⟩—Cl	Cibarot B	FIERZ-DAVID: Künstl. org. Farbstoffe, S. 461.
16	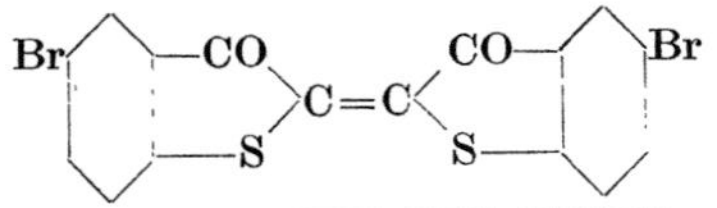 Br—⟨⟩—CO·S·C=C·CO·S—⟨⟩—Br	Cibabordo B	FIERZ-DAVID: Künstl. org. Farbstoffe, S. 461. — DRP. 225132. IX. 1194.
17	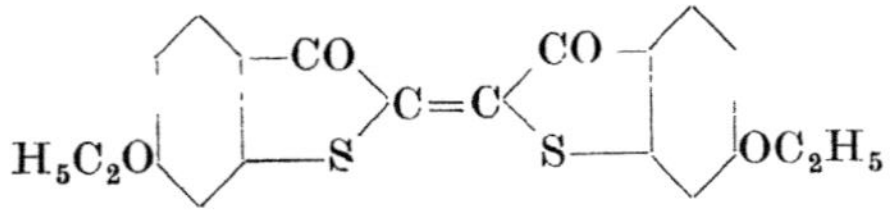 H_5C_2O—⟨⟩—CO·S·C=C·CO·S—⟨⟩—OC_2H_5	Algolorange RF Helindonorange R Durindonorange RS Cibaorange R (RDL, RP) Sandothrenorange R Tinonorange R Solanorange NR Sulfanthrenorange R (RC, RS, RN)	FIERZ-DAVID: Künstl. org. Farbstoffe, S. 462. — DRP. 239090. X. 485.
18	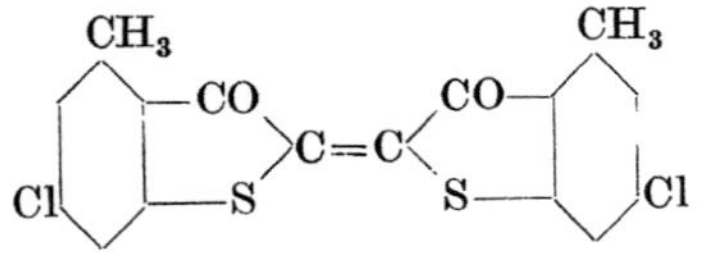 CH_3/Cl—⟨⟩—CO·S·C=C·CO·S—⟨⟩—CH_3/Cl	Indanthrenbrillantrosa R Helindonrosa R Durindon rosa FFS Cibabrillantrosa R (RDL) Sandothrenbrillantrosa R Tinonchlorbrillantrosa CR Solanthrenbrillantrosa NR Sulfanthrenrosa FF (FFN, FFS)	FIERZ-DAVID: Künstl. org. Farbstoffe, S. 462. — DRP. 239094. X. 491.
19	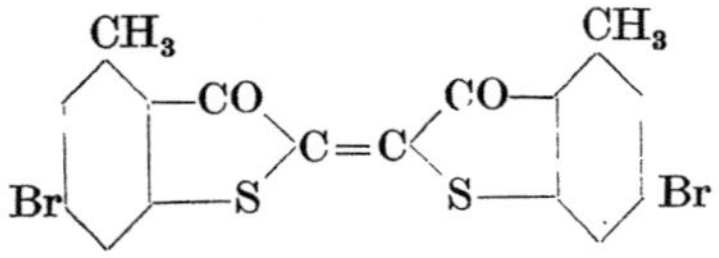 CH_3/Br—⟨⟩—CO·S·C=C·CO·S—⟨⟩—CH_3/Br	Indanthrenbrillantrosa B Helindonrosa B (BN) Durindonrosa FBS Cibabrillantrosa B Sandothrenbrillantrosa B Tinonbrillantrosa CB Solanthrenbrillantrosa NB	FIERZ-DAVID: Künstl. org. Farbstoffe, S. 465. — MAYER: Chemie d. org. Farbstoffe, S. 233. — DRP. 239094. — X. 491.

Nr.	Formel		Literatur
20	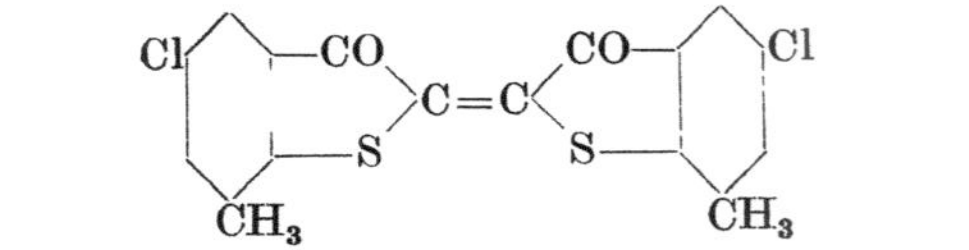 (Cl, CO, C=C, S, CH₃ — symm. Struktur)	Indanthrenrotviolett RH Indanthrendruckviolett RH Durindonrot 3 BS Cibarot 3 B (3 BN) Sandothrenrot 3 B Tinonechtrot 3 B Solanthrenheliotrop N Sulfanthrenrot 3 B	FIERZ-DAVID: Künstl. org. Farbstoffe, S. 462. — DRP. 208343, 241910, 245631. — IX. 579.
21	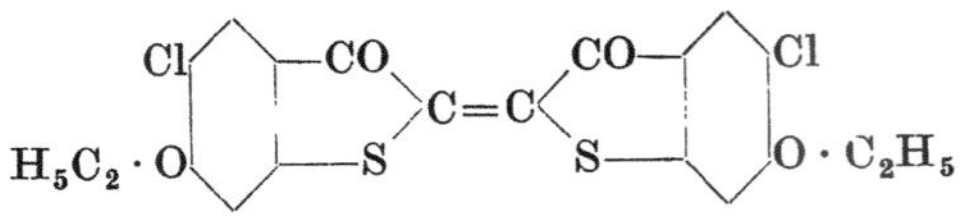 ($H_5C_2 \cdot O$, Cl, CO, C=C, S, $O \cdot C_2H_5$)	Algolscharlach GGR Helindonechtscharlach R Solanscharlach NR	FOX: Vat Dyestuffs and Vat Dyeing, S. 17.
22	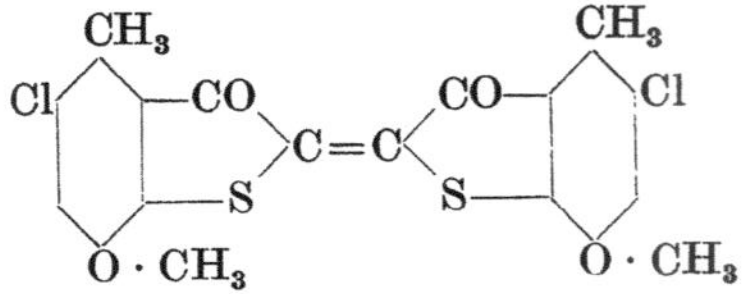 (CH_3, Cl, CO, C=C, S, $O \cdot CH_3$)	Helindonviolett 2 B	FIERZ-DAVID: Künstl. org. Farbstoffe, S. 462. — DRP. 241910, 245544. — X. 502, 507.
23	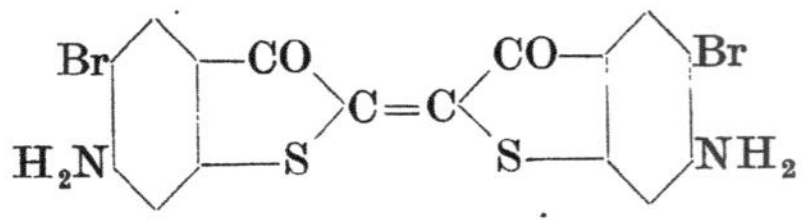 (Br, CO, C=C, S, NH_2, H_2N)	Helindonorange D	Fı tl. org. Farbstoffe, DRP. 198644.

c) Gemischte Indigo-Thioindigo-Derivate.

Nr.	Formel		Literatur
24	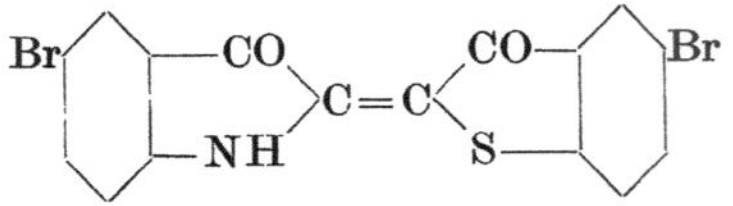 (Br, CO, C=C, S, NH)	Cibaviolett 3 B	FIERZ-DAVID: Künstl. org. Farbstoffe, S. 464.

25	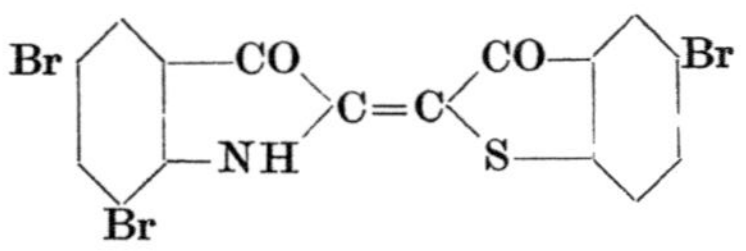	Cibaviolett B Tetraviolett B Tinonchlorviolett B	FIERZ-DAVID: Künstl. org. Farbstoffe, S. 464.
26	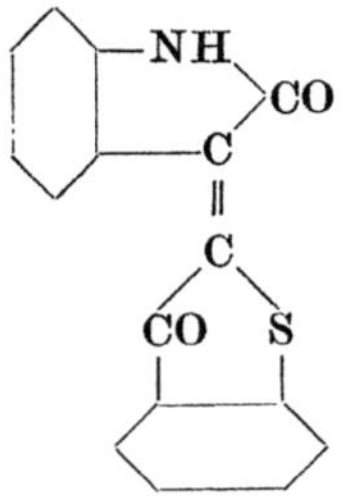	Thioindigoscharlach RR	FIERZ-DAVID: Künstl. org. Farbstoffe, S. 465. — DRP. 182260, 191097, 191098. — VII. 484, IX. 597ff.
27	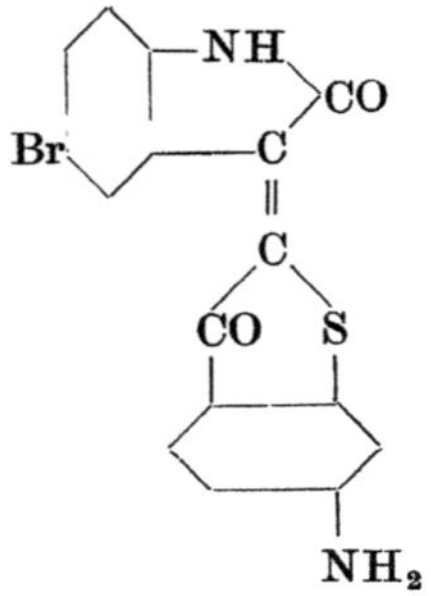	Helindonbraun 5 R	FIERZ-DAVID: Künstl. org. Farbstoffe, S. 466. — DRP. 201837, 224205, 241343. — IX. 593, X. 515ff.

| 28 | 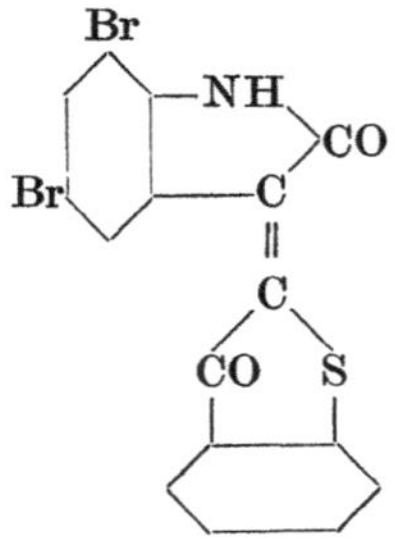 (Struktur: Br, Br, NH, CO, C, C, CO, S) | Cibarot G
Tetrarot G
Tinonchlorrot G
Durindonrot YS | Fierz-David: Künstl. org. Farbstoffe, S. 465. |

d) Indigoide Küpenfarbstoffe mit höher kondensierten Ringsystemen.

| 29 | 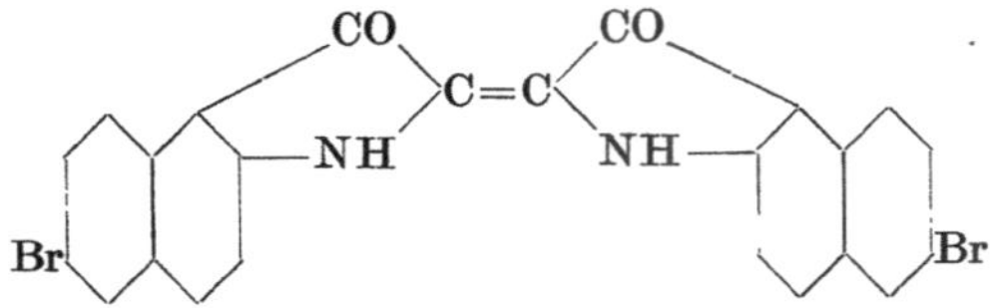 (Struktur: CO, CO, C=C, NH, NH, Br, Br) | Cibagrün G | Fierz-David: Künstl. org. Farbstoffe, S. 470. — DRP. 193970. — IX. 531. |
| 30 | 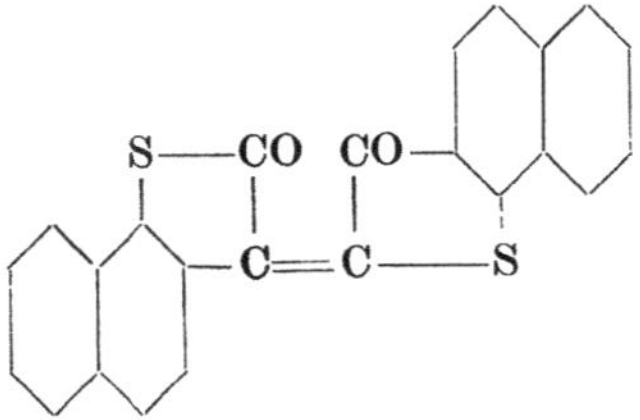 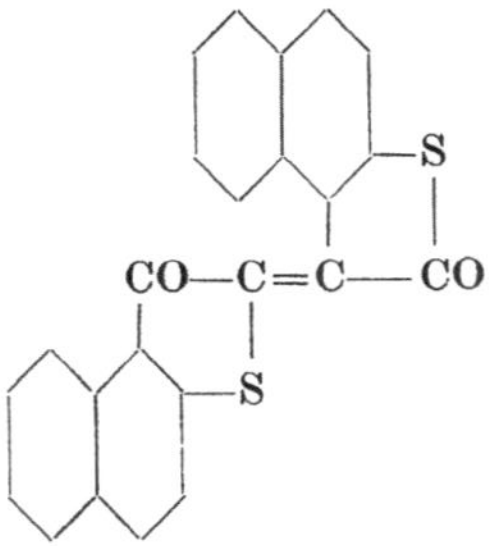 (Struktur: S—CO CO—, C=C—S ... oder ... CO—C=C—CO, S, S) | Indanthrenbraun RRD
Durindonbraun RS
Cibabraun G
Sandonthrenbraun G
Tinonchlorbraun G
Solanthrenbraun N 2 RT
Sulfanthrenbraun G (GN) | DRP. 455 280. — XV. 618, Beispiel 4. — Fierz-David: Künstl. org. Farbstoffe, Erg.-Bd., S. 73. |

31		Cibagrün GN	Fox: Vat Dyestuffs and Vat Dyeing, S. 17.
32		Algolscharlach GG Helindonscharlach GG Durindonscharlach YS Cibascharlach G Tetrascharlach G Tinonscharlach G Cibascharlach R ist das Dibromierungsprodukt	Fierz-David: Künstl. org. Farbstoffe, S. 466. — DRP. 205377, 210813 u. a. — IX. 607ff., X. 196, 534.
33		Alizarinindigo 3 R	Fierz-David: Künstl. org. Farbstoffe, S. 467. — DRP. 237199. — X. 524.
34		Alizarinindigo G	Fierz-David: Künstl. org. Farbstoffe, S. 467.
35		Helindonblau 3 GN	Fierz-David: Künstl. org. Farbstoffe, S. 467.

B. Anthrachinoide Küpenfarbstoffe.

1. Über Stickstoffbrücken substituierte oder miteinander verbundene Anthrachinone.

Acylamidoanthrachinone und Anthrachinonylamidotriazine. Es handelt sich meistens um Benzoylverbindungen der Aminoanthrachinone, die nahezu ausnahmslos Küpenfarbstoffcharakter besitzen. Diese Gruppe umfaßt gelbe, orange, rote und violette lebhafte Farbstoffe; der am meisten blaue ist das Algolblau 3 R, das wahrscheinlich mit dem Algolbrillantviolett 2 B identisch ist. Außerdem gibt es auch braune Vertreter. In optischer Hinsicht ergaben sich folgende Regeln: Die OH-Gruppe ergibt rötere Töne als die NH_2-Gruppe, die Alkylierung der NH_2-Gruppe verschiebt den Farbton weiter in der Richtung nach Blau; auch die Substitution in para-Stellung verschiebt den Farbton im Sinne des Uhrzeigers auf dem Farbkreise, es tritt also Farbvertiefung ein; dagegen bewirkt die Substitution in ortho- und besonders in meta-Stellung kaum eine wesentliche Veränderung. Im allgemeinen sind die Farbstoffe nicht sehr farbkräftig. Sie sind durchwegs Kaltfärber, einige können auch nach dem IW-Verfahren gefärbt werden.

An Stelle der Benzoesäure wurden auch andere ein- und zweibasische Säuren verwendet; diese Produkte haben aber keine besondere Bedeutung erlangt. Hingegen finden sich mehrere Acylderivate, die sich von der Cyanursäure ableiten (Anthrachinonylamidotriazine) unter den gelben, orangen und roten Cibanonfarbstoffen.

Infolge der Benzoylaminogruppe bzw. analoger Acylaminogruppen können diese Farbstoffe leicht verseift werden. Zu hohe Färbetemperatur, zuviel Lauge oder zu lange Dauer der Verküpung begünstigen die Hydrolyse dieser Farbstoffe. Farbstoffe, die Hydroxylgruppen enthalten, besitzen nur mäßige Waschechtheit und besonders geringe Beständigkeit gegen alkalisches Kochen. Aus diesem Grunde sollen diese Farbstoffe nicht alkalisch geseift werden.

Die gelben Vertreter der Benzoylamidoanthrachinone weisen nur eine mäßige Lichtechtheit (5 bis 6) auf; hingegen weisen die orangen, roten und violetten Vertreter eine Lichtechtheit von 7 bzw. 8 auf.

Die Benzoylamidoanthrachinone egalisieren sehr gut.

Unter den gelben und orangen Farbstoffen finden sich sowohl Faserschädiger als auch Nichtschädiger.

Die Anthrachinonylamidotriazine verhalten sich ähnlich. Sie sind besser nach dem IW-Verfahren als nach dem IK-Verfahren zu färben. Sie egalisieren gut. Die Lichtechtheit liegt zwischen 5 und 7; die Waschechtheit und besonders die Bleichechtheit ist sehr gut; dagegen sind die Produkte, die Methoxylgruppen enthalten, nicht sodakochecht, während die Anwesenheit von NH_2-Gruppen eine geringe Beständigkeit der Einwirkung von Säuren gegenüber bewirkt.

Di- und Poly-Anthrimide (Di- und Polyanthrachinonylamine) und ähnliche Verbindungen. Außer durch Acylierung kann man durch Verbindung von zwei oder mehreren Anthrachinonresten über NH-Brücken zu Küpenfarbstoffen gelangen. α-α'-Dianthrachinonylamine sind meistens keine Küpenfarbstoffe, dagegen dürften α-β-Dianthrachinonylamine ausnahmslos Küpenfarbstoffe sein. Es handelt sich um orange und rote sowie graue Farbstoffe, die wenig lebhaft und farbkräftig sind. Sie haben fast ausnahmslos sehr gute Licht-, Wasch-, Chlorbleich- und Sodakochechtheit; sie sind aber gegen die Einwirkung starker Natronlauge empfindlich. Sie werden im allgemeinen nach dem Verfahren IK gefärbt. Indanthrenorange 7 RK ist ein Faserschädiger.

a) Acylamidoanthrachinone und Anthrachinonylamidotriazine.

α) *Acylamidoanthrachinone.*

	Struktur	Name	Literatur
1	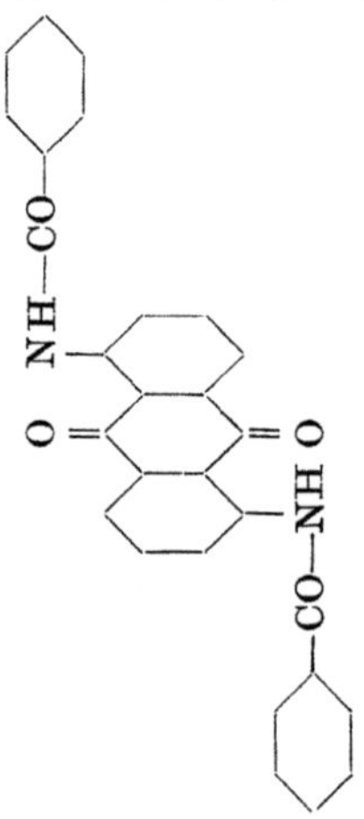 O NH—CO— … —CO—NH O	Indanthrengelb GK Caledongelb 3 GS Cibanongelb GK Ponsolgelb AR Sandonthrengelb NGK Tinonchlorgelb GK Solanthrengelb N 2 J	DRP. 213473, 225232, 226940. — IX. 748, 1197; X. 649. — Schultz, Nr. 1220. — Colour Index Nr. 1132.
2	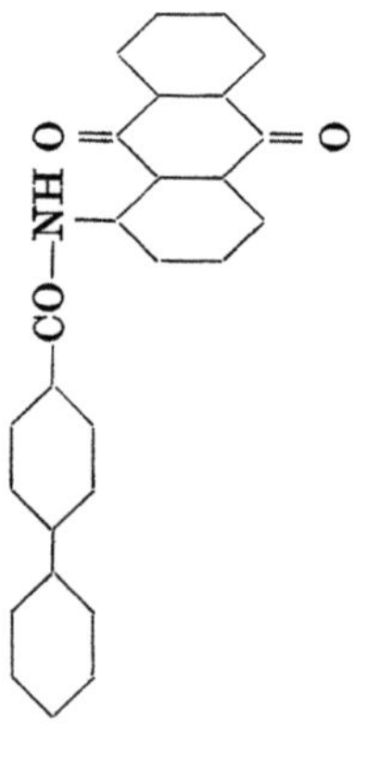 —CO—NH O … O	Indanthrengelb BY 1609 (Grundkörper für Indigosolgelb V)	BIOS Final Report 1493, S. 52.
3	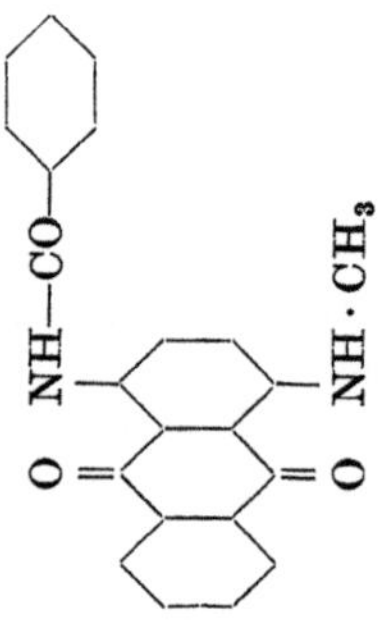 O NH—CO— … O NH·CH$_3$	Algolblau 3 R	DRP. 225232. — IX. 1197. — Fierz-David: Künstl. org. Farbstoffe, S. 576.

	Formel	Handelsname	Literatur
4		Indanthrenrot 5 GK Caledonrot 5 GS	DRP. 225232, 216772. — IX. 747, 1197. — Colour Index Nr. 1131.
5		Algolrot BK Caledonrot FFS	DRP. 213500, 225232, 238488. — IX. 747, 1197; X. 646. — Colour Index Nr. 1133.
6		Indanthrenrot BK	Fox: J. Soc. Dyers Colourists **65**, 511 (1949). — BIOS Final Report 987, S. 185; BIOS Final Report 1493, S. 39.

7	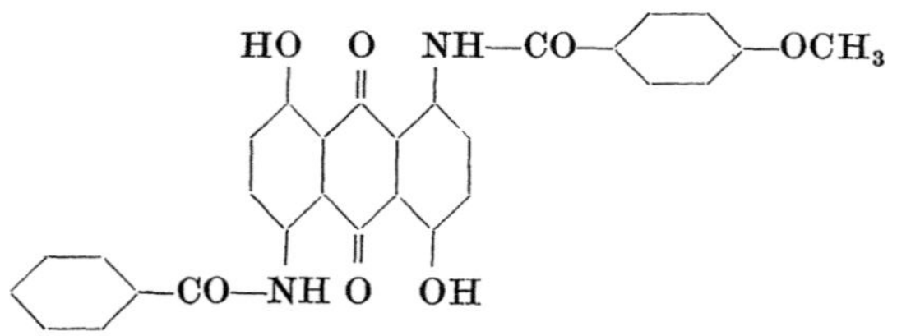 HO O NH—CO—⬡—OCH₃ / CO—NH O OH	Indanthrenbrillantviolett BBK Caledonbrillantviolett 2 BS Solanthrenbrillantviolett N 2 B	DRP. 225332. — IX. 1197. — Colour Index Nr. 1134. — KUNZ: Melliand Textilber. **33**, 64 (1952).
8	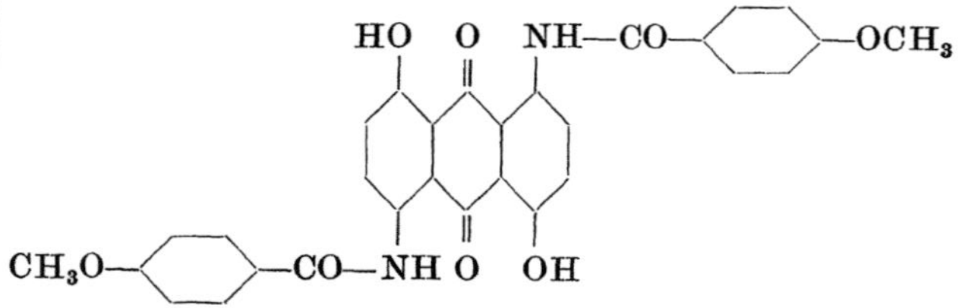 HO O NH—CO—⬡—OCH₃ / CH₃O—⬡—CO—NH O OH	Indanthrenbrillantviolett RK Caledonbrillantviolett RS Ponsolviolett AR Sandothrenbrillantviolett ER Solanthrenbrillantviolett NR	KUNZ: Melliand Textilber. **33**, 64 (1952). — DRP. 225332. — IX. 1197. — Colour Index Nr. 1135.
9	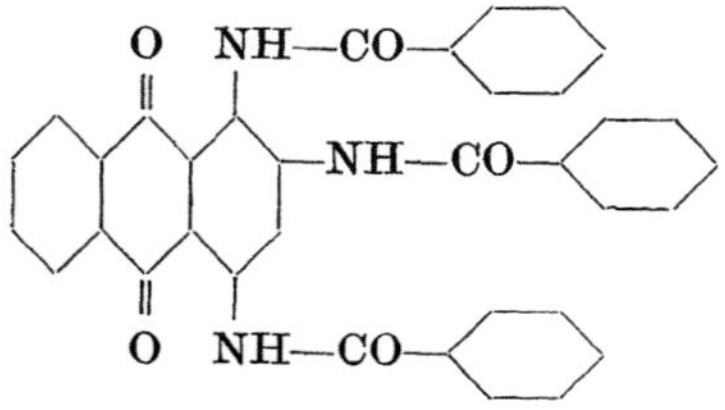 O NH—CO—⬡ / NH—CO—⬡ / O NH—CO—⬡	Algolorange FR	DRP. 225232. — IX. 1197. — FIERZ-DAVID: Künstl. org. Farbstoffe, S. 574. — Colour Index Nr. 1135.

10	O NH—CO— —CO—NH O NH—CO—	Algolbordo 2 B Caledonrot X 5BS	DRP. 225232. — IX. 1197. — Bradley: J. Soc. Dyers Colourists 58, 5 (1942).
11	H_2N O NH—CO— NH—CO— H_2N O	Indanthrenrubin GR	Kunz: Melliand Textilber. 33, 64 (1952).
12	O NH—CO— —CO—NH O	Indanthrengelb 5 GK Caledongelb 5 GKS Solanthrenbrillantgelb N 5 J	DRP. 432579, 436536, 460019. — XV. 683; XVI. 1338. — Fierz-David: Künstl. org. Farbstoffe, Erg.-Bd., S. 80. — Kunz: Melliand Textilber. 33, 64 (1952).

Nr.	Formel	Name	Literatur
13	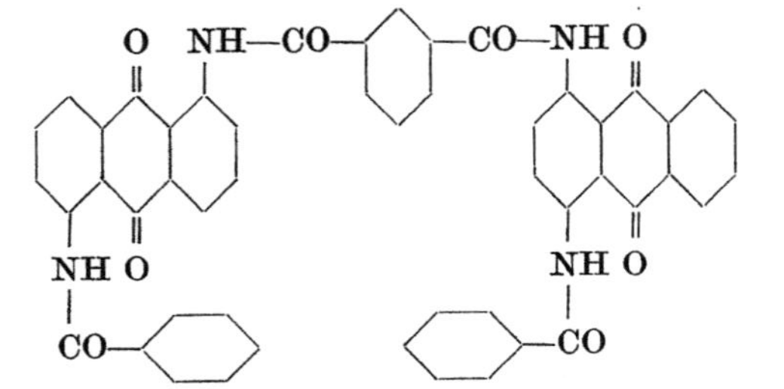 O NH—CO—⬡—CO—NH O … NH O … CO	Indanthrenorange GG	Fox: J. Soc. Dyers Colourists **65**, 510 (1949).
14	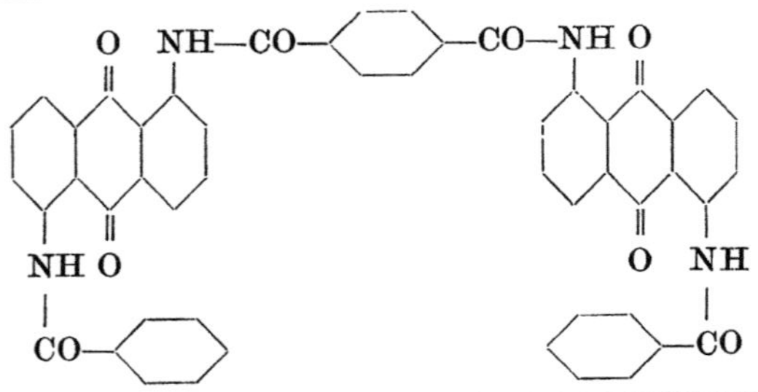 O NH—CO—⬡—CO—NH O … NH O … CO	Caledongelb 4 GS	Fox: J. Soc. Dyers Colourists **65**, 510 (1949). — Turner: J. Soc. Dyers Colourists **63**, 377 (1947).
15	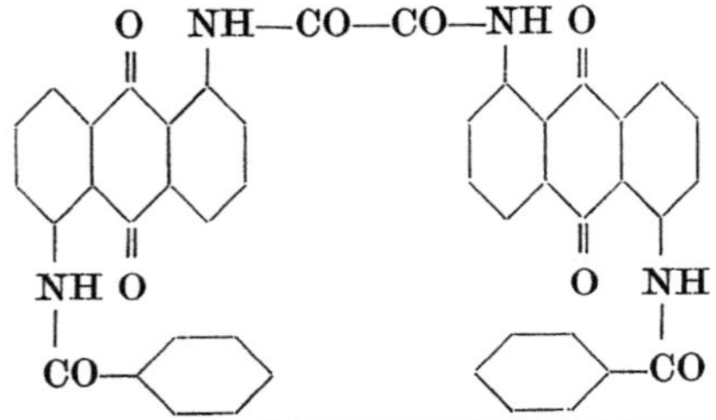 O NH—CO—CO—NH O … NH O … CO	Indanthrengelb 3 GF	DRP. 448226. — XV. 685. — BIOS Final Report 1493, S. 56. — Fierz-David: Künstl. org. Farbstoffe, Erg.-Bd., S. 81.

16	Indanthrengelb GGF	Kunz: Melliand Textilber. **33**, 64 (1952).

β) *Anthrachinonylamidotriazine.*

17	Cibanongelb 2 GR Sandothrengelb N 2GR Tinonchlorgelb 3 GR	Fierz-David und Matter: J. Soc. Dyers Colourists **53**, 433 (1937).

18	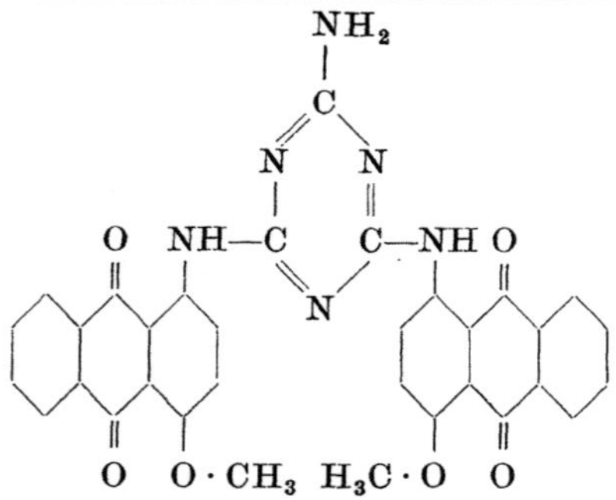 NH_2 $O\ NH{-}C\quad C{-}NH\ O$ $O\ \ O\cdot CH_3\ \ H_3C\cdot O\ \ O$	Cibanonrot G Sandothrenrot NG Tinonchlorrot BG	Fierz-David und Matter: J. Soc. Dyers Colourists **53**, 434 (1937).
19	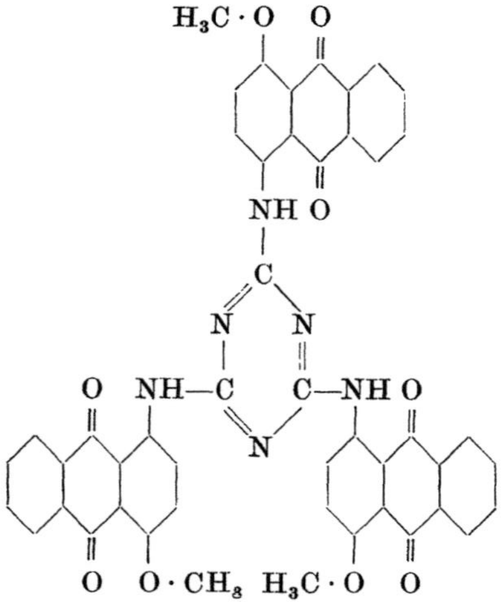 $H_3C\cdot O\ \ O$ $NH\ O$ $O\ NH{-}C\quad C{-}NH\ O$ $O\ \ O\cdot CH_3\ \ H_3C\cdot O\ \ O$	Cibanonorange 6 R Sandothrenorange N6R Tinonchlororange 6 R	Bradley: J. Soc. Dyers Colourists **58**, 5 (1942).

20		Cibanonrot 4 B Sandothrenrot N4B Tinonchlorrot B2R	THOMSON: J. Soc. Dyers Colourists **52**, 241 (1936).

b) Anthrachinonylamine (Anthrimide).

21		Indanthrenorange 6 RTK	DRP. 174699, 208845. — VIII. 365; IX. 847. — MAYER: Chemie d. org. Farbstoffe, S. 180.

22	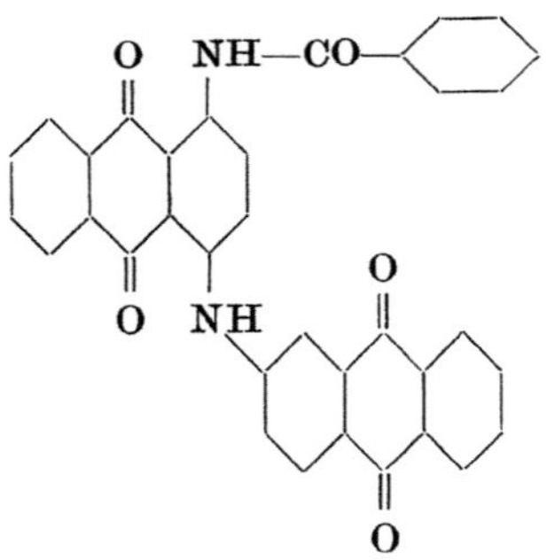	Indanthrenkorinth RK	Fox: J. Soc. Dyers Colourists **65**, 512 (1949). — BIOS Final Report 1493, S. 14. — Kunz: Melliand Textilber. **33**, 64 (1952).
23	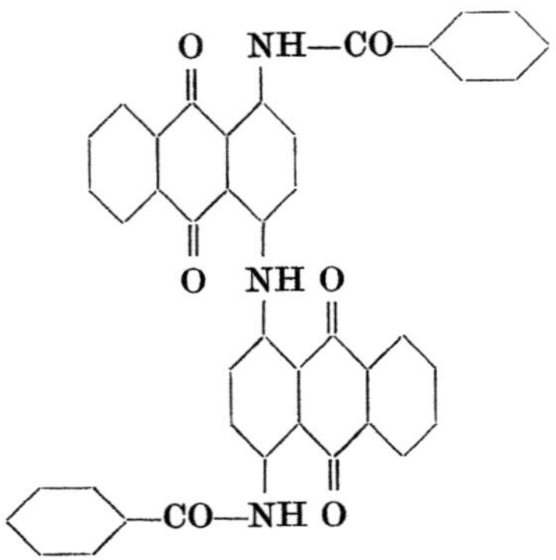	Indanthrengrau K	Kunz: Melliand Textilber. **33**, 64 (1952). — Fox: J. Soc. Dyers Colourists **65**, 512 (1949). — FD 2537/46.

24		Indanthrenorange 7 RK (früher Indanthrenrot G)	DRP. 197554. — IX. 765. — BIOS Final Report 1493, S. 33. — KUNZ: Melliand Textilber. **33**, 64 (1952).
25		Algolbordo RT	Fox: J. Soc. Dyers Colourists **65**, 512 (1949). — SCHULTZ: Nr. 1255.

26	Indanthrenbordo B extra	DR.P. 206 717. — IX. 765 (1907).

2. Durch Anlagerung von Fünferringen an Anthrachinon gebildete Küpenfarbstoffe.

Anthrachinonkarbazole. Diese enthalten einen oder mehrere Karbazol-reste . Die früher erwähnten Di- und Polyanthrimide stellen Zwischenprodukte für die Anthrachinonkarbazole dar. Diese Farbstoffe ergeben gelbe, orange, rotbraune, braune und olive Farbtöne. Sie werden größtenteils nach dem IW-Verfahren gefärbt, nur der einfachste Vertreter, das Indanthrengelb RK wird nach dem IK-Verfahren, dagegen Indanthrenrotbraun GR und Indanthrenkhaki 2 G nach dem IN-Verfahren gefärbt. Indanthrenrotbraun GR enthält sechs, Indanthrenkhaki 2 G zehn reduzierbare Karbonylgruppen. Je mehr reduzierbare Karbonylgruppen im Molekül enthalten sind, desto weniger empfindlich ist der Farbstoff gegen eine hohe Laugenkonzentration beim Färben. Farbstoffe dieser Gruppe, die Acylaminoreste enthalten, können in der gleichen Weise wie die einfachen Acylamidoanthrachinone leicht durch eine zu starke Einwirkung von Lauge verseift werden. Die Lichtechtheit dieser Farbstoffgruppe ist hervorragend und erreicht in den meisten Fällen zumindest 7, manchmal sogar 8. Auch die Wasch- und die Chlorbleichechtheit sind hervorragend; die Sodakochechtheit wird um so besser, je mehr reduzierbare Karbonylgruppen im Molekül enthalten sind, so daß z. B. die Sodakochechtheit des Indanthrenkhaki 2 G kaum übertroffen werden kann. Während Indanthren gelb FFRK ein Faserschädiger ist, sind Indanthrengelb 3 RT und Indanthrengoldorange 3 G Nichtschädiger. Die Farbstoffe dieser Gruppe egalisieren gut.

Anthrachinonimidazole, -thiazole und -oxazole. Die Imidazole enthalten den Imidazolring , die Thiazole enthalten den Thiazolring , die Oxazole den Oxazolring .

Die Imidazole sind durch Indanthrenorange RRK vertreten, einen Kaltfärber mit sehr guter Lichtechtheit und Waschechtheit, aber nur mit mittlerer Sodakochechtheit.

Die Oxazolgruppe ist lediglich durch das Indanthrenrot FBB vertreten, die Thiazolgruppe durch gelbe, rote und blaue Farbstoffe. Man kann bei allen Farbstoffen sämtliche drei Färbeverfahren anwenden. Die Echtheitseigenschaften mit Ausnahme der Lichtechtheit sind allgemein gut; die Lichtechtheit der gelben Farbstoffe, die außerdem Faserschädiger sind, ist nur mäßig. Die Verwandtschaft der gelben Farbstoffe mit den gelben Schwefelfarbstoffen, die gleichfalls Thiazolringe enthalten, ist offensichtlich.

27		Indanthrengelb FFRK (RK)	KUNZ: Melliand Textilber. **33**, 65 (1952). — Fox: J. Soc. Dyers Colourists **65**, 513 (1949). — ROWE: Development of the Chemistry of Commercial Synthetic Dyes 1856—1938, S. 93.
28		Indanthrengoldorange 3 G Caledongoldorange 3 GS Sandothrengoldorange E 3 G Solanthrenorange N 3 J	DRP. 239544. — X. 638. — BIOS Final Report 1493, S. 15. — MÜLLER: Text. Rdsch. **5**, 306 (1950).
29		Indanthrenbraun R (FFR) Indanthrendruckbraun RS Caledonbraun RS Cibanonbraun GR (GRF) Sandothrenbraun ER (NR) Solanthrenbraun NR Tinonchlorbraun GR	DRP. 239544. — X. 638. — BIOS Final Report 1493, S. 12. — MÜLLER: Text. Rdsch. **5**, 306 (1950). — KUNZ: Melliand Textilber. **33**, 65 (1952).

30	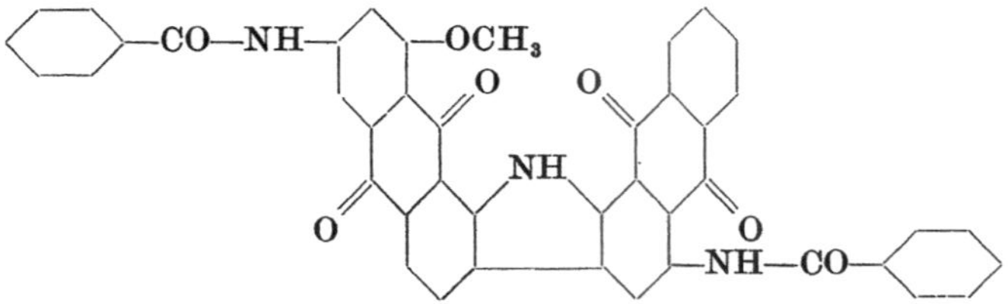 Indanthrenrotbraun 5 RF	BIOS Final Report 1493, S. 46. — KUNZ: Melliand Textilber. **33**, 65 (1952).
31	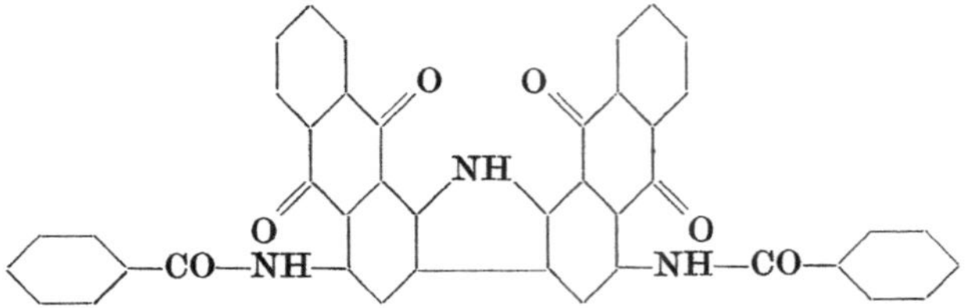 Indanthrenolive R Caledonolive RS Cibanonolive R Ponsololive AR (ARS) Sandothrenolive N 2 R Solanthrenolive NR Tinonchlorolive 2 R	DRP. 239 544. — X. 638. — KUNZ: Melliand Textilber. **33**, 66 (1952). — MÜLLER: Text. Rdsch. **5**, 305 (1950). — KUNZ: Melliand Textilber. **33**, 66 (1952).
32	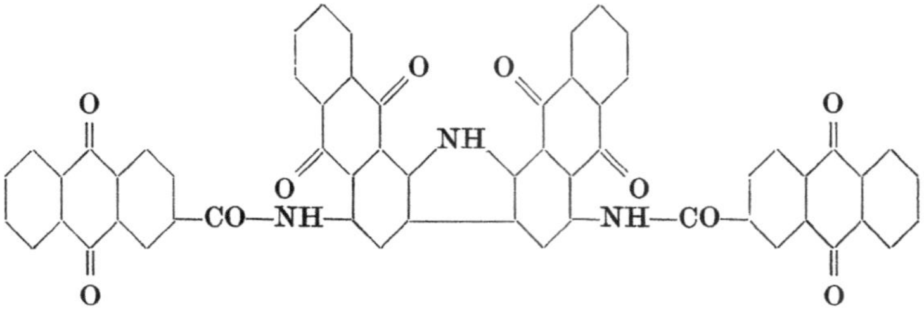 Indanthrenolive 3 G	KUNZ: Melliand Textilber. **33**, 65 (1952). — FOX: J. Soc. Dyers Colourists **65**, 514 (1949). — BIOS Final Report 1493, S. 28. — MÜLLER: Text. Rdsch. **5**, 306 (1950).

33	Indanthrengelb 3 RT Cibanongelb 3 R Sandothrengelb N 3 R Tinonchlorgelb 3 R	Kunz: Melliand Textilber. **33**, 65 (1952). — Fox: J. Soc. Dyers Colourists **65**, 513 (1949).
34	Indanthrenrot- braun GR	BIOS Final Report 1493, S. 42. — Kunz: Melliand Textilber. **33**, 65 (1952).
35	Indanthrenbraun BR Caledondunkelbraun 3 RS Solanthrenbraun NBR	Fox: J. Soc. Dyers Colourists **65**, 514 (1949). — Clibbens: J. Soc. Dyers Colourists **59**, 276 (1943). — Kunz: Melliand Textilber. **33**, 66 (1952).

| 36 | | Indanthrenkhaki 2 G
Caledonkhaki 2 GS
Ponsolkhaki 2 G | Fox: J. Soc. Dyers Colourists **65**, 514 (1949). — BIOS Final Report 1493, S. 23. — Kunz: Melliand Textilber. **33**, 65 (1952). |
| 37 | | Cibanongelbbraun G | Kunz: Melliand Textilber. **33**, 66 (1952). |

38	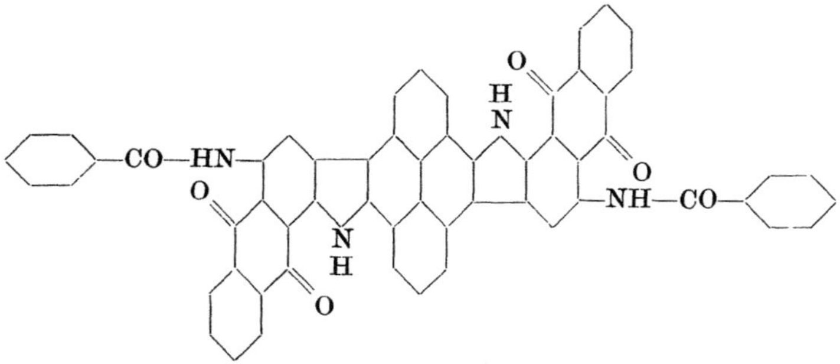 Cibanonrotbraun R	KUNZ: Melliand Textilber. **33**, 66 (1952).
39	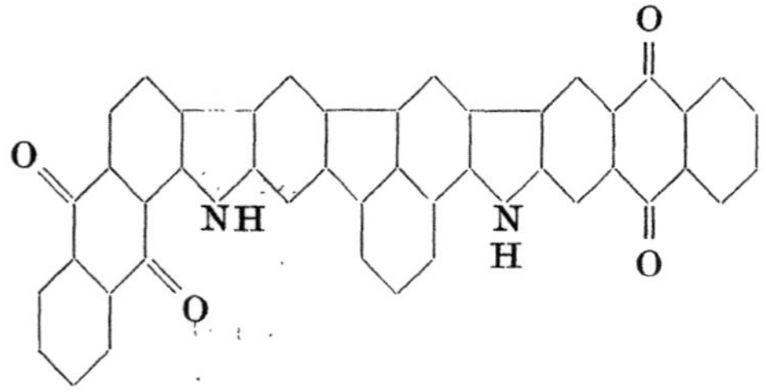 Cibanonrotbraun 2 BR	KUNZ: Melliand Textilber. **33**, 66 (1952).

b) Anthrachinonimidazole, Anthrachinonthiazole, Anthrachinonoxazole.

α) *Anthrachinonimidazole.*

40	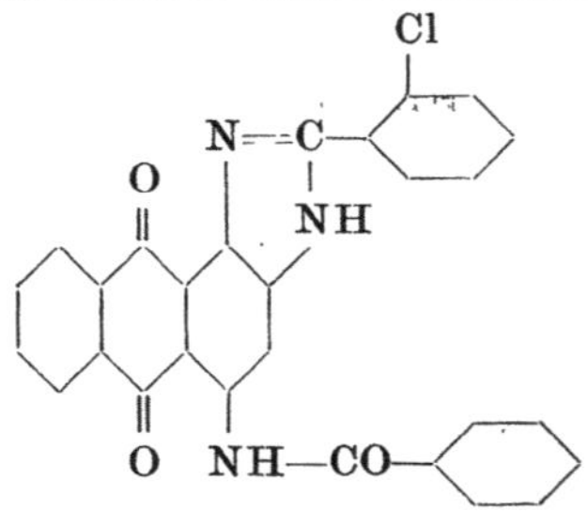	Indanthrenorange RRK	Kunz: Melliand Textilber. **33**, 66 (1952).

β) *Anthrachinonthiazole.*

41	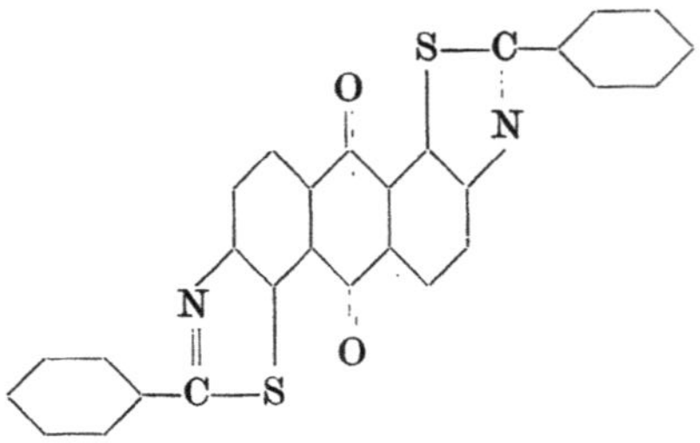	Anthraflavon GC Algolgelb GC (GCN) Caledongelb 5 GS Cibanongelb GC Ponsol Flavon GC (GCS) Sandothrengelb GC Solangelb NJ Tinongelb 3 GF	DRP. 229165, 232711, 260905, 492447. — X. 730, 731; XI. 637; XVI. 1356. — Mayer: Chemie d. org. Farbstoffe, S. 134. — Kunz: Melliand Textilber. **33**, 67 (1952).
42	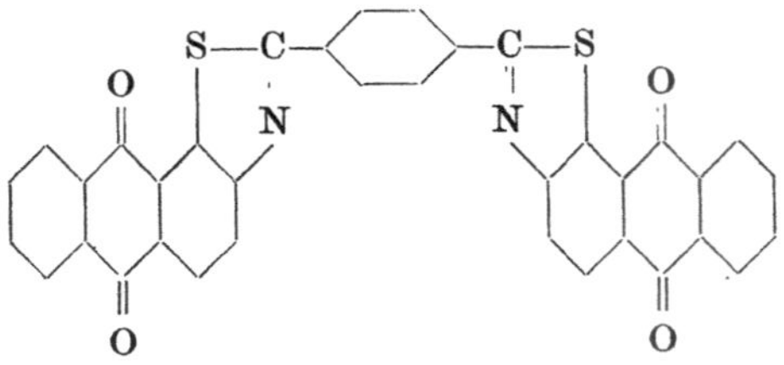	Algolgelb GGC	Fox: J. Soc. Dyers Colourists **65**, 512 (1949). — BIOS Final Report 987, S. 4.

43		Indanthrengelb GF	DRP. 379 615. — XIV. 887. — Fierz-David: Künstl. org. Farbstoffe, Erg.-Bd., S. 88. — Kunz: Melliand Textilber. **33**, 67 (1952).
44		Indanthrenrubin B	Fox: J. Soc. Dyers Colourists **65**, 513 (1949). — BIOS Final Report 987, S. 2, Tafel I. — Kunz: Melliand Textilber. **33**, 67 (1952).
45		Indanthrenblau CLG	Fox: J. Soc. Dyers Colourists **65**, 513 (1949). — BIOS Final Report 987, S. 3, Tafel II. — Kunz: Melliand Textilber. **33**, 67 (1952).

| 46 | Indanthrenblau CLB | Kunz: Melliand Textilber. **33**, 67 (1952). — Fox: J. Soc. Dyers Colourists **65**, 513 (1949). — BIOS Final Report 987, S. 3, Tafel II. |

γ) *Anthrachinonoxazole.*

| 47 | Indanthrenrot FBB | Kunz: Melliand Textilber. **33**, 67 (1952). — Fox: J. Soc. Dyers Colourists **65**, 513 (1949). — BIOS Final Report 987, S. 2, Tafel I. |

3. Durch Anlagerung von Sechserringen an Anthrachinon gebildete Küpenfarbstoffe.

Anthrachinonakridone. Unter diesen haben nur die 2,1-Akridone

Bedeutung, während die 1,2-Akridone ohne Bedeutung sind.

Diese Farbstoffgruppe weist orange, rote, violette, blaue und grüne Vertreter auf; braune Farbstoffe erhält man, wenn außerdem Karbazolgruppen vorhanden sind. Die meisten Farbstoffe dieser Gruppe sind nach dem Verfahren IK bzw. IW zu färben, es sind aber auch IN-Farbstoffe vertreten, z. B. Indanthrengrün 4 G. Auch hier bestätigt sich die z. B. bei den Anthrachinonkarbazolen gemachte Erfahrung, daß die niedriger molekularen, weniger Karbonylgruppen enthaltenden Farbstoffe Kaltfärber sind, während die das höchste Molekulargewicht besitzenden, die höchste Anzahl Karbonylgruppen enthaltenden Farbstoffe nach dem IN-Verfahren zu färben sind. Die Farbtöne der keine Karbazolgruppen enthaltenden Farbstoffe sind sehr klar; die Farbstoffe sind aber meistens nicht sehr farbkräftig. Die Lichtechtheit dieser Farbstoffe ist hervorragend (7 bzw. 8). Die Wasch-, Koch- und Chlorbleichechtheit sind allgemein gut; diese Echtheiten sind jedoch von den jeweiligen Substituenten, die in den verschiedenen Farbstoffen enthalten sind, abhängig. Die Farbstoffe, die Karbazolgruppen enthalten, zeichnen sich durch hervorragende Beständigkeit allen nassen Prozessen gegenüber aus.

Anthrachinonthioxanthone und Anthrachinonthioxanthene. Diese enthalten die Thioxanthongruppe bzw. die Thioxanthengruppe

Die Farbstoffe sind gelb oder orange und am besten nach dem IW-Verfahren zu färben; sie können aber auch nach dem IK- oder IN-Verfahren gefärbt werden. Die Farbstoffe sind wenig lichtecht, die übrigen Echtheitseigenschaften sind gut. Sie sind Faserschädiger.

Pyrazinanthrachinone. Für diese Farbstoffe ist folgende Gruppe charakteristisch:

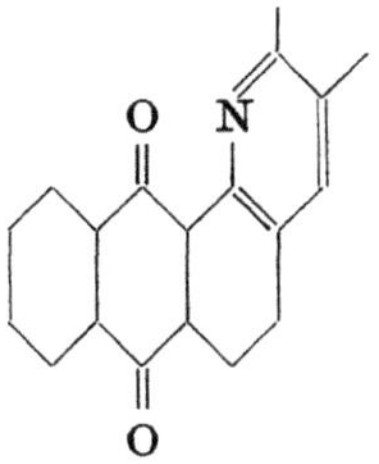

Der einzige Vertreter, der praktische Bedeutung erlangt hat, ist das Indanthrenbrillantscharlach RK, das sehr gute Lichtechtheit, jedoch nur mäßige Sodakochechtheit besitzt. Der Farbstoff ist ein Kaltfärber.

Anthrachinon-N-Dihydroazine. Diese Gruppe, die auch als Indanthrone bezeichnet wird, wird gemeinsam mit der ähnlich gebauten Flavanthrengruppe behandelt.

a) Anthrachinonakridone.

Nr.	Formel	Name	Literatur
48	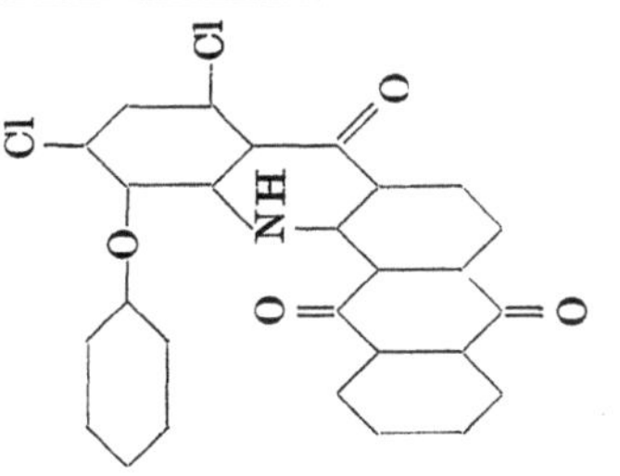 (Strukturformel)	Indanthrenbrillantrosa BL	Fox: J. Soc. Dyers Colourists **65**, 514 (1949).
49	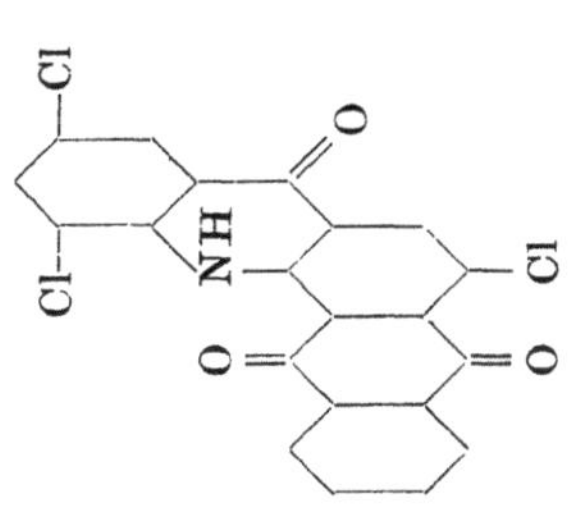 (Strukturformel)	Indanthrenrotviolett RRK Caledonrotviolett 2 RNS Sandothrenrotviolett E 2 RN Tinonchlorrotviolett 2 RN	Kunz: Melliand Textilber. **33**, 66 (1952). — DRP. 529 555, 522 969. — VII. 1225; XVIII. 1306.

50		Indanthrenrotviolett 2 RN Ponsolrotviolett RRNX	Fox: J. Soc. Dyers Colourists **65**, 515 (1949).
51		Indanthrenbrillantrosa BBL	Kunz: Melliand Textilber. **33**, 66 (1952). — Fox: J. Soc. Dyers Colourists **65**, 514 (1949). — BIOS Final Report 987, S. 5, Tafel IV.

52	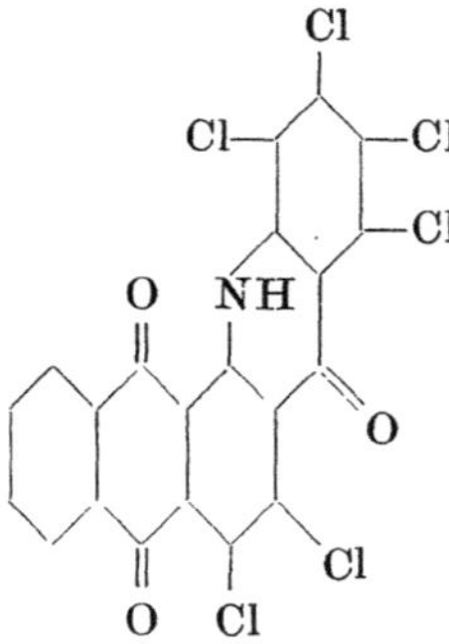	Indanthrenrosa B Ponsolrosa B	Fox: J. Soc. Dyers Colourists **65**, 514 (1949). — BIOS Final Report 987, S. 5, Tafel IV.
53	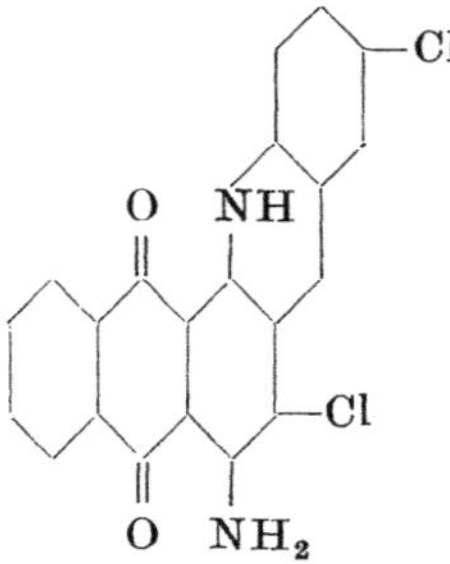	Indanthrenblau 8 GK	DRP. 531013. — XVIII. 1312.

54		Indanthrentürkisblau 3 GK	KUNZ: Melliand Textilber. **33**, 66 (1952).
55		Indanthrendruckblau FG	Fox: J. Soc. Dyers Colourists **65**, 515 (1949). — BIOS Final Report 1493, S. 34.

56	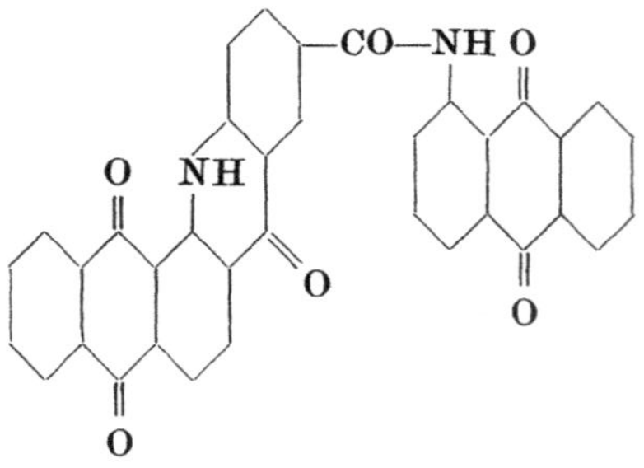 —CO—NH O … O NH O O O (Struktur)	Indanthrenorange RR	Fox: J. Soc. Dyers Colourists **65**, 514 (1949). — BIOS Final Report 987, S. 5, Tafel IV.
57	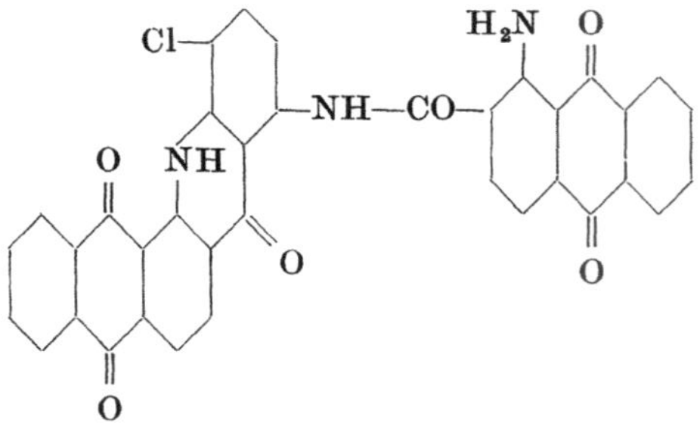 Cl … H₂N O … NH—CO— … O NH O O O (Struktur)	Indanthrenbordo BB	Fox: J. Soc. Dyers Colourists **65**, 514 (1949). — BIOS Final Report 987, S. 5, Tafel IV.

| 58 | 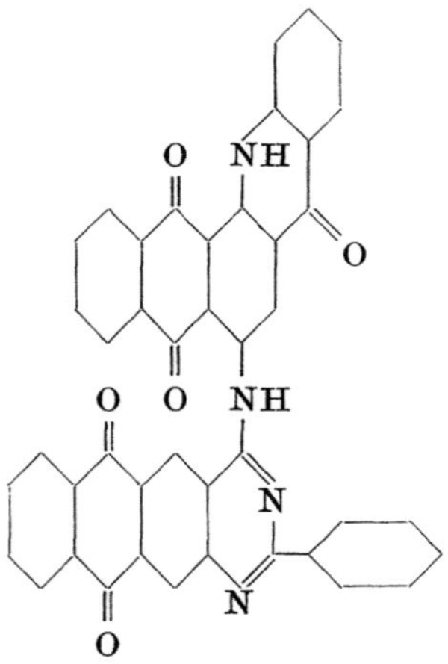 | Indanthrengrün 4 G | BIOS Final Report 1493, S. 19. |
| 59 | 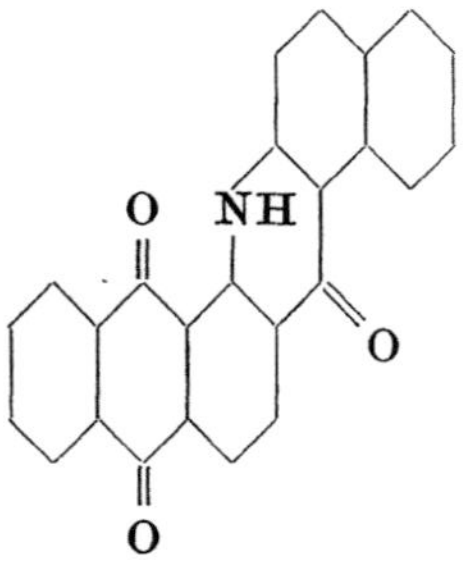 | Indanthrenrot RK
Caledonrot BN (BNS)
Cibanonrot RK
Ponsolrot BN (BNS)
Sandothrenrot N 2 R
Tinonrot RK | Kunz: Melliand Textilber. **33**, 66 (1952). — DRP. 237 236. — X. 708.—Colour Index Nr. 1162. — Mayer: Chemie d. org. Farbstoffe, S. 208. |

60		Indanthrenorange 3 R (F 3 R)	DRP. 279867. — XII. 445. — MAYER: Chemie d. org. Farbstoffe, S. 208. — KUNZ: Melliand Textilber. **33**, 66 (1952).
61		Indanthrenviolett BN (FFBN) Caledonviolett XBNS	KUNZ: Melliand Textilber. **33**, 66 (1952). — DRP. 234977. — X. 713. — Colour Index Nr. 1163. — MAYER: Chemie d. org. Farbstoffe, S. 209.

62		Indanthrenrotbraun R besteht aus einem Gemisch dieser Verbindung mit zwei Isomeren	BIOS Final Report 1493, S. 43.
63		Indanthrenbraun 3 GT	Kunz: Melliand Textilber. **33**, 66 (1952). — BIOS Final Report 1493, S. 11.

64

Indanthrenbraun NGR

Fox: J. Soc. Dyers Colourists **65**, 515 (1949).

65

Indanthrenbraun LG

Kunz: Melliand Textilber. **33**, 65 (1952).

6*

| 66 | | Indanthrenkhaki GR | Fox: J. Soc. Dyers Colourists **65**, 515 (1949). — BIOS Final Report 1088, S. 13. |

b) **Anthrachinonthioxanthone und Anthrachinonthioxanthene.**

| 67 | | Indanthrengelb GN | DRP. 243750. — X. 726. — Mayer: Chemie d. org. Farbstoffe, S. 210. — Kunz: Melliand Textilber. **33**, 66 (1952). |

68		Indanthrengoldorange GN	DRP. 243750. — X. 726. — MAYER: Chemie d. org. Farbstoffe, S. 210.
69		Cibanongelb R (RBN) Sandothrengelb RN Tinonchlorgelb R Solangelb NR Sulfanthrengelb R	FOX: J. Soc. Dyers Colourists **65**, 516 (1949). — FIERZ-DAVID: J. Soc. Dyers Colourists **51**, 61 (1935).

70	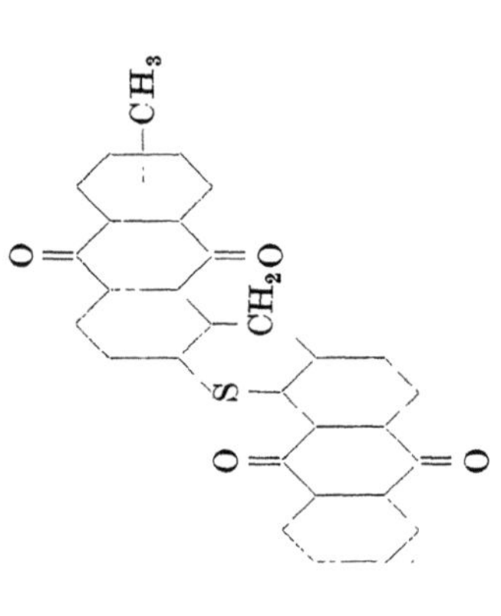 Cibanonorange R Sandothrenorange NR Tinonchlororange R Solanthrenorange N 4 J Ponsolorange R	Fox: J. Soc. Dyers Colourists **65**, 516 (1949). — DRP. 209231, 209232, 223176. — IX. 810, 814; X. 747. — Fierz-David: J. Soc. Dyers Colourists **51**, 60 (1935). — Colour Index Nr. 1169.

c) Pyrazinanthrachinone.

71	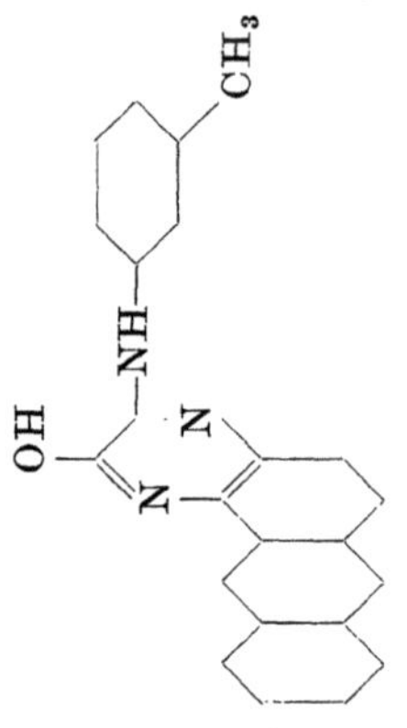 Indanthrenbrillant-scharlach RK	Fox: J. Soc. Dyers Colourists **65**, 517 (1949). — BIOS Final Report 987, S. 81.

4. Indanthrone, Flavanthrone und Pyranthrone.

Diese Gruppen umfassen mehrere außerordentlich wichtige Baumwollküpenfarbstoffe, die sich durch hervorragende Echtheitseigenschaften auszeichnen. Alle drei Gruppen bestehen aus zwei Anthrazensystemen, die durch ein oder zwei ankondensierte Sechserringe verbunden sind. Während bei der Gruppe der Indanthrone die Anthrachinonsysteme noch vollständig erhalten sind, da die Verbindung mittels eines einzigen zwei Stickstoffatome in para-Stellung enthaltenden Sechserringes stattfindet, enthalten die Flavanthrone keine vollständigen Anthrachinongruppen mehr, da die Verbindung durch zwei je ein Stickstoffatom enthaltende Sechserringe an Stelle der einen Karbonylgruppe des Anthrachinons stattfindet. Die Pyranthrone sind analog gebaut, die beiden verbindenden Sechserringe enthalten aber an Stelle des Stickstoffes Kohlenstoff.

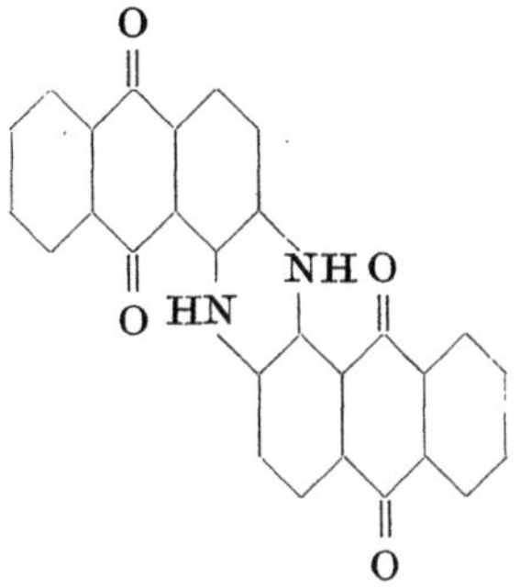

<table>
<tr><td>Indanthron (Indanthren)
Anthrachinon-N-
Dihydroazin</td><td>Flavanthron
(Flavanthren)</td><td>Pyranthron
(Pyranthren)</td></tr>
</table>

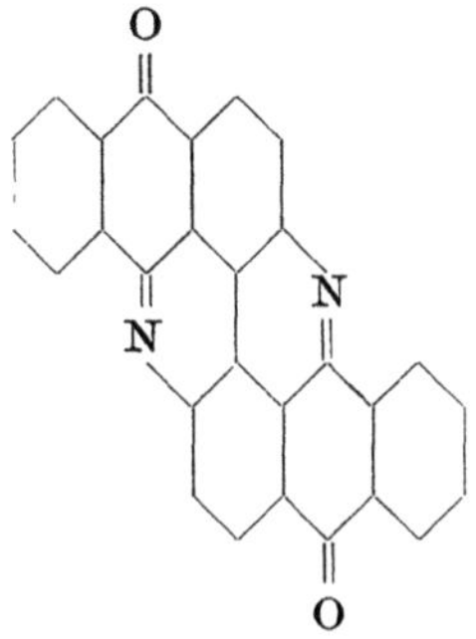

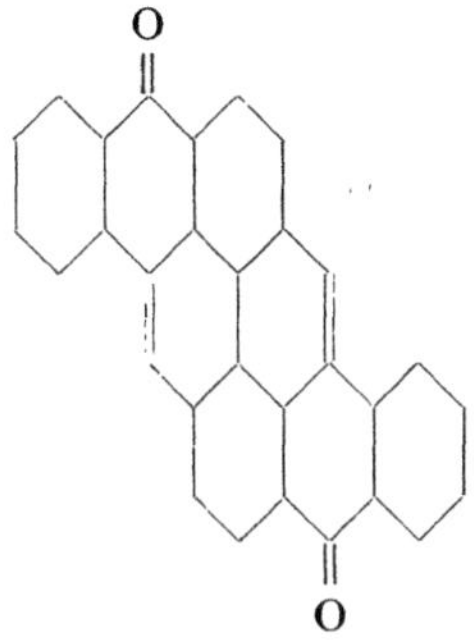

Indanthrone (Anthrachinon-N-Dihydroazine). Das Indanthron ist als erster anthrachinoider Küpenfarbstoff erfunden worden. Die Echtheitseigenschaften sind außerordentlich hohe, insbesondere die Lichtechtheit stellt das höchste in dieser Hinsicht erreichte dar. Eine ungünstige Eigenschaft ist die geringe Echtheit gegenüber Chlor und Oxydationsmitteln im allgemeinen. Außerdem können diese Farbstoffe leicht überreduziert werden. Die Chlorechtheit wird durch Halogenierung wesentlich verbessert. Die Wasch- und Kochechtheit ist von den jeweiligen Substituenten abhängig; insbesondere sind die Farbstoffe, welche Hydroxylgruppen enthalten, in dieser Beziehung weniger echt, wie ja auch in den anderen Farbstoffklassen das Vorhandensein von Hydroxylgruppen nicht günstig für die Wasch- und besonders für die Sodakochechtheit ist. Die Farbstoffe dieser Gruppe sind meistens blau, teilweise auch grün gefärbt. Sie werden allgemein nach dem IN-Verfahren gefärbt. Hinsichtlich ihres koloristischen und ihres chemischen Verhaltens stellen sie eine von den übrigen Küpenfarbstoffen scharf getrennte Gruppe dar.

Einige Halogenindanthrone sind kalkempfindlich, die Küpe wird durch hartes Wasser gefällt.

Flavanthrone. Die wenigen Vertreter dieser Gruppe, die praktische Bedeutung erlangt haben, sind gelb gefärbt. Sie werden nach dem IN-Verfahren gefärbt; sie ziehen nur langsam auf. Die Leukoverbindungen sind äußerst stabil; dies bedingt aber eine schwere Reoxydierbarkeit, so daß eine Luftoxydation praktisch nicht möglich ist. Dementsprechend besteht eine große Neigung des Farbstoffes zur Reduktion. Dadurch wird die an sich schon mäßige Wasch- und Kochechtheit noch weiter herabgesetzt. Auch die Lichtechtheit, die gut (6) ist, kann unter dem Einfluß reduzierender Bedingungen beeinträchtigt werden. Die Farbstoffe verursachen keine Faserschwächung.

Pyranthrone. Diese Farbstoffe sind orange gefärbt. Sie werden nach dem IN-Verfahren gefärbt. Die Lichtechtheit ist nicht besonders gut, soweit es sich um das nicht halogenierte Pyranthron handelt (5 bis 6); durch Halogenierung wird sie etwas verbessert, bei dem Tribromderivat Indanthrenorange 4 R steigt sie bis zu der Stufe 6 bis 7. Die Farbstoffe sind Faserschädiger, mit steigendem Halogengehalt nimmt gleichzeitig mit der Erhöhung der Lichtechtheit die Neigung zur Faserschädigung ab. Die Wasch- und Kochechtheit ist gut, ebenso die Chlorechtheit.

a) Anthrachinon-N-Dihydroazine (Indanthrone).

72	Indanthrenblau RS (RSN, KRS) Indanthrenbrillantblau R Indanthrendruckblau FRS Caledonblau XRN Caledonbrillantblau RNS Cibanonblau RS (RSN) Ponsolblau RS (RSS, GZ, RP, RPC) Sandothrenblau NRS (NRSN) Tinonchlorblau RS (RSN) Solanthrenblau NRS	DRP. 129845. — VI. 412ff. — BOHN: Ber. dtsch. chem. Ges. **36**, 930; **43**, 999. — SCHOLL: Ber. dtsch. chem. Ges. **36**, 3410, 3437, 3710; **40**, 320, 924. — FIERZ-DAVID: Künstl. org. Farbstoffe, S. 588. — KUNZ: Melliand Textilber. **33**, 60, (1952).
73	Vorwiegend isomere Monochlorderivate Indanthrenblau GCD (GCDN, GCDS) Caledonblau GCPS Cibanonblau GCD (GCDN) Sandothrenblau NGCDN Tinonchlorblau GCDN Solanthrenblau NJI Ponsolblau: GD (GDS, GDP)	DRP. 138167, 155415, 157449, 168042, 229166, 287590. VII. 229; VIII. 351; X. 695; XII. 480. — FIAT: 1313, 2, 74. — KUNZ: Melliand Textilber. **33**, 61 (1952).

Die Halogenderivate stellen meistens Gemische dar.

| 74 | 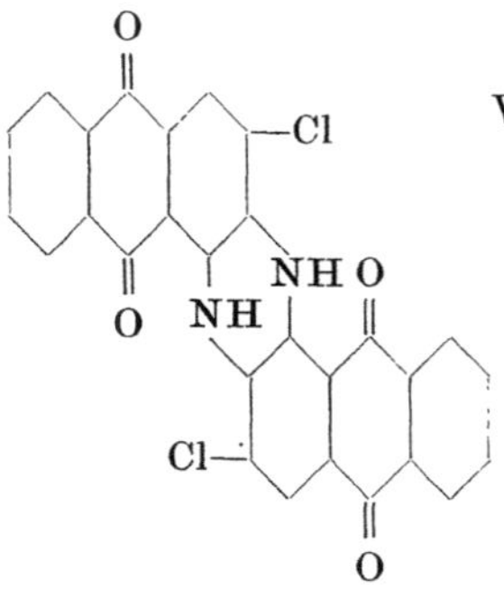 | Vorwiegend 3,3′-
Dichlorderivat | Indanthrenblau BC (BCD, BCS, RC)
Cibanonblau BCS (GCXL)
Caledonblau RC (RCS)
Sandothrenblau ERC
Tinonchlorblau RC
Solanthrenblau NB (NSB) | Literatur wie bei Indanthrenblau GCD. |
| 75 | 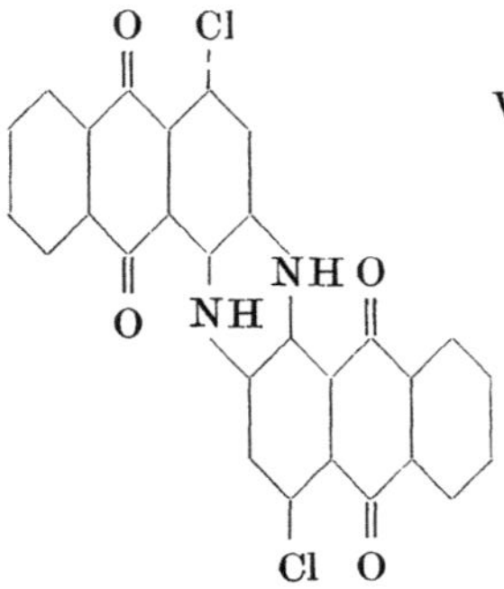 | Vorwiegend 4,4′-
Dichlorderivat | Caledonblau GCD (GCDS)
Sandothrenblau EGCD
Tinonchlorblau GCD | Literatur wie bei Indanthrenblau GCD. |

| 76 | Indanthrenblau 3 GT
Indanthrenblau GC
Caledonblau GCS
Sandothrenblau EGC
Tinonchlorblau GC | DRP. 138167, 158474. — VII. 229; VIII. 342. — Kunz: Melliand Textilber. **33**, 61 (1952. |
| 77 | Indanthren-
blau RK | DRP. 158287, 193121, 240265. — VIII. 341; IX. 783; X. 700. — Fierz-David: Künstl. org. Farbstoffe, S. 594. — Müller: Text. Rdsch. **5**, 306 (1950). |

78	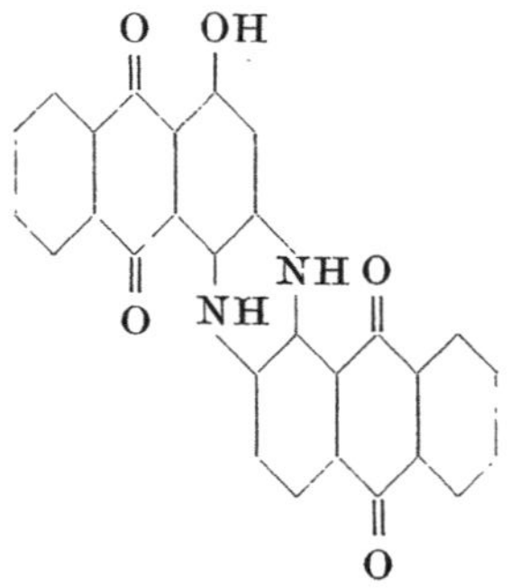	Indanthrenblau 3 G Indanthrenbrillantblau 3 G Caledonblau 3 GS Caledonbrillantblau 3 GS Solanthrenblau N 3 J Ponsolblau 3 G	DRP. 193 121. — IX. 783. — FIERZ-DAVID: Künstl. org. Farbstoffe, S. 594. — THOMSON: J. Soc. Dyers Colourists **52**, 240 (1936).
79	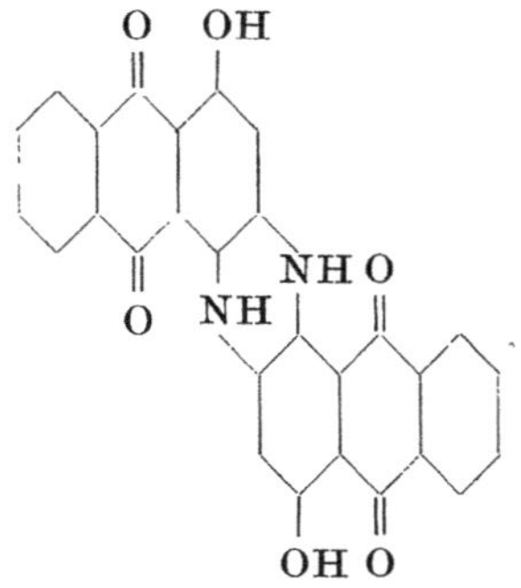	Indanthrenblau 5 G Cibanonblau B 2 G Tetrablau N 2 BG Tinonblau B 2 G	DRP. 193 121. — IX. 783. — FIERZ-DAVID: Künstl. org. Farbstoffe, S. 594.

80		Indanthrengrün BB Caledongrün 2 BS	DRP. 158287, 193121. — VIII. 341; IX. 783. — FIERZ-DAVID: Künstl. org. Farbstoffe, S. 594. — THOMSON: J. Soc. Dyers Colourists **52**, 240 (1936).
81		Caledongrün RC (RCS)	Fox: J. Soc. Dyers Colourists **65**, 516 (1949). — THOMSON: J. Soc. Dyers Colourists **52**, 240 (1936).

b) Flavanthrone.

82	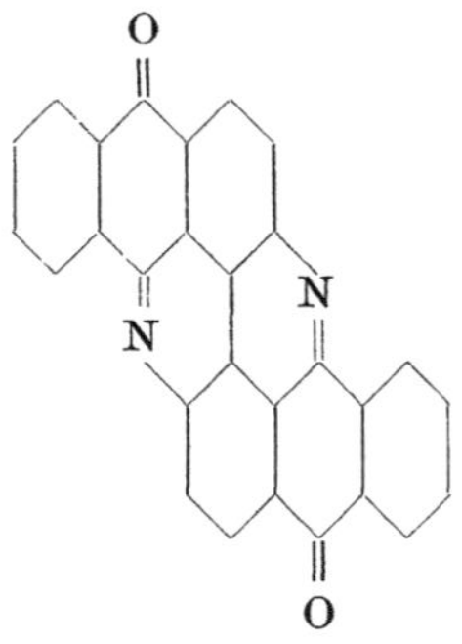	Indanthrengelb G Caledongelb G (GN, GNS) Cibanongelb G (GN) Ponsolgelb G (GS) Sandothrengelb NG (NGN) Solanthrengelb NJ Tinonchlorgelb RG (RGN)	DRP. 133686, 136015, 138119. — VI. 417; VII. 228. — Scholl: Ber. dtsch. chem. Ges. **40**, 1691; **41**, 2304; **43**, 1740. — Fierz-David: Künstl. org. Farbstoffe, S. 606.
83	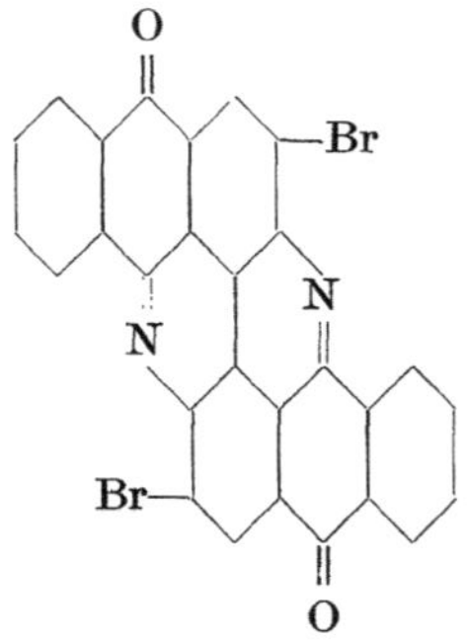	Indanthrengelb R Caledongelb R	DRP. 248999. — XI. 708. — Fierz-David: Künstl. org. Farbstoffe, S. 606.

c) Pyranthrone.

84		Indanthrengoldorange G Indanthrendruckorange GO Caledongoldorange GS Cibanongoldorange GN Sandothrengoldorange NG Tinongoldorange GN Solanthrenorange NJ Ponsolgoldorange G (GS)	Fierz-David: Künstl. org. Farbstoffe, S. 612. — DRP. 175067, 174494. — VIII. 356 ff. — Ber. dtsch. chem. Ges. **43**, 346; **44**, 1448.
85		Indanthrenorange RRT Caledonorange 2 RT (2 RTS) Cibanongoldorange 2 R Sandothrenrotorange NG Tinonchlororange 2 RT Ponsolgoldorange RRT (RRTS)	Kunz: Melliand Textilber. **33**, 63 (1952). — DRP. 186596, 211927, 218162. — IX. 796 ff. — FIAT 1313, 2, 113.

86		Indanthrenorange 4 R Caledonorange 4 RS Caledonbrillantorange 4 RS Cibanonorange 8 R Sandothrenorange NR Tinonchlororange 8 R Tinonchlorbrillantorange C4R	Kunz: Melliand Textilber. **33**, 63 (1952). — Fox: J. Soc. Dyers Colourists **65**, 518 (1949). — FIAT 1313, 2, 113.
87		Indanthrenscharlach G Ponsolgoldorange 4 R (4 RS)	Fierz-David: Künstl. org. Farbstoffe, S. 614.

Die halogenierten Produkte sind Gemische verschiedener Halogenierungsstufen.

5. Anthanthrone und Dibenzopyrenchinone.

Diese beiden Gruppen enthalten eine Pyrengruppe,

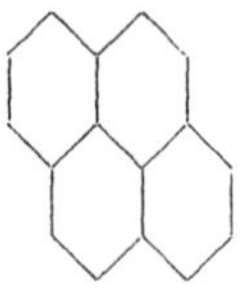

die auch im Pyranthron enthalten ist.

Anthanthrone. Diese leiten sich vom Anthanthron

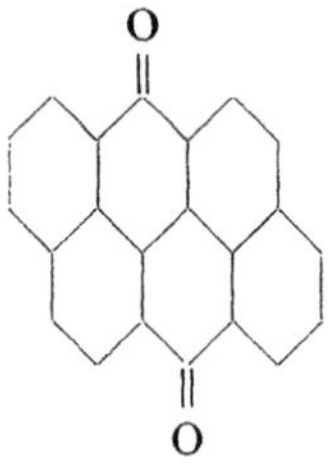

ab.

Die hierher gehörenden Farbstoffe sind orange gefärbt und werden nach dem IK-Verfahren gefärbt. Sie zeichnen sich durch hohe Brillanz aus, sind farbkräftig und egalisieren gut. Sie sind sehr licht- und wetterecht, schwächen aber die Faser. Die Waschechtheit (4) ist gut, die Kochechtheit mäßig. Durch Einführung von Anthrachinonresten über Karbazolsysteme gelangt man zu grauen Produkten, die auch infolge der Erhöhung der Anzahl der Karbonylgruppen eine erhöhte Kochechtheit besitzen.

Dibenzopyrenchinone. Diese leiten sich von dem ähnlich gebauten Dibenzopyrenchinon bzw. Isodibenzopyrenchinon

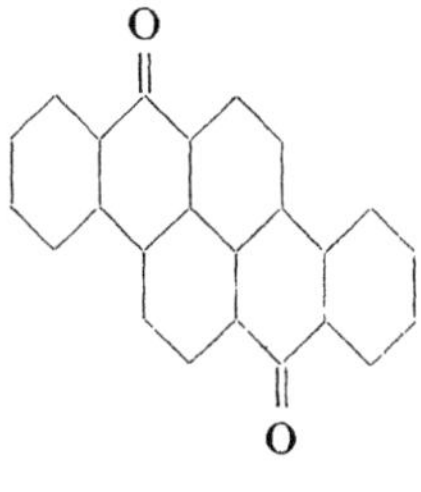

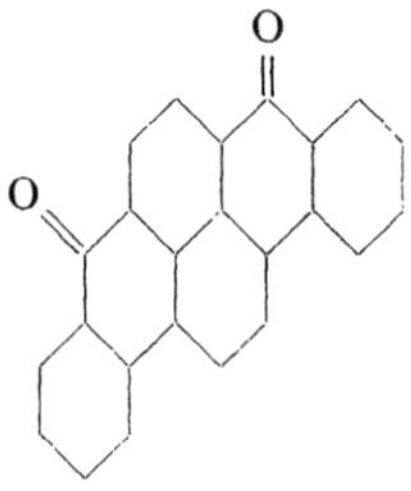

ab.

Es handelt sich um kaltfärbende, gut egalisierende, gelb und rot gefärbte, lebhafte und ausgiebige Küpenfarbstoffe. Die Lichtechtheit der nicht halogenierten Produkte ist mäßig (5) und steigt durch Halogenierung bis 7 an. Wie auch bei anderen ähnlichen Farbstoffen wird die Neigung, die Faser zu schädigen, durch Halogenierung gleichzeitig herabgesetzt. Auch die Wasch- und Sodakochechtheit, die bei den nicht halogenierten Produkten mäßig ist, ist bei den halogenierten Produkten besser.

a) Anthanthrone.

88	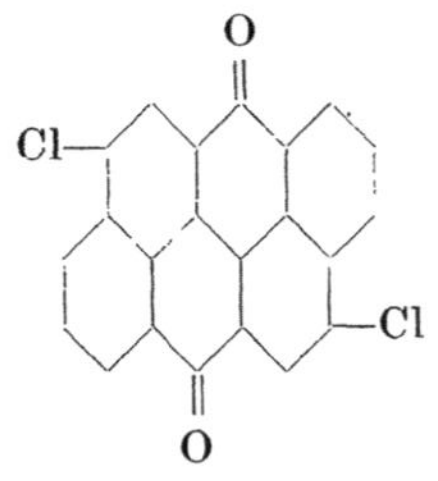	Indanthrenbrillantorange GK	KUNZ: Melliand Textilber. **33**, 63 (1952). — DRP. 458598, 492344, 495367, 478738. — XVI. 410 bis 419. — FIERZ-DAVID: Künstl. org. Farbstoffe, Erg.-Bd., S. 95.
89	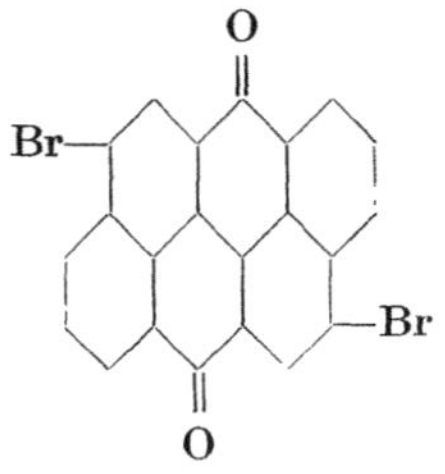	Indanthrenbrillantorange RK (RKN, RKS) Caledonbrillantorange 6 RS	Literatur wie oben.

| 90 | 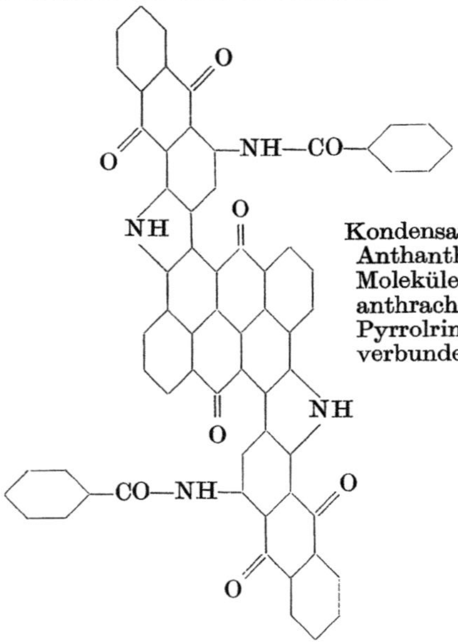 Kondensationsprodukt aus Anthanthron und zwei Molekülen Benzoylaminoanthrachinon durch zwei Pyrrolringe (Karbazolringe) verbunden. | Indanthrengrau BG | KUNZ: Melliand Textilber. **33**, 65 (1952). — Fox: J. Soc. Dyers Colourists **65**, 519 (1949). — BIOS Final Report 1493, S. 23. |

b) Dibenzopyrenchinone und Isodibenzopyrenchinone.

| 91 | 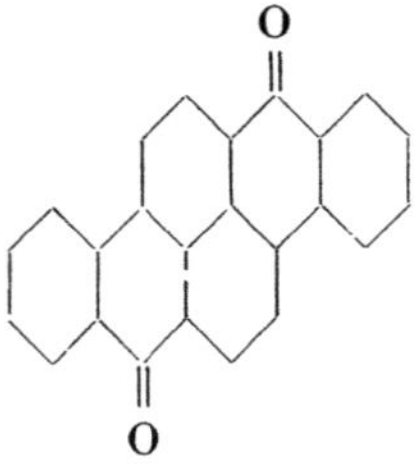 | Indanthrengoldgelb GK
Indanthrendruckgelb GOK
Caledongoldgelb GKS
Solanthrenbrillantgelb NJ | DRP. 412053. — XV. 731 ff. — BIOS Final Report 1493, S. 38. |

92	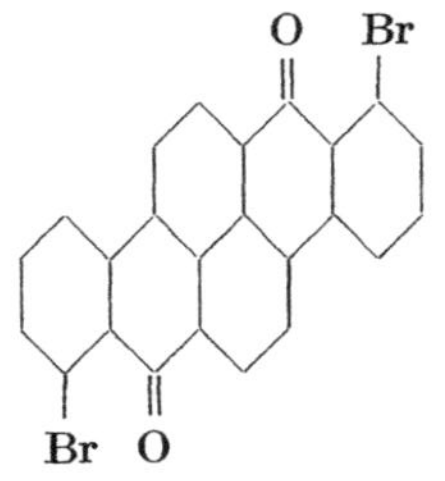	Indanthrengoldgelb RK Solanthrengoldgelb RKS Solanthrenbrillantgelb NR	FIAT 1313, 2, 121. — Kunz: Melliand Textilber. **33**, 63 (1952). — FIAT 1313, 2, 121.
93	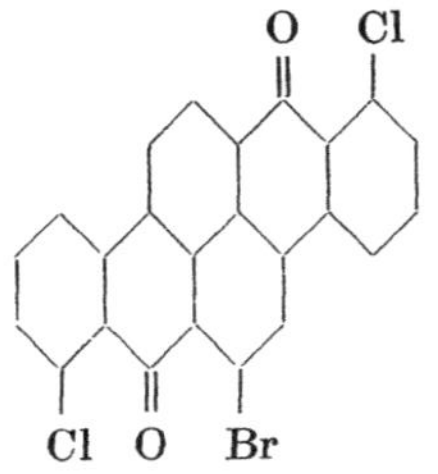	Indanthrendruckgelb GOW	BIOS Final Report 1493, S. 38.
94	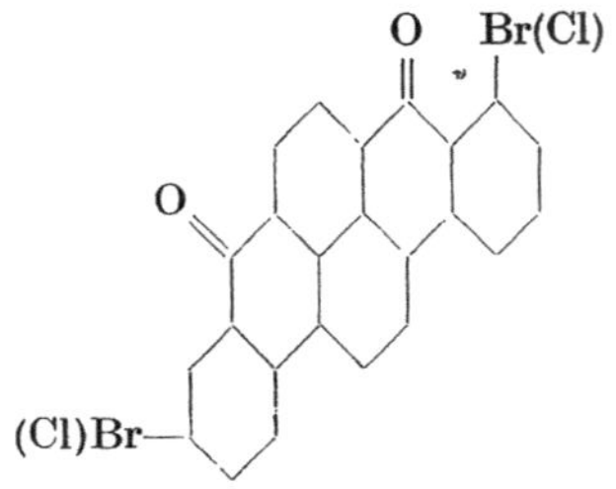	Indanthrenscharlach 4 G	Kunz: Melliand Textilber. **33**, 63 (1952). — Fox: J. Soc. Dyers Colourists **65**, 519 (1949).

6. Derivate des Benzanthrons.

Das Benzanthron

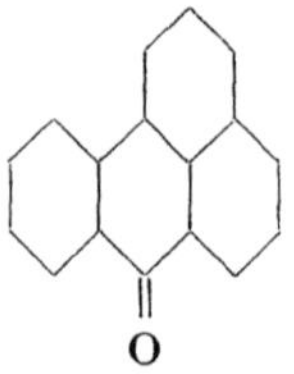

ist in verschiedenen Gruppierungen in einer großen Anzahl von Küpenfarbstoffen enthalten, von denen einige eine hervorragende Bedeutung erlangt haben.

Dibenzanthrone (*Violanthrone*). Diese Gruppe umfaßt eine Reihe von dunkelblauen, lebhaft grünen, grauen und schwarzen Farbstoffen, die alle nach dem IN-Verfahren gefärbt werden, aber auch nach dem IW-, teilweise sogar nach dem IK-Verfahren gefärbt werden können. Sie ziehen äußerst rasch auf und zeigen ein sehr geringes Wanderungsvermögen, so daß sie mit großer Vorsicht gefärbt werden müssen, um gute Egalisierung und Durchfärbung zu erreichen. Sie besitzen durchwegs eine ausgezeichnete Lichtechtheit (7 bis 8) und sehr gute Waschechtheit. Die Sodakochechtheit variiert je nach den vorhandenen Substituenten zwischen mäßig und sehr gut. Die meisten Farbstoffe dieser Gruppe weisen eine schlechte Bügelechtheit auf. Dies muß beim Abmustern beachtet werden. Ein gründliches Seifen nach dem Färben ist wichtig.

Isodibenzanthrone (*Isoviolanthrone*). Diese Gruppe umfaßt blaue und violette Küpenfarbstoffe, die ebenfalls am besten nach dem IN-Verfahren gefärbt werden, rasch aufziehen und ein geringes Wanderungsvermögen aufweisen, so daß die Erzielung einer guten Egalisierung und Durchfärbung ebenfalls schwierig ist. Ein gründliches Seifen nach dem Färben ist wichtig. Die Lichtechtheit ist geringer als bei den Dibenzanthronen (5 bis 6). Die Wasch- und Sodakochechtheit ist gut, die Chlorbleichechtheit sehr gut. Auch diese Farbstoffe weisen eine schlechte Bügelechtheit auf.

Benzanthronylpyrazolanthrone. Diese Gruppe umfaßt marineblaue bis graue Farbstoffe, die rasch aufziehen, ein geringes Wanderungsvermögen aufweisen und ebenfalls am besten nach dem IN-Verfahren gefärbt werden. Gründliches Seifen ist wichtig. Die Lichtechtheit (7 bis 8) und die Waschechtheit sind sehr gut, die Bügelechtheit ist teilweise gering.

Benzanthronylaminoanthrachinone (*Benzanthronakridone*). Die Farbstoffe dieser Gruppe sind oliv bis schwarzbraun gefärbt. Sie sind ebenfalls nach dem IN-Verfahren zu färben. Ihre Ausgiebigkeit ist sehr groß. Die Lichtechtheit ist ebenso wie die Waschechtheit hervorragend; auch die Sodakochechtheit und die Chlorechtheit sind sehr gut.

Thiabenzanthrone. Diese Farbstoffe sind grünblau bis grün gefärbte IN-Färber, die rasch aufziehen und ein geringes Wanderungsvermögen besitzen, so daß eine gute Egalisierung und eine gute Durchfärbung schwierig erreichbar sind. Die Lichtechtheit ist ausgezeichnet (7 bis 8), ebenso ist die Waschechtheit sehr gut, die Sodakochechtheit aber nur mäßig.

a) Dibenzanthrone (Violanthrone).

95	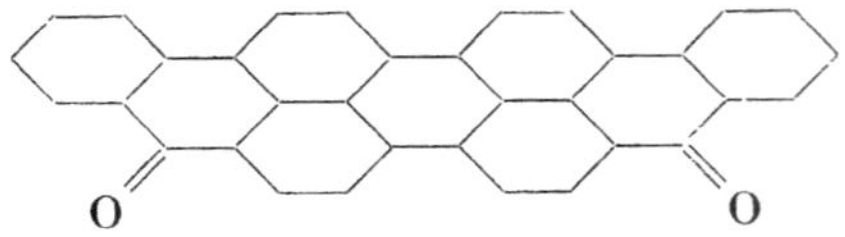	Indanthrendunkelblau BO (BOA, BGA) Caledondunkelblau B (BMS) Caledonmarineblau B Cibanondunkelblau BO (BOA, MB, MBA) Sandothrendunkelblau NBO (NBOA, NMB, NMBA) Tinonchlordunkelblau B (BO, MB) Solanthrendunkelblau NB (NBA) Ponsoldunkelblau BOA (BR, BRS)	DRP. 185221, 290079. — IX. 824; XII. 481. — BALLY: Ber. dtsch. chem. Ges. **38**, 195. — SCHOLL: Ber. dtsch. chem. Ges. **44**, 1650. — FIERZ-DAVID: Künstl. org. Farbstoffe, S. 615. — Colour Index Nr. 1099.
96	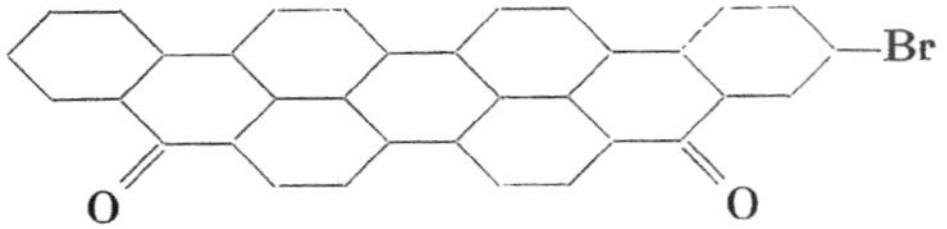	Indanthrenmarineblau BF	BIOS Final Report 987, S. 75. — Fox: J. Soc. Dyers Colourists **65**, 520 (1949).
97	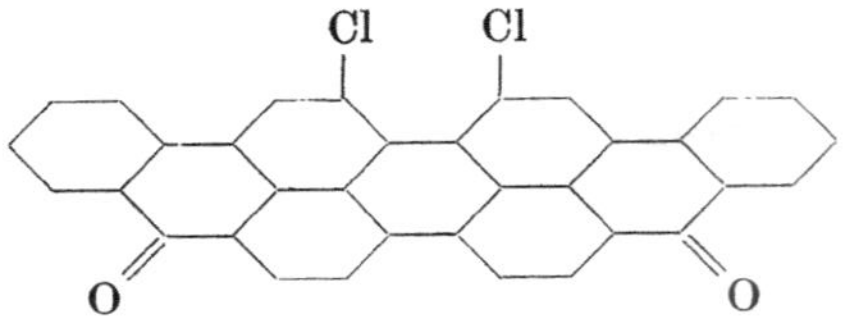	Alizanthrenmarineblau R Cibanonmarineblau RA Sandothrenmarineblau NR Tinonchlormarineblau RA	Fox: J. Soc. Dyers Colourists **65**, 520 (1949). — Brit. P. 253163, 345623.

98	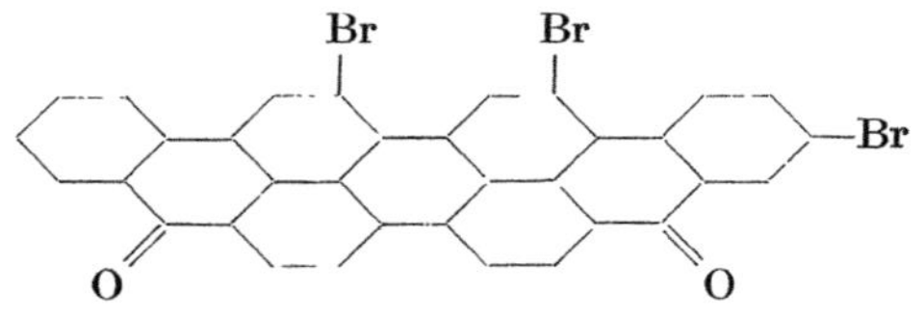	Indanthrenmarineblau BRF	Kunz: Melliand Textilber. **33**, 63 (1952).
99	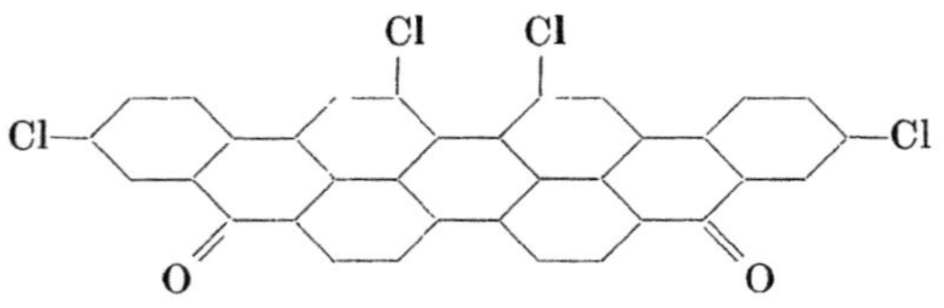	Indanthrenmarineblau RB	BIOS Final Report 1493, S. 27. — Fox: J. Soc. Dyers Colourists **65**, 520 (1949).
100	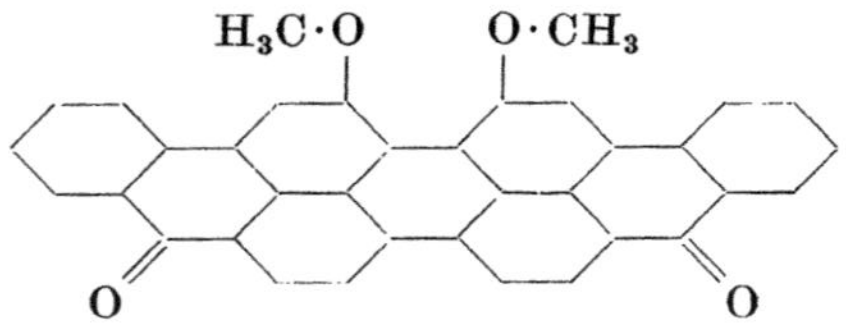	Indanthrenbrillantgrün B (FFB) Caledon Jade Grün BS (BNS, XS, XNS) Cibanonbrillantgrün BF Sandothrengrün EX Tinonchlorbrillantgrün B Solanthrenbrillantgrün NB (N2F) Ponsol Jade Grün S	Fierz-David: Künstl. org. Farbstoffe, Erg.-Bd., S. 90. — DRP. 413738 (ferner 259370, 260020). — XV. 765 (ferner XI. 698). — FIAT 1313, 2, 82.

101	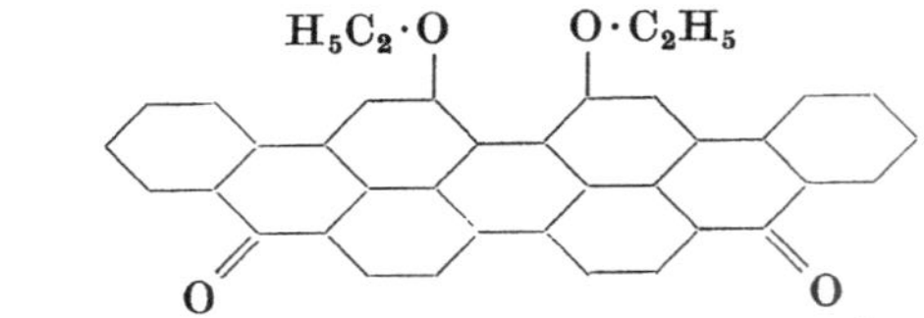	Caledon Jade Grün 3 BS Cibanonbrillantgrün 2 B	Fox: J. Soc. Dyers Colourists **65**, 519 (1949). — Thomson: J. Soc. Dyers Colourists **52**, 244, 251 (1936).
102	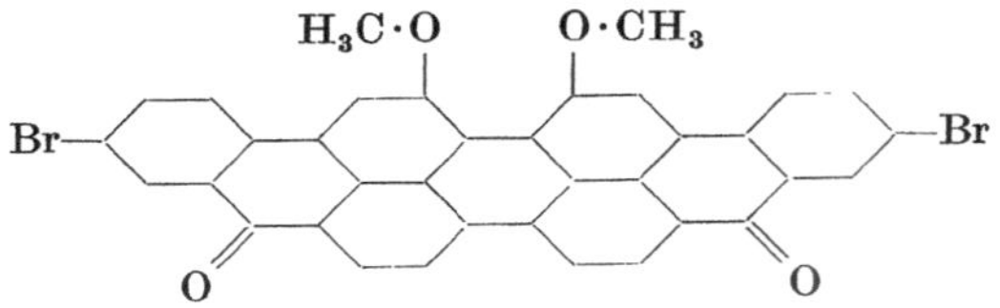	Indanthrenbrillantgrün 2 G Caledon Jade Grün 2 GS Cibanonbrillantgrün 2 G Ponsolbrillantgrün 2 G Die Marke 4 G ist ein Gemisch.	Literatur wie bei vorigem Farbstoff.
103	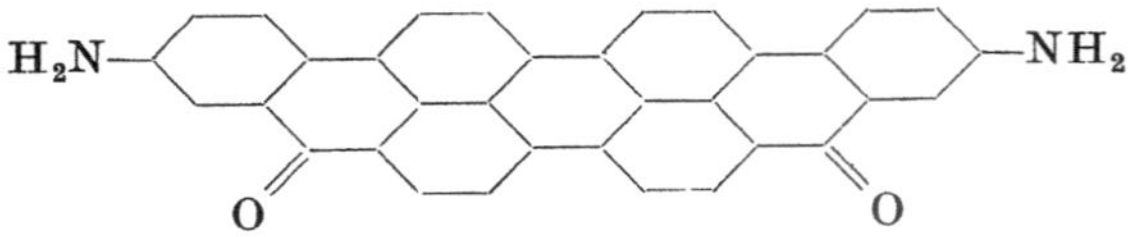	Indanthrenschwarz BB (BGA) Caledonschwarz BS (2 BS, 2 BMS, NBS) Cibanonschwarz 2 B (2 BA) Sandothrenschwarz N 2 B (N 2 BA) Tinonchlorschwarz 2 B (2 BA) Solanthrenschwarz N 2 B (N 2 BA) Ponsolschwarz BA (BN, BNS) Dieser Farbstoff ist grün (früher Indanthrengrün B) und wird durch Oxydation (z. B. mit Hypochlorit) in den schwarzen Farbstoff verwandelt. Die Diaminoverbindung entsteht beim Verküpen aus der Nitroverbindung (Mono- und Dinitroverbindung, verschiedene Isomere).	DRP. 185222, 226215. — IX. 830, 1200. — Fierz-David: Künstl. org. Farbstoffe, S. 615. — Kunz: Melliand Textilber. **33**, 62 (1952).

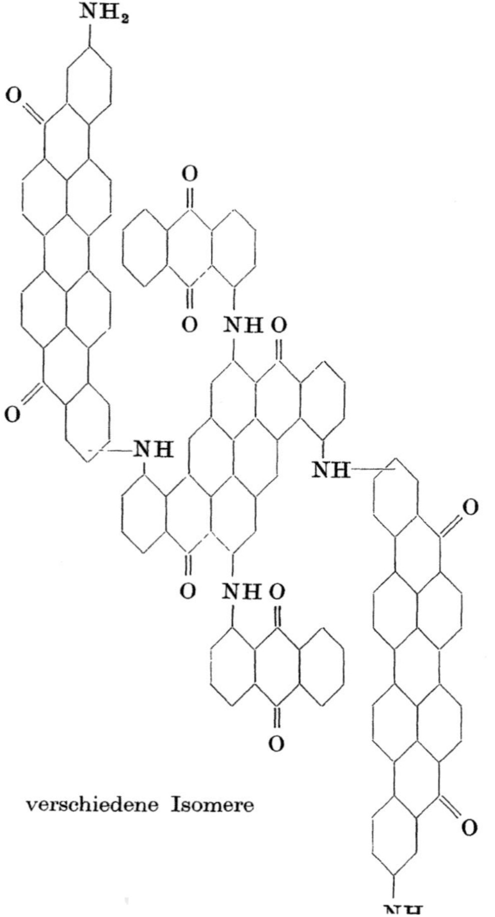	Indanthrendirektschwarz RB	Fox: J. Soc. Dyers Colourists **65**, 518 (1949). — BIOS Final Report 987, S. 63. — Kunz: Melliand Textilber. **33**, 65 (1952).
verschiedene Isomere		

105	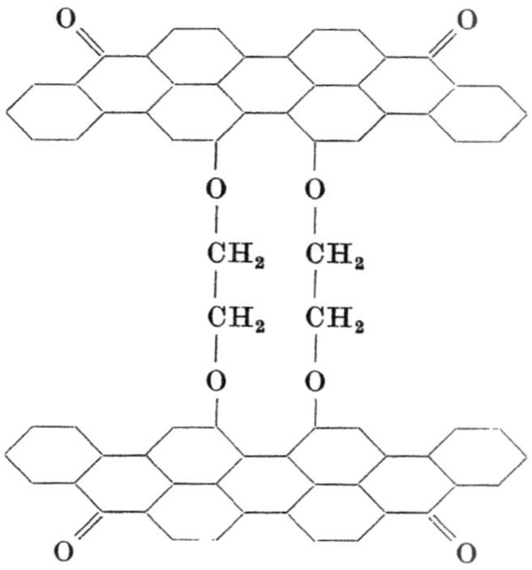 Indanthrenmarineblau G Caledondunkelblau GS	Kunz: Melliand Textilber. **33**, 63 (1952). — Fox: J. Soc. Dyers Colourists **65**, 520 (1949). — BIOS Final Report 987, S. 70.
106	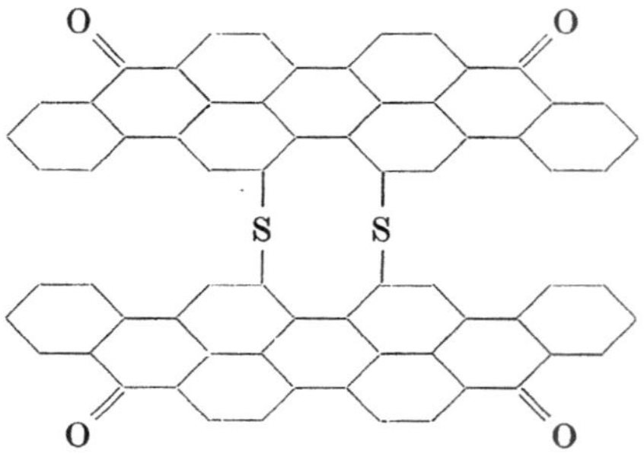 Indanthrendruckschwarz BB	Kunz: Melliand Textilber. **33**, 62 (1952).

107	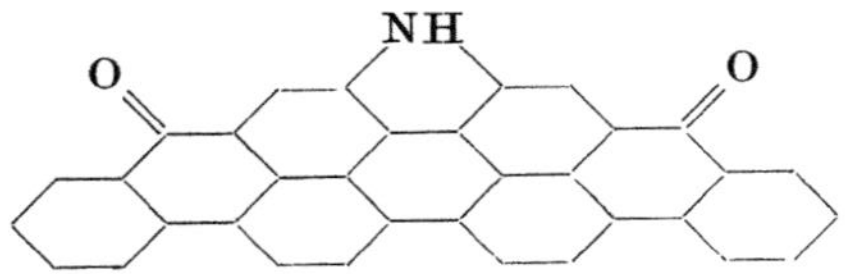	Indanthrengrau 3 B Cibanongrau 2 B Sandothrengrau N 2 B	Kunz: Melliand Textilber. **33**, 62 (1952). — Fox: J. Soc. Dyers Colourists **65**, 520 (1949). — Brit. P. 204 241.
108	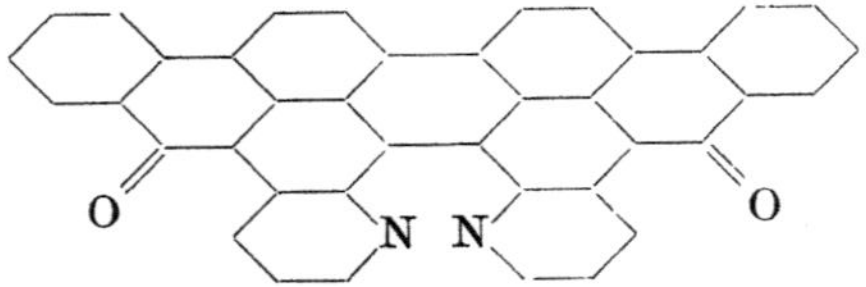	Indanthrendunkelblau BT	Kunz: Melliand Textilber. **33**, 62 (1952).

b) Isodibenzanthrone (Isoviolanthrone).

109	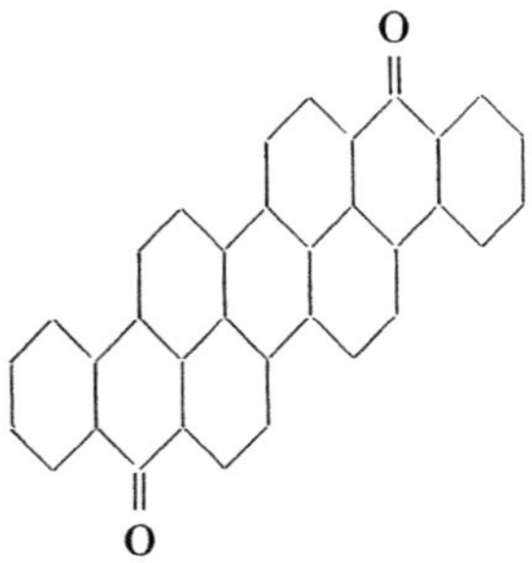	Indanthrenviolett B Caledonpurpur RS Sandothrenviolett NR Tinonchlorviolett BR	DRP. 194 252. — IX. 826. — Fox: J. Soc. Dyers Colourists **65**, 520 (1949). — Kunz: Melliand Textilber. **33**, 63 (1952).

110		Indanthrenbrillantviolett 2 R Cibanonviolett 2 R (2B) Caledonbrillantpurpur 2 RS Sandothrenviolett N 2R Tinonchlorviolett B 2R (B2RB) Solanthrenbrillantviolett N 2R Ponsolviolett RR (RRD, RRP)	DRP. 194252, 217570, 465988, 480487. — IX. 826ff.; XVI. 1482. — Fox: J. Soc. Dyers Colourists 65, 520 (1949).
111		Indanthrenbrillantviolett 3 B Indanthrendruckviolett F 3B Caledonbrillantviolett 3 B Sandothrenviolett N 3B Tinonchlorviolett 4 B Ponsolbrillantviolett 3 B Es handelt sich um Mischungen verschiedener Halogenierungsstufen und isomerer Verbindungen.	Wie oben. — FIAT 1313, 2, 170. — Fox: J. Soc. Dyers Colourists 65, 520 (1949). — Kunz: Melliand Textilber. 33, 63 (1952).
112		Caledon Ming Blau XS	DRP. 442511. — XV. 772. — BIOS Miscellaneous 20. — Rowe: The Development of the Chemistry of Commercial Synthetic Dyestuffs 1856—1938, S. 89.

c) Benzanthronylpyrazolanthrone.

113	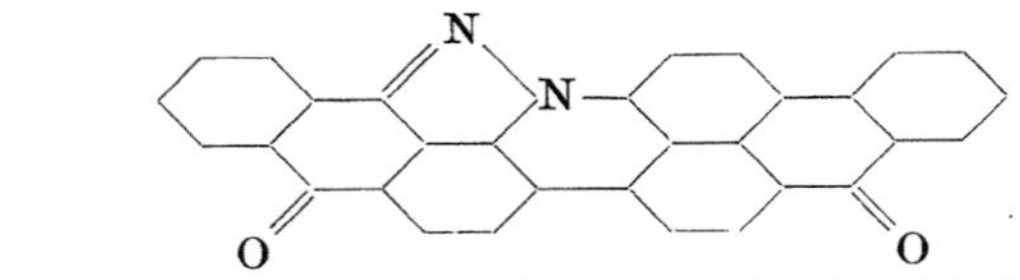	Indanthrenmarineblau R	Kunz: Melliand Textilber. **33**, 63 (1952). — Bios Final Report 1493, S. 26. — Fox: J. Soc. Dyers Colourists **65**, 521 (1949).
114	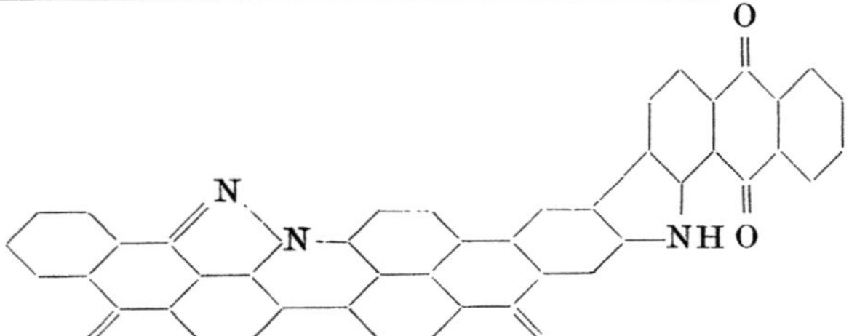 oder Imid	Indanthrengrau M (MG)	FIAT 1313, 2, 110. — Fox: J. Soc. Dyers Colourists **65**, 521 (1949). — Kunz: Melliand Textilber. **33**, 64 (1952).

d) Benzanthronylaminoanthrachinone (Benzanthronakridone).

115	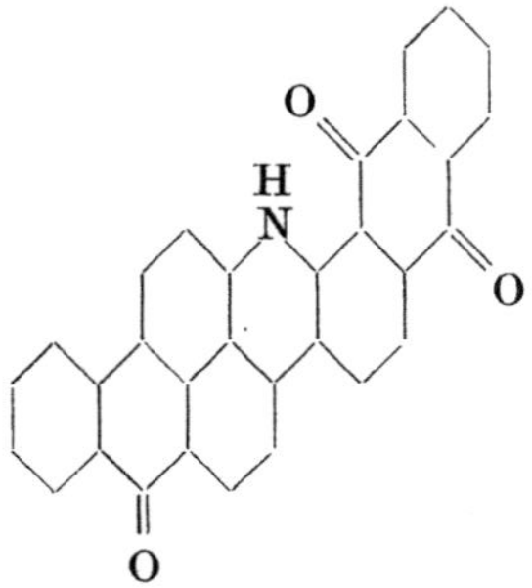	Indanthrenolivgrün B Caledonolivgrün B Cibanonolive 2 B Sandothrenolive N 2 B Tinonchlorolive 2 B Ein Monochlorderivat ist das Indanthrenolive GG.	Müller: Melliand Textilber. **28**, 93 ff. (1947). — Fox: J. Soc. Dyers Colourists **65**, 521 (1949). — BIOS Final Report 987, S. 6 (Formel 66).

| 116 | 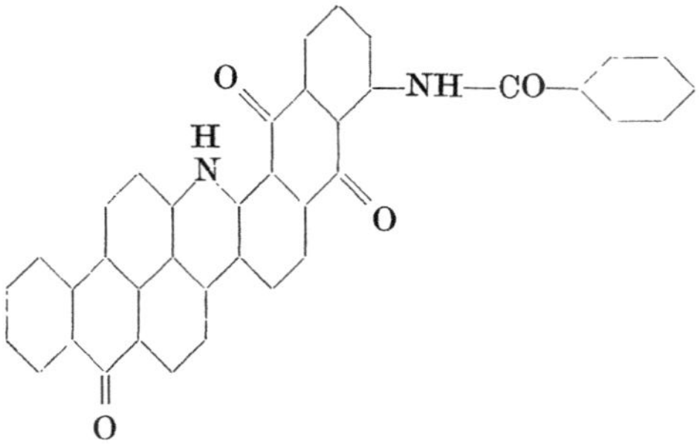 | Indanthrenolive GB | BIOS Final Report 987, S. 6 (Formel 65). — Fox: J. Soc. Dyers Colourists 65, 521 (1949). |
| 117 | 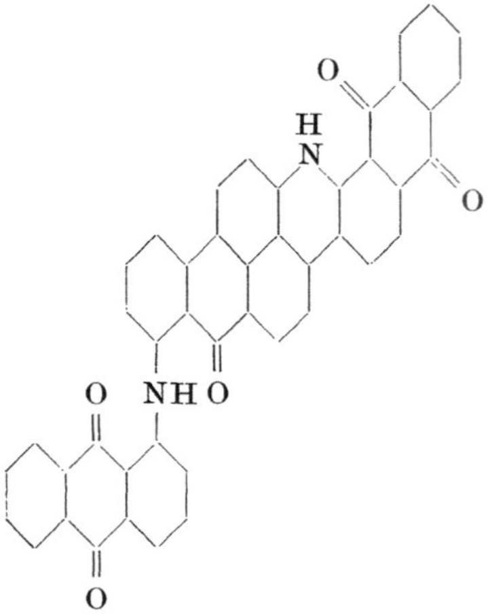 | Indanthrenoliv T | BIOS Final Report 987, S. 7 (Formel 72). — Müller: Melliand Textilber. 28, 93 ff. (1947). — Fox: J. Soc. Dyers Colourists 65, 521 (1949). — Kunz: Melliand Textilber. 33, 64 (1952). |

118	Indanthrenoliv- braun GB	BIOS Final Report 987, S. 7 (Formel 75). — Fox: J. Soc. Dyers Colourists 65, 521 (1949).
119	Indanthren- schwarzbraun NR	BIOS Final Report 987, S. 7 (Formel 76). — Fox: J. Soc. Dyers Colourists 65, 521 (1949).

e) Thiabenzanthrone.

120

Indanthrenblaugrün FFB	DRP. 209351, 254098, 483154. —
Cibanonblau 3 G (3 GF)	IX. 836; XI. 699; XVI. 1490.
Ponsolblaugrün FFB	— Colour Index Nr. 1173. —
Sandothrenblau N 3 G (N 3 GF)	Fierz-David: Künstl. org.
Tinonchlorblau 3 G (3 GF)	Farbstoffe, Erg.-Bd., S. 87.

Oxydationsprodukte sind Cibanongrün B, Tetragrün NB und Tinonchlorgrün B.

7. Verschiedene kleinere Gruppen.

Anthrapyrimidine. Diese enthalten einen Pyrimidinring an eine Anthrongruppe kondensiert:

Die gelben Farbstoffe dieser Gruppe sind IK-Färber, die sich durch gute Licht- und Waschechtheit auszeichnen.

Pyridonanthrone. Diese enthalten einen Pyridonring:

an eine Anthrongruppe kondensiert. Der einzige technisch verwertete Vertreter, das Algolrot BTK, besitzt eine geringe Lichtechtheit.

Bispyrazolanthrone. Die roten Farbstoffe dieser Gruppe leiten sich vom 2,2′-Bispyrazolanthron

Pyrazolanthrongelb (Griesheim)

durch Alkylierung oder Oxyalkylierung am Stickstoff ab, wodurch die Sodakochechtheit erhöht wird. Die Licht- und Waschechtheit dieser nach dem IN-Verfahren zu färbenden Farbstoffe ist gut.

Acedianthrone. Diese Gruppe umfaßt einige braune Vertreter, die nach dem IW- oder nach dem IN-Verfahren zu färben sind. Sie besitzen hohe Lichtechtheit, aber eine nur mäßige Sodakochechtheit.

a) Anthrapyrimidine.

121		Indanthrengelb 7 GK	KUNZ: Melliand Textilber. **33**, 67 (1952). — Fox: J. Soc. Dyers Colourists **65**, 517 (1949). — BIOS Final Report 987, S. 89.
122		Indanthrengelb 4 GK	KUNZ: Melliand Textilber. **33**, 67 (1952). — Fox: J. Soc. Dyers Colourists **65**, 517 (1949). — BIOS Final Report 987, S. 95.

| 123 | | Indanthrengelb 4 GF | Kunz: Melliand Textilber. **33**, 67 (1952). |

b) Pyridonanthrone.

| 124 | | Algolrot BTK | Mayer: Chemie d. org. Farbstoffe, S. 181. — Bradley: J. Soc. Dyers Colourists **58**, 5 (1942). |

c) Bispyrazolanthrone.

| 125 | 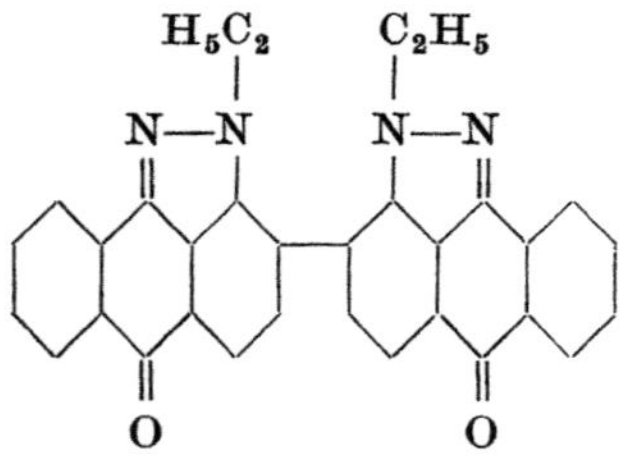 | Indanthrenrubin R
Ponsolrot G2B (G2BS) | Kunz: Melliand Textilber. **33**, 63 (1952). — Fox: J. Soc. Dyers Colourists **65**, 517 (1949). — BIOS Final Report 987, S. 128. |

d) Acedianthrone.

| 126 | 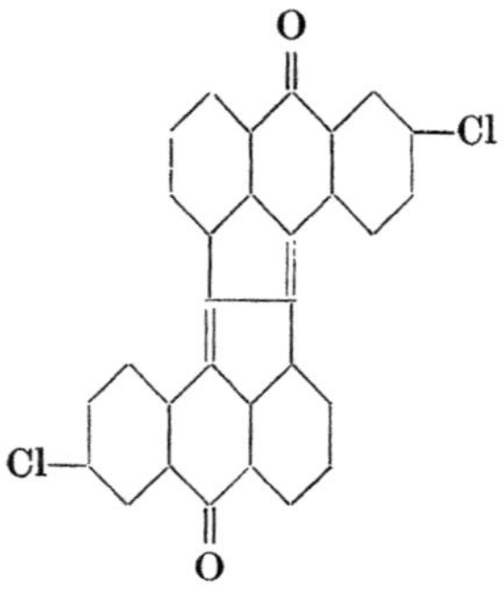 | Indanthrenrotbraun RR | BIOS Final Report 987, S. 127. — BIOS Final Report 1493, S. 47. — Fox: J. Soc. Dyers Colourists **65**, 518 (1949). |

| 127 | | Indanthrenbraun NG | BIOS Final Report 987, S. 127. — Fox: J. Soc. Dyers Colourists 65, 518 (1949). |

8. Perylentetrakarbonsäureimide.

Nr.	Struktur	Bezeichnung	Literatur
128	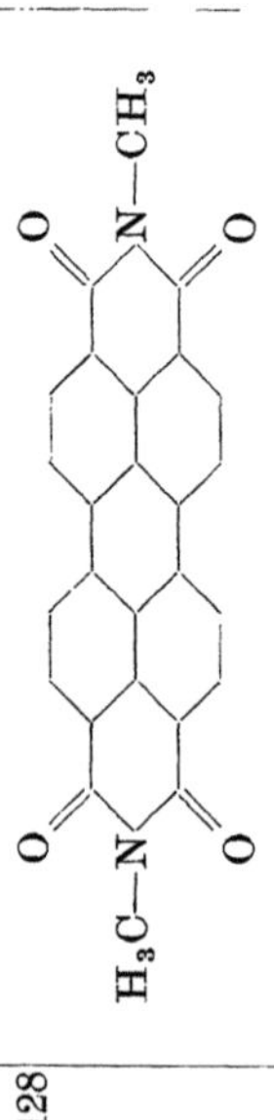 (Perylentetrakarbonsäure-N,N'-dimethylimid)	Indanthrenrot GG Caledonrot 2 GS Sandothrenrot L 2 G	BIOS Final Report 1773, S. 10. — Fox: J. Soc. Dyers Colourists 65, 520 (1949).
129	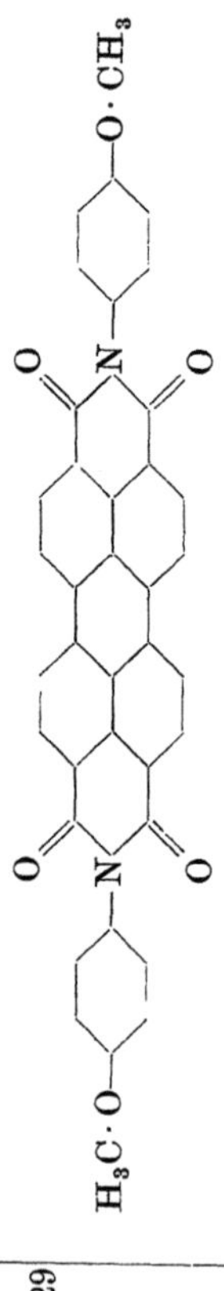 (Perylentetrakarbonsäure-bis-[4-methoxyphenyl]-imid)	Indanthrenscharlach R	Fox: J. Soc. Dyers Colourists 65, 520 (1949). — BIOS Final Report 1493, S. 50.

Die Farbstoffe dieser Gruppe, die eigentlich keine anthrachinoiden Küpenfarbstoffe darstellen, sondern diesen nur nahestehen, sind rote IW-Färber mit mäßiger Wasch- und Sodakochechtheit; auch die Lichtechtheit ist nur mäßig.

9. Naphtalinabkömmlinge.

Die hierher gehörenden Farbstoffe schließen sich hinsichtlich ihres Verhaltens an die anthrachinoiden an.

Naphtoylenbenzimidazole. Die Farbstoffe dieser Gruppe sind ausgiebige satte orange bis blaurot bzw. braunrot gefärbte IN-Färber. Die Licht- und Waschechtheit ist gut, die Sodakochechtheit nur mäßig. Der orange gefärbte Vertreter ist ein schwacher Faserschädiger.

Naphtochinone. Es ist lediglich ein grünlichgelber Vertreter von technischer Bedeutung, der nach dem IW- bzw. nach dem IK-Verfahren gefärbt werden kann, in erster Linie aber als Druckfarbstoff Verwendung findet. Der Farbstoff ist ein starker Faserschädiger.

9. Naphtalinabkömmlinge.

a) Naphtoylenbenzimidazole.

130	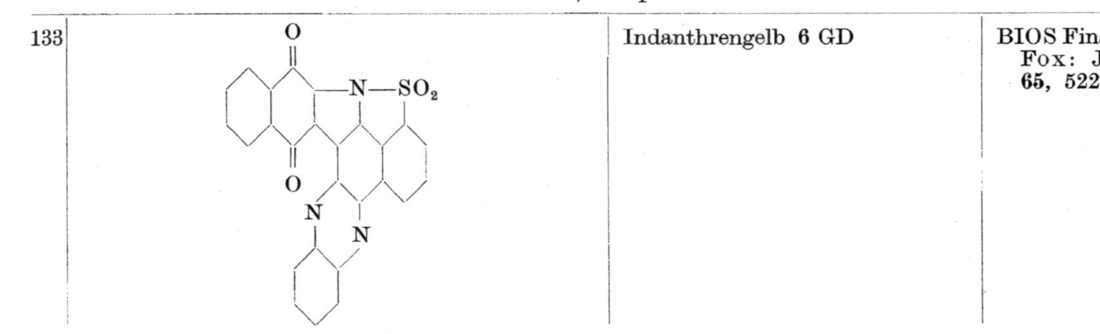	Indanthrenbrillantorange GR	FIAT 1313, 2, 164. — Fox: J. Soc. Dyers Colourists **65**, 521 (1949).
131		Indanthrenbordo RR Eine Isomerenmischung (Indanthrenbrillantorange GR und Indanthrenbordo RR) stellt das Indanthrenscharlach GG dar.	Fox: J. Soc. Dyers Colourists **65**, 522 (1949).
132		Indanthrendruckbraun 5 R	BIOS Final Report 1493, S. 37. — Fox: J. Soc. Dyers Colourists **65**, 522 (1949).

b) Naphtochinone.

133		Indanthrengelb 6 GD	BIOS Final Report 987, S. 125. — Fox: J. Soc. Dyers Colourists **65**, 522 (1949).

C. Phtalocyanin.

Von den Farbenfabriken Bayer wurde vor kurzer Zeit die interessante
Beobachtung gemacht, daß Metallkomplexverbindungen des Phtalocyanins verküpbar sind und nach Art der Küpenfarbstoffe gefärbt werden
können. Unter der Bezeichnung Indanthrenbrillantblau 4 G wurde die
Kobaltverbindung des Phtalocyanins in den Handel gebracht.

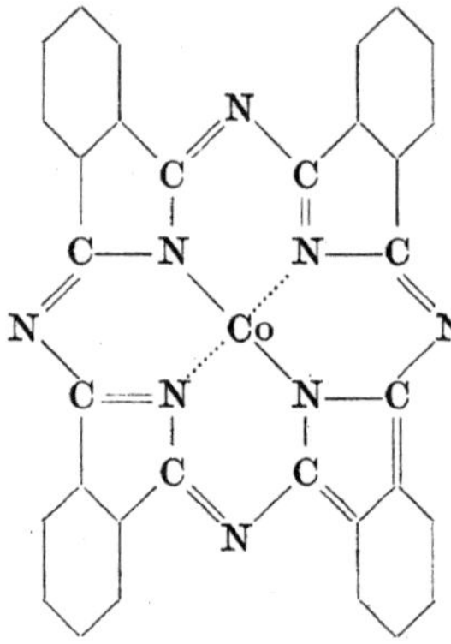

ansulfiert[1]

Über die färberischen Eigenschaften des Indanthrenbrillantblau 4 G
berichtet ausführlich GUND[2]. Hinsichtlich seiner klaren Nuance ist der
Farbstoff unerreicht. Die Lichtechtheit ist hervorragend, die Waschechtheit sehr gut. Die Chlor- und Superoxydbleichechtheit ist dagegen
gering. Der Farbstoff ist außerordentlich leicht verküpbar. Die Löslichkeit des Farbstoffes ist sehr gut. Die optimale Verküpungstemperatur
ist 60° C; es ist daher das IN-Verfahren das geeignetste Verfahren, wobei
man aber niedrigere Laugenmengen verwendet, als sonst für dieses Verfahren gebraucht werden; es genügen die für das IW-Verfahren gebräuchlichen Laugenmengen. Lediglich zur Erhöhung des Erschöpfungsgrades
der Bäder wird die Laugenmenge erhöht; die größere Laugenmenge übt
nur die Funktion eines Elektrolyten aus, ähnlich wie ein Salzzusatz; sie
ist aber nicht wie bei den anthrachinoiden Farbstoffen zur Erreichung
eines einwandfreien Lösungszustandes notwendig. Man kann auf Grund
der Eigenschaften des Farbstoffes unter Anwendung geringerer Laugenmengen Stammküpen herstellen. Der Aufziehvorgang läßt sich gut
mittels der Temperatur (unter 40° C ist die Aufziehgeschwindigkeit sehr
verringert) und mittels der Laugenkonzentration steuern. Man kann
daher mit geringeren Schwierigkeiten als mit den anthrachinoiden blauen
IN-Färbern (Indanthronreihe) auch Regeneratfasern in Apparaten färben.
Beim Färben von Stückware auf Jiggern und Haspelkufen treten kaum
nennenswerte Schwierigkeiten auf. Besonders gut bewährt sich der

---

[1] KUNZ: Melliand Textilber. **33**, 68 (1952).
[2] Melliand Textilber. 31, 46—47 (1950).

Farbstoff im Pigment-Klotz-Verfahren. Peregal und ähnliche Hilfsmittel dürfen nicht verwendet werden, da sie ähnlich wie Elektrolyte Teilchenvergröberung bewirken; ein geeignetes Schutzkolloid ist Leim.

D. Hydronblau und Indocarbon.

Durch Schwefelung von Karbazol

gelangt man zu Farbstoffen, die in der Mitte zwischen den eigentlichen Küpenfarbstoffen und den Schwefelfarbstoffen stehen. Man erhielt zuerst im Jahre 1908 das Hydronblau, 1926 auf ähnlichem Wege das Indocarbonschwarz.

Die Hydronblaumarken werden entweder aus einer Hydrosulfitküpe oder nach dem Schwefelnatrium-Hydrosulfit-Verfahren gefärbt, da sie sowohl durch Schwefelnatrium als auch durch Hydrosulfit in alkalischer Lösung verküpt werden können. Hinsichtlich ihrer Echtheitseigenschaften stehen sie gleichfalls zwischen den Schwefel- und den Küpenfarbstoffen. Ihre Lichtechtheit ist gut (6), ihre anderen Echtheitseigenschaften entsprechen denen der Schwefelfarbstoffe. Sie sind auch für das Färben von mit Reserven bedruckter Ware ähnlich wie Indigo oder Indanthrenblau gut geeignet.

Die Indocarbonmarken sind noch echter und können daher unter bestimmten Bedingungen sogar mit dem Indanthrenzeichen versehen werden. Im Gegensatz zu den gewöhnlichen Schwefelfarbstoffen besitzen sie auch eine gute Chlorechtheit. Sie werden mittels Schwefelnatrium gefärbt; bei der Herstellung von Druckfarben verwendet man aber Rongalit als Reduktionsmittel.

Hydronblau B (FB, G, R usw.) Cibablau BH usw. Sandonblau G (R, 2 R, RG) Thiotinonblau R (2 R, 3 R) Solanblau NB (NR usw.) Sulfanthrenblau G (GR, RNN)	FIERZ-DAVID: Künstl. org. Farbstoffe, Erg.-Bd., S. 27. — MAYER: Chemie d. org. Farbstoffe, S. 131. — BERNASCONI: Helv. chim. Acta 15, 287 (1932). — FIERZ-DAVID: Helv. chim. Acta 61, 585 (1933). — VON WEINBERG: Ber. dtsch. chem. Ges. A 63, 120 (1930).

II. Beziehungen zwischen der chemischen Konstitution und den Eigenschaften der Küpenfarbstoffe.

1. Auskristallisieren von Leukosalzen.

Eine unangenehme Erscheinung, die vor allem bei den Natrium-Leukoverbindungen der Farbstoffe der Indanthrenblaureihe beobachtet wurde, ist das Auskristallisieren aus der Küpe. Hoher Natronlaugegehalt der Küpe und hohe Farbstoffkonzentration begünstigen das Auskristallisieren. Auch die Temperatur ist von Bedeutung. Ferner wird das Auskristallisieren durch größere Reinheit der Farbstoffe begünstigt. Über diese Verhältnisse hat J. MÜLLER interessante Untersuchungen veröffentlicht[1]. Der Grad der Widerstandsfähigkeit der Natrium-Leukoverbindung gegen das Auskristallisieren aus der Küpe wird von MÜLLER als „Lösungskonstanz" bezeichnet.

Nach seinen Versuchen ist die Befähigung zum Auskristallisieren nicht nur auf das Gebiet der hohen Konzentrationen, das sind 30 bis 50 g Farbstoffpulver im Liter, beschränkt, sondern ist auch bei wesentlich niedrigeren Konzentrationen unter entsprechenden sonstigen Verhältnissen vorhanden. Dabei ist der Temperaturfaktor von größter Bedeutung. Bei Herabsetzung der vorgeschriebenen Verküpungs- und Färbetemperatur von 60° C auf 50° C tritt eine Verminderung der Lösungskonstanz, bei weiterer Erniedrigung auf 40° C ein Absinken auf ein Minimum der Löslichkeit bei Indanthrenblau RSN ein, das in wohldefinierten Kristallen abgeschieden wird.

Indanthron (Indanthrenblau RS) und seine Derivate haben einen hohen Laugenbedarf. Bei sehr niedriger Laugenkonzentration tritt Hydrolyse der Natrium-Leukoverbindung in die Küpensäure ein. An dieses Gebiet schließt bei etwas höherer Laugenkonzentration die „Ketozone" an, das Gebiet der Enol-Ketoumlagerung (S. 133). Bei noch weiterer Erhöhung der Laugenkonzentration gelangt man in das Gebiet, in dem die Natriumverbindung der Dihydro-Leukoverbindung des Indanthrons beständige kolloidale Lösungen hoher Konzentration bildet. Je größer dann aber die Konzentration der Natronlauge wird, desto mehr steigt die Neigung zum Auskristallisieren der Natrium-Leukoverbindung. Nach R. BOHN liegt in der Küpe des Indanthrenblau RS die Dihydro-Leukoverbindung vor:

---

[1] Text. Rdsch. 5, 263—269 (1950).

In allen anderen Fällen, in denen ein Küpenfarbstoff mehrere Anthrachinonkerne enthält, sind alle Anthrachinonkerne an der Reduktion beteiligt. Aus diesem Grunde nehmen CLAASZ[1] und R. KUHN[2] eine N,9- und N,9'-Betain-Bindung als richtiger an:

Bei extremer Erhöhung der Laugenkonzentration geht die Reduktion bis zur Bildung der Tetrahydroleukoform (S. 126) weiter. Die braune Tetrahydro-Leukoverbindung ist wesentlich leichter löslich als die Dihydro-Leukoverbindung.

Der Einfluß der Konzentration des Farbstoffes auf die Lösungskonstanz ist sehr groß. Eine Küpe, die 2 g des älteren Indanthrenblau RSN enthält, beginnt bei 60° C erst nach 90 Minuten, eine Küpe, die 20 g dieses Farbstoffes enthält, aber schon nach 6 Minuten zu kristallisieren. In der Praxis kann die Kristallisation schon bei einer niedrigeren Konzentration als im Laboratoriumsversuch eintreten, da sich viel mehr Möglichkeiten zur Bildung von Kristallisationskeimen ergeben.

Die Erscheinung des Auskristallisierens der Natrium-Leukoverbindung des Indanthrenblau RSN trat vor ungefähr 20 Jahren plötzlich in erhöhtem Maße auf, als die I. G. Farbenindustrie diesen Farbstoff in einer reineren Form als in früheren Zeiten auf den Markt brachte. Indanthrenblau GCD besitzt wie auch alle anderen Halogenderivate des Indanthrenblau RSN eine wesentlich höhere Lösungskonstanz als dieses. Eine Mischung von Indanthrenblau RSN mit Indanthrenblau BC kann man im physikalisch-chemischen Sinne als eine Verunreinigung des ersteren durch einen anderen Farbstoff auffassen. Nun ergibt sich bei einem Mischungsverhältnis des Indanthrenblau RSN zu dem Dihalogenderivat Indanthrenblau BC von 1 : 1 ein Optimum der Lösungskonstanz. Dieses Mischungsverhältnis entspricht annähernd der chemischen Zusammensetzung des Indanthrenblau GCD, das vorwiegend aus dem Monochlorderivat besteht. Dieser Farbstoff bleibt auch unter extremen Verhältnissen besser in Lösung als das nichtchlorierte Indanthrenblau RSN; sogar das Rückauflösen der auskristallisierten Natrium-Leukoverbindung findet bei dem Indanthrenblau GCD leichter statt als bei dem Indanthrenblau RSN. Immerhin sind aber die Eigenschaften des Indanthrenblau RSN bei dem Indanthrenblau GCD nicht vollständig ausgeschaltet.

---

[1] Ber. dtsch. chem. Ges. **49**, 2094 (1916).
[2] Naturwiss. **20**, 622.

Auch das reine Dichlorderivat Indanthrenblau BC ist weniger lösungskonstant als eine Mischung mit dem noch weniger lösungskonstanten Indanthrenblau RSN im Verhältnis 1 : 1. Diese Abhängigkeit der Lösungskonstanz ist aber nur bei Mischungen mit Farbstoffen gleichen chemischen Aufbaues vorhanden, jedoch nicht mehr bei Mischungen des Indanthrenblau RSN mit Küpenfarbstoffen anderer Gruppen, z. B. Dibenzanthronen oder Isodibenzanthronen (Indanthrenbrillantgrün FFB, GG, Indanthrenbrillantviolett 3 B usw.). In chemischem Sinne dem Indanthrenblau RSN näher stehende Farbstoffe wie das Indanthrengelb G (Flavanthren) verbessern dagegen die Lösungskonstanz, wenngleich nicht in demselben Maße wie die direkten Abkömmlinge des Indanthrenblau RSN.

Die Kalium-Leukoverbindungen besitzen eine bessere Lösungskonstanz als die Natrium-Leukoverbindungen der Indanthrenblaumarken. Diese geringere Kristallisationsfähigkeit bleibt auch bei Mischungen der Natrium- und der Kaliumverbindung bestehen. Man kann z. B. die Kaliumverbindung bis zu 60% ohne Rückgang der Lösungskonstanz bei 60° C und bis zu 20% ohne Rückgang der Lösungskonstanz bei 40° C mit der Natriumverbindung verschneiden. Bedauerlicherweise sind die Kaliumverbindungen zu teuer und außerdem das Kaliumhydrosulfit schwer herstellbar, so daß die günstigen Eigenschaften der Kalium-Leukoverbindung zumindestens derzeit für die Praxis nicht ausnützbar sind.

Oberflächenaktive Körper wirken ebenfalls kristallisationsfördernd, obgleich sie bei schwer löslichen Leukoverbindungen gleichzeitig eine schutzkolloidale Wirkung ausüben und diese in kolloidaler Lösung halten können. Die durch Zusatz von oberflächenaktiven Körpern, z. B. Nekal BX, Fettalkoholsulfonat, Igepon T u. dgl. erhaltenen Kristalle sind 10- bis 20mal so groß wie die ohne diese Zusätze erhaltenen. Durch einen Zusatz von 10 bis 15% Indanthrenblau BC zu dem Indanthrenblau RSN kann aber die kristallisationsfördernde Wirkung der oberflächenaktiven Körper ausgeschaltet werden.

Bei Farbstoffen anderer Gruppen treten die Auskristallisationen nur schwächer auf und können leichter rückgängig gemacht werden.

Bei folgenden Farbstoffen ist die Neigung zum Auskristallisieren in besonders hohem Maße ausgeprägt: Indanthrenblau RS (RSN), Indanthrenbrillantblau R, Indanthrenblau GC, Indanthrenblau 3 GT, ferner Indanthrenrubin R. Außerdem neigen noch folgende Farbstoffe stark zum Auskristallisieren: Indanthrenblau BC, Indanthrenblau GCD, Indanthrenblau 3 GF, Indanthrenblau RC, Indanthrenbrillantblau 3 G, Indanthrenbrillantblau RCL, Indanthrengrün BB, ferner Indanthrengoldorange G, Indanthrenbrillantgrün 3 B (die Kristalle der Natrium-Leukoverbindung dieses Farbstoffes lösen sich sehr leicht beim Verdünnen der Stammküpe auf), Indanthrengrün G, Indanthrengrün GG, Indanthrengrün GT. Bei folgenden Farbstoffen tritt ein Auskristallisieren nur unter besonders ungünstigen Verhältnissen ein: Indanthrengelb G, Indanthrengelb GGF, Indanthrengoldgelb GK, Indanthrengoldgelb RK, Indanthrenorange 4 R, Indanthrenorange 7 RK, Indanthrenscharlach R, Indanthrenrot GG, Indanthrenbrillantviolett BBK, Indanthrenbrillantviolett RK,

Indanthrenviolett FFBN, Indanthrenblau 3 G, Indanthrendunkelblau BO, (BOA), Indanthrengrau BTR, Indanthrengrau RRH[1].

2. Verseifung (Hydrolyse) der Küpenfarbstoffe.

Diese kann eintreten, wenn im Farbstoffmolekül Benzoylamino- oder ähnliche Acylaminogruppen vorhanden sind. Vor allem sind die Derivate des Mono- und Diaminoanthrachinons, des Aminoanthrapyrimidins und des Diaminoanthrachinonkarbazols, welche als Säurerest die Benzoesäure oder ein einfaches Derivat der Benzoesäure enthalten, leicht durch heiße alkalische Küpen verseifbar, weiters in vereinzelten Fällen auch solche, deren Säurerest durch aliphatische Karbonsäuren wie die Oxalsäure, Bernsteinsäure, Adipinsäure usw. oder durch höhere Karbonsäuren, wie die β-Aminoanthrachinonkarbonsäure oder die Benzakridonkarbonsäure gebildet wird.

Versuche mit dem 1,5-Dibenzoylaminoanthrachinon (Indanthrengelb GK) und mit dem 5,5'-Dibenzoylaminoanthrachinonkarbazol zeigten, daß die Abspaltung der labilen Gruppen bei längerer Einwirkung des Alkalis bei höherer Temperatur unter Zersetzung des Farbstoffes stattfinden. Die Acylaminoanthrachinone sind beträchtlich heller und besitzen einen anderen Farbton als ihre Grundkörper, z. B. ist das 1,5-Diaminoanthrachinon orange, während die Benzoylverbindung (Indanthrengelb GK) gelb ist:

$$O \quad NH{-}CO{-}C_6H_5 \qquad \xrightarrow{\text{Verseifung}} \qquad O \quad NH_2$$

$$H_5C_6{-}OC{-}HN \quad O \qquad\qquad H_2N \quad O$$

Dibenzoyl-1,5-Diaminoanthrachinon
gelb

Diaminoanthrachinon
orange

Bei den entsprechenden 1,4-Verbindungen ist das Dibenzoylderivat orange, das verseifte Produkt violett.

Die Affinität des 1,5-Diaminoanthrachinons zur Zellulosefaser ist geringer als die des benzoylierten Farbstoffes. In der Praxis tritt nie eine vollständige Verseifung ein, der Farbton wird aber durch die partielle Verseifung nach der optisch tieferen Seite verschoben. Gleichzeitig tritt durch das anwesende Hydrosulfit leicht Überreduktion zur Anthronstufe ein. Nur bei den leicht verseifbaren Acylaminoanthrapyrimidinen und bei Farbstoffen mit aliphatischen Säureresten kann die Verseifung ohne Überreduktion stattfinden. Eine Erhöhung der Temperatur auf 80 bis 90° C bewirkt auch hier eine größere Beschleunigung der Verseifung als die Verlängerung der Einwirkung bei 40 bis 50° C. Die Temperatur, bei der die Verseifung einsetzt, ist bei den einzelnen Farbstoffen verschieden. Die Verseifungsbeständigkeit ist — wie schon erwähnt — vom Säurerest und der zugrunde liegenden Aminoverbindung abhängig. Bei iso-

---

[1] S. Bericht PB 19933 des Office of the Publication Board, Department of Commerce, Washington, D. C.

meren Farbstoffen ist ferner die Stellung der Aminogruppen im Anthrachinonkern von Einfluß; z. B. ist das 5,5′-Dibenzoylaminoanthrachinonkarbazol (Indanthrengoldorange 3 G) verseifungsempfindlicher als das isomere 4,4′-Derivat (Indanthrenolive R), während das 4,5′-Derivat (Indanthrenbraun FFR) in der Mitte liegt. Das Indanthrenoliv 3 G, bei dem die Benzoesäure durch die Anthrachinon-β-karbonsäure ersetzt ist, ist beständiger als das Indanthrenoliv R.

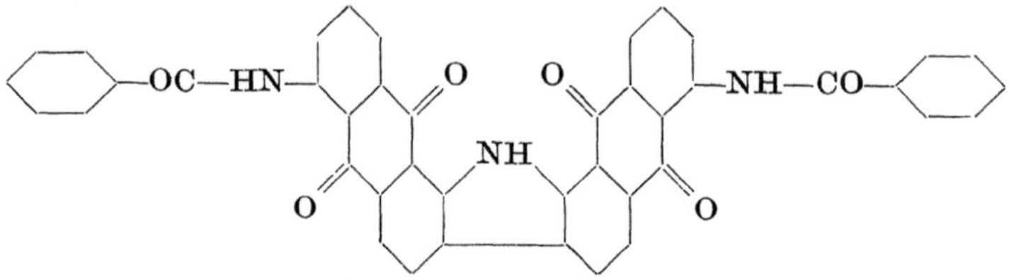

Indanthrengoldorange 3 G

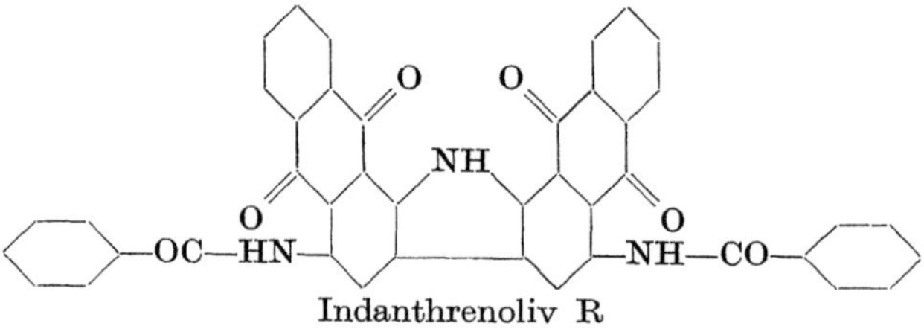

Indanthrenoliv R

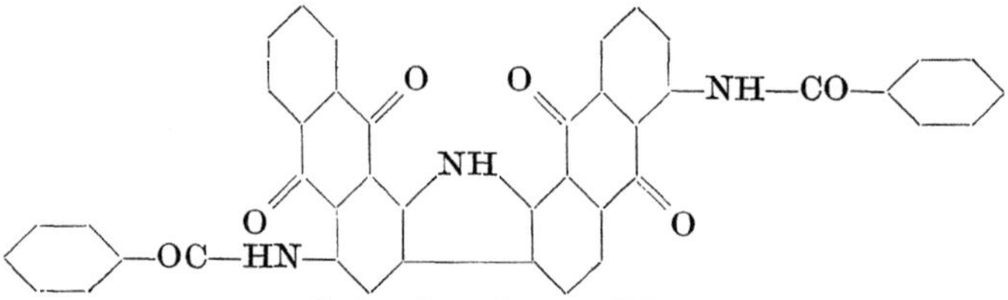

Indanthrenbraun FFR

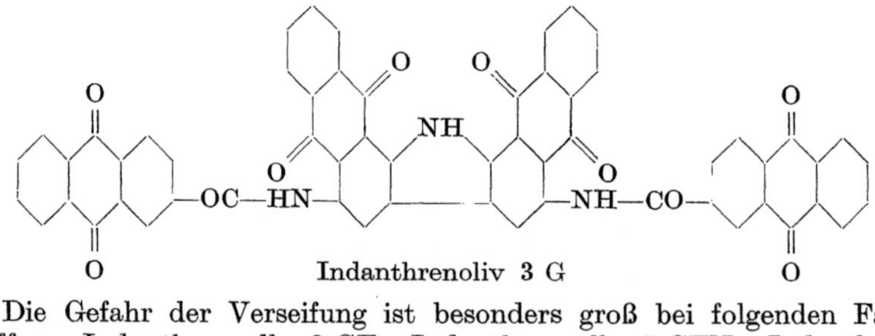

Indanthrenoliv 3 G

Die Gefahr der Verseifung ist besonders groß bei folgenden Farbstoffen: Indanthrengelb 3 GF, Indanthrengelb 3 GFN, Indanthrengelb 4 GK, Indanthrengelb 7 GK, Indanthrengoldorange 3 G, Indanthrenrotbraun 5 RF. Ferner zeigen noch folgende Farbstoffe eine größere Neigung zur Verseifung: Indanthrengelb GGF, Indanthrenorange GG, Indanthrenbrillantviolett BBK, Indanthrenbrillantviolett RK, Indanthrengelbbraun 3 G, Indanthrenbraun FFR, Indanthrenbraun G, Indanthrenbraun GG, Indanthrenbraun R, Indanthrenrotbraun GR. In schwächerem Maße ist diese Eigenschaft noch bei folgenden Farbstoffen ausgeprägt: Indanthrengelb GK, Indanthrengelb 5 GK, Indanthrenrot BK, Indanthrenrot 5 GK, Indanthrenolive GN, Indanthrenolive 3 G, Indanthrenolive R, Indanthrenbraun GR, Indanthrengrau K[1].

Es soll noch darauf hingewiesen werden, daß bei 5,5'- und 5,4'-Diarylaminoanthrachinonen (Indanthrengoldorange 3 G bzw. Indanthrenbraun FFR) keine Tendenz zur Enol-Ketoumlagerung, bei dem 4,4'-Derivat (Indanthrenoliv R) dagegen eine deutliche vorhanden ist, während das 4,4'-Derivat, bei dem die Benzoesäure- durch Anthrachinonkarbonsäurereste (Indanthrenoliv 3 G) ersetzt sind, in hohem Maße diese Erscheinung aufweist.

3. Überreduktion der Küpenfarbstoffe.

Die Überreduktion tritt nur bei Küpenfarbstoffen ein, welche Stickstoff enthaltende Ringe besitzen und bei denen gleichzeitig nicht alle reduzierbaren Ketogruppen bei der Bildung der normalen Küpe reduziert werden. Es sind dies das Indanthron (Indanthrenblau RS) und seine Derivate, ferner das Flavanthron (Indanthrengelb G).

Bei Indanthrenblau RS und seinen Derivaten werden von den vier vorhandenen Ketogruppen lediglich zwei bei der Bildung einer normalen Küpe reduziert. Die günstigste Verküpungstemperatur für Indanthrenblau RS bzw. RSN ist 60° C, denn bei tieferer Temperatur besteht die Gefahr des Auskristallisierens, zwischen 60 und 70° C beginnt schon die Überreduktion, zwischen 80 und 90° C verläuft der Prozeß, mit rasch ansteigender Geschwindigkeit, bei 90° C praktisch vollständig[2]. Während Scholl die Aufnahme von sechs Wasserstoffatomen annimmt, konnten Kunz und Schlichting sowie J. Müller die Aufnahme von acht Wasserstoffatomen durch titrimetrische Messungen beweisen.

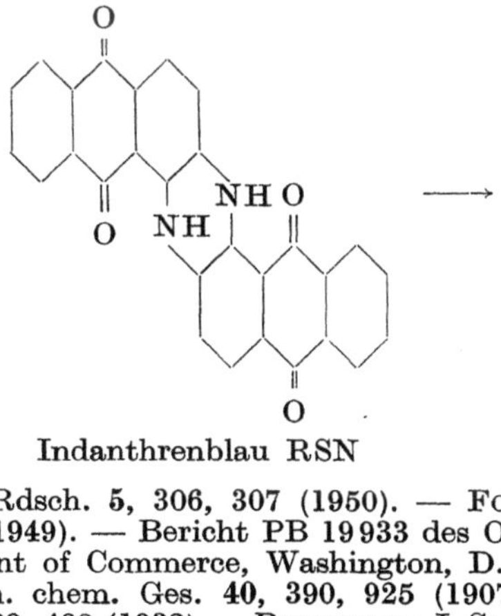

Indanthrenblau RSN

---

[1] J. Müller: Text. Rdsch. 5, 306, 307 (1950). — Fox: J. Soc. Dyers Colourists 65, 524, 525 (1949). — Bericht PB 19933 des Office of the Publication Board, Department of Commerce, Washington, D. C.

[2] Scholl: Ber. dtsch. chem. Ges. 40, 390, 925 (1907). — J. Müller: Melliand Textilber. 13, 439, 488 (1932). — Brassard: J. Soc. Dyers Colourists 59, 127 (1943).

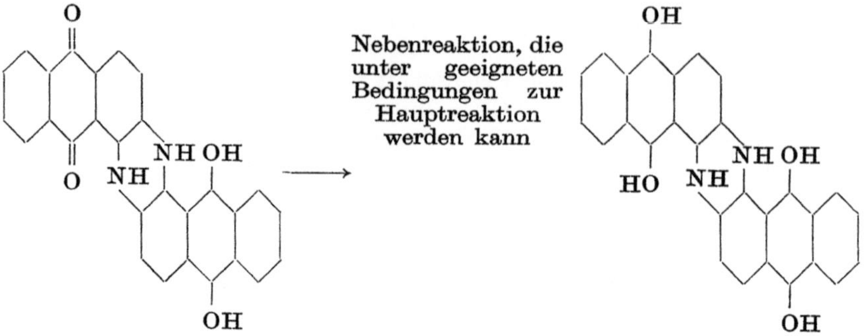

Nebenreaktion, die unter geeigneten Bedingungen zur Hauptreaktion werden kann

Dihydro-Leukoverbindung
Küpe über 80° C

Tetrahydro-Leukoverbindung

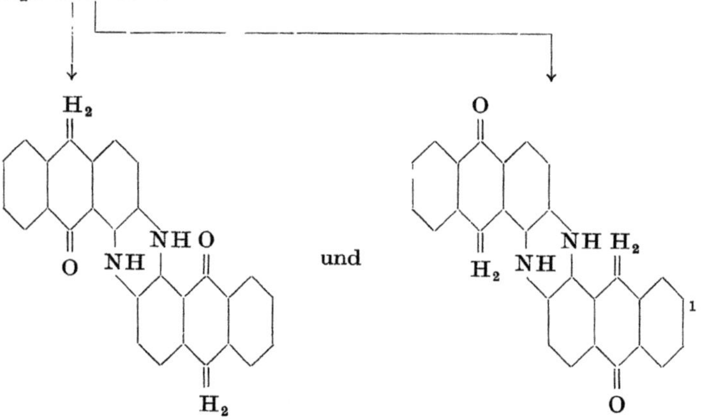

N,N′-Dihydro-9,9′-dianthronazin

und

N,N′-Dihydro-10,10′-dianthronazin

bzw.

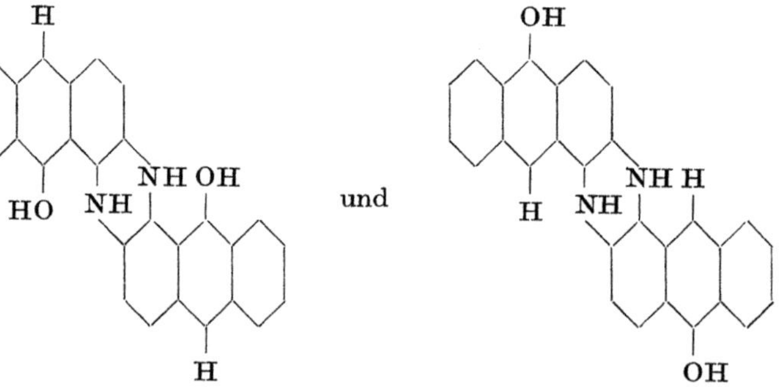

und

Die Tetrahydro-Leukoverbindung, die braun gefärbt ist, stellt keine irreversible Überreduktionsform dar; man kann daraus bei kurzfristigem Färben Färbungen mit völlig unverändertem Farbtone des Indanthrenblau RSN erhalten, ohne daß irgendeine Trübung eingetreten wäre. Die Tetrahydro-Leukoverbindung hat eine ausgesprochene Neigung, in die Dihydro-Leukoverbindung überzugehen.

Im Gegensatz dazu sind die anderen überreduzierten Stufen praktisch irreversibel, wenn die Reduktion über die Stufe des reoxydablen Anthrahydrochinons bis zum oxydationsbeständigen Anthron oder dessen tautomerer Form geht.

Bei niedriger Konzentration bis zu 3 bis 4 g Indanthrenblau RSN im Liter genügt die Erhöhung der Natronlaugemenge auf 200 cm³ (38° Bé) im Liter, um eine Reduktion bis zur Tetrahydro-Leukoverbindung zu erreichen. Bei höherer Farbstoffkonzentration ist aber außerdem eine größere Hydrosulfitmenge dazu notwendig. Bei hohem Natronlaugegehalt tritt in der Küpe Auskristallisieren ein, falls die Reduktion nicht über die Dihydrostufe hinausgeht, während sich bei der Reduktion bis zur Tetrahydrostufe bei hohem Natronlaugegehalt eine braune dünnflüssige Lösung bildet. Infolge der doppelten Anzahl der die Löslichkeit begünstigenden Hydroxylgruppen ist die Neigung zum Auskristallisieren verringert.

Hinsichtlich der Überreduktion ist die Auswirkung einer Zeitverlängerung von geringerer Bedeutung als die der Temperaturveränderung. Der Grad der Überreduktion nach 20 Minuten bei 80° C entspricht ungefähr dem von 3 Stunden bei 60° C. Die Erhöhung der Natronlaugekonzentration sowie der Farbstoffkonzentration beschleunigt solange die Überreduktion, bis die Kristallisation beginnt, da sich dann die auskristallisierten Anteile der Reaktion entziehen. Eine Erhöhung des Gehaltes an Hydrosulfit wirkt schon beschleunigend, wenn die Erhöhung noch in geringem Umfange vorgenommen wird, besonders bei halogenierten Produkten. Dagegen neigt der Farbstoff um so weniger zur Überreduktion, je reiner er ist. Beim Färben von regenerierter Zellulose, z. B. Cuprama, mit Indanthrenblau RSN zwischen 60 und 90° C ist die Überreduktion nicht so weitgehend wie bei Baumwolle. Dies scheint auf die verschiedene Partikelgröße des Farbstoffes auf den verschiedenen Fasern zurückzuführen sein.

Indanthrengelb G ist unter radikalen Bedingungen fähig, ein braunes Reduktionsprodukt zu bilden. In der normalen Küpe wird nach Scholl und seinen Mitarbeitern[1] nur eine Ketogruppe und ein Stickstoffatom reduziert.

---

¹ Ber. dtsch. chem. Ges. 40, 1694 (1907); 41, 2304, 2316, 2534 (1908).

Bei hohen Temperaturen kann sich in der Gegenwart von Metallen, z. B. Zink oder Eisen, das braune Flavanthrachinolhydrat bilden; dieses kann auch bei Behandlung mit Bichromat-Essigsäure nicht mehr vollständig zu Flavanthren reoxydiert werden:

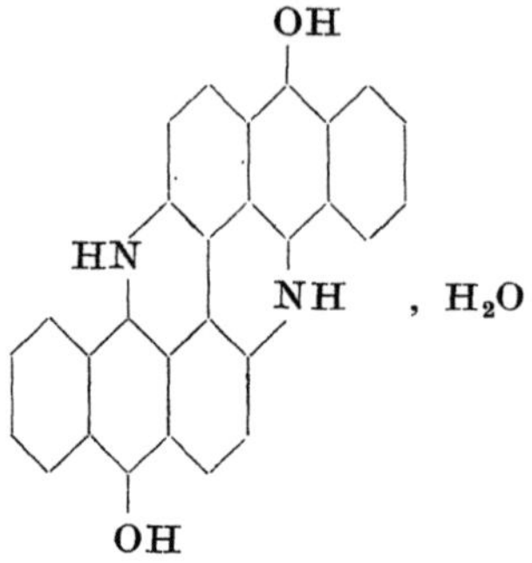

Daneben scheint auch eine Enol-Ketoumlagerung einzutreten[1].

Das Indanthrenblau RK fällt aus der Reihe der Indanthrenblaumarken. Es bildet schon bei 20° C eine braune Tetrahydro-Leukoverbindung.

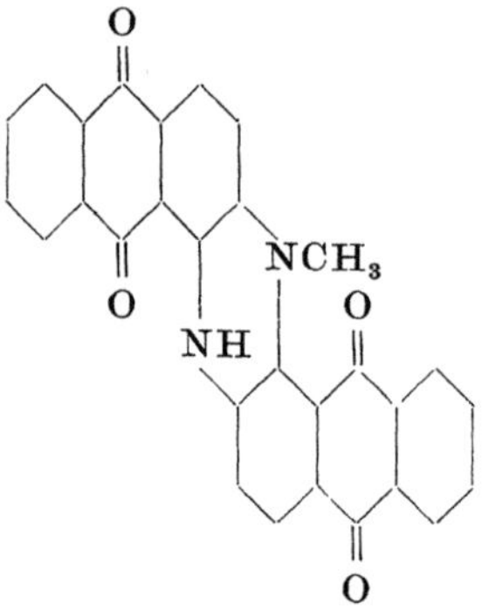

N-Monomethylindanthron 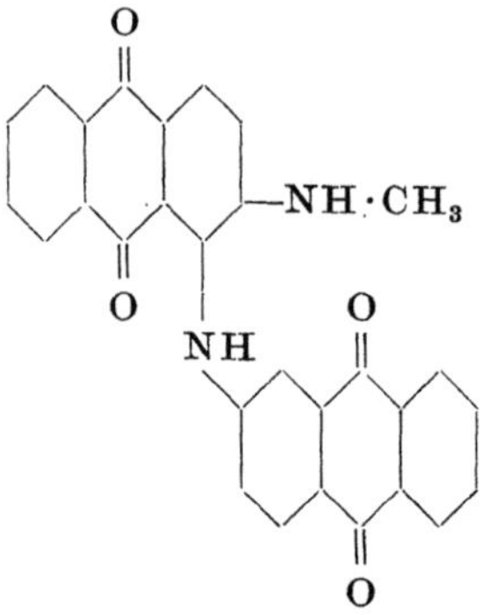   1-Methylamino-2,1′-dianthrimid

Es ist nicht entschieden, ob es als N-Monomethylindanthron oder als 1-Methylamino-2,1′-dianthrimid aufzufassen ist. Der Farbstoff wird im Gegensatz zu Indanthron und dessen Derivaten nach dem Verfahren IK gefärbt.

Das Indanthrenorange F3R, das sich vom Indanthrenblau RSN nur durch den Ersatz einer NH-Gruppe durch eine CO-Gruppe unter-

---

[1] J. MÜLLER: Text. Rdsch. 5, 303—306, 309, 310 (1950). — Fox: J. Soc. Dyers Colourists 65, 525 (1949). — Bericht PB 19933 des Office of the Publication Board, Department of Commerce, Washington, D. C.

scheidet, bildet im Temperaturbereich zwischen 40 und 90° C ausschließlich eine Tetrahydro-Leukoverbindung.

Indanthrenorange F3R[1]

4. Reduktive Dehalogenierung der Küpenfarbstoffe.

Im Zusammenhang mit der Überreduktion steht bei halogenierten
Küpenfarbstoffen die Erscheinung der Dehalogenierung. Beide Reaktionen verlaufen bei halogenierten Indanthronen, z. B. beim Indanthrenblau BC (Dichlorindanthron) gekoppelt. Beim Indanthrenblau BC beginnt die Dehalogenierung schon bei 48 bis 50° C, während die Überreduktion erst zwischen 55 und 60° C einsetzt. Sowohl die Dehalogenierung als auch die Überreduktion werden durch Zusatz von
Anthrachinon oder von einfachen Anthrachinonderivaten in hohem Maße
verstärkt.

Auch hinsichtlich der Dehalogenierung sind die Indanthronderivate
am empfindlichsten.

Das Indanthrengrün BB ist hinsichtlich der Dehalogenierung sehr
empfindlich und verliert das ganze Chlor, gegen Überreduktion ist es
jedoch beständig.

---

[1] Siehe Note auf nebenstehender Seite.

Ebenso wie bei dem Indanthrenblau 5 G

bleibt beim Indanthrengrün BB die Reduktion bei der Dihydro-Leukostufe unter Bedingungen stehen, unter denen das Indanthrenblau RS bis zum Dihydrodianthronazin reduziert wird. Sowohl das Indanthrengrün BB als auch das Indanthrenblau 5 G sind in 4,4′-Stellung substituiert; dies scheint die Beständigkeit gegen Überreduktion zu bewirken.

Die Dehalogenierung ist eine Folge des Verküpens und Färbens bei hoher Temperatur. Der Farbton verschiebt sich dabei in der Richtung des nicht halogenierten Stammkörpers.

Außer den halogenierten Indanthronen tritt Dehalogenierung in stärkerem Maße bei den halogenierten Isodibenzanthronen, in etwas geringerem Maße bei den halogenierten Dibenzanthronen (z. B. Indanthrenbrillantgrün GG) auf. Wenn man Indanthrenbrillantviolett 2 R bei 80 bis 90° C verküpt und 40 Minuten bei 90° C färbt, wird die Nuance wesentlich blauer als beim normalen Arbeiten bei 60° C. Es konnte festgestellt werden, daß dabei mehr als 40% in das chlorfreie Indanthrenviolett B verwandelt wurden.

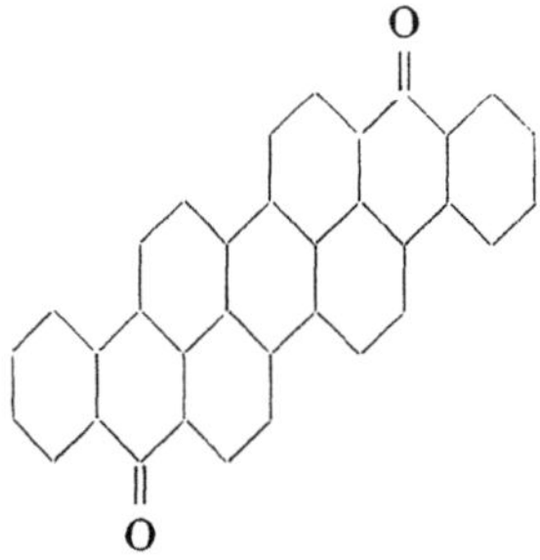

Indanthrenviolett B   Indanthrenbrillantviolett 2 R

Während bei diesem Isodibenzanthron die Dehalogenierung in sehr starkem Maße eintritt, werden beim Dibenzanthron Alizanthrenmarineblau R (ICI) unter ungefähr den gleichen Verküpungs- und Färbebedingungen nur zirka 20% dehalogeniert und in das Indanthrendunkelblau BO verwandelt.

Indanthrendunkelblau BO

Alizanthrenmarineblau R

Auch bei anderen Gruppen gehen die halogenierten Farbstoffe durch Dehalogenierung leicht in die halogenfreien Stammkörper über, z. B.:

Indanthrengoldorange G

Indanthrenorange 2 RT

Es sind die gleichen Faktoren, die die Überreduktion und die Dehalogenierung verursachen. In der Reihenfolge der Wirksamkeit sind es die Temperaturerhöhung, die Steigerung der Natronlauge- und der Hydrosulfitkonzentration. Im gegenteiligen Sinne wirkt die Erhöhung der Reinheit. Dadurch wird das Auskristallisieren erleichtert und die auskristallisierten Anteile werden der Einwirkung entzogen[1].

5. Überoxydation der Küpenfarbstoffe.

Infolge der beiden Azinwasserstoffe sind das Indanthron und seine Derivate auch zur Überoxydation befähigt[2].

---

[1] Fox: J. Soc. Dyers Colourists **65**, 525, 526 (1949). — J. Müller: Text. Rdsch. **5**, 303—306 (1950).

[2] Fox: J. Soc. Dyers Colourists **65**, 527 (1949). — J. Müller: Text. Rdsch. **5**, 303—306 (1950).

Indanthrenblau RS

Bei verschiedenen Oxydationsprozessen werden die beiden Wasserstoffatome des Azinringes entweder ganz oder teilweise abgespalten und es bildet sich die grünlichgelbe Azinverbindung. Bei teilweiser Überoxydation bildet sich aus der Farbe des blauen Farbstoffes und der des gelben Oxydationsproduktes eine mehr oder minder grüne Mischfärbung, insbesondere bei Oxydation mittels Salpetersäure, Hypochloriten und Bichromaten. Peroxyde bewirken jedoch keine Überoxydation. Die Überoxydation läßt sich, falls sie nicht zu stark ist, ohne Schwierigkeiten mittels Hydrosulfit rückgängig machen; bei starker Überoxydation ist aber die Anwendung einer blinden Küpe mit Natronlauge und Hydrosulfit notwendig. Mit zunehmender Halogenierung wird das Gerüst des Indanthrons beständiger gegen Überoxydation.

Bis zu einem gewissen Grade können die überoxydierten Färbungen schon durch Lichteinwirkung wieder reduziert werden[1].

Während bei Indanthrenblau RS als N,N'-Dihydro-1,2',2,1'-anthrachinonazin das Dihydroazin die stabile Endstufe darstellt, ist bei Indanthrengelb 6 GD die Azinstufe die beständigere.

Indanthrengelb 6 GD   Leukoverbindung

---

[1] EVANS, FITTON, JINKS, SAMUELS, WHITEHEAD; BIOS 1773.

Bei der Reduktion zur Leukoverbindung ist sowohl der Naphto-chinonring als auch der Azinring beteiligt. Bei der Oxydation erhält man den Farbstoff frei vom Dihydroazin in rein gelber Farbe. Eine Ton-änderung nach Grün weist auf einen trägeren Verlauf der Oxydation im Dihydroazinring hin. Das N,N'-Dihydro-Indanthrengelb 6 GD ist nämlich rein grün und wird durch Oxydation mittels Wasserstoffsuper-oxyds aus der tief braunen Küpensäure erhalten. Beim Drucken auf Baumwolle und beim Färben von Wolle aus der ammoniakalischen Küpe erhält man grünere Töne, beim Färben von Baumwolle und regenerierter Zellulose kann durch Oxydation mit Hypochlorit leicht die Azinform zurückerhalten werden.

6. Enol-Ketoumlagerung.

Eine bedeutende Rolle hinsichtlich der Löslichkeit der Natrium-verbindungen der Leukoverbindungen spielt ihre Neigung zu Enol-Keto-umlagerung[1]. An der unteren Grenze der zur Verhinderung der Hydro-lyse der Natrium-Leukoverbindung ausreichenden Laugenkonzentration existiert ein ziemlich eng begrenztes Laugenintervall, innerhalb dessen die normale Anthrahydrochinonstufe (Enolform) in die Oxanthronform (Ketoform) übergeht.

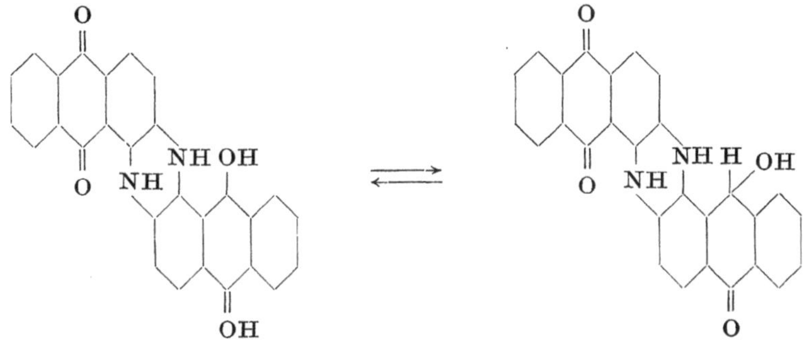

Jenseits dieser Stufe, also bei noch niedrigerem Alkaligehalt der Flotte, liegt das Gebiet der freien Küpensäure. Das Laugenintervall, innerhalb dessen die Umlagerung eintritt, nennt MÜLLER die „Ketozone". Bei den Keto-Leukoverbindungen handelt es sich um stabile Reduktionsformen hinsichtlich ihrer Oxydationsbeständigkeit. Hingegen ist die Beständig-keit gegen Rückumlagerung in die Enolform nicht bei allen Küpenfarb-stoffen gleich hoch. Beim Indanthrenblau RS (Indanthron) ist die Be-ständigkeit der einmal gebildeten Ketoform so groß, daß selbst beim Erhitzen der auf schwache Färbebadkonzentration verdünnten Stamm-küpe der Ketozone auf Kochtemperatur und Zugabe der üblichen Laugen-menge keine Wiederauflösung stattfindet. Ähnlich verhalten sich In-danthrenblau GCD und BC. Neben dieser Beständigkeit gegen Oxydation

---

[1] J. MÜLLER: Melliand Textilber. 28, 93—95, 136—140, 273—274 (1947).

und Rückumlagerung ist die Schwerlöslichkeit der Oxanthronform der Leukoverbindungen der Indanthrenblaumarken bemerkenswert. Im Gegensatz dazu lassen sich bei höherem Laugengehalt auskristallisierte Stammküpen dieser Farbstoffe durch Verdünnen auf Färbebadkonzentration bei 60° C zwar nur unvollkommen, bei höherer Temperatur jedoch in höherem Maße wieder in Lösung bringen, als dies der Fall ist, wenn die Oxanthronküpen unter Laugenzusatz verdünnt werden. Durch den Laugenzusatz läßt sich also eine Verschiebung zugunsten der Enolform bewirken. Bei konzentrierten Oxanthronküpen ist der Effekt sehr gering.

Bei Indanthrenblau RS läßt sich die Bildung der Ketoform durch das stumpf violette Aussehen der Küpe erkennen, während die normale Farbe tiefblau ist. Auch unter dem Mikroskop ist das Bild der Stammküpen ein anderes (bei der Ketoform kleine violette Nädelchen in Aufsicht und Durchsicht, bei der Enolform orange bis braune große Nadeln in der Aufsicht und blaue in der Durchsicht).

Bei Verwendung von Kalilauge sind die Ketozonen breiter und nicht so scharf abgegrenzt. Auch tertiäre organische Basen besitzen eine stark enolisierende Wirkung.

Weiters wirken Alkohol und höhere Alkohole, wie Diglykol und besonders Triglykol, in der Richtung einer Verhinderung der Oxanthronbildung, möglicherweise durch Förderung der Kristallisationsneigung der Dihydroverbindung, während Glykol und Glyzerin praktisch unwirksam sind.

Auch die freien Küpensäuren besitzen eine Neigung zur Umlagerung in die Ketoform; insbesondere das Indanthrenblau BC neigt sowohl in Form seiner Natrium-Leukoverbindung als auch in Form seiner Küpensäure stark zur Umlagerung. Dadurch lassen sich vielleicht die Nichtgeeignetheit dieses Farbstoffes für die Hydrosulfit-Glukose-Küpe und die Schwierigkeiten beim Küpensäureverfahren erklären. Indanthrenblau GCD, welches hinsichtlich des Halogengehaltes einer Mischung aus Indanthrenblau RS und BC entspricht, liegt hinsichtlich des Verhaltens zwischen den beiden Blaumarken. Die Schwierigkeiten, welche die höher halogenierten Indanthrenblaumarken im Zeugdruck verursachen, sind ebenfalls auf die größere Neigung zur Umlagerung in die Oxanthronform zurückzuführen. Während ferner bei der Herstellung von Küpensäuresuspensionen des Indanthrenblau RS und des Indanthrenblau GCD zur Stabilisierung neben Setamol WS noch Peregal O oder OK zugesetzt werden, müssen bei Indanthrenblau BC die Peregalmarken durch Igepon T ersetzt werden, um die Bildung der Ketoform und die dadurch bedingte schwächere Färbung zu vermeiden.

In der Praxis wirkt sich die Umlagerung zur Ketoform außer durch schwächere Färbung auch durch einen rötlichen stumpfen Farbton aus. Bei der Apparatenfärberei kann es zur Oxanthronbildung dadurch kommen, daß bei ungleichmäßiger Wickelung Nester von schlecht ausgespültem und daher noch schwach alkalischem Material entstehen, welche Flecken zur Folge haben, die sich auch auf sehr heißen blinden Flotten nicht vollständig entfernen lassen. Besonders groß ist die Gefahr der Oxanthronbildung beim Ansatz von hochkonzentrierten Färbeküpen oder von Stamm-

küpen, bei denen ein Laugengehalt, der innerhalb der Ketozone liegt, vermieden werden muß, das sind 3 bis 5 cm³ Natronlauge 40° Bé pro Liter.

Außer den Indanthrenblaumarken zeigen auch die anderen anthrachinoiden Küpenfarbstoffe die Neigung zur Enol-Ketoumlagerung ihrer
Leukoverbindungen in mehr oder minder starkem Maße.

Im folgenden sind die Farbstoffe innerhalb der verschiedenen Gruppen
der anthrachinoiden Küpenfarbstoffe angeführt und zwar in der Reihenfolge angefangen von denjenigen, welche die Neigung zur Umlagerung
in stärkerem Maße zeigen.

Acylaminoanthrachinone. Indanthrenbrillantviolett RK und BBK
(sehr stark), Indanthrengelb 7 GK, GGF, Indanthrenrot BK, Indanthrengelb 5 GK, 4 GK, GK, Indanthrenrot 5 GK, Indanthrengelb 3 GF (indifferent), Indanthrenorange GG, RR.

Einfache Anthrimide. Indanthrengrau K (sehr stark), Indanthrenorange 7 RK, Indanthrenkorinth RK, Indanthrengrau BG (mittel).

Unsubstituierte Karbazole. Indanthrengelb FFRK (sehr stark), Indanthrengelb 3 R, Indanthrenkhaki GG, Indanthrenbraun BR (alle stark).

Substituierte Karbazole. Indanthrenolive 3 G, Indanthrenrotbraun GR
(stark), Indanthrenoliv R, Indanthrenbraun 3 GT, GG, Indanthrenrotbraun 5 RF, Indanthrengoldorange 3 G (nicht erkennbar), Indanthrengelbbraun 3 G, Indanthrenbraun R, FFR.

Pyranthron. Indanthrengoldorange G (stark), Indanthrenorange RRT
(stark), Indanthrendirektschwarz RB (mittel bis stark).

Dibenzpyrenchinon. Indanthrengoldgelb RK (spurenweise), Indanthrengoldorange GK (nicht erkennbar).

Anthanthron. Indanthrengrau BG (mittel bis stark), Indanthrenbrillantorange GK (schwach bis mittel), Indanthrenbrillantorange RK
(nicht feststellbar), Indanthrenscharlach GK (nicht feststellbar).

Flavanthron. Indanthrengelb G (nicht feststellbar).

Dibenzanthron, Isodibenzanthron. Indanthrenviolett 3 B und Indanthrenmarineblau BF (schwach), alle Indanthrenbrillantgrünmarken und
sonstigen Farbstoffe (nicht feststellbar).

Indanthrenolivgrün B-Gruppe. Indanthrenolivgrün GG, Indanthrenoliv T, Indanthrengrau M, MG (sehr stark), Indanthrenolivgrün B
und Indanthrenmarineblau R (mittel).

Oxazole und Thiazole. Algolgelb GGC und Indanthrengelb GF (stark),
Indanthrenblau CLB, Indanthrenrubin B und Algolgelb GC (mittel)
(alles Thiazole), Indanthrenrot FBB (nicht erkennbar) (Oxazol).

Akridone und Akridine. Indanthrenorange F 3 R mit zwei Anthra-
chinonkernen (stark), Indanthrenviolett FFBN und Indanthrenrotbraun R
(schwach), Indanthrenrot RK und Indanthrenrotviolett RRK (nicht erkennbar).

Perylen- und Naphtalintetrakarbonsäurefarbstoffe. Indanthrenbrillantorange GR und Indanthrenscharlach GG (wahrscheinlich schwach),
Indanthrenrot GG (nicht erkennbar).

Hinsichtlich der Umlagerungstendenz bei den koloristischen Hauptgruppen läßt sich folgende Einteilung treffen:

Tabelle 1.

	stark	mittel	schwach	keine
Kaltfärber (IK)	Indanthren -gelb 7 GK -gelb FFRK -orange RRK -orange 7 RK -rot BK -brillant- 　violett RK -brillant- 　violett BBK -grau K	Indanthren -gelb 4 GK -gelb GK -brillant- 　orange GK -rot 5 GK -korinth RK	Indanthren -gelb 5 GK -brillant- 　scharlach 　RK	Indanthren -goldgelb GK -goldgelb RK 　spurw. -brillant- 　orange RK -scharlach 　GK -rot RK 　spurw. -rotviolett 　RRK
Warmfärber (IW)	Indanthren -gelb 3 R -orange F 3R -olive 3 G -rotbraun RR -blau CLB	Indanthren -rubin B -bordo B -oliv R -braun G -braun 3 GT -grau BG	Indanthren -rotbraun R -braun GG -violett 　FFBN	Indanthren -gelb 3 GF -goldorange 　3 G -orange GG -orange RR -scharlach 　GG spurw. -rot GG -gelbbraun 　3 G -braun FFR -braun R
Heißfärber (IN, IN spez.)	Indanthren -gelb GF -gelb GGF -goldorange 　G -orange RRT -rubin R -blau RS/ 　RSN -blau GC -blau BC -blau 3 G -blau 3 GT -blau 3 GF -brillantblau 　R -brillantblau 　3 G -brillantblau 　RCL -olivgrün GG -khaki GG -oliv T -rotbraun GR -braun NG -grau M -grau MG Algolgelb GGC	Indanthren -brillant- 　orange GR -blau GCD -olivgrün B Algolgelb GC	Indanthren -brillant- 　violett 3 B -blaugrün 　FFB	Indanthren -gelb G -scharlach 　GG spurw. -brillant- 　violett 4 R -dunkelblau 　BOA -marineblau 　BF spurw. -marineblau 　G -grün 4 G -brillantgrün 　3 B -brillantgrün 　FFB -brillantgrün 　B -brillantgrün 　GG -brillantgrün 　4 G -grau 3 B Algolreinblau B

Fortsetzung der Tabelle 1.

	stark	mittel	schwach	keine
Heißfärber nach Sondervorschrift	—	Indanthren -direkt- schwarz RB	—	Indanthren -schwarz BB -schwarz BGA -direkt- schwarz R -direkt- schwarz B

Es ergeben sich nun interessante Zusammenhänge zwischen der chemischen Konstitution und der Neigung zur Enol-Ketoumlagerung. Vom Pyranthron zum Dibenzanthron bzw. zum Isodibenzanthron sinkt die Neigung zur Umlagerung infolge der größeren Entfernung der Karbonylgruppen bei letzteren zu einem Minimum ab:

Pyranthron   Isodibenzanthron

Obwohl bei den Anthanthron- und Dibenzpyrenchinonderivaten die chemische Konstitution infolge der im Vergleich zum Pyranthron noch geringeren Entfernung der Ketogruppen eine noch größere Neigung zur Umlagerung erwarten ließe, ist diese kaum vorhanden, wahrscheinlich infolge der großen Beständigkeit gegen Hydrolyse:

Anthanthron   Dibenzpyrenchinon

Weiters ist nur bei solchen Farbstoffen eine hohe Neigung zur Umlagerung vorhanden, die sterisch nicht eingeengte Anthrachinonreste als bestimmendes Konfigurationsmerkmal enthalten. Dementsprechend ist das Indanthrenoliv T durch eine bedeutend größere Neigung zur Um-

lagerung ausgezeichnet als das Indanthrenolivgrün B, von welchem der
erstere Farbstoff durch eine zusätzliche Iminoanthrachinongruppe unterschieden ist:

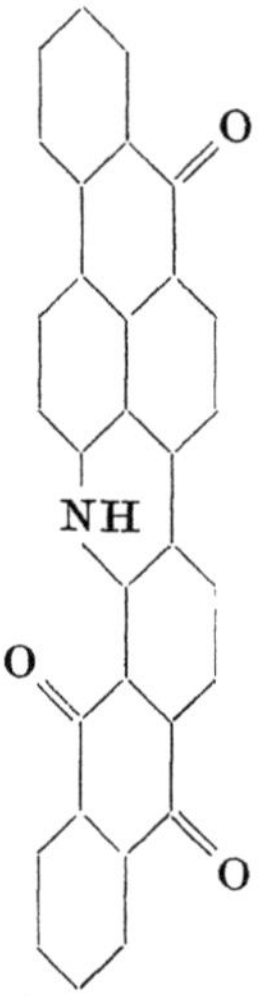

Indanthrenolivgrün B 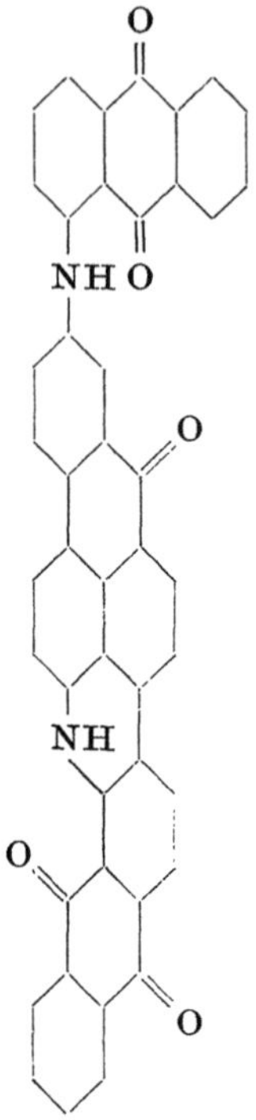   Indanthrenoliv T

Alle Küpenfarbstoffe mit freien Anthrachinongruppen zeigen daher
eine ausgeprägte Neigung zur Umlagerung, insoweit nicht eine große
Hydrolysebeständigkeit entgegenwirkt.

Durch Beladung des Moleküls im Sinne stärkerer Neigung zur Hydrolyse der Leukoverbindung tritt eine erhöhte Neigung zur Enol-Ketoumlagerung ein. Durch Einführung einer Benzoylaminogruppe in das Indanthrenolivgrün B wird das Indanthrenolivgrün GG gebildet, dessen Leukoverbindung eine größere Laugenmenge (Verfahren IN spezial) braucht
und unter gleichen Bedingungen in verstärktem Maße aus der Enol- in
die Ketoform übergeht. Ähnliche Verhältnisse sind bei den zusammen-
gehörenden Farbstoffen Indanthrenbraun R und Indanthrenrotbraun GR
sowie bei Indanthrenrubin B und dem durch Einführung einer Acylgruppe
entstandenen Indanthrenblau CLB zu beobachten. Fast alle nach dem
Verfahren IN spezial mit erhöhter Laugenmenge zu färbenden Farbstoffe
besitzen diese Eigenschaft in hohem Maße, z. B. Indanthrengelb GF und
GGF, Indanthrenbraun NG, Indanthrenoliv T, Indanthrengrau M und MG
(bei den letzteren drei Farbstoffen Eintritt eines Anthrachinonrestes in
das Molekül des Indanthrenolivgrün B bzw. des Indanthrenmarineblau R).

Aber auch durch sukzessive Abschwächung des an sich schon schwach
sauren Charakters nach der basischen Seite kann sich ein erhöhter Laugenbedarf ergeben, z. B.:

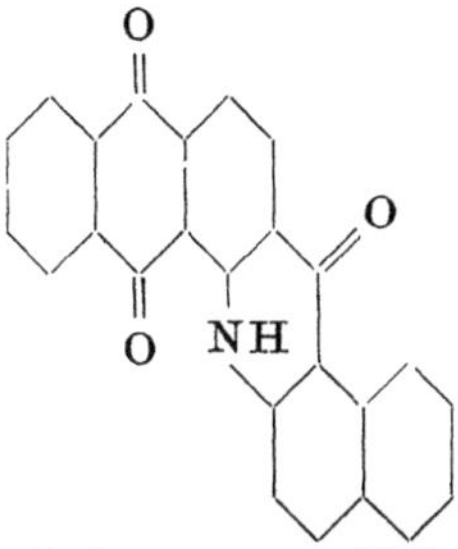

Indanthrenrot RK 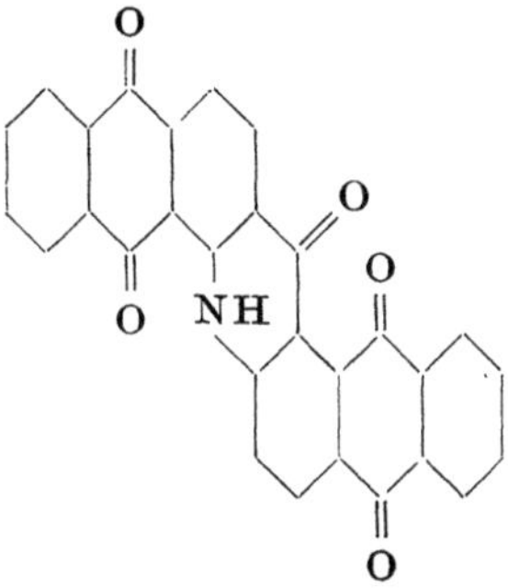   Indanthrenorange F3R 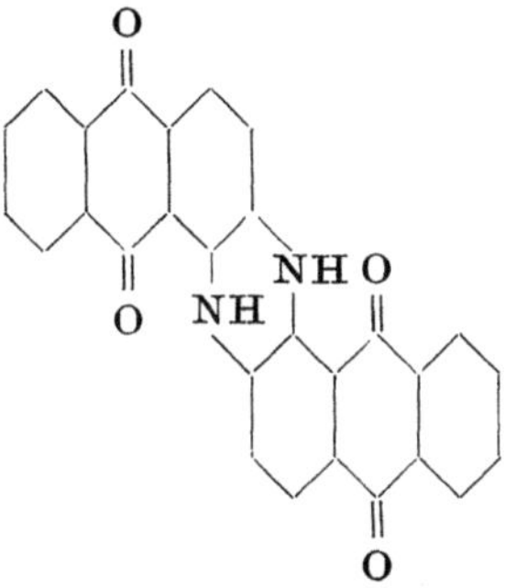   Indanthrenblau RS

Außerdem kann der Ersatz von Chlor durch Brom eine Verstärkung der Umlagerung zur Folge haben. Zum Beispiel bei Indanthrengoldgelb GK und RK bzw. Indanthrenbrillantviolett 4 R und 3 B.

Weiters wird durch 1,4-Substitution die Verschiebung des Enol-Keto-
gleichgewichtes in der Richtung der Ketoverbindung stärker begünstigt
als durch 1,5-Substitution, z. B. bei Indanthrenoliv R gegen Indanthrenbraun R oder Indanthrengelb 7 GK gegen Indanthrengelb 4 GK.

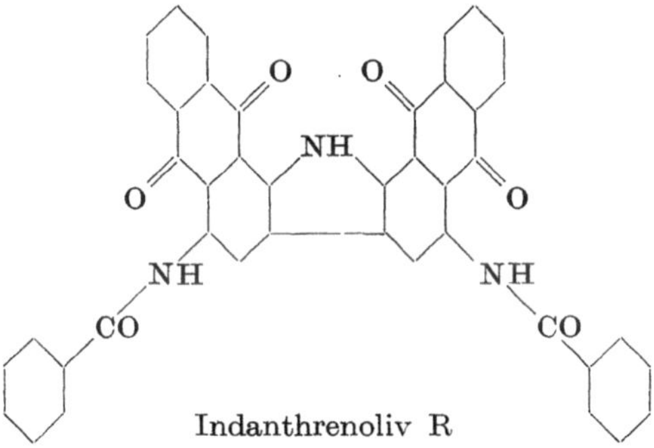

Indanthrenoliv R

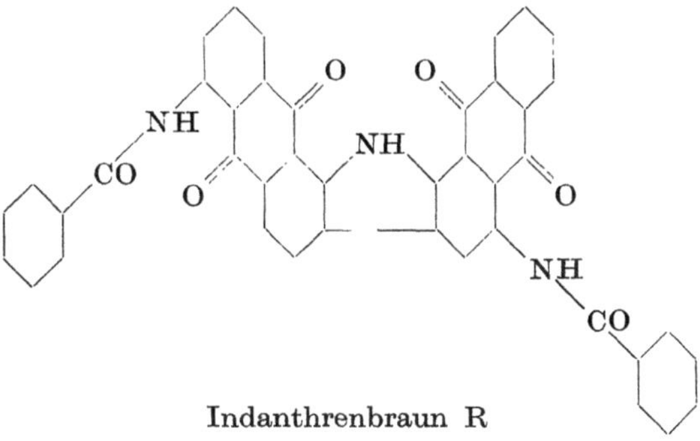

Indanthrenbraun R

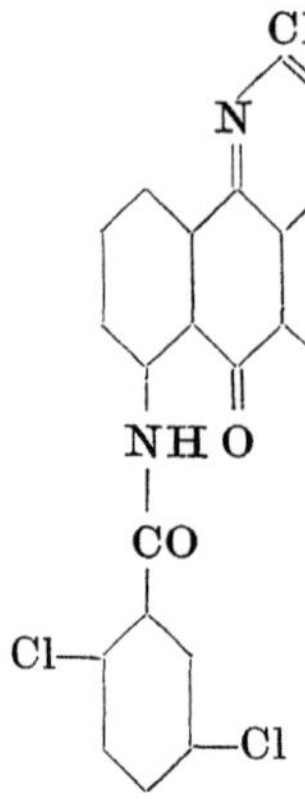

Indanthrengelb 4 GK

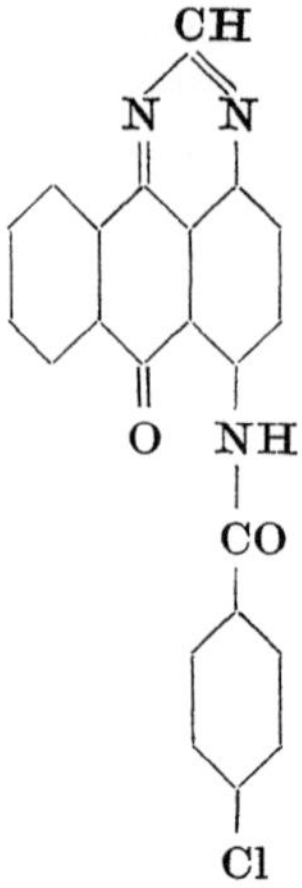

Indanthrengelb 7 GK

Andere typische 1,4-Derivate sind Indanthrenbrillantviolett RK und BBK.

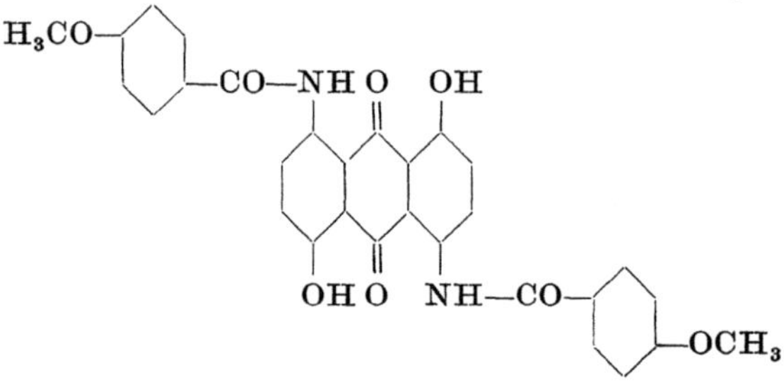

Indanthrenbrillantviolett RK

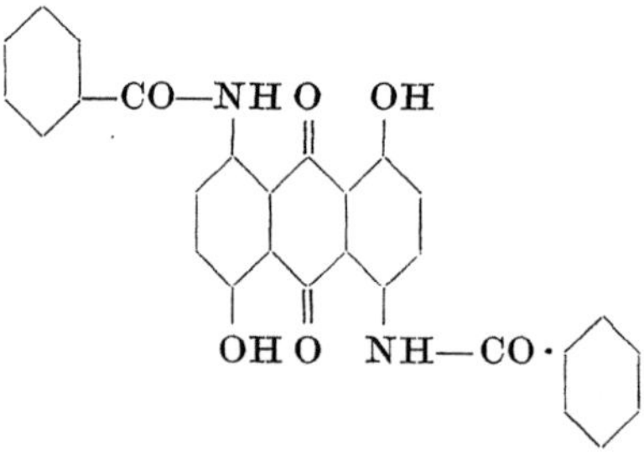

Indanthrenbrillantviolett BBK

In färberischer Hinsicht ergeben sich durch die eingetretene Keto-umlagerung meistens schwächere Töne, da die Ketoverbindung schwierig in die Enolverbindung zurückgeführt werden kann. Nur bei einzelnen Farbstoffen gelingt die Rückführung in die Enolform verhältnismäßig leicht, z. B. bei Algolgelb GC und Indanthrengelb 5 GK. Nur bei Indanthrengelb FFRK und Indanthrengelb 3 R konnte eine Farbvertiefung festgestellt werden. Während aber bei ersterem Farbstoffe nur eine ziemlich starke Farbverstärkung eintritt, ist bei dem zweiten Farbstoff eine starke Farbverstärkung mit Farbtonänderung gegen Braun, bei sehr starker Einwirkung aber eine Abschwächung zu bemerken. Während der erste Farbstoff zwei Anthrachinongruppen enthält, enthält der zweite drei Anthrachinongruppen. Diese sind zwar alle an der Reduktion beteiligt, es muß dies jedoch nicht hinsichtlich der Enol-Ketoumlagerung der Fall sein, so daß beim Indanthrengelb FFRK nur eine Anthrachinongruppe, bei dem Indanthrengelb 3 R aber eine bis zwei Gruppen die Umlagerung eingehen können. Durch Verringerung der löslich machenden Gruppen wird aber die Substantivität erhöht; dies ist der Fall, wenn eine Anthrahydrochinongruppe in die Oxanthrongruppe übergegangen ist. Sobald aber bei dem Indanthrengelb 3 R auch die zweite den Übergang vollzogen hat, sind nicht mehr genügend löslich machende Gruppen vorhanden, so daß an Stelle der zunächst eintretenden Farbverstärkung eine Abschwächung eintritt.

Indanthrengelb FFRK

Indanthrengelb 3 R

Bei den meisten Farbstoffen ist gleichzeitig eine Änderung des Farbtones festzustellen, da die stabile Ketoform als Leukoverbindung einen anderen Farbton als der Farbstoff besitzt.

Durch längeres Lagern sowie besonders durch kochendes Seifen kann aber eine mehr oder minder große Angleichung des Farbtones durch Rückbildung der Umlagerung vollzogen werden.

Aus obigem ergibt sich, daß vor allem Laugenmangel und die damit im Zusammenhange stehende Hydrolyse der Natrium-Leukoverbindung die Voraussetzung für den Eintritt der Enol-Ketoumlagerung sind. Der kritische Bereich, in dem diese Umlagerung eintreten kann, ist bei den einzelnen Farbstoffen verschieden, ebenso die Fähigkeit zur Rückumwandlung aus der Ketoform in die Leukoform. Ein grundsätzlicher Unterschied der Ketoform gegenüber der Enolform ist ihre Oxydationsbeständigkeit.

Da aber ein zu großer Laugengehalt der Flotten die Ursache für Überreduktion, Verseifung, Dehalogenierung und Auskristallisieren der Farbstoffe sein kann, muß beim Färben der Küpenfarbstoffe auch darauf gesehen werden, daß weder zu viel noch zu wenig Alkali verwendet wird.

7. Beziehungen zwischen der Konstitution und dem Verhalten beim Färben.

Jeder Farbstoff benötigt zum Verküpen eine bestimmte Menge Natronlauge und Hydrosulfit entsprechend der Anzahl der reduzierbaren Ketogruppen im Molekül. In der Küpe muß ein Überschuß an Hydrosulfit vorhanden sein, damit eine vorzeitige Oxydation der Leukoverbindung durch Sauerstoff aus der Luft vermieden werden kann; die erforderliche Menge ist von der Färbedauer, der Flottenlänge, der Färbetemperatur und der Alkalität des Färbebades abhängig. Die Küpe muß auch einen Überschuß an Lauge über die zum Neutralisieren der Küpensäure theoretisch notwendige Menge aufweisen, um einerseits eine Hydrolyse der Natrium-Leukoverbindung, anderseits eine Enol-Ketoumlagerung zu vermeiden.

Allgemein gilt die Regel, daß Farbstoffe, die nur zwei reduzierbare Ketogruppen im Moleküle enthalten, ferner Farbstoffe mit einer offenen Struktur bis zu sechs Ketogruppen, z. B. Anthrachinonylamine, nur einen geringen Laugenbedarf aufweisen. Derartige Farbstoffe werden nach dem Verfahren IK gefärbt. Dagegen beanspruchen Farbstoffe mit einer höheren Anzahl von Ketogruppen im Molekül und Farbstoffe, die aus vielkernigen Systemen bestehen, eine hohe Menge an Natronlauge zum Verküpen und Färben; diese Farbstoffe werden nach dem Verfahren IN gefärbt. Hierher gehören z. B. Dibenzanthrone und Isodibenzanthrone mit neunkernigen Ringsystemen und zwei Ketogruppen, Benzanthronylaminoanthrachinone mit mindestens achtkernigen Ringsystemen und drei Ketogruppen, Anthrachinon-N-dihydroazine (Indanthrongruppe) mit siebenkernigen Ringsystemen und zwei Ketogruppen und andere.

Farbstoffe mit niedrigem Laugenbedarf werden bei niedriger Temperatur (Kaltfärber) unter Elektrolytzusatz gefärbt, Farbstoffe mit hohem Laugenbedarf dagegen bei 60° C (Heißfärber) ohne Elektrolytzusatz.

Ein Laugenüberschuß verursacht bei vielen Farbstoffen schwächere Färbungen, da die Löslichkeit der Natrium-Leukoverbindung durch die höhere Laugenkonzentration erhöht wird. Das Egalisieren der Farbstoffe wird aber durch den höheren Laugengehalt der Küpe verbessert.

In der Reihe der Anthrachinonkarbazole läßt sich nach Fox[1] das Absinken der den Farbstoff zurückhaltenden Wirkung der im Überschusse vorhandenen Natronlauge bei Erhöhung der Anzahl der Ketogruppen deutlich beobachten. Bei Indanthrengelb FFRK mit zwei

---

[1] J. Soc. Dyers Colourists **65**, 522, 523 (1949).

Ketogruppen wird das Aufziehen durch überschüssige Natronlauge stark beeinträchtigt, bei Indanthrengelb 3 RT und bei Indanthrenbraun BR mit je sechs Ketogruppen in geringerem Maße und bei Indanthrenkhaki 2 G mit zehn Ketogruppen kaum. In vollkommener Übereinstimmung konnte an den gleichen Farbstoffen festgestellt werden, daß die Substantivität von dem am einfachsten gebauten und das niedrigste Molekulargewicht besitzenden Indanthrengelb FFRK über das Indanthrengelb 3 RT und das Indanthrenbraun BR zu dem das höchste Molekulargewicht besitzenden und am kompliziertesten gebauten Indanthrenkhaki 2 G ansteigt. Bei den zuerst genannten Farbstoffen bewirkt Salzzusatz eine Verbesserung der Farbstoffaufnahme, bei Indanthrenkhaki 2 G ist praktisch keine Beeinflussung der endgültigen Farbtiefe durch einen Zusatz von Salz feststellbar.

Die Leukoverbindungen der Farbstoffe mit niedrigem Molekulargewicht sind deutlich leichter in Natronlaugelösungen niedriger Konzentration löslich als solche mit höherem Molekulargewicht. Deshalb muß man bei ersteren eine Molekülaggregation durch den Zusatz von Salz bewirken, um eine stärkere Erschöpfung des Farbbades zu erreichen. Auch die Gestalt des Farbstoffmoleküls ist von Bedeutung. Das niedriger molekulare und gerader aufgebaute Leuko-Indanthrengelb FFRK kann leicht in die Zwischenräume der Zellulose eindringen und diese ebenso leicht verlassen.

Daher muß bei diesem Farbstoffe Salz zugesetzt werden. Der Prozeß der Farbstoffaggregation innerhalb der Faser schreitet bis zu einem Maximum fort. Durch die Oxydation wird einerseits eine weitere Aggregation der Leukoverbindung unmöglich, anderseits bleiben die Partikel, die eine hinreichende Größe aufweisen, innerhalb der Faser festgehalten. Die kleineren Partikel werden bei der anschließenden Behandlung mit kochender Seife teilweise wieder herausgewaschen, teilweise aber ebenfalls zu größeren Partikeln umgewandelt. Gleichzeitig findet eine Bildung von mikroskopischen oder submikroskopischen Kristalliten des Farbstoffes statt, die beständig gegen weitere Behandlungen mit Wasser oder Seifenlösungen sind. Die Farbkornvergröberung bewirkt gleichzeitig eine Verbesserung der sonstigen Echtheitseigenschaften, indem das größere Farbstoffpartikel chemischen und physikalischen Einwirkungen einen größeren Widerstand entgegensetzt. Größere Leuko-Farbstoffmoleküle, z. B. die des Indanthrenkhaki 2 G, die außerdem eine kompliziertere sternförmige Gestalt besitzen, werden leichter in den Zwischenräumen der Zellulose festgehalten, so daß eine Aggregation der Farbstoffmoleküle durch Salzzusatz nicht notwendig ist.

Indanthrengelb FFRK

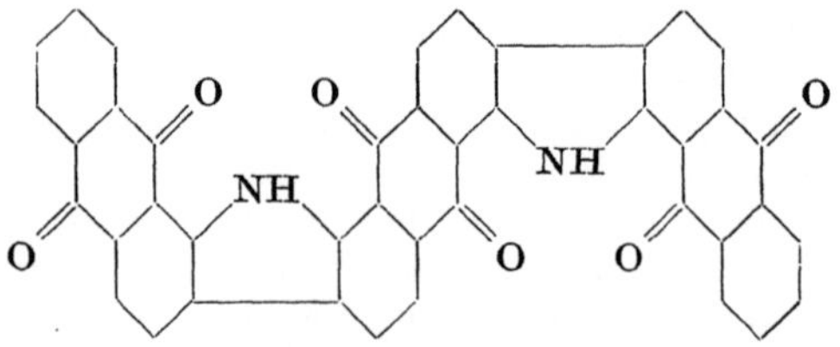

Indanthrengelb 3 RT

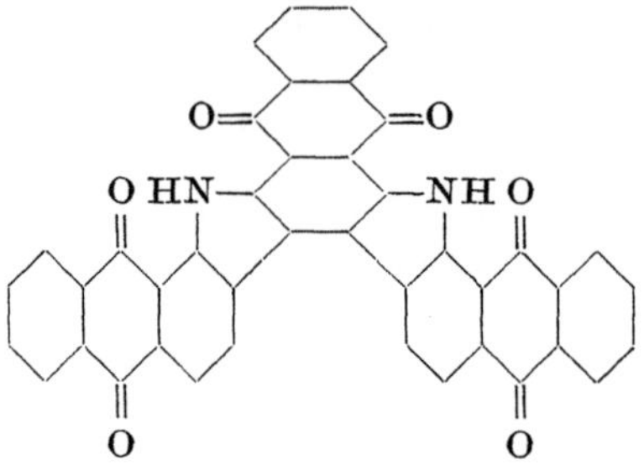

Indanthrenbraun BR

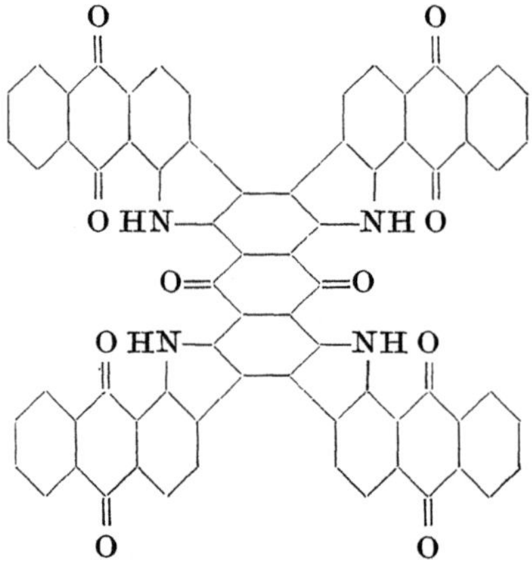

Indanthrenkhaki 2 G

8. Eignung der Küpenfarbstoffe für den Zeugdruck.

BARRICK veröffentlichte[1] eine Studie über die Eignung von Küpenfarbstoffen für den Zeugdruck. Gute Druckfarbstoffe sind vor allem solche, die für andere Applikationen geeignet sind und sich in die Indigosolform überführen lassen. Daher können viele indigoide Küpenfarbstoffe mit gutem Erfolge im Zeugdruck eingesetzt werden; es sei vor allem auf den Tetrabromindigo und Indanthrenbrillantrosa B und R hingewiesen.

---

[1] Amer. Dyestuff Reporter **39**, **10**, 324ff. (1950).

Unter den anthrachinoiden Küpenfarbstoffen besitzen fast alle gut geeigneten Farbstoffe kompakte heterozyklische Ringsysteme mit einem Paar reduzierbarer Karbonylgruppen (Chinongruppen). Zu diesen Farbstoffen gehören Indanthrenblau RS und seine Halogenierungsprodukte, die Indanthrenbrillantgrünmarken, Indanthrengelb G und andere. Einfache Substituenten, wie Chlor, Brom, Jod, Trifluormethyl, Oxymethyl und Oxyäthyl, beeinflussen zwar die Nuance stark, sind aber ohne Bedeutung hinsichtlich der Eignung des Farbstoffes für den Zeugdruck. Größere Substituenten, wie Benzoylamino- und Anthrachinonylaminogruppen sowie Molekülgruppen, die mehrere Chinonsysteme enthalten, setzen die Eignung für Druckzwecke herab. Lebhafte Nuancen und gute Eignung für Färbung und Druck vereinigt findet man bei solchen Farbstoffen, die eine symmetrische Konstitution und eine kompakte Bauart ohne Seitenketten, die den Charakter der Grundverbindungen ändern, besitzen. Schlechte Eignung für Druckzwecke oder trübe Farbtöne (oliv, grau, braun) findet man bei Farbstoffen, die eine unsymmetrische Konstitution oder durch große Chinon-Chromophor-Systeme eine komplizierte Konstitution besitzen, auch wenn sie gute färberische und gute Echtheitseigenschaften besitzen.

9. Bleichechtheit der Küpenfarbstoffe.

Die Beständigkeit von Küpenfärbungen und Küpendrucken gegen Hypochlorit-Bleichbäder steht zumindestens teilweise in Beziehung zu ihrer Beständigkeit gegen Überoxydation. Bei Indanthrenblau RSN bewirkt die leichte Umwandlung der Dihydrazinform in die Azinform und umgekehrt einen Wechsel des Farbtones von einem rotstichigen Blau zu einem grünstichigen Blau. Die halogenierten Indanthrenblaumarken sind beständiger. Der Farbton des Indanthrenblau RSN verändert sich aber auch beim kochenden Seifen stark nach der roten Seite, diese Farbänderung tritt bei neutral oxydiertem Indanthrenblau RSN in stärkerem Maße auf als bei alkalisch oxydiertem; gleichzeitig wird auch die Chlorechtheit verbessert[1]. Dies hängt mit der Vergröberung des Farbstoffkornes durch das kochende Seifen zusammen. Der Effekt wird durch kochende sodaalkalische Behandlung verstärkt, es tritt bei dieser Behandlung außer der Kornvergröberung eine Reduktion des Azins zum Dihydrazin ein; bei einer Behandlung mit kochender Lauge tritt zwar die Kornvergröberung, jedoch nicht die Reduktion ein. Infolgedessen sind mit Lauge gekochte Proben weniger chlorecht als solche, die mit Soda gekocht wurden. Nach J. MÜLLER läßt sich durch vierstündiges Kochen mit Sodalösung bei $1^1/_2$ atü eine derartige Steigerung der Chlorechtheit erreichen, daß das Indanthrenblau RSN die Chlorechtheit des Indanthrenblau BC erreicht. Beim Kochen mit Wasser ist die Verbesserung der Chlorechtheit geringer, beim Kochen mit Lauge noch geringer. Zusätze schwacher Oxydationsmittel, z. B. von m-nitrobenzolsulfosaurem Natrium (Ludigol), verringern den Effekt, während Zusätze von Reduk-

---

[1] J. MÜLLER: Text. Rdsch. **5**, 309 (1950).

tionsmitteln wie Glukose ihn verstärken. Ferner bewirkt der Zusatz von 5 mg Kobaltazetat im Liter, daß die Verbesserung der Chlorechtheit verringert wird.

Außer den sekundären Aminogruppen (—NH—) bei den Indanthronen können auch primäre Aminogruppen (—NH$_2$) eine schlechte Chlorechtheit bewirken, z. B. beim Indanthrentürkisblau GK.

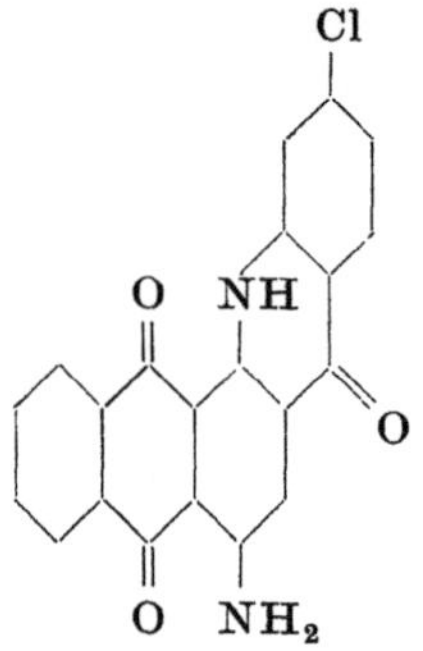

und beim Indanthrenschwarz BB

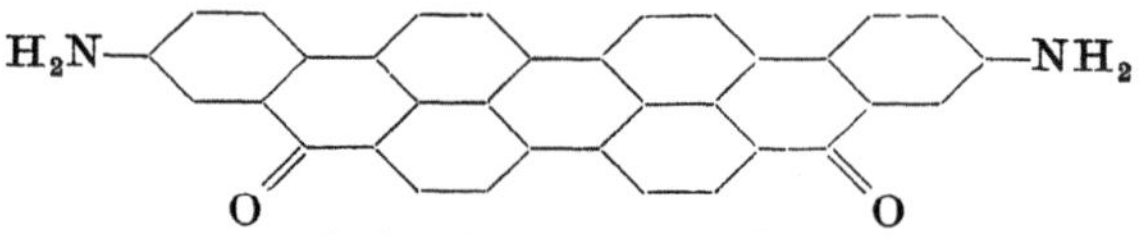

Indanthrenschwarz BB

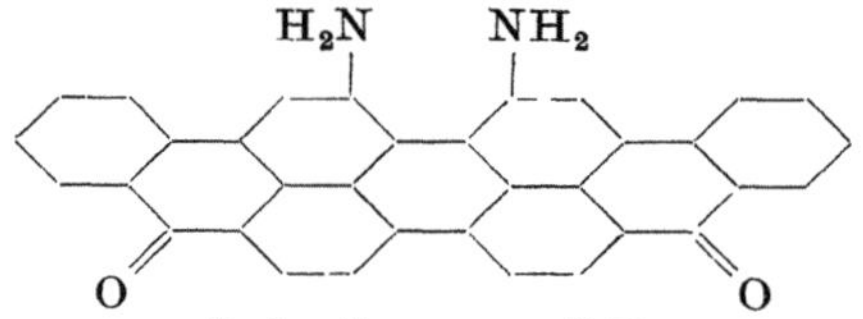

Indanthrengrau 3 B

Während das Indanthrenschwarz BB durch die Oxydation mittels Hypochlorit oder Salpetersäure aus dem grünen Diaminodibenzanthron vermutlich in ein schwarzes Dibenzanthronazin verwandelt wird, besitzt das isomere Indanthrengrau 3 B eine sehr gute Chlorechtheit. Trotz der nahen Stellung der Aminogruppen tritt keine Azinbildung ein. Allem Anscheine nach beruht die geringfügige Änderung des Farbtones bei der Oxydation lediglich auf einer Reinigung des auf der Faser fein verteilten Farbstoffes.

Viele Farbstoffe werden durch eine Nachbehandlung mit Hypochlorit reiner. Diese besitzen oft eine Chlorechtheit von 4 bis 5 in der fünfstufigen Skala. Da der Farbstoff auf der Faser viel feiner verteilt ist als in Substanz, wirkt sich bei Färbungen die Behandlung mit Hypochlorit viel stärker auf die Reinheit und Brillanz aus[1].

---

[1] Fox: J. Soc. Dyers Colourists **65**, 527 (1949).

10. Wasch- und Sodakochechtheit der Küpenfarbstoffe.

Hohe Waschechtheit und Sodakochechtheit bei Küpenfarbstoffen ist dann vorhanden, wenn Natriumsalze bildende Gruppen, vor allem die Hydroxylgruppe, im Molekül nicht vorhanden sind und außerdem der Farbstoff schwer zum Natriumsalz seiner Leukoverbindung reduzierbar ist[1]. Verschiedene Farbstoffe, die freie Hydroxylgruppen enthalten, z. B. Indanthrenbrillantviolett RK, Indanthrenbrillantviolett BBK, Indanthrenblau 5 G und andere, sind für kochende alkalische Seifenbehandlung oder für Laugenkochung nicht geeignet.

Indanthrenbrillantviolett RK

Indanthrenbrillantviolett BBK

Indanthrenblau 5 G

Nach dem BIOS-Bericht 1773 verbessern Äthylenharnstoffe

$$R \cdot NH \cdot CO \cdot N \begin{array}{c} CH_2 \\ | \\ CH_2 \end{array}$$

die Alkalibeständigkeit des Indanthrenblau 5 G in hohem Maße.

<hr>

[1] Fox: J. Soc. Dyers Colourists **65**, 527, 528 (1949).

Farbstoffe der Flavanthrengruppe, z. B. Indanthrengelb G, sind infolge ihrer leichten Reduzierbarkeit für den Sodakochprozeß gänzlich ungeeignet. Bei längerer alkalischer Kochung in Gegenwart der reduzierend wirkenden Zellulose gehen diese Farbstoffe in lösliche Natrium-Leukoverbindungen über.

Eine Erhöhung der Anzahl der reduzierbaren Ketogruppen erhöht den Widerstand gegen eine vollständige Reduktion des Farbstoffes und das damit in Zusammenhang stehende Auflösen und Ausbluten. Es ist z. B. das vier Ketogruppen enthaltende Indanthrengelb FFRK gegen eine Laugenkochung empfindlicher als das sechs Ketogruppen enthaltende Indanthrenbraun BR oder das Indanthrenkhaki 2 G mit zehn Ketogruppen.

Indanthrengelb FFRK

Indanthrenbraun BR

Indanthrenkhaki 2 G

Auch die anderen Anthrachinonkarbazole verhalten sich ähnlich.

Wie die Wasch- und Sodakochechtheit durch Erhöhung der Anzahl der Ketogruppen und durch Vergrößerung des Moleküls verbessert wird, kann auch aus folgendem Beispiele ersehen werden. Der Pyranthronfarbstoff Indanthrengoldorange G, der zwei Ketogruppen enthält, wird in Form seiner Färbung beim Kochen mit Soda reduziert, so daß die

Farbe ausläuft. Der Dibenzanthronfarbstoff Indanthrendunkelblau BO, der ebenfalls zwei Ketogruppen enthält, sowie verschiedene seiner Derivate flecken bei der Sodakochung noch mehr ab. Indanthrendirektschwarz RB dagegen, welches ein Kondensationsprodukt eines Tetra-

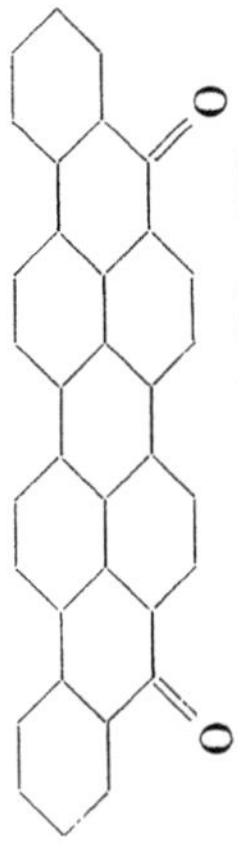

Indanthrendunkelblau BO

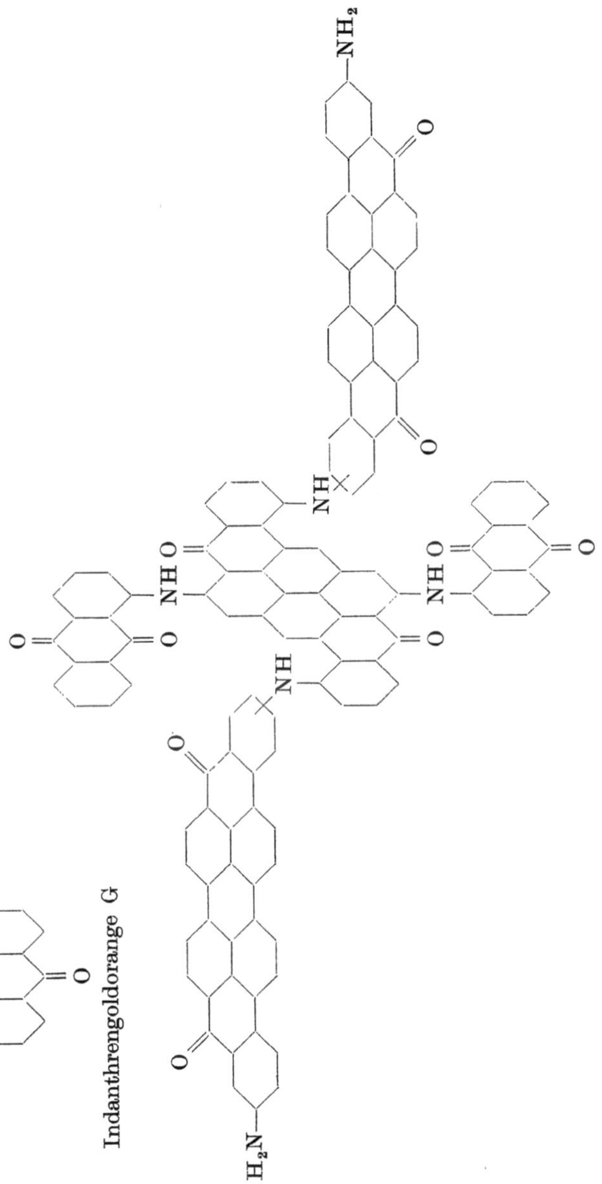

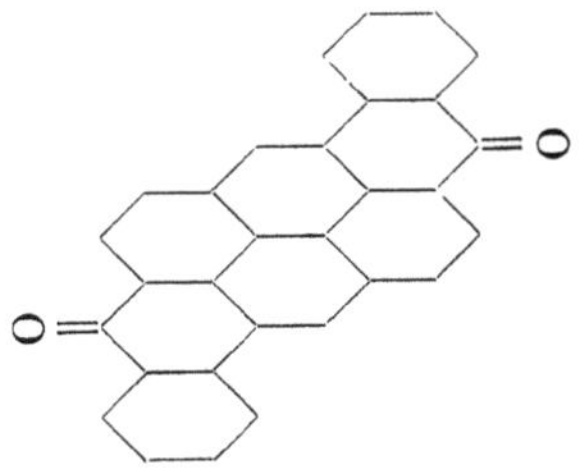

Indanthrengoldorange G

Indanthrendirektschwarz RB

aminopyranthrons mit zwei Molekülen Aminodibenzanthron und zwei Molekülen Aminoanthrachinon darstellt und zehn Ketogruppen enthält, besitzt eine wesentlich bessere Sodakochechtheit.

Wenn man im Indanthrenrubin R (N,N'-Diäthyl-2,2'-bispyrazol-anthronyl) die Äthylgruppen durch Alkoxyalkyle oder durch sekundäre Alkyle ersetzt (z. B. Cibanonrot 2 B), erhält man eine Verbesserung der Seif- und Sodakochechtheit.

Indanthrenrubin R

11. Lichtechtheit der Küpenfarbstoffe.

Die Moleküle der Küpenfarbstoffe, die die höchste Lichtechtheit besitzen, enthalten meistens vielkernige Ringsysteme mit —NH—Gruppen. Sie gehören daher vor allem folgenden Gruppen an:

Anthrachinon-karbazole

Anthrachinon-dihydropyrazine

Anthrachinon-acridone

Benzanthronyl-aminoanthrachinone

Fox[1] nimmt an, daß der basische Charakter dieser Verbindungen die hohe Beständigkeit dieser Verbindungen gegen die Einwirkung des Lichtes verursacht, denn durch die Einführung von Schwefel oder Sauerstoff in das Ringsystem sinkt die Lichtechtheit beträchtlich ab.

Während die Dibenzanthrone, z. B. die Indanthrenbrillantgrün-marken, ausgezeichnet lichtecht sind, ist die Lichtechtheit der isomeren Isodibenzanthrone (verschiedene Indanthrenviolettmarken) nur mäßig.

Färbungen von Indanthrengelb G (Flavanthren) werden in Gegenwart von sauren Dämpfen oder auch von Metallspuren rasch nach der grünen Seite verändert. Dies ist eine Folge der Reduktion des Farbstoffes durch in der Faser entstandene Hydrozellulose. Dabei geht der Farbstoff in die Küpensäure über.

---

[1] J. Soc. Dyers Colourists **65**, 526—527 (1949).

Im allgemeinen steigt innerhalb einer Gruppe die Lichtechtheit von den gelben Farbstoffen, die am wenigsten lichtecht sind, mit der Farbvertiefung an. Dies kann man besonders bei den Acylaminoanthrachinonen beobachten, wo die gelben Farbstoffe eine Lichtechtheit von 5 bis 6, dagegen die orangen, roten und violetten Produkte eine solche von 7 oder 7 bis 8 besitzen.

Um die höchste mögliche Lichtechtheit zu erreichen, ist das kochende Seifen oder das Dämpfen, eventuell auch eine Wasserkochung von ausschlaggebender Bedeutung. Dabei wird die Partikelgröße des Farbstoffes erhöht, außerdem kommt es zur Bildung von submikroskopischen Kristallen (HALLER und Mitarbeiter) innerhalb der Faser, so daß die der Einwirkung des Lichtes ausgesetzte Oberfläche verkleinert wird.

Durch Halogenierung wird oft eine Verbesserung der Lichtechtheit erreicht. So besitzt das Pyranthron (Indanthrengoldorange G) eine Lichtechtheit von 5 bis 6, das Dibromprodukt (Indanthrenorange RRT) eine solche von 6, das Tribromprodukt (Indanthrenorange 4 R) eine solche von 6 bis 7. Das Brom verbessert die Lichtechtheit etwas stärker als das Chlor; Dichloranthanthron (Indanthrenbrillantorange GK) weist eine Lichtechtheit von 7, das Dibromanthanthron (Indanthrenbrillantorange RK) dagegen von 7 bis 8 auf. Bei Indanthrenbrillantgrün B (Lichtechtheit 7 bis 8) tritt jedoch durch Bromierung (Indanthrenbrillantgrün GG, Lichtechtheit 7) ein gewisses Absinken der Lichtechtheit ein.

Bei Mischungen von lichtechteren und weniger echten Küpenfarbstoffen ergeben sich interessante Beziehungen. Während in manchen Fällen der weniger echte Farbstoff eine zusätzliche Zerstörung der echteren Komponente verursacht, kann auch umgekehrt ein echter Farbstoff den unechten gegen die Einwirkung des Lichtes schützen.

Über die interessanten Ergebnisse seiner Arbeiten berichtet J. MÜLLER[1].

Indanthrenolivgrün B besitzt eine Lichtechtheit von 8, dagegen Indanthrengelb GF eine solche von 5. Man würde daher ohne gegenseitige Beeinflussung der Farbstoffe erwarten, daß bei Belichtung der gelbe Farbstoff ausgebleicht wird, während der olivgrüne mehr oder minder unverändert zurückbleibt. Es stellte sich aber heraus, daß die Kombinationsfärbung eine Lichtechtheit von fast 8 aufweist, so daß eine Schutzwirkung des Indanthrenolivgrün B dem Indanthrengelb GF gegenüber angenommen werden muß. Auf der anderen Seite ist es aber schon lange bekannt gewesen, daß manche an sich sehr lichtechte Farbstoffe, z. B. die Indanthrenbrillantgrünmarken, in Kombination mit verschiedenen wenig lichtechten gelben Küpenfarbstoffen in ihrer Lichtechtheit stark beeinträchtigt werden.

Es wurde nun festgestellt, daß Indanthrenolivgrün B die Lichtechtheit aller Farbstoffe, die hinsichtlich ihrer Lichtechtheit ihm gegenüber zurückstehen, verbessert. Am nächsten steht diesem Farbstoff das 8-Aza-Derivat, dann folgt das Indanthrenmarineblau R.

---

[1] Melliand Textilber. **28**, 389—393 (1947).

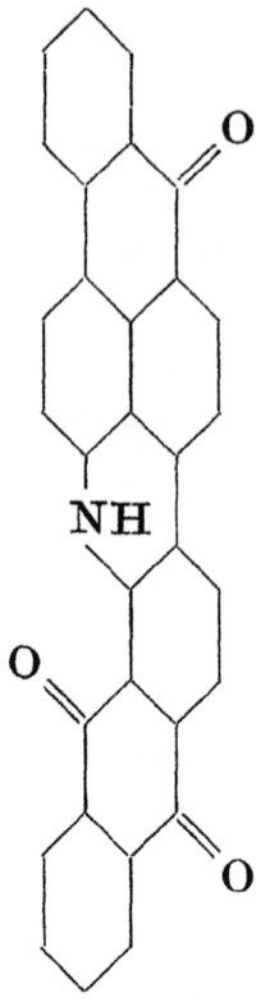

Indanthrenolivgrün B

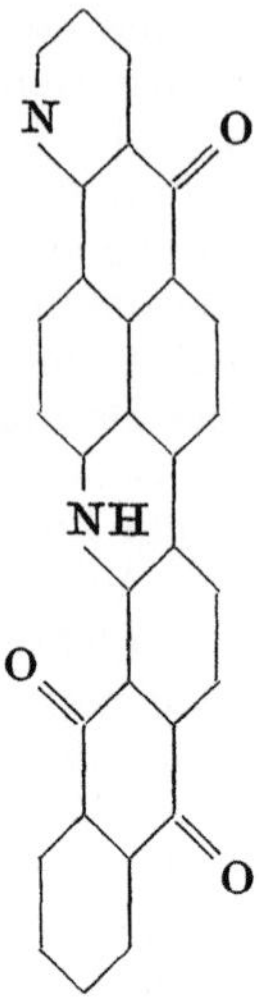

8-Aza-Indanthrenolivgrün B

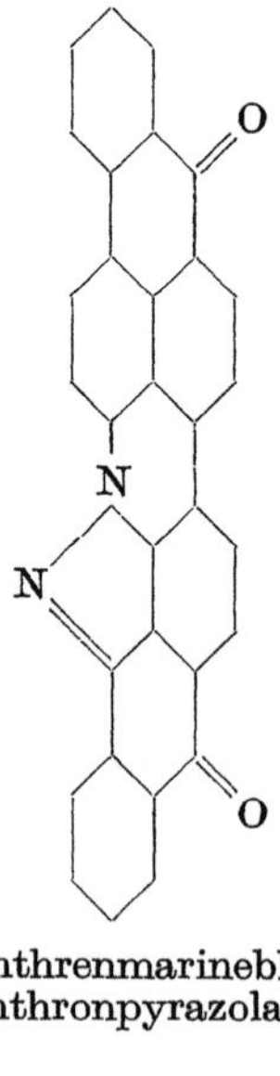

Indanthrenmarineblau R
(Benzanthronpyrazolanthron)

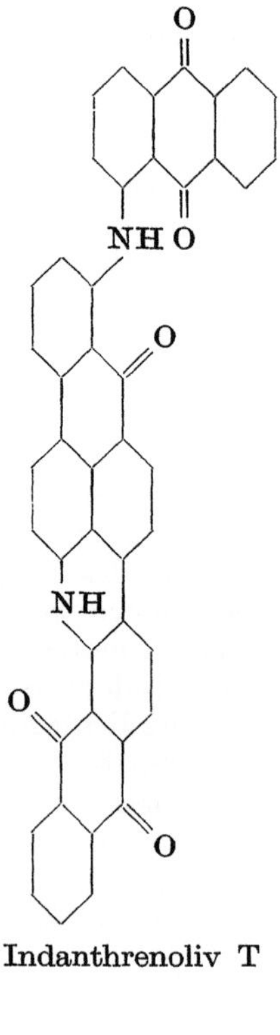

Indanthrenoliv T

Das Indanthrenoliv T, das Aminoanthrachinonderivat des Indanthrenolivgrün B, hat eine ausgeprägte, aber weniger entwickelte Schutzwirkung als dieses; das 8-Aza-Derivat des Indanthrenoliv T zeigt nahezu die gleiche Schutzwirkung wie dieses.

Unter den Farbstoffen mit einer ferner liegenden Konstitution kommt das Cibanongrün B am nächsten heran. Dieses stellt ein Oxydationsprodukt des Indanthrenblaugrün FFB (Cibanonblau 3 G) dar, das folgende Konstitution besitzt:

Dann folgen das Indanthrenblau RS und seine Derivate. Im allgemeinen sind die halogenierten Produkte weniger wirksam als der Grundkörper, so daß sich folgende Reihenfolge ergibt: Indanthrenblau RS——Indanthrengrün BB—Indanthrenblau GCD—Indanthrenblau BC——Indanthrenblau RK. Bei Mischungen mit Tetrabromindigo erreicht das Indanthrenblau GCD die Schutzwirkung des Indanthrenolivgrün B, selbst wenn es in kleineren Mengen vorliegt; z. B. besitzt die Kombinationsfärbung von 1,3% Indanthrenblau GCD und 3% Tetrabromindigo eine Lichtechtheit 8.

In der Gruppe der Dibenzanthrone (z. B. Indanthrenbrillantgrün) und der Isodibenzanthrone (z. B. Indanthrenviolett) ist kaum mehr eine Schutzwirkung festzustellen; diese Farbstoffe zeigen vielmehr eine ausgesprochene Empfindlichkeit gegen die Ausgleichwirkung der in dieser Hinsicht aktiven Farbstoffe, z. B. Algolgelb GC u. a. Das diesem chemisch nahestehende Algolgelb GGC ergibt aber bei Indanthrenbrillantgrün B einen wesentlich geringeren Abfall der Lichtechtheit.

Indanthrenbrillantgrün B

Indanthrenviolett B

Bei Vergleich der Formeln mit denen des Indanthrenolivgrün B und des Indanthrenmarineblau R fällt vor allem das Fehlen des Stickstoff enthaltenden Sechserringes auf.

Die Natur der Stickstoff enthaltenden Sechserringe ist basisch im Gegensatz zu den ebenfalls Stickstoff enthaltenden Fünferringen, wie z. B. in den Anthrachinonkarbazolen Indanthrengelb FFRK und Indanthrengelb 3 R, bei denen keine Lichtschutzwirkung mehr vorhanden ist. Beim Indanthrenmarineblau R dagegen wird der basische Charakter durch den in 1,9-Stellung ankondensierten Pyrazolring abgeschwächt, so daß auch die Lichtschutzwirkung schwächer erscheint als bei Indanthrenolivgrün B. Dagegen ist bei den 8-Aza-Derivaten eine Verstärkung des basischen Charakters durch den zweiten Stickstoff enthaltenden Sechserring anzunehmen. Wenngleich sich diese Verstärkung der basischen Eigenschaften kaum in einer Erhöhung des Lichtschutzes gegenüber anderen Farbstoffen äußert, zeigt die 8-Aza-Verbindung des Indanthrenolivgrün B eine gewisse Erhöhung der faserschützenden Wirkung.

Das Dichlor-Indanthrenolivgrün besitzt ebenfalls eine schwächere Lichtschutzwirkung als der Stammkörper. Es gilt allgemein die Regel, daß Halogenderivate hinsichtlich der lichtschützenden Wirkung gegen den halogenfreien Stammkörper zurückstehen. Der Einfluß von Chlor ist stärker als der des Broms. Dies kann man vor allem in der Reihe der Indanthrenblaufarbstoffe beobachten.

Die Schutzwirkung des Indanthrenolivgrün B und der anderen Farbstoffe ist unabhängig von der chemischen Zusammensetzung des Kombinationsfarbstoffes und äußert sich auch gegenüber substantiven Naphtol AS und Schwefelfarbstoffen.

Man kann daher nach MÜLLER folgende Reihenfolge aufstellen:

Indanthrenolivgrün B
Indanthrenmarineblau R } Überdurchschnittliche Lichtschutzwirkung.
Cibanongrün B

Indanthrenblau GCD
Indanthrenkhaki GG } Mittlere Lichtschutzwirkung.

Indanthrenbrillantgrün FFB } Ohne Lichtschutzwirkung; Empfindlichkeit
Indanthrenblaugrün FFB } gegen Ausbleichwirkung aktiver Farbstoffe.

Indanthrengelb 3 R
Indanthrengoldorange 3 G
Indanthrengelb 7 GK
Indanthrengoldorange G } Herabsetzung der Lichtechtheit der Kombinationsfarbstoffe in der Reihenfolge.
Indanthrenbrillantorange RK
Indanthrengelb FFRK
Indanthrengelb 5 GK

Die Lichtschutzwirkung bzw. die die Lichtechtheit des Kombinationsfarbstoffes herabsetzende Wirkung ist nicht nur bei Färbungen, sondern auch bei Drucken vorhanden. Diese Wirkungen treten auch bei Färbungen und Drucken auf Wolle und Seide auf.

12. Faserschädigende Küpenfarbstoffe.

Verschiedene Küpenfarbstoffe bewirken unter der Einwirkung des Lichtes eine außerordentlich rasche Zerstörung der Faser. Über die Theorie dieser Erscheinung ist ausführlich auf den nächsten Seiten berichtet. Untersuchungen wurden von verschiedenen Forschern angestellt[1].

Man konnte feststellen, daß vor allem gelbe und orange, ferner einige rote und braune Küpenfarbstoffe zu den Faserschädigern gehören; unter den blauen und grünen Farbstoffen existieren jedoch keine (mit Ausnahme des Indigos). Die Wirkung der faserschädigenden Küpenfarbstoffe ist oxydativer Natur; es bildet sich Oxyzellulose, außerdem können in Mischung mit diesen Farbstoffen blaue und grüne Küpenfarbstoffe wesentlich rascher durch Lichteinwirkung verschießen.

Man nimmt an, daß der Küpenfarbstoff in Gegenwart von Alkali bei Belichtung Wasserstoffsuperoxyd bildet, das dann die Faserschädigung verursacht. Die Küpenfarbstoffe wirken dabei als Sauerstoffüberträger.

Eine wesentlich geringere oder überhaupt keine Faserschädigung tritt dann ein, wenn man die gefärbte Faser in Bädern nachbehandelt, die Salze der niederen Oxydationsstufen des Mangans, Kobalts, Bleis oder Chroms, z. B. Mangano-, Kobalto-, Bleinitrat oder Chromazetat[2] oder Sulfamide, Harnstoff oder Thioharnstoff[3] enthalten.

Indigofärbungen bewirken zwar auch Faserschädigungen bei Belichtung. Dies ist auf das durch Lichtoxydation gebildete Isatin zurückzuführen.

Als theoretische Grundlage für die faserschädigende Wirkung der gelben Farbstoffe dient die Regel von GROTTHUS; da die kurzwelligeren Strahlen wirksamer sind, beschränkt sich die die Zellulose schädigende Wirkung auf die gelben und orangen Farbstoffe sowie wenige rote Farbstoffe, die diese Strahlen absorbieren. Bei den gelben Farbstoffen scheinen saure übersichtlichen Zusammenhänge zwischen der Nuance und der Wirkung als Faserschädiger zu bestehen. Dagegen sind schon merkliche Indigofärbungen des Absorptionsbereiches bei den roten und violetten Farbstoffen vorhanden.

Textilber. 17, Farbe ist auch die chemische Konstitution von Einfluß.
scheinen   . B. Indanthrengelb G keine faserschädigende Wirkung aufbeschränkt sich andere gelbe Farbstoffe mehr oder minder starke Faserzwischen der LANDOLT[4] und KUNZ[5] erhöhen saure Gruppen im Farb
Als theoretische Wirkung als Lichtkatalysator, basische dagegen ver

Farbstoffe und GOODYEAR: J. Soc. Dyers Colourists 44, 268 (1928); Colourists (1929) Melliand Textilber. 10, 867 (1929). — LANDOLT: Melliand LANDOLT. 10, 533 (1929); 11, 937 (1930); 14, 32 (1933); J. Soc. Dyers Colourists 65, 569—573 (1949). — Ciba Techn. Rdsch. 5, 411—455 (1950); Melliand Textilber. 32, 571 (1951). — WHITTACKER: J. Soc. Dyers Colourists 49, 9 (1933); J. Textile Inst. 1934, 345. — ATHERTON und TURNER: J. Soc. Dyers Colourists 62, 108 (1946). — Silk and Rayon 20, 914—916 (1946). — BAMFORD und DEWAR: J. Soc. Dyers Colourists 65, 674—681 (1949). — TURNER: J. Soc. Dyers Colourists 63, 372—380 (1947). — HALLER und WYSZEWIANSKY: Melliand Textilber. 17, 45—47, 138—140, 217—218, 325—326 (1936).

[2] I. G., SCHAEFFER: DRP. 736882.
[3] I. G., SCHAEFFER: DRP. 743221.
[4] Melliand Textilber. 1933.
[5] Annuaire de l'Ecole de Chimie de Mulhouse 1933.

ringern sie. Aminogruppen im Anthrachinonsystem wirken daher in der Richtung der Herabsetzung der Faserschädigung, Halogene und vor allem auch Methylgruppen bewirken eine verstärkte Faserschädigung. Die Wirkung der Methylgruppe beruht wahrscheinlich darauf, daß sie zur Karboxylgruppe oxydiert wird. Stickstoffhaltige Ringe wirken ebenfalls in der Richtung der Herabsetzung der Faserschädigung. Es soll hier auf Flavanthron, das zwei Stickstoff enthaltende Sechserringe besitzt und kein Faserschädiger ist, und auf Pyranthron, das vollkommen analog, jedoch ohne Stickstoff, aufgebaut und ein Faserschädiger ist, hingewiesen werden. Weitere Beispiele für den Einfluß der Basizität der stickstoffhaltigen Ringe folgen später. Man kann jedoch keine allgemein gültigen Regeln auf Grund der Konstitution der Farbstoffe aufstellen.

LANDOLT[1] nimmt an, daß die den Faserabbau verursachende Reaktion in drei Stufen stattfindet. Primär wird der Farbstoff durch die Einwirkung des Lichtes reduziert, dann erfolgt durch den Luftsauerstoff Oxydation des Farbstoffes, wobei durch Autoxydation Peroxyde gebildet werden, und schließlich wird die Zellulose durch die Peroxyde unter gleichzeitiger Einwirkung des Lichtes abgebaut.

Die Empfindlichkeit der regenerierten Zellulosen ist erwartungsgemäß größer als die der nativen. Bei gleicher Faserart spielen die Art des Gewebes, die Dicke des Gewebes und des Garnes eine Rolle; bei dickeren Geweben kann größere Widerstandsfähigkeit gegenüber dem Zutritt von Luft und Licht als Ursache der Herabsetzung der Faserschädigung angenommen werden.

Nach HALLER spielt auch die Dispersität des Farbstoffes auf der Faser eine Rolle. Wenn der Farbstoff feiner dispers ist, dringt er tiefer in die Faser ein und ist daher der Einwirkung von Sauerstoff und Licht weniger ausgesetzt. Anderseits wird aber bei fertigen Färbungen durch kochendes Seifen die Dispersität des Farbstoffes verringert. In diesem Falle wirkt sich nun die Kornvergröberung derart aus, daß infolge der geringeren Oberfläche des Farbstoffes auch die Berührungsfläche mit der Zellulose verringert wird und demzufolge auch die Faserschädigung herabgesetzt wird. Durch kochendes Seifen wird daher meistens außer der Verbesserung der Lichtechtheit eine Verminderung der lichtkatalytischen Wirkung erreicht.

Durch Verunreinigung der Farbstoffe wird ihre faserschädigende Wirkung herabgesetzt.

Ein Sonderfall der Lichtschädigung ist die Schädigung der Faser durch Lichteinwirkung während des Färbens mit der Leukoverbindung. Die Schädigung tritt nur dann ein, wenn das Gewebe nicht dauernd unter der Flotte ist, daher z. B. nicht beim Färben auf Apparaten. Viele Farbstoffe mit heterozyklischen Ringen, vor allem Thioindigoderivate, zeigen diese Eigenschaft. Die Faserschädigung ist bei höherer Temperatur größer, bei regenerierten Zellulosen größer als bei nativen. Es wurde

---

[1] J. Soc. Dyers Colourists **65**, 569—573 (1949).

festgestellt, daß verschiedene Küpenfarbstoffe die Faser bei der Belichtung zu schützen vermögen, insbesondere das Indanthrenolivgrün B und seine Derivate. Eine weitgehende Parallelität besteht zwischen dem Verhalten der Küpenfarbstoffe hinsichtlich ihrer schützenden bzw. schädigenden Wirkung auf die Lichtechtheit anderer mitverwendeter Farbstoffe und ihrer die Faser schützenden bzw. schädigenden Wirkung. J. Müller teilt die Küpenfarbstoffe in dieser Hinsicht folgendermaßen ein:

a) Absolute Nichtschädiger   { Faserschützer   } Optisch
b) Relative Nichtschädiger   Nichtschädiger   inaktive
                          schlechthin   Farbstoffe

c) Relative Schädiger   } Optisch aktive Farbstoffe.
d) Absolute Schädiger

Unter optischer Aktivität (Inaktivität) ist die photochemische Aktivität (Inaktivität) zu verstehen.

Zu den Faserschützern gehören Indanthrenolivgrün B und seine Derivate, Cibanongrün B, Indanthrenblau RS und seine Abkömmlinge (Indanthrenblau GCD, Indanthrenblau GC, Indanthrenblau BC, Indanthrenblau RK, Indanthrengrün BB). Die Halogenierung wirkt auch hier in der gleichen Weise abschwächend wie bei der Belichtung von Kombinationsfärbungen hinsichtlich der Lichtechtheit.

Zu den Nichtschädigern schlechthin gehören die verschiedenen Indanthrenbrillantgrünmarken sowie sonstige Dibenzanthrone und Isodibenzanthrone (verschiedene violette Indanthrenfarbstoffe).

Zu den relativen Nichtschädigern gehören Farbstoffe, die auf Grund ihrer chemischen Konstitution unter bestimmten Bedingungen zur Aktivierung des Sauerstoffes befähigt sind, z. B. Indanthrengelb 3 R (bzw. 3 RT) und Indanthrengoldorange 3 G.

Indanthrengelb 3 R (3 RT)

Indanthrengoldorange 3 G

Zu den relativen Faserschädigern gehören Indanthrenbrillantorange RK
(Dibromanthanthron), Indanthrenbrillantorange GK (Dichloranthanthron), das als Chlorierungsprodukt stärker aktiv ist als das vorher erwähnte Bromierungsprodukt und Indanthrenscharlach 4 G (Dibromiso-
dibenzpyrenchinon).

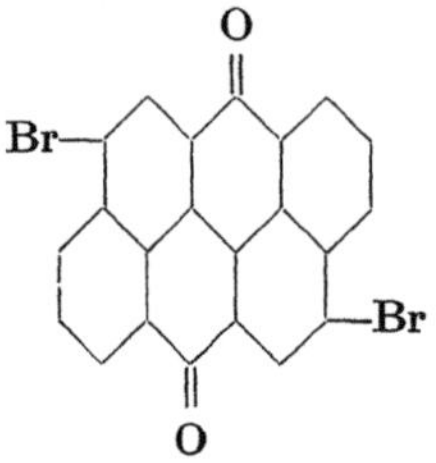

Indanthrenbrillantorange RK

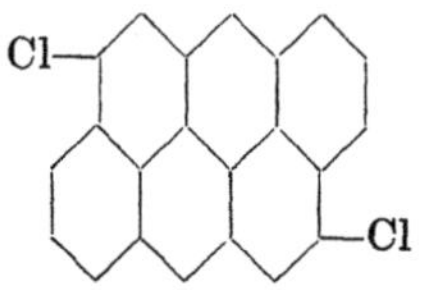

Indanthrenbrillantorange GK

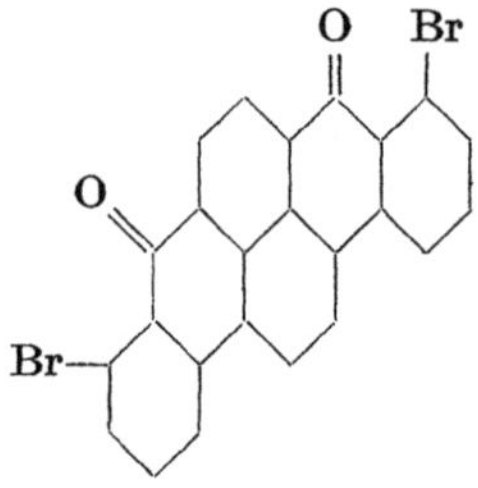

Indanthrenscharlach 4 G

Zu den absoluten Faserschädigern gehören Acylaminoanthrachinone
(Indanthrengelb GK, Indanthrengelb 5 GK), Anthrachinonthiazole (Indanthrengelb GF, Algolgelb GC) und Thioindigofarbstoffe (Indanthrenbrillantrosa R).

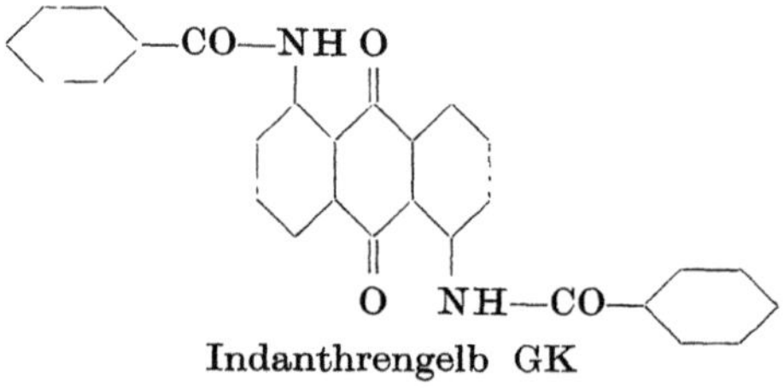

Indanthrengelb GK

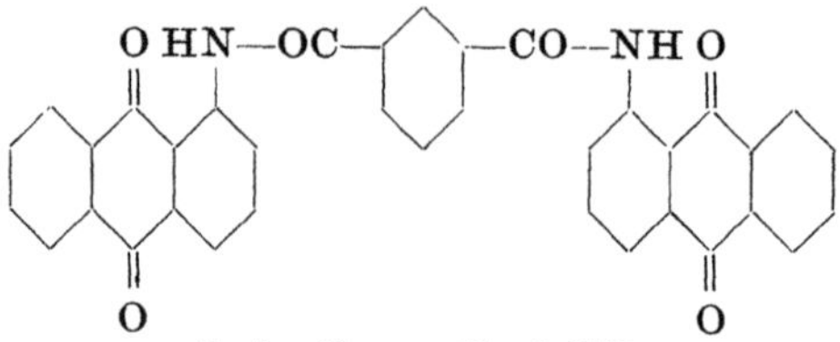

Indanthrengelb 5 GK

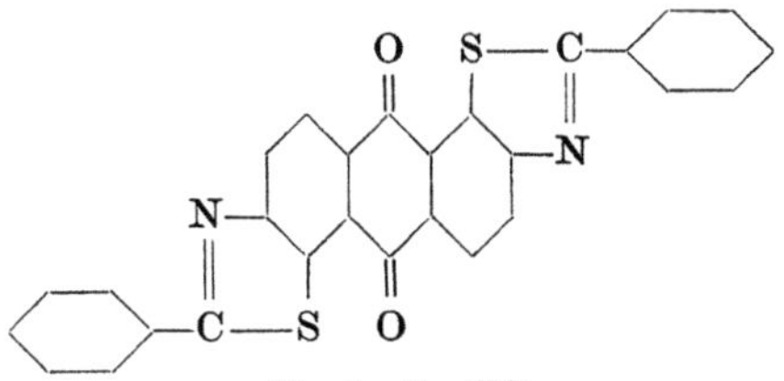

Algolgelb GC

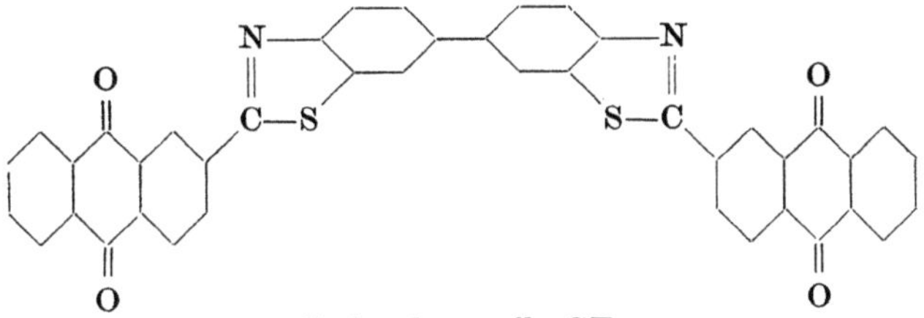

Indanthrengelb GF

Es besteht eine weitgehende Parallelität hinsichtlich der Lichtschutzwirkung anderen Farbstoffen gegenüber und der faserschützenden Wirkung. Die Farbstoffe, die einen Lichtschutz in Mischung mit einem anderen Farbstoff ausüben, schützen die Faser bei Belichtung, während die Faserschädiger unter den Küpenfarbstoffen die Lichtechtheit der anderen Farbstoffkomponente herabsetzen. Bei optisch heterogenen Mischungen bestehen folgende Beziehungen zwischen dem Lichtschutze und der Faserschädigung. Mischungen aus optisch hellen Küpenfarbstoffen (gelb bis rotviolett) mit optisch tiefen Farbstoffen ergeben eine geringere Gesamtlichtechtheit als die dem Mittel der Einzelkomponenten entsprechende, wenn 1. die optisch helle Komponente zu den im Sinne der Beeinflussung des Faserschwächungsvorganges aktiven Farbstoffen gehört, 2. besonders dann, wenn die optisch aktive (helle) Komponente im Überschusse vorhanden ist, 3. wenn die optisch tiefe Komponente sich bezüglich der Widerstandsfähigkeit gegen den Einfluß der optisch hellen Komponente ungünstig verhält oder in ihrer Schutzwirkung auf diese unzureichend ist. Im ersten und im zweiten Falle ist die Beeinflussung der Lichtechtheit größer als die der Faserschwächung. Dabei genügt die Zugehörigkeit eines Küpenfarbstoffes zu einer Gruppe, in der die Voraussetzung für eine Aktivität im Sinne der Faserschwächung auf Grund der chemischen Konstitution vorhanden ist.

In der Reihe der optisch hellen Küpenfarbstoffe ist die Parallelität zwischen dem Verhalten hinsichtlich der Beeinflussung der Lichtechtheit einer zweiten Farbstoffkomponente und der Faserschädigung nicht vollkommen, jedoch ist in vielen Fällen die Übereinstimmung deutlich erkennbar; Indanthrengelb G oder Indanthrengelb 4 GK, die keine Faserschädigung verursachen, verhalten sich auch in Kombination mit anderen Küpenfarbstoffen günstig hinsichtlich der Echtheit bei Belichtung, während Algolgelb GC und Indanthrengelb GF, die eine starke Faserschädigung verursachen, auch die Lichtechtheit der anderen Komponente bei Mischfärbungen beeinträchtigen.

Unter den optisch tiefen Farbstoffen ist Indanthrenolivgrün B sowohl hinsichtlich der Lichtschutzwirkung auf eine zweite Farbstoffkomponente als auch hinsichtlich des Faserschutzes an erster Stelle, dann folgen gleicherweise als Licht- und Faserschützer die Derivate des Indanthrenolivgrün B, Cibanongrün B, die Indanthrongruppe, während die Indanthrenbrillantgrünmarken praktisch indifferent sind. Dabei zeigen sich im Mittelfeld oft Überlagerungen durch andere Faktoren; Algolgelb GC ergibt in Kombination mit den Indanthrenbrillantgrünmarken wesentlich lichtechtere Färbungen als das chemisch nahestehende Algolgelb GC.

13. Bedeutung des Redoxpotentiales für die Fixierung der Küpenfarbstoffe.

Für die Fixierung der Küpenfarbstoffe ist ein bestimmtes Redoxpotential notwendig. Farbstoffe, die ein Redoxpotential, das dem der verwendeten Stammverdickung gleich ist, besitzen, werden langsamer reduziert als solche, die ein niedrigeres Redoxpotential haben.

Indigoide Küpenfarbstoffe benötigen im allgemeinen ein niedrigeres Redoxpotential als anthrachinoide; sie können daher leichter reduziert und fixiert werden als letztere. Das Redoxpotential der Druckfarbe ist von der Art des Alkalis, der Alkalität, der Art des Reduktionsmittels, jedoch nur in geringem Maße von der Menge des Reduktionsmittels abhängig. Es liegt z. B. nach MEGGY und ROGERS bei einem Rongalitgehalt von 4 bis 16% zwischen —630 und —670 mV. Das Maximum des Redoxpotentials wird schon nach kurzer Zeit, also bei beginnender Lösung erreicht und fällt dann nur langsam ab.

Natriumhydrosulfit reduziert die Küpenfarbstoffe meistens nur in Gegenwart von Natronlauge, während Natriumformaldehydsulfoxylat schon in Gegenwart von Alkalikarbonaten reduziert. Beim Dämpfen bildet sich unter Formaldehydabspaltung aus dem Natriumformaldehydsulfoxylat zuerst die Sulfinsäure, die stärker reduzierend wirkt als die unterschweflige Säure des Hydrosulfites. Die Abspaltung des Formaldehydes findet unter Wärmeaufnahme, die Oxydation der Sulfinsäure unter Wärmeabgabe statt.

14. Oxydieren der Leukoverbindungen der Küpenfarbstoffe.

Für das Oxydieren der Leukoverbindungen nach dem Verlassen der Küpe oder des Dämpfers stehen verschiedene Möglichkeiten zur Verfügung. In den meisten Fällen werden Sauerstoff abspaltende Chemikalien verwendet; aber auch die alten Methoden des Oxydierens an der Luft oder mittels des im Wasser enthaltenen Sauerstoffes sind heute noch in Verwendung.

1. Die Oxydation mittels des Sauerstoffes der Luft. Die Färbungen, die man auf diesem Wege erhält, zeichnen sich durch gute Echtheit und

besonders reine Töne aus. · Eine Überoxydation ist bei diesem Verfahren nicht zu befürchten. Die Luftoxydation geht am leichtesten in alkalischem Medium vor sich. Eine gewisse Feuchtigkeit ist notwendig; deshalb müssen alkalische Druckfarben genügend Zusätze an hygroskcpischen Substanzen enthalten, vor allem an Pottasche und Glyzerin. An der Luft tritt in trockenem Zustande nur unvollkommene Oxydation und Entwicklung ein. Dies führt beim anschließenden Waschen zum Abflecken auf den weißen Boden; man verwendet daher dieses Verfahren in der Druckerei nicht. Dagegen findet es noch häufig in der Stranggarnfärberei Anwendung.

2. Die Oxydation mittels des im Wasser enthaltenen Sauerstoffes. Man benötigt für dieses Verfahren viel fließendes kaltes Wasser, um genügend viel Sauerstoff zuführen zu können und die Bildung einer Küpe in der Waschflotte zu vermeiden. Die Ausnützung der Farbstoffe ist nicht gut, da ein beträchtlicher Teil durch das Wasser weggewaschen wird, bevor sie oxydiert sind. Viele Farbstoffe lassen sich überhaupt nicht vollständig auf diese Weise oxydieren. Das Verfahren hat daher keine größere Verbreitung gefunden.

3. Die Oxydation mittels Bichromat und Essigsäure. Dieses Verfahren wird am meisten angewendet. Man arbeitet mit 500 g Bichromat und 500 cm³ Essigsäure in 1000 Liter Flotte bei zirka 50° C. Um die Azidität bei kontinuierlicher Arbeitsweise konstant zu erhalten, muß dauernd Essigsäure nachgesetzt werden, da durch das von der Ware mitgebrachte Alkali eine beträchtliche Menge Essigsäure verbraucht wird. Ebenso muß man auch zeitweise Bichromat, das durch das unzersetzte Rongalit oder Hydrosulfit sowie durch die zu oxydierenden Leukoverbindungen verbraucht wird, nachsetzen. Die Leukoverbindungen werden rasch oxydiert; es kommt bei verschiedenen Farbstoffen leicht zu Überoxydation. Insbesondere das N,N′-Dihydro-Anthrachinonazin, also das Indanthrenblau RS, geht äußerst leicht aus dem blauen Dihydroazin in das gelbe Azin über, so daß man bei der Oxydation des Leuko-Indanthrenblau RS mittels Bichromat und Essigsäure meist mehr oder minder grüne Färbungen, die durch die Mischung des Indanthrenblau RS mit seinem gelben Oxydationsprodukt entstehen, erhält. Auch die Halogenderivate, wie Indanthrenblau GCD oder BC neigen zur Überoxydation. Durch Nachbehandlung mit Hydrosulfit kann die Azinstufe ohne Schwierigkeit wieder in die Dihydroazinstufe zurückverwandelt werden.

4. Die Oxydation mittels Wasserstoffsuperoxyd oder Natriumsuperoxyd. Diese ist hinsichtlich der Überoxydation wesentlich weniger gefährlich. Sie bietet weiters den Vorteil, daß gleichzeitig die Ware gebleicht wird, so daß einerseits das erhaltene Blau leuchtender wird, anderseits weiße Ätzstellen und Böden aufgehellt werden. Ebenso wie mittels Bichromat verläuft die Oxydation rasch und vollständig. Es ist zweckmäßig, mittels Wasserglas zu stabilisieren. Man kann gleichzeitig während des Oxydierens im gleichen Bade kochend seifen und dadurch an Arbeit sparen.

5. **Die Oxydation mittels Perborat und anderen Persalzen.** Diese Methode gleicht der vorangegangenen. Die Einwirkung der Persalze ist weniger radikal als bei Verwendung des Superoxyds. Das Verfahren stellt sich aber infolge des höheren Chemikalienpreises teurer.

15. Einfluß der Partikelgröße auf die Eigenschaften der Küpenfärbungen.

Bei kochendem Seifen von Küpenfärbungen tritt eine Kornvergröberung des auf der Faser befindlichen Farbstoffes ein. Dadurch wird eine Stabilisierung des Farbtones erreicht. Die Reibechtheit wird durch das kochende Seifen normalerweise verbessert, da dabei der überschüssige, nicht fixierte Farbstoff von der Faser entfernt wird. Falls aber die Kornvergröberung sehr weit fortschreitet, wird die Reibechtheit verringert (z. B. bei Indanthrendunkelblau BOA und bei Indanthrenbrillantviolett 5 R auf Baumwolle und bei Indanthrengelb 4 GK, 7 GK und bei Indanthrenbrillantscharlach RK auf Viskose). Im allgemeinen hält sich bei nativen und regenerierten Zellulosen die Kornvergröberung in solchen Grenzen, daß keine Verschlechterung der Reibechtheit eintritt. Bei Viskose bewirkt starke Kornvergröberung eine mehr oder minder starke Mattierung.

Die Kornvergröberung beeinflußt außerdem die Lichtechtheit, da durch die Verkleinerung der Farbstoffoberfläche weniger Moleküle der Einwirkung oxydativer Einflüsse ausgesetzt sind. Es ist also leicht einzusehen, daß die Lichtechtheit nicht zufriedenstellend ist, wenn das Seifen der Färbungen nicht genügend lange oder bei zu niedriger Temperatur, d. h. unterhalb der Kochtemperatur durchgeführt wurde.

Es soll an dieser Stelle noch auf die von HALLER und RUPERTI aufgefundene Erscheinung der physikalischen Kondensation von Küpenfarbstoffen auf der Faser hingewiesen werden. HALLER und RUPERTI haben seinerzeit den Indigo in reinen Färbungen auf Baumwolle durch Anwendung eines nur mäßigen Druckes in Wasser vollkommen zum Kondensieren bringen können. Dabei scheidet sich der Indigo im Lumen in Form von dicken Säulen ab. Auch bei anderen indigoiden Farbstoffen, z. B. bei Cibascharlach G und bei Cibaviolett B, gelang die Kondensation zu wohlausgebildeten Kristallen. Bei anthrachinoiden Farbstoffen gelingt die Kondensation nur in einigen Fällen, z. B. bei Indanthrenrot 5 GK, jedoch nicht bei Indanthrenblau RS[1].

Beim kochenden Seifen und noch mehr beim Dämpfen von Küpenfärbungen auf Polyamidfasern sind die Veränderungen wesentlich größer als bei Zellulosefasern. Es kann dabei ein Blindwerden der Faser eintreten, wobei es sich jedoch nicht um eine Mattierung wie bei der Viskose, sondern um ein Herauswandern des Farbstoffes an die Oberfläche handelt. Der Farbstoff läßt sich durch Abreiben sogar soweit entfernen, daß die Polyamidseide völlig klar und durchsichtig wird. Diese Versuche wurden an Folien durchgeführt[2].

---

[1] HALLER: Färberei und Zeugdruck, S. 158. Wien: Springer-Verlag. 1951.
[2] J. MÜLLER: Text. Rdsch. 1950, 307—309.

Zweiter Teil

Verwendung der Küpenfarbstoffe.

I. Verwendung der Küpenfarbstoffe in der Färberei.

A. Verwendung der Küpenfarbstoffe in der Färberei der pflanzlichen Fasern und der Kunstseide.

1. Indigofärberei.

Das Färben mit Indigo stellt die älteste Form des Färbens mit Küpenfarbstoffen dar. Schon in uralter Zeit verwendeten ihn die alten Kulturvölker Asiens. Verschiedene in Indien heimische Indigoferen, welche später auch in Nordafrika, Amerika und anderen Ländern angebaut wurden, lieferten den Farbstoff. Nach Europa kam der Indigo um die Mitte des 16. Jahrhunderts durch die Holländer; in Europa wurden seit alter Zeit Blaufärbungen mittels Waid erzeugt, welcher in manchen Gegenden Deutschlands, Frankreichs und Italiens angebaut wurde. Daher sah man zuerst in dem aus Indien importierten Indigo ein unerwünschtes Konkurrenzprodukt und verbot in vielen Ländern seine Einfuhr mit der Begründung, daß die damit hergestellten Färbungen weniger echt als die mit Waid erzeugten seien. Trotzdem bürgerte sich der importierte Indigo infolge seines billigeren Preises und seiner größeren Reinheit und Ausgiebigkeit immer mehr ein. Schließlich wurde der Waid nur noch bei der sogenannten Waidindigoküpe in der Wollfärberei als ein die Gärung bewirkender Zusatz verwendet, nachdem er während der Kontinentalsperre unter NAPOLEON noch einmal eine gewisse Bedeutung gewonnen hatte. Endlich wurde im Jahre 1880 der synthetische Indigo hergestellt, welcher seit der Aufnahme der fabriksmäßigen Erzeugung im Jahre 1897 infolge seiner größeren Reinheit, Ausgiebigkeit und gleichmäßigen Qualität das Naturprodukt aus den modernen Betrieben nicht nur in Europa und Amerika, sondern auch in den Ländern Asiens, welche früher den natürlichen Indigo geliefert hatten, verdrängte.

Die Färberei des Indigos läßt sich ebenso wie die aller anderen Küpenfarbstoffe in drei Stadien zerlegen und zwar 1. in einen Reduktionsprozeß, durch welchen der an sich unlösliche Farbstoff in ein lösliches Reduktionsprodukt, die in Alkalien lösliche Leukoverbindung übergeführt wird, die sogenannte „Verküpung", 2. die Aufnahme und Fixierung der Leukoverbindung durch die Faser und 3. die Regeneration des Farbstoffes durch Oxydation der Leukoverbindung auf der Faser.

DUMAS beobachtete zuerst im Jahre 1841, daß Indigo durch Reduktion in eine gelblich-weiße Verbindung übergeht, welche in alkalischen Bädern löslich ist. Hinsichtlich der Zwischenstufen der Reduktion stimmen die verschiedenen Ansichten nicht ganz überein, jedoch steht fest, daß in alkalischem Medium der Indigo in das Natriumenolat übergeht, welches je nach der Art der Verküpung kolloidale Lösungen verschiedenen Dispersitätsgrades in Wasser bildet:

$$\text{Indigo} \longrightarrow \text{Indigoweiß}$$

Während der zweiten Stufe tritt eine Adsorption des Indigoweiß an die Faser ähnlich wie bei den Färbungen mit substantiven Farbstoffen ein, wobei je nach dem Dispersitätsgrad ein mehr oder minder tiefes Eindringen in die Faser eintritt und damit eine bessere oder schlechtere Durchfärbung und Echtheit bedingt wird. Durch Oxydation wird während der dritten Stufe das Indigoweiß wieder in den ursprünglichen Farbstoff zurückverwandelt[1].

Man kann bei der Indigofärberei die intermittierende und die kontinuierliche Arbeitsweise unterscheiden. Die erste Arbeitsweise wird für loses Material und Garne, aber auch noch in geringem Umfange für Stückware angewandt. Für Garne verwendet man Kufen mit Abquetschvorrichtung oder Färbeapparate, ebenso auch zum Färben von losem Material, für Stückware die Tauch- (Senk-) Küpe, in der die auf Sternreifen aufgespannte Ware gefärbt wird. Früher verwendete man Bottiche aus Eichenholz, welche bis zu Dreiviertel ihrer Höhe in den Erdboden versenkt wurden, während man jetzt allgemein zementierte Gruben, die einen oder mehrere Sternreifen aufnehmen können, anwendet. Der Sternreifen besteht aus zwei eisernen Sternen, welche mittels einer Gewindespindel der jeweiligen Warenbreite entsprechend verstellt werden können. An den Armen der Sternreifen sind Haken angebracht, an denen das Gewebe befestigt wird. Das auf den Sternreifen gespannte Gewebe erhält nun je nach der gewünschten Farbtiefe mehrere Züge durch Eintauchen in die Farbküpe. Bei der kontinuierlichen Arbeitsweise arbeitet man auf der Roulette- oder Kontinueküpe. Diese besteht aus einem eisernen Flottenbehälter, durch welchen das Gewebe mittels eines oder mehrerer Leitwalzensysteme durchgenommen wird. Nach jedem im Farbtroge befindlichen Leitwalzensystem folgt ein Quetschwalzenpaar mit anschließendem Luftgange zum Oxydieren der Leukoverbindung

---

[1] HOLZACH: Geschichte der technischen Indigosynthese. Melliand Textilber. **29**, 24, 135 (1948).

des Indigos, bevor die Ware wieder in das Farbbad einläuft. Es können auch mehrere Farbtröge hintereinander geschaltet werden. Je nach der Anzahl der Farbtröge und der Luftgänge, der Warengeschwindigkeit und der Flottenkonzentration erhält man mehr oder minder tiefe Färbungen. Unter den Leitwalzen befinden sich Rührwerke im Farbtroge. Um die Gewebespannung auszugleichen, können zwischen den einzelnen Trögen Kompensatoren angebracht werden, wobei die Leitwalzen eines jeden Troges selbständig elektrisch (Leonardschaltung) angetrieben werden. Der Fassungsraum einer Rouletteküpe beträgt 6000 bis 8000 Liter. Garnketten können auf gewöhnlichen Rollenkufen gefärbt werden, wenn keine Kettbaumfärbeapparate zur Verfügung stehen.

Hinsichtlich der chemischen Zusammensetzung der Färbeküpe unterscheidet man 1. die Gärungsküpe, 2. die Zinkstaub-Kalkküpe und die Zinkstaub-Natronlaugeküpe, 3. die Eisenvitriolküpe und 4. die Hydrosulfitküpe. Bei allen Verfahren arbeitet man meist so, daß man den Indigo zuerst in einer konzentrierten Stammküpe verküpt und diese dann dem vorgeschärften Färbebad zusetzt. Bei sämtlichen Verfahren ist es nicht zweckmäßig, die Küpe zu konzentriert anzusetzen, da dadurch die Reibechtheit leidet. Um dünklere Töne zu färben, arbeitet man daher mit mehreren Zügen und oxydiert nach jedem Zug an der Luft. Man setzt die Flotten mit 4 bis 20 g des 20%igen Farbstoffteiges im Liter an.

Die Gärungsküpe ist die älteste Färbeweise und wird auch heute noch in industriell rückständigen Ländern angewendet, vor allem im nahen Orient, in Indien, im südöstlichen und östlichen Asien. Als Reduktionsmittel dienen in Gärung befindliche Naturprodukte, welche Zucker oder Stärke enthalten, z. B. Mehl, Brot, Reis, Zucker, Datteln und andere Früchte in Gegenwart von Soda, Pottasche oder Kalk.

Die Zinkstaub-Kalkküpe wird bisweilen noch in der Garnfärberei sowie für den Pappdruck angewendet. Ihre Hauptnachteile bestehen darin, daß sie eine beträchtliche Menge Bodensatz bildet und daher einen großen Küpenraum beansprucht und daß sie große Farbverluste (8 bis 12%) durch Überreduktion des Indigos verursacht. Um den während des Färbens aufgerührten Bodensatz absetzen zu lassen, muß man die Arbeit zeitweise unterbrechen; um die Verluste durch Überreduktion einzuschränken, soll die Stammküpe in ein bis zwei Tagen verarbeitet werden. Der Farbton der Färbungen ist röter als der nach dem Hydrosulfitverfahren erzielte.

Man arbeitet z. B. bei einer Flotte von 20000 Liter mit folgendem Ansatz:

200 kg Indigoteig 20%ig,
45 kg Zinkstaub 85 bis 90%ig,
80 bis 100 kg Kalk.

Zuerst wird der mit heißem Wasser angeteigte Zinkstaub, dann der zu einem gleichmäßigen Teig gelöschte Kalk durch ein Sieb, zuletzt der mit Wasser verdünnte Farbstoffteig dem Bade zugesetzt. Dann wird $1/2$ bis 1 Stunde gerührt und das Rühren nach je 24 Stunden wiederholt. Nach drei bis vier Tagen ist die Verküpung beendet; die Oberfläche zeigt einen blauen Schaum, die sogenannte „Blume", die vor dem Färben abgeschöpft werden muß, während die Flüssigkeit selbst klar goldgelb sein muß. Dies stellt man mittels eines eingetauchten Glases fest. Wenn die Flüssigkeit noch grünlich ist, so ist die Verküpung noch nicht beendet, man rührt dann nochmals und läßt stehen; sollte auch dann die Farbe noch grünlich bleiben, muß man weiteren Zinkstaub zusetzen. Für dieses Verfahren, welches Vorteile beim Färben in der Tauchküpe aufweist, sind die von den Farbenfabriken herausgebrachten vorreduzierten Marken gut geeignet.

Wenn man den Indigo in seiner Stammküpe verküpt, verwendet man dazu weniger Zinkstaub und schärft das Färbebad mit 500 g Zinkstaub und 1 kg Kalk pro Liter vor. Die Stammküpe kann folgendermaßen angesetzt werden:

20,0 kg	Indigoteig 20%ig werden mit
40,0 Liter	heißem Wasser gut angeteigt, dann werden
2,4 kg	Zinkstaub, der vorher mit 60° C warmen Wasser angeteigt wurde, zugesetzt, schließlich
8,0 kg	Ätzkalk, der zu einem gleichmäßigen Brei gelöscht wurde, hinzugefügt und mit 60° C warmen Wasser auf 200 Liter aufgefüllt. Unter öfterem Rühren läßt man bei 45° C 5 bis 6 Stunden stehen. Die Küpe muß dann gelb sein und wird dem vorgeschärften Bade zugesetzt.

Die günstigste Färbetemperatur ist 20 bis 24° C. Im Winter soll man auf diese Temperatur künstlich erwärmen.

Beim Arbeiten auf der Tauchküpe gibt man bis zu 15 Zügen. Die Dauer eines Zuges beträgt bei glatter Ware 10 bis 30 Minuten, bei mit Pappreserven bedruckter Ware 5 Minuten. Man beginnt stets mit schwachen, schon weitgehend ausgezogenen Küpen und färbt auf konzentrierteren zu Ende; dadurch erreicht man, daß die Ware vorher genetzt wird und durch die Ausfällung der Metallhydroxyde in der Reserve diese verstärkt wird, ferner daß eine Verschmutzung der eigentlichen Farbküpe durch abfallende Anteile der Reserve verhindert wird. Nach jedem Zug läßt man bis zur vollständigen Oxydation an der Luft hängen, wobei man den Sternreifen umdreht, so daß der untere Teil beim nächsten Zug oben ist.

Ganz schwere Ware kann man zur besseren Durchfärbung mehrere Stunden oder über Nacht in der Tauchküpe hängen lassen.

Infolge der geringeren Alkalität ist die Zinkstaub-Kalk-Küpe für die Verwendung in der Tauchküpe besser geeignet als die Hydrosulfitküpe.

Ähnlich verfährt man beim Färben in der Kontinueküpe. Wenn die Flotte trüb wird, muß man das Färben unterbrechen, aufrühren und über Nacht stehen lassen. Während des Färbens speist man in regelmäßigen Abständen mit einer Nachsatzküpe mit etwas erhöhtem Zinkstaub- und Kalkgehalt nach. Um ein besseres Durchnetzen zu erreichen, färbt man am besten nasse Ware. Nach dem Färben wird zuerst mit Wasser auf einer Waschmaschine mit Schlägern gewaschen, dann mit Salzsäure von 10 bis 12° Bé zur vollständigen Entfernung des Kalkes gesäuert und gründlich gespült.

Der in der Färbeküpe gebildete Schlamm enthält große Mengen an Indigo, der entweder durch Verküpung oder durch vollständige Ausfällung zurückgewonnen wird. Auch aus den Waschbädern wird der Indigo durch Ausfällen mit Kalk zurückgewonnen. Die abgeschöpfte „Blume" wird gleichfalls wieder verwendet.

Eine Variante der Zinkstaub-Kalk-Küpe ist die Zinkstaub-Natronlaugeküpe, welche geringere Mengen Bodensatz liefert.

Alle mit Zinkstaubküpen erzeugte Indigofärbungen besitzen die geringste Licht- und Waschechtheit.

Ein anderes Färbeverfahren, welches in kleinem Umfange beim Färben in der Tauchküpe Anwendung fand, ist die sogenannte Eisenvitriolküpe; diese liefert sehr echte, im Farbton konstante, sehr intensive rotstichige, in dunklen Färbungen kupferige Töne. Die hohe Echtheit führt HALLER[1] auf die Fixierung gewisser Mengen Eisenoxyd auf der Faser zurück, da eine Nachbehandlung von fertigen Indigofärbungen mit Ferrosalzen eine Erhöhung der Licht- und Waschechtheit zur Folge hat. Die Niederschlagsbildung und die Farbstoffverluste sind bei diesem Verfahren am höchsten (25%). Die Reduktion mit Eisenvitriol in alkalischem Medium beruht auf folgender Reaktion:

$$FeSO_4 + Ca(OH)_2 = Fe(OH)_2 + CaSO_4$$

$$2\,Fe(OH)_2 + 2\,H_2O = 2\,Fe(OH)_3 + 2\,H.$$

Die Stammküpe wird folgendermaßen angesetzt:

20 kg Indigoteig 20%ig oder 4 kg Indigopulver werden mit heißem Wasser angeteigt,

16 kg Eisenvitriol, in heißem Wasser gelöst, werden zugesetzt, dann wird umgerührt und mit

20 kg gebranntem Kalk versetzt. Mit Wasser (50° C warm) wird auf 200 Liter aufgefüllt. Die Stammküpe soll 45° C warm sein.

Nach mehreren Stunden ist vollständige Verküpung eingetreten, die Stammküpe soll goldgelb aussehen. Die Färbeküpe wird mit 1 kg Eisenvitriol und 2 kg Kalk pro 1000 Liter vorgeschärft. Nach 2 bis 3 Stunden kann mit dem Färben begonnen werden. Im Winter muß man die Küpe auf 20° C erwärmen.

Die Hydrosulfitküpe ist die am leichtesten zu führende Küpenart, welche daher seit Beginn des Jahrhunderts die anderen nahezu ganz verdrängt hat. In größeren Betrieben dürfte sie wohl mit wenigen Ausnahmen die einzige noch in Verwendung stehende darstellen.

Die Färbungen sind echter als die mittels der Zinkstaub-Kalkküpe hergestellten, obwohl sie die mittels der Eisenvitriolküpe erzeugten nach den Angaben von HALLER hinsichtlich der Licht- und Waschechtheit nicht ganz erreichen. Die Küpe ist satzfrei und klar, schnell gebrauchsfertig, erfordert kein Absäuern der Färbungen und verursacht die geringsten Indigoverluste.

Außer der am häufigsten verwendeten kalten Hydrosulfit-Natronlaugeküpe kennt man noch die warme Hydrosulfit-Natronlaugeküpe

---

[1] Chemische Technologie der Baumwolle, S. 124.

und die Hydrosulfit-Pottascheküpe. Bei allen Verfahren kann man die Küpe länger benützen als die Zinkstaub-Kalk-Küpe. Die Reduktion geht rasch vor sich, so daß der Indigo, welcher durch den durch die Ware mitgebrachten Luftsauerstoff aus der Leukoverbindung während des Färbens entsteht, rascher wieder reduziert wird, als dies bei der Zinkstaub-Kalk-Küpe der Fall ist. Dadurch ist eine höhere Produktion möglich. Die Farbtröge können kleiner sein als die für die Zinkstaub-Kalk-Küpe verwendeten, da sich kein Bodensatz bildet.

Der Hauptvorzug dieses Verfahrens liegt darin, daß der Dispersitätsgrad des Indigoweiß höher ist als bei allen anderen Verfahren. Außerdem können das Alkali und das Reduktionsmittel, welche beide wasserlöslich sind — im Gegensatz zu der Zinkstaub-Kalk-Küpe —, mit dem reduzierten Farbstoff in die Faser diffundieren. Die Ein- und Auflagerung des Farbstoffpigmentes in und auf die Faser erfolgt daher in einer viel feineren Verteilung, so daß die Fixierung und damit die Reibechtheit viel besser sind und auch weniger Verluste an Farbstoff in den Waschflotten eintreten.

Die Stammküpe setzt man nach folgender Vorschrift an:

$$
\begin{array}{ll}
5 \text{ kg} & \text{Indigopulver oder 25 kg Indigoteig 20\%ig werden mit} \\
25 \text{ Liter} & \text{Wasser angeteigt und mit} \\
13 \text{ Liter} & \text{Natronlauge } 38^\circ \text{ Bé } (32^{1}/_{2}\%) \text{ verrührt; dann wird auf } 50^\circ \text{ C} \\
& \text{erwärmt,} \\
5 \text{ kg} & \text{Hydrosulfit zugegeben und eingestellt auf} \\
\hline
100 \text{ Liter.}
\end{array}
$$

Man hält die Stammküpe auf 45 bis 50° C und setzt eventuell noch zirka $^{1}/_{2}$ bis $^{3}/_{4}$ kg Hydrosulfit nach, falls nicht nach einer Stunde vollständige Verküpung eingetreten ist; dies erkennt man an der gelben Farbe der Küpe, die vollkommen klar von einer Glasplatte ablaufen und zur Vergrünung 30 Sekunden brauchen soll. Ein Überschuß an Hydrosulfit soll aber vermieden werden, da sonst der von der Faser adsorbierte Farbstoff wieder teilweise abgezogen wird. Eine Vereinfachung stellt die Verwendung der von den Farbenfabriken herausgebrachten „Indigolösungen" dar, welche den Farbstoff schon in verküpter Form enthalten.

Die Färbeküpe wird mit 100 cm³ Natronlauge 38° Bé und 150 g Hydrosulfit pro 1000 Liter vorgeschärft, bevor die Stammküpe zugesetzt wird. Man läßt diese zweckmäßig durch ein Rohr unter den Flüssigkeitsspiegel zulaufen, um eine Reoxydation zu vermeiden. Dann rührt man um und kann nach einigen Stunden mit dem Färben beginnen, nachdem man die „Blume" abgeschöpft hat. Die gefärbte Ware wird nicht abgesäuert, sondern nur mit Wasser gespült.

Den Stand der Küpe erkennt man an der Farbe der Ware beim Verlassen der Küpe; diese soll gelbgrün sein, nicht grün oder gar blaugrün, und erst allmählich durch Grün in Blau übergehen, da sonst zu wenig Hydrosulfit in der Küpe vorhanden ist. Einen Überschuß an Hydrosulfit erkennt man an der intensiv goldgelben Färbung, welche nur sehr langsam in Grün übergeht; in diesem Falle erhält die Ware nicht die Farbtiefe, welche der Anzahl der Züge entspricht und es können außerdem streifige Färbungen entstehen. Durch zu viel Lauge leidet die Egalität, der Farbton und die Reibechtheit der Färbung. Bei sehr verdünnten Küpen muß aber soviel Lauge vorhanden sein, daß Phenolphtaleinpapier stark gerötet wird und die Flotte sich schlüpfrig anfühlt.

Bei längerem Stehen der Küpe scheidet sich der Indigo leicht aus. Man muß dann auf 40° C erwärmen, da der Farbstoff durch Hydrosulfitzusatz in der Kälte nicht in Lösung geht. Sobald die Küpe längere Zeit in Verwendung war, entstehen leicht streifige Färbungen; man soll daher die Küpe mit trockener ungefärbter Ware ausziehen, wenn die Konzentration 10° Bé erreicht, und wieder eine frische Küpe ansetzen.

Je nachdem man trockene oder nasse Ware färbt, muß der Nachsatz angesetzt sein. Als Nachsatz verwendet man die Stammküpe mit erhöhter Laugen- und Hydrosulfitmenge. Die Dauer des Durchganges beträgt beim Färben auf der Rouletteküpe 2 bis $2^1/_2$ Minuten. Für tiefere Töne gibt man mehr Züge. Die Farbtöne sind weniger rotstichig als die mittels der Zinkstaub-Kalk- oder der Eisenvitriolküpe erhaltenen. Beim Färben von gestärkter Ware erhält man aber rotstichigere Töne als bei nicht gestärkter Ware. Das Vorstärken bietet bei dünnen Waren außerdem einen Schutz gegen Faltenbildung.

Erfahrungsgemäß eignet sich für Gewebe, welche mit Indigo gefärbt werden sollen, die Kalkbeuche besser als die Laugenbeuche. Die Gewebe werden im allgemeinen nicht gebleicht. Manchmal wird die Ware vor dem Färben vorgenetzt, z. B. mit Nekal BX oder mit Türkischrotöl oder einem anderen Netzmittel; man kann auch der Färbeküpe das Netzmittel zusetzen. Außer einer besseren Durchfärbung erhält man dabei rotstichigere Farbtöne. Die mit Nekal BX angesetzte Färbeküpe hat ein trüberes Aussehen und es bildet sich keine Blume.

Das Hydrosulfit-Natronlaugen-Verfahren eignet sich vor allem für die Rouletteküpe, die Rollenkufe und die Tauchküpe, aber auch für Unterflottenjigger mit angebautem Luftgang sowie für die Stranggarnfärberei auf Kufen mit Abquetschvorrichtung.

Für die 50° C warme Hydrosulfit-Natronlaugeküpe werden die Indigomarken verwendet, welche eine größere Affinität zur Faser besitzen und daher rascher aufziehen. Sie ist besonders für schwer durchfärbbare Garne zu empfehlen.

Für die Hydrosulfit-Pottascheküpe eignen sich besonders die vorreduzierten Indigomarken. Diese Küpe wird ohne vorherige Bereitung einer Stammküpe kalt angesetzt. Man färbt im kalten Bade. Dieses Verfahren wird gerne in der Stranggarnfärberei angewendet, da die Hände nicht angegriffen werden.

Durch Nachbehandlung (oder auch Vorbehandlung mit Gelatine und Formaldehyd oder Chromsalzen) und ein anschließendes Härten durch Dämpfen wird die Reibechtheit der Färbungen erhöht. Dagegen wird die Reibechtheit durch Seifen oder Appreturöle verschlechtert.

Ein Vorläufer der Hydrosulfitküpe war die Zink-Bisulfit-Natronlaugeküpe. Bei dieser wird das Hydrosulfit in der Küpe selbst durch die Reduktion des Bisulfites mit Zinkstaub gebildet:

$$4\,NaHSO_3 + Zn = Na_2S_2O_4 + ZnSO_3 + Na_2SO_3 + 2\,H_2O.$$

Dabei bildet sich ein Bodensatz von Zinkhydroxyd.

Man setzte die Stammküpe bei 45° C nach folgender Vorschrift an:

50 kg   Indigoteig 20%ig,
20 Liter   Wasser,
40 Liter   Natriumbisulfit 32° Bé,
4 kg   Zinkstaub. Nach $^1/_2$stündigem Rühren und anschließendem $^1/_2$stündigen Stehen setzt man
12,5 Liter Natronlauge 38° Bé zu, um das Zinkhydrosulfit unter Rühren in das Natriumhydrosulfit umzuwandeln; dann stellt man auf
____
1000 Liter.

Die Färbeküpe wird mit $^1/_2$ Liter Natriumbisulfit 38° Bé und 50 g Zinkstaub pro 1000 Liter vorgeschärft, dann läßt man $^1/_2$ Stunde stehen, bis der Geruch nach schwefliger Säure verschwunden ist. Schließlich setzt man 100 cm³ Natronlauge 38° Bé oder 130 g Ätzkalk, der vorher gelöscht wird, und nach einer weiteren halben Stunde die Stammküpe zu. Nach 1 bis 2 Stunden hat sich alles abgesetzt und man kann mit dem Färben beginnen.

2. Färben mit indigoiden Küpenfarbstoffen.

Zu den indigoiden Farbstoffen gehören einerseits die verschiedenen halogenierten Abkömmlinge des Indigos, unter denen die Tetrabromderivate die größte Bedeutung besitzen (Brillantindigo 4 B, Durindonblau 4 BS, Cibablau 2 B usw.), anderseits der Thioindigo und seine Derivate, unter denen Indanthrenbrillantrosa R und B und einige andere in das Indanthrensortiment aufgenommene Farbstoffe an erster Stelle zu erwähnen sind. Alle diese Farbstoffe sind echter als Indigo. Aber auch die halogenierten Abkömmlinge des Indigos zeichnen sich durch höhere Licht-, Chlor- und Reibechtheit vor Indigo aus, außerdem ist ihre Affinität zur Faser größer; die Färbungen sind lebhafter.

Die Dihalogenderivate des Indigos können in einer kalten oder 25° C warmen Küpe gefärbt werden, während man den Tetrabromindigo in einer 50° C warmen Küpe färbt. Stückware wird entweder wie Indigo in großen Küpen mit einem Flotteninhalt von 1000 bis 2000 Liter gefärbt oder auf einem Jigger mit Abquetschwalzen. Die Stammküpe wird nach folgender Vorschrift angesetzt:

200 g   Farbstoffpulver werden mit
300 g   Türkischrotöl oder einem anderen oberflächenaktiven Mittel und Wasser bei 50° C angeteigt und auf zirka 12 Liter verdünnt. Dann werden
500 cm³ Natronlauge 38° Bé und
500 g   Hydrosulfit unter Rühren zugesetzt.

Bei Brillantindigo G und 4 G erhöht man die Laugenmenge auf das Eineinhalb- bzw. Zweieinhalbfache.

Je dünkler die Färbungen werden sollen, desto niedriger muß die Menge des Türkischrotöles, der Natronlauge und des Hydrosulfites in der Stammküpe gehalten werden.

Nach $^1/_4$ bis $^1/_2$ Stunde ist die Stammküpe goldgelb gefärbt und kann der mit Hydrosulfit vorgeschärften Färbeküpe zugesetzt werden.

Man färbt in Färbeküpen mit 1000 bis 2000 Liter Inhalt zirka $^1/_2$ Stunde bei 40 bis 50° C; bei hellen Nuancen beginnt man bei 30° C. Nach dem Färben wird abgequetscht, an der Luft oxydiert, heißt gespült, kochend geseift und gespült. Analog ist die Färbeweise auf dem Jigger.

Brillantindigo 4 B und 6 B kann man auch im Färbebad selbst bei 60 bis 70° C verküpen.

Die Halogenindigos können auch in einer Hydrosulfit-Schwefelnatriumküpe nach Art der Hydronblaufärberei gefärbt werden.

Die Farbstoffe der Thioindigoreihe werden ebenfalls in einer Stammküpe verküpt. Die meisten dieser Produkte werden bei 70 bis 90° C verküpt und bei 40 bis 50° C gefärbt. Sie können auch unter Umständen nach dem IW- oder IN-Verfahren in Mischung mit anderen Farbstoffen gefärbt werden. Sie benötigen verhältnismäßig wenig Lauge und Hydrosulfit. Die Stammküpe wird folgendermaßen angesetzt:

1000 g	Indanthrenbrillantrosa R oder B, Teig (Indanthrenscharlach B, Indanthrenrotviolett RH),
10 bis 12 Liter	Wasser,
650 g	Natronlauge 38° Bé,
200 g	Monopolseife,
300 g	Hydrosulfit.

Dem vorgeschärften Färbebad wird die Stammküpe nach zirka 20 Minuten zugesetzt, dann färbt man bei 50° C eine Stunde, oxydiert nach dem Abquetschen durch Luftpassage, spült, säuert und oxydiert eventuell mit Perborat, spült, seift kochend und spült. Bei Garnen wird durch $^1/_2$- bis 1stündiges Verhängen oxydiert.

3. Färben mit Hydronfarbstoffen.

Hierher gehören vor allem die verschiedenen Hydronblaumarken. Diese Farbstoffe nehmen sowohl hinsichtlich ihres chemischen Aufbaues als auch hinsichtlich ihrer Färbeweise eine Mittelstellung zwischen den Schwefelfarbstoffen und den eigentlichen Küpenfarbstoffen ein. An Echtheit erreichen sie die Anthrachinon-Küpenfarbstoffe im allgemeinen nicht, sie übertreffen aber die Schwefelfarbstoffe gleicher Nuance, so daß sie infolge ihres billigen Preises eine weite Verbreitung besonders zum Färben von Berufskleiderstoffen gefunden haben.

Die Hydronfarbstoffe können 1. nach dem Hydrosulfit-Schwefelnatrium-Verfahren, 2. nach dem Hydrosulfitverfahren gefärbt werden. Das erste Verfahren ist billiger, da ein Teil des zum Reduzieren notwendigen Hydrosulfites durch Schwefelnatrium ersetzt ist. Da man bei Kochtemperatur färben kann, erreicht man mit dem Hydrosulfit-Schwefelnatrium-Verfahren auch eine bessere Durchfärbung hart gedrehter und fest gezwirnter Garne und dicht geschlagener Stückware. Das Hydrosulfitverfahren dagegen ist besser für die Apparatefärberei geeignet, da es vollkommen klare Lösungen ergibt. Die Verwendung von Schwefelnatrium allein, ohne Hydrosulfit, ist nicht möglich, da die Reduktion im Gegensatz zu den Schwefelfarbstoffen zu langsam erfolgt und unvollständig bleibt.

Die Küpe der blauen Hydronfarbstoffe ist goldgelb und ähnelt der des Indigos. Die Verküpung kann direkt im Färbebade vorgenommen werden. Die vorgeschriebenen Mengen an Natronlauge und Schwefelnatrium und der aufgeschlämmte Farbstoff werden dem Färbebade zugesetzt, dann wird das Hydrosulfit unter Rühren nachgesetzt. Nach einigen Minuten beginnt man mit dem Färben. Die Färbetemperatur beträgt 60 bis 70° C, die Dauer zirka 1 Stunde. Um eine bessere Durchfärbung zu erreichen, kann man auch zuerst 20 Minuten kochend ohne Hydrosulfit färben und setzt erst dann das Hydrosulfit dem vorher auf 60° C abgekühlten Färbebade zu. Nach dem Färben wird gut abgequetscht, gespült, eventuell mit Perborat oder Wasserstoffsuperoxyd oxydiert, gespült, kochend geseift und gespült. Den ersten Spülbädern setzt man zweckmäßig etwas Schwefelnatrium oder Hydrosulfit zu.

Bei dem Hydrosulfitverfahren wird nur mit Natronlauge und Hydrosulfit ohne Schwefelnatrium verküpt.

Beide Verfahren eignen sich für die Stranggarn- und Stückfärberei, für die Apparatenfärberei nur das Hydrosulfitverfahren.

Die Färbebäder werden folgendermaßen angesetzt (Jigger, Flottenverhältnis 1 : 8):

Hydrosulfit-Schwefelnatrium-Verfahren.

1,5	bis	6	kg	Farbstoffpulver,
6	bis	25	kg	Schwefelnatrium,
6	bis	12	Liter	Natronlauge 38° Bé,
3	bis	6	kg	Hydrosulfit.

Hydrosulfitverfahren.

1,5	bis	6	kg	Farbstoffpulver,
7,5	bis	15	Liter	Natronlauge 38° Bé,
5	bis	7,5	kg	Hydrosulfit.

Beim Weiterfärben auf stehendem Bade sind die Nachsätze entsprechend schwächer.

Infolge des guten Egalisierens ist auch ein kontinuierliches Färben auf der Rollenkufe für Stückware und Garnketten möglich. Man verwendet dazu Maschinen mit drei Abteilungen ohne Luftgang. Bei einer Färbedauer von 5 Minuten bei 70° C und einem Flottenverhältnis von 1 : 40 arbeitet man mit folgendem Ansatz:

11,0 g	Farbstoffpulver,
7,5 cm³	Natronlauge 38° Bé,
5,0 g	Hydrosulfit.
1 Liter.	

4. Färben mit anthrachinoiden Küpenfarbstoffen.

Die anthrachinoiden Küpenfarbstoffe sind in Wasser unlösliche Verbindungen, welche durch Reduktion der Karbonylgruppen der Anthrachinonsysteme zu den entsprechenden Hydroxylgruppen verküpt werden. Die Moleküle sind größer als die der indigoiden Küpenfarbstoffe. Sie sind auch in den meisten Fällen kompakter gebaut als die indigoiden Farbstoffe, so daß sie angreifenden Chemikalien einen größeren Widerstand entgegensetzen. Dies äußert sich in der fast ausnahmslos größeren Echtheit dieser Farbstoffe, die von keiner anderen Farbstoffgruppe erreicht oder gar übertroffen wird. Die Reduktion (Verküpung) findet bei diesen Farbstoffen folgendermaßen statt, wie an dem Beispiel des Indanthrenblau RS gezeigt werden soll:

Indanthrenblau RS

Leukoverbindung des
Indanthrenblau RS

Es soll aber erwähnt werden, daß diese Stufe nur bei einer richtig durchgeführten Verküpung erreicht wird, während durch Überreduktion auch die Karbonylgruppen des zweiten Anthrachinonsystems reduziert werden, wodurch trübe, unbrauchbare Färbungen entstehen (S. 126).

In der Küpe befinden sich die Teilchen der in stark alkalischem Medium löslichen Leukoverbindung in kolloidalem Zustande. Der Verteilungsgrad ist ein außerordentlich hoher.

Infolge des außerordentlich hohen Dispersitätsgrades ist auch die Färbung sehr homogener Natur. Die mikroskopische Untersuchung einer Indanthrenblau-RS-Färbung zeigte, daß sie vorwiegend eine sehr homogene Appositionsfärbung darstellt[1]. Der größte Teil des Farbstoffes ist der Faser nur oberflächlich aufgelagert, wie man am Querschnitt durch die Faser feststellen kann.

Im Gegensatz zu den indigoiden Küpen, die fast allgemein eine gelbe oder zumindest eine im Vergleich zu der Farbe des unverküpten Farbstoffes helle Farbe besitzen, sind die anthrachinoiden Küpen meistens sehr lebhaft und dunkel gefärbt, oft ganz anders als der unverküpte Farbstoff.

Während die Farbstoffe der Indigo- und Thioindigogruppe, ebenso auch die Hydron- und Schwefelfarbstoffe nur langsam auf die Faser aufziehen, erfolgt bei den anthrachinoiden Farbstoffen die Färbung sehr rasch, da die Affinität zur vegetabilischen Faser wesentlich größer ist.

Bei den Standardfärbemethoden bleibt das Färbegut jedoch längere Zeit mit der Flotte in Berührung. Dies ist der Fall beim Färben von Stückware auf dem Jigger (oder auf der Haspelkufe, die aber nur in Aus-

---

[1] HALLER: Färber-Ztg. 1912.

nahmsfällen Verwendung findet) und beim Färben von Garn und losem Material auf der Wanne oder in mechanischen Färbeapparaten. Man unterscheidet dabei nach der von den deutschen Farbenfabriken getroffenen Einteilung die drei Färbeverfahren IK, IW und IN mit der Untergruppe IN spezial, welche sich untereinander durch die zugesetzten Mengen an Natronlauge und Salz sowie in der Färbetemperatur unterscheiden. Das Verfahren IN spezial unterscheidet sich von dem Verfahren IN lediglich durch die um 50% höhere Menge an Natronlauge. Die ICI und die anderen englischen Farbenfabriken sowie auch Sandoz gebrauchen für das IN-, IW- und IK-Verfahren die Bezeichnung 1, 2 und 3, die Ciba CI, CII und CIII. In der Apparatenfärberei werden die Zusätze an Natronlauge und Hydrosulfit bei allen Verfahren um zirka 50% erhöht. Man verküpt die meisten anthrachinoiden Küpenfarbstoffe direkt im Färbebad. Man kann selbstverständlich auch Stammküpen herstellen und diese dem Färbebad zusetzen; im allgemeinen ist dies aber ohne irgendwelche Vorteile, außer bei folgenden Farbstoffen: Indanthrengelb GK, 5 GK, Indanthrengoldgelb GK, RK, Indanthrengoldorange 3 G, Indanthrenbrillantorange GK, RK, Indanthrenorange RRK, 7 RK, 6 RTK, Indanthrenrot BK, GG, 5 GK, Indanthrenrubin R, Indanthrenbordo B, Indanthrenkorinth RK, Indanthrenblau 8 GK, RK, Indanthrenoliv 3 G, R, Indanthrengelbbraun 3 G, Indanthrenbraun BR, FFR, G, GG, 3 GT, R, Indanthrenrotbraun 5 RF, Indanthrengrau BG, K. Einzelne dieser Farbstoffe werden bei einer anderen als der Färbetemperatur verküpt.

Der Aufziehvorgang findet bei der wasserlöslichen Natrium-Leukoverbindung der Küpenfarbstoffe in der gleichen Weise wie bei den wasserlöslichen substantiven Farbstoffen statt. Sie verhalten sich also der Zellulosefaser gegenüber wie substantive Farbstoffe. Die Küpe muß mehr oder minder stark alkalisch sein, um eine Hydrolyse der Natriumverbindung in die freie Küpensäure zu vermeiden. Die Natrium-Leukoverbindung bildet in der Lösung auf Grund ihrer phenolischen Hydroxylgruppen Anionen, die je nach dem Farbstoff in mehr oder minder hohem Maße assoziiert sind. Daneben bestehen aber auch Einzelionen. Die Anzahl der assoziierten Einzelionen dürfte zwischen 3 und 20 liegen. Für die Neigung zur Assoziation sind außer der Konstitution des Farbstoffmoleküls die Konzentration, der Elektrolytgehalt und die Temperatur der Lösung maßgebend.

Über das Verhalten der verschiedenen Gruppen der Küpenfarbstoffe beim Färben hat GUND[1] neue interessante Anschauungen entwickelt.

Die IK-Farbstoffe („Kaltfärber"), die ihr Aufziehmaximum bei niedriger Temperatur und in Gegenwart von Salz besitzen, befinden sich in der Küpe in molekularer Verteilung. Im Gegensatz dazu weisen die IN-Farbstoffe („Heißfärber"), die erst bei höherer Temperatur und ohne Salzzusatz aufziehen, einen hohen Assoziationsgrad auf[2]. Zwischen diesen beiden Gruppen stehen die IW-Farbstoffe („Warmfärber"), die

---

[1] Melliand Textilber. **24**, 400—401 (1943).
[2] SCHAEFFER: Z. angew. Chem. **46**, 618 (1938).

das Aufziehmaximum bei einer höheren Temperatur als die IK-Farbstoffe besitzen und einen geringeren Salzzusatz als letztere benötigen, sonst aber diesen näher stehen als die IN-Farbstoffe.

Die Kaltfärber, die vollständig oder zumindest zu einem beträchtlichen Anteile in molekularer Verteilung in der Küpe vorliegen, sind zwar besonders gut zum Eindringen in die Zwischenräume der Zellulosefaser befähigt. Sie reichern sich aber als Leukoverbindungen ohne Salzzusatz nur in geringem Maße auf der Zellulosefaser an. Sie können auch wieder leicht durch eine blinde Küpe von der Faser abgelöst werden, wenn sie vorher durch Salzzusatz in größerer Menge auf die Faser gebracht wurden. Bei den typischen Kaltfärbern sind wahrscheinlich die abstoßend wirkenden elektrostatischen Kräfte, die zwischen der negativ geladenen Faser und den Farbstoffanionen wirksam sind, sehr stark entwickelt. Durch den Salzzusatz werden große Mengen entgegengesetzt geladener Ionen zugeführt, die der elektrostatischen Abstoßung entgegenwirken. Die abstoßenden Kräfte werden aber wieder verstärkt, wenn die Elektrolytkonzentration durch Verdünnen der Küpe verkleinert oder wenn die Natronlaugekonzentration erhöht wird bzw. eine blinde Küpe zur Anwendung kommt, so daß dann der aufgezogene Farbstoff wieder von der Faser abgezogen wird. Man kann dementsprechend auch die Aufziehgeschwindigkeit regeln, indem man das Salz allmählich in kleinen Portionen zusetzt. Außerdem kann die Aufziehgeschwindigkeit verringert werden, indem die Natronlaugekonzentration erhöht wird. Ferner wird durch Erhöhung der Temperatur das Aufziehen verzögert, während gleichzeitig die Diffusionsgeschwindigkeit erhöht wird. Es ist derart nicht schwierig, das Egalisieren der kaltfärbenden Küpenfarbstoffe zu verbessern.

Diese neueren Anschauungen stehen teilweise im Widerspruch zu den alten, denen zufolge eine Erhöhung der Partikelgröße des Farbstoffes durch Salzzusatz notwendig ist, um ein Aufziehen des Farbstoffes auf die Faser zu ermöglichen.

Ganz anders verhalten sich aber die Heißfärber. Bei diesen läßt sich die Aufziehgeschwindigkeit und damit auch das Egalisieren nicht so leicht regulieren. Durch eine Erhöhung der Temperatur über die normale Färbetemperatur von 50 bis 60° C kann nur eine beschränkte Verbesserung des Egalisiervermögens erreicht werden, indem sich das Gleichgewicht zugunsten der im Bade zurückbleibenden Farbstoffmenge verschiebt und das Diffusionsvermögen erhöht wird, so daß dadurch auch das Eindringen der infolge der Temperaturerhöhung verkleinerten Farbstoffpartikel in die Faserzwischenräume erleichtert wird. Die Wirkung der Temperaturerhöhung ist aber geringer als bei den Kaltfärbern. An sich ist das Aufziehvermögen der IN-Farbstoffe ein wesentlich größeres, da das Gleichgewicht zwischen der auf der Faser und der in der Flotte befindlichen Farbstoffmenge stark zugunsten der Faser verschoben ist; die hohe Alkalität, die bei den Heißfärbern zur Überführung der Natrium-Leukoverbindung in den ionisierten Zustand notwendig ist, beeinträchtigt daher auch nicht die Adsorption des Farbstoffes durch die Faser.

Die Heißfärber besitzen eine geringere Neigung in den ionisierten Zustand überzugehen als die Kaltfärber; es ist daher auch die Neigung der Natrium-Leukoverbindung, bei Verdünnen der Küpe und der dabei eintretenden verringerten Alkalität hydrolytisch gespalten und in die freie Küpensäure verwandelt zu werden, größer.

Bei den Kaltfärbern und Warmfärbern wirkt sich ebenso wie bei den Heißfärbern die Temperaturerhöhung einerseits in einer Erhöhung der Beweglichkeit der Teilchen, d. h. also in einer Erhöhung des Diffusionsvermögens, anderseits in einer Herabsetzung der Assoziation der Farbstoffanionen aus, wodurch ein leichteres Eindringen des Farbstoffes in das Faserinnere bedingt und das Egalisiervermögen verbessert wird.

Die Einzelionen bzw. die niedrig assoziierten Partikel sind zum Eindringen in die Zwischenräume der Fasern besser geeignet, sie ziehen daher leichter auf. Sie können aber auch wieder leichter abgezogen werden, als dies bei den höher assoziierten Farbstoffpartikeln der Fall ist.

Es soll hier daran erinnert werden, daß die Wirkung von Egalisierungsmitteln von der Art des Peregals darauf beruht, das durch die von den Egalisierungsmitteln verursachte Erhöhung der Assoziation das Gleichgewicht zuungunsten des zum Eindringen in die submikroskopischen Zwischenräume der Fasern befähigten Anteiles des Farbstoffes verschoben wird[1]. Dadurch tritt eine Verzögerung des Aufziehvorganges ein. Die Farbstoffaufnahme ist kein momentaner Vorgang. Die Küpenfarbstoffe ziehen bei Vorliegen der optimalen Aufziehbedingungen sehr rasch auf. Dies findet vor allem auf der Faseroberfläche, die am leichtesten zugänglich ist, statt. Es kann daher zu einer Erschöpfung des Farbbades kommen, während das Faserinnere noch nicht angefärbt ist. Ebenso können auch an der Faseroberfläche an Stellen, die schwerer zugänglich sind, geringere Mengen des Farbstoffes aufgezogen sein. Der an anderen Stellen im Überschuß befindliche Farbstoff muß nun durch Weiterwandern in das Faserinnere oder durch ein Ablösen in die Farbflotte an die anfänglich nicht oder weniger stark angefärbten Stellen des Materials gebracht werden. Daher ist die Diffusionsgeschwindigkeit der einzelnen Farbstoffe für ihr Egalisierungs- und Durchfärbevermögen von ausschlaggebender Bedeutung.

In Tab. 2 sind die Zusätze und die Färbetemperatur für die drei Verfahren angegeben.

Die für die Küpenfärberei dienenden Gefäße, Tröge, Kufen, Walzen, Rohre usw. dürfen nicht aus Kupfer hergestellt werden. Wegen der Empfindlichkeit mancher Indanthrenfarbstoffe den Härtebildnern des Wassers gegenüber müssen die Färbebäder mit weichem Wasser angesetzt werden. Zuerst wird die Lauge zugesetzt, dann auf die vorgeschriebene Temperatur erwärmt, Hydrosulfit eingestreut und schließlich der angeteigte Farbstoff durch ein Sieb zugesetzt. Nach ungefähr 15 Minuten ist die Verküpung beendet und man kann mit dem Färben beginnen. Während des Färbens wird Hydrosulfit in ein bis zwei Portionen nachgesetzt, bei Verfahren IW und IK wird das Salz während des Färbens zugesetzt.

---

[1] VALKO: Österr. Chemiker-Ztg. **21**, 469 (1937). — J. amer. chem. Soc. **63**, 5, 1433—1437.

Tabelle 2.

Verfahren	IN	IW	IK
Natronlauge 38° Bé (32,5%) im Liter	10—16 cm³ (15—24 cm³)[1]	4— 8 cm³ (5—12 cm³)[1]	3— 6 cm³ (5—10 cm³)[1]
Hydrosulfit im Liter.......	bei Färbungen von: a) 1,0— 2,5% b) 2,5— 5,0% c) 5,0—10,0% d) 10,0—20,0% e) über 20,0%	Farbstoff-verbrauch (auf Teigmarken bezogen)	1,0—2,0 g (2—3 g)[1] 2,0—2,5 g (3—4 g)[1] 2,5—3,0 g (4—5 g)[1] 3,0—4,0 g (5—6 g)[1] 4,0—6,0 g (6—8 g)[1]
Glaubersalz kalz. oder Gewerbesalz im Liter.......	a) — b) — c) — d) — e) —	etwa 5 g etwa 10 g etwa 15 g etwa 20 g etwa 25 g	1¹/₂fache Menge wie bei Verfahren IW
Färbedauer und Temperatur	20—45 Minuten bei 50—60° C	¹/₂—1 Stunde bei 45—50° C	¹/₂—1 Stunde bei 20—25° C

Beim Färben von Garnen auf der Kufe oder auf Stranggarnfärbe-maschinen geht man bei IW- und IN-Farbstoffen am besten in die auf 30° C abgekühlte Färbeflotte ein und erwärmt erst nach 20 Minuten auf die vorgeschriebene Färbetemperatur; bei IK-Farbstoffen beginnt man dagegen bei 40 bis 50° C und färbt dann bei sinkender Temperatur innerhalb einer Stunde zu Ende. Man verwendet am besten U-förmig gebogene Stäbe, damit das Garn unter der Flotte bleibt. Dann wird abgewunden oder abgequetscht und an der Luft verhängt, da man — außer der Ersparnis an Chemikalien — auf diese Weise lebhaftere Töne als bei der Oxydation durch Perborat oder Chromate erzielt. Wegen der Lichtempfindlichkeit der Leukoverbindungen sind die Garne möglichst vor zu starkem Licht zu schützen. Schließlich wird abgesäuert, gespült, kochend geseift, um den richtigen Farbton und die volle Echtheit zu er-reichen, und gespült.

Das Färben der Stückware auf dem Jigger wird in analoger Weise ausgeführt, nur arbeitet man dabei mit einem wesentlich kürzeren Flotten-verhältnis. Man geht mit der abgekochten, eventuell gebleichten, trok-kenen Ware ein, färbt zirka ³/₄ bis 1 Stunde, quetscht ab und spült am besten auf einem zweiten Jigger; es ist zweckmäßig, besonders bei dunklen Tönen, dem ersten Spülbade 100 bis 250 g Hydrosulfit zuzusetzen. Wenn man auf dem Färbejigger spült, läßt man, während man mit der Ware durch den Jigger durchfährt, gleichzeitig die Farbflotte ab- und Spül-wasser zulaufen. Nachdem kalt und warm gespült wurde, wird mit 3 bis 5 cm³ Essig- oder Ameisensäure, 0,5 bis 1 g Chromkali oder 2 bis 3 g

---

[1] für Apparatenfärberei.

Natriumperborat im Liter abgesäuert und oxydiert, gespült, kochend geseift und gespült. Das Seifen muß unbedingt bei Kochtemperatur erfolgen, um die volle Echtheit und den richtigen Farbton zu erreichen.

Das Färben von Küpenfarbstoffen auf der Haspelkufe ist im allgemeinen nur für helle Töne auf empfindlichen Geweben üblich, da infolge des ungünstigeren Flottenverhältnisses der Farbstoff- und Chemikalienverbrauch hoch ist und auch leicht streifige unegale Färbungen entstehen.

Beim Weiterarbeiten auf alten Flotten muß ein zu starkes Abkühlen der Bäder vermieden werden, um ein Ausfallen zu vermeiden, ebenso darf die Alkalität durch die bei Zersetzung des Hydrosulfites gebildete schwefelige Säure nicht zu stark absinken (S. 27).

Bei Indanthrenblaufärbungen verwendet man am besten nicht Bichromate, sondern Perborat als Oxydationsmittel. Diese Farbstoffe sind sehr empfindlich gegen Oxydationsmittel, insbesondere das nicht halogenierte Indanthrenblau RS. Überoxydierte Färbungen können durch eine Nachbehandlung mit 15 g Hydrosulfit im Liter wieder korrigiert werden. Die Empfindlichkeit ist besonders Hypochloriten gegenüber eine sehr große. Das nicht halogenierte Indanthrenblau RS ist am empfindlichsten, dann folgt das Monohalogenierungsprodukt Indanthrenblau GCD, schließlich als das am wenigsten empfindliche das Dihalogenierungsprodukt Indanthrenblau BC.

Beim Färben mit Indanthrenfarbstoffen ist der Zusatz von Schutzkolloiden, welche die Küpe stabilisieren und gleichzeitig das Aufziehen des Farbstoffes auf die Faser verzögern und dadurch das Egalisieren begünstigen, zu empfehlen, z. B. Sulfitzelluloselauge („Dekol" der I. G.), Leim, Eiweißabbauprodukte („Percolloid" der Firma A. Holtmann & Co., „Egalisal" der Degussa u. a.); außerdem sind oberflächenaktive Mittel, vor allem Alkylnaphtalinsulfosaures Natrium („Nekal BX", „Leonil S"), Fettsäurekondensate („Igepon T" und ähnliche Produkte) und andere Produkte mit netzenden Eigenschaften für die Erzielung einer guten Durchfärbung und Egalität wertvoll. Ganz ausgezeichnete Egalisierungsmittel stellen verschiedene nichtionogene Hilfsmittel dar, vor allem die Kondensationsprodukte aus Fettalkoholen mit polymeren Äthylenoxyd, wie das „Peregal O und OK" der I. G. und ähnliche Produkte anderer Firmen, z. B. „Dispersol VL" (ICI), „Albatex PO" (Ciba), „Liovatin E" (Sandoz) usw. Außerdem werden besonders in England quaternäre Ammoniumverbindungen vielfach zum Abziehen verwendet, z. B. „Lissolamin V" der ICI (S. 40).

Eine eigentümliche Färbeweise ist bei Indanthrenschwarz BB und BGA notwendig. Diese Farbstoffe werden nach Verfahren IN bei 60° C, jedoch wegen der hohen Farbstoffmengen, die für Schwarztöne nötig sind, ebenso wie auch die anderen Indanthrenschwarzmarken, mit erhöhten Laugen- und Hydrosulfitzusätzen gefärbt. Die Färbungen dieser beiden Farbstoffe sind nach der Oxydation der Leukoverbindung olivfarbig und werden erst durch eine nachträgliche Behandlung mit kalter Chlorkalklösung von $^1/_2$ bis 1° Bé während einer halben Stunde in das Schwarz verwandelt (S. 103). Nach dem Chloren wird gespült, gesäuert, gespült, mit Antichlor behandelt, kochend geseift und gespült. An Stelle der Behandlung mit Chlorkalk kann eine mit 2,5% Natriumnitrit und 5% Schwefelsäure treten.

Da sich für jeden Indanthrenfarbstoff eines der drei Verfahren IN, IW, IK am besten eignet, sollen für Mischtöne möglichst nur Farbstoffe mit ähnlichen färberischen Eigenschaften verwendet werden. Besonders sollen Farbstoffe, welche viel Natronlauge zum Färben benötigen, nicht mit solchen, die weniger Natronlauge beanspruchen und bei niedrigerer Temperatur gefärbt werden sollen, kombiniert werden. Verschiedene Farbstoffe sind jedoch hinsichtlich ihrer färberischen Eigenschaften ziemlich indifferent und sind für mehr als ein Verfahren geeignet.

5. Kochendfärben der Küpenfarbstoffe.

Bei schwer durchfärbbaren dichtgeschlagenen oder aus scharf gedrehten Garnen erzeugten Stoffen kann man eine Verbesserung der Durchfärbung durch Färben bei höherer Temperatur erreichen. Der Farbstoff wird in etwa $^1/_3$ bis $^1/_4$ der zum Färben notwendigen Flottenmenge mit etwa $^2/_3$ der notwendigen Natronlaugemenge und ungefähr der Hälfte der erforderlichen Hydrosulfitmenge bei 50 bis 60° C verküpt. Die Lösung wird dem kochend heißen Farbbade zugesetzt, welches mit der restlichen Menge Natronlauge und Hydrosulfit und mit 2 g Glukose oder 20 cm³ Dekol (Sulfitzelluloseablauge) beschickt ist. Einige Farbstoffe sind besser ohne Zusatz von Glukose zu färben. Die für dieses Verfahren nötige Hydrosulfitmenge ist größer als normal, da bei der Kochtemperatur die Zersetzung des Hydrosulfites viel rascher stattfindet. Man rechnet bei hellen Färbungen mit 2 bis 3 g, bei mittleren mit 3 bis 5 g und bei dunklen mit 5 bis 8 g pro Liter. Außerdem setzt man nach dem ersten und nach dem zweiten Drittel der Färbedauer je $^1/_4$ der ursprünglich zugesetzten Hydrosulfitmenge nach. Ein Zusatz von Glauber- oder Kochsalz ist nur bei dunklen Färbungen mit Farbstoffen der IW-Gruppe notwendig, um ein gutes Ausziehen des Farbstoffes zu erzielen. Die Farbstoffe der IK-Gruppe sind mit wenigen Ausnahmen wegen ihrer Empfindlichkeit gegenüber heißen alkalischen Bädern für dieses Verfahren unbrauchbar. Die meisten der IK-Farbstoffe sind bekanntlich Acylaminoanthrachinone, die durch heiße Alkalilösungen unter Umständen verseift werden können. Gut geeignet sind die meisten IW- und IN-Farbstoffe mit Ausnahme der Indanthrenblaumarken. Die Indanthrenblaumarken und das gleichfalls in die Indanthrongruppe gehörende Indanthrengrün B können leicht überreduziert werden, außerdem besteht bei den halogenierten Produkten dieser Gruppe die Gefahr der Abspaltung von Halogen.

Man geht mit der trockenen Ware in das kochende Bad ein und färbt $^1/_2$ bis 1 Stunde bei Kochtemperatur. Die weitere Behandlung ist die normale.

6. Färben der Küpenfarbstoffe nach dem Laugenentwicklungsverfahren.

´Das Laugenentwicklungsverfahren von Jeanmaire (S. 252) kann ebenfalls zur Herstellung von Färbungen auf dem Foulard Verwendung finden. Es hat aber infolge der umständlichen Nachbehandlung mit 80° C warmer Natronlauge von 20° Bé heute keine Bedeutung mehr. Man arbeitete nach folgender Vorschrift:

50 bis 150 g	Küpenfarbstoffteig vermischen mit
100 g	Dextrin 1 : 1,
30 bis 75 g	Eisenvitriol, gelöst in
70 bis 150 g	Wasser und
30 bis 60 g	Traubenzucker, gelöst in
695 bis 440 g	Wasser sowie
25 g	Milchsäure 50%ig zusetzen.
1000 g.	

7. Färben der Küpenfarbstoffe auf der Tauchküpe.

Verschiedene Indanthrenfarbstoffe können in der gleichen Weise wie Indigo auf der Tauchküpe (Senkküpe) gefärbt werden. Die Apparatur ist in dem Abschnitt über Indigofärberei beschrieben, der einzige Unterschied besteht darin, daß die für Indigo in Verwendung stehenden Tauchküpen einen wesentlich größeren Inhalt besitzen. Außer zum Ausfärben des mit Schutzpappen bedruckten Indanthrenblau-Reserveartikels hat das Verfahren keinen praktischen Wert; da der größte Teil des Indanthrenblau-Reserveartikels in kontinuierlicher Weise auf der unvergleichlich leistungsfähigeren Rollenkufe ausgefärbt wird, beschränkt sich die Anwendung dieses Verfahrens auf Kleinbetriebe, hauptsächlich kunstgewerblicher Richtung.

Auf der Tauchküpe färbt man vor allem nach dem Vitriolküpenverfahren z. B. mit nachfolgenden Stammküpen:

	Für Kupferreserve	Für Manganreserve
Indanthrenblau RS doppelt Teig..	4 kg	4 kg
werden angerührt mit		
Natronlauge 38° Bé..............	5,4 Liter	8,6 Liter
dann fügt man nacheinander zu		
Eisenvitriol.....................	2,5 kg	2,5 kg
gelöst in Wasser	8 Liter	6 Liter
und Zinnsalz....................	0,5 kg	
gelöst in Wasser	2 Liter	
und stellt auf	20 Liter.	20 Liter.

Nach einer halben Stunde kann der Ansatz dem Färbebade zugesetzt werden ($2^1/_2$ bis $7^1/_2$ Liter des Ansatzes pro 100 Liter Färbeflotte, die mit $3^1/_2$ Liter Natronlauge 38° Bé vorgeschärft ist). Der Sternreifen bleibt mit der bedruckten Ware 10 bis 20 Minuten in der 70 bis 80° C warmen Küpe, dann wird in einem gleichartigen Gefäß gespült. Nach dem Abhaspeln der Ware wird diese gespült, gesäuert, gespült und kochend geseift.

Außer der Vitriolküpe kann man auch die Hydrosulfit-Dekolküpe anwenden, z. B. nach folgendem Ansatz für die Stammküpe:

$$\begin{array}{ll}
150 \text{ cm}^3 & \text{Natronlauge } 38^\circ \text{ Bé werden in} \\
9340 \text{ cm}^3 & \text{weiches Wasser eingetragen, dann werden} \\
25 \text{ bis } 60 \text{ g} & \text{Hydrosulfit eingestreut, schließlich werden} \\
50 \text{ bis } 250 \text{ g} & \text{Indanthrenblau RS Teig und} \\
200 \text{ cm}^3 & \text{Dekol zugesetzt und das Ganze verdünnt auf} \\
\hline
10 \text{ Liter.} &
\end{array}$$

Die Küpe bleibt dann ungefähr 10 bis 15 Minuten stehen, bevor man mit dem Färben beginnt. Man färbt bei 60° C, nur bei Verwendung einer zementierten Tauchküpe bei 20 bis 30° C. Außer für Indanthrenblau RS ist das Verfahren für eine Reihe weiterer Farbstoffe geeignet, die in den Ratgebern der Farbenfabriken angeführt werden, jedoch kaum mehr nach dieser Methode in der Praxis gefärbt werden dürften.

Sowohl die Vitriolküpe als auch die Hydrosulfit-Dekolküpe sind für das Färben auf der Rollenkufe gleichfalls geeignet.

8. Färben der Küpenfarbstoffe auf der Rollenkufe.

Während der Indigo und seine Abkömmlinge, die Schwefel- und die Hydronfarbstoffe nur langsam auf die Faser ziehen, so daß ein längeres Verweilen des Gewebes in der Flotte zur Erzielung dunkler Farbtöne notwendig ist, erfolgt die Färbung durch die anthrachinoiden Küpenfarbstoffe äußerst rasch, da die Leukoverbindung eine hohe Affinität zu der pflanzlichen Faser besitzt. Man kann daher in einem einmaligen raschen Durchgang durch die Färbeküpe in verhältnismäßig kurzer Flotte färben; dieses Färbeverfahren ist daher für das Färben von Geweben, die mit Reserven bedruckt sind, sehr gut geeignet und findet deshalb auch in der Herstellung des bekannten Indanthrenblau-Reserveartikels in der Großfabrikation eine ausgedehnte Verwendung. Außer Indanthrenblau RS und den anderen Indanthrenblaumarken kann man auf diese Weise eine große Anzahl von Küpenfarbstoffen färben, jedoch hat das Verfahren für andere Farbstoffe nicht dieselbe Bedeutung gewonnen.

Bei Indanthrenblau ist die optimale Temperatur der Färbeküpe 80° C. Es ist wichtig, diese Temperatur einzuhalten, da bei der hohen Flottenkonzentration bei einem Absinken der Temperatur unter 70° C die Gefahr besteht, daß die Leukoverbindung ausfällt und das Färbebad unbrauchbar wird. Infolge des raschen Aufziehens des Farbstoffes auf das Gewebe kann auch leicht ein unegaler Ausfall der Färbung eintreten. Die Konzentration der Küpe muß ständig durch Nachsatz einer Nachspeiseflotte und zeitweises Nachbessern mit Natronlauge und Hydrosulfit möglichst konstant gehalten werden. Die Nachspeiseflotte ist konzentrierter als die Färbeflotte, um das Ausziehen des Farbstoffes auszugleichen. Da der Warendurchlauf sehr rasch erfolgt, werden entsprechend große Mengen an Luftsauerstoff durch das Gewebe mitgebracht, so daß sehr darauf geachtet werden muß, daß immer genügend viel Reduktionsmittel in der Flotte sind. Durch den Zusatz von Glukose wird die Haltbarkeit der Küpe verbessert.

Die in den verschiedenen Betrieben verwendeten Stammansätze und Nachsätze schwanken in gewissen Grenzen. Für Druckware verwendet man meistens mit Rücksicht auf die Haltbarkeit der Reserven schwächer alkalische Flotten, da dabei die Egalität keine so große Rolle spielt. Bei Druckware wird mit verkürzter Durchlaufszeit gearbeitet, um die Reserven zu schonen. Den richtigen Stand der Küpe erkennt man an der metallisch schimmernden Haut und dem reinblauen Schaum. Als Richtlinie für den Ansatz einer Küpe für Farbware bei Verwendung eines Farbtroges mit einem Inhalt von 1000 bis 2000 Liter kann folgende Vorschrift dienen:

<table>
<tr><td>30 kg</td><td>Indanthrenblau RS doppelt Teig,</td></tr>
<tr><td>90 Liter</td><td>Natronlauge 38° Bé,</td></tr>
<tr><td>36 kg</td><td>Glukose 1 : 1,</td></tr>
<tr><td>4 kg</td><td>Hydrosulfit,</td></tr>
<tr><td>1000 Liter</td><td>Flotte.</td></tr>
</table>

Die gut ausgekochte und zur Erzielung dunkler Töne zweckmäßig mercerisierte Ware wird durch die 80° C warme Flotte mit einer der gewünschten Farbtiefe entsprechenden Geschwindigkeit passiert. Die Durchlaufszeit kann auch durch Auslassen einzelner Leitwalzen reguliert werden. Es ist aber zu beachten, daß die Farbtiefe mehr durch die Konzentration der Flotte als durch die Zeitdauer, während der sich die Ware in der Flotte befindet, beeinflußt wird.

Druckware wird manchmal vor dem Drucken und Ausfärben geleimt, indem die nasse Ware mit Leim und Dextrin appretiert wird (z. B. 4 g Leim und 40 g Dextrin im Liter bei einseitigem bzw. 12 g Leim und 120 g Dextrin bei beidseitigem Druck). Die Verwendung von Stärke ist auf jeden Fall zu unterlassen, da sich beim Arbeiten mit der Indanthrenblau RS-Küpe Schwierigkeiten einstellen würden.

Die Rollenkufen besitzen einen Farbtrog mit einem Inhalt von 500 bis 2000 Liter, wenn möglich aber mindestens 1000 Liter Inhalt. In dem Farbtrog wird das Gewebe innerhalb von 20 bis 40 Sekunden über ein System von Leitwalzen (z. B. oben vier, unten fünf) geführt. Diese befinden sich meist in einem heraushebbaren Gestell. Vielfach wird die Ware beim Eintritt in das Färbebad durch einen Schlitz geführt, um Schaumbildung zu vermeiden, manchmal auch beim Austritt. Am Ende des Farbtroges befindet sich eine Abquetschvorrichtung, deren untere Walze mit einer Rakel versehen ist. Der Trog besitzt weiters eine Rührvorrichtung, direkte und indirekte Heizung, einen Fülltrichter und Doppelboden. Das Zulaufrohr für die Nachsatzflotte, welche sich in einem höher gelegenen Behälter befindet, soll unter dem Flottenspiegel münden. Die Nachsatzflotte, welche ständig zulaufen muß, wird in dem Behälter auf die gleiche Temperatur gebracht wie die Färbeflotte. Druckware läßt man mit der bedruckten Seite nach unten durch die Färbeflotte laufen; die untere Quetschwalze wird durch die Rakel ständig von der abgedrückten Reserve gereinigt.

Nach dem Abquetschen wird Farbware über einen Luftgang geführt, wozu eventuell ein leerer Trog mit Leitwalzen dienen kann, dann wird mit kaltem Wasser gewaschen, mit Schwefelsäure abgesäuert, gespült, kochend geseift und gespült. Druckware läßt man nach dem Färben, Abquetschen und Spülen längere Zeit vor dem Absäuern liegen. Das kochende Seifen ist unbedingt notwendig, um den richtigen rötlichen Farbton zu erhalten. Auch durch das Liegenlassen vor dem Säuern oder durch Dämpfen der fertigen Färbung wird der Farbton verbessert. Wenn die Färbungen durch Einwirkung der aus den Reserven stammenden Oxydationsmittel beim Säuern oder beim Orangieren der Reserven mit Chromaten grünstichig werden, kann man durch Behandlung mit Hydrosulfit die richtige Nuance zurückerhalten.

Wenn die Küpe einige Zeit gestanden ist, muß sie wieder aufgefrischt werden, um sie von den Zersetzungsprodukten des Hydrosulfites und der in Lösung gegangenen Reserven zu befreien. Man läßt über Nacht den Farbstoff absetzen und die darüberstehende bräunlich gefärbte Flüssigkeit ablaufen. Dann füllt man wieder mit heißem Wasser auf und setzt ungefähr 10% der ursprünglich verwendeten Farbstoffmenge, 20 bis 60% der Glukosemenge, 60% der Laugenmenge und zum Schluß 60% der Hydrosulfitmenge nach. Man färbt dann am besten bei etwas höherer Temperatur von 85° C. Bei längerer Verwendung der Küpe bewirkt man das vollständige Absetzen des Farbstoffes durch schwaches Ansäuern der Küpe. Der ausgefallene Farbstoffschlamm wird mehrmals mit Wasser gewaschen und in kleinen Portionen bei der Bereitung neuer Stammansätze mitverwendet.

Außer der Hydrosulfit-Glukoseküpe wird auch bisweilen die Hydrosulfit-Dekolküpe gemäß folgender Vorschrift verwendet:

16 Liter	Natronlauge 38° Bé,
900 Liter	weiches Wasser 60° C,
6 kg	Hydrosulfit,
25 kg	Indanthrenblau RS Teig,
20 Liter	Dekol.
1000 Liter.	

Nach $^1/_4$ Stunde kann mit dem Färben begonnen werden.

Man färbt bei 60° C 20 bis 40 Sekunden lang, spült, säuert mit 10 cm³ Schwefelsäure 66° Bé oder 15 cm³ Salzsäure 32° Bé ab, spült, seift kochend und spült. Die Färbungen sind reibechter als die mit der Hydrosulfit-Glukoseküpe erzeugten. Das Verfahren eignet sich aber besser für die Tauchküpe.

Nach der Calcothermarbeitsweise werden 6 bis 7 g Natriumnitrit auf 1 Liter Flotte zugesetzt. Dadurch wird die Indanthrenblau RS-Küpe gegen Überreduktion geschützt[1].

9. Färben der Küpenfarbstoffe auf dem Foulard mit verküptem Farbstoff.

Für das Färben mit Indanthren- und anderen Küpenfarbstoffen in verküptem Zustande können Foulards mit zwei oder drei Walzen, welche

---

[1] Amer. Dyestuff Reporter **40**, 315ff. (1951).

für diesen Zweck besonders konstruiert sind, verwendet werden. Der Zweiwalzen-Foulard der Zittauer Maschinenfabrik, System Zingg (Abb. 3), bei dem die Quetschwalzen nicht senkrecht übereinander, sondern versetzt zueinander so angeordnet sind, daß der Flüssigkeitsspiegel in die Höhe der Quetschzone zu liegen kommt, eignet sich gut für diesen Zweck. Man erreicht dadurch, daß der Schaum, der sich bei raschem Durchlauf des Gewebes leicht bildet, nicht auf diesem abgelagert wird, und vermeidet damit die Bildung von Schaumflecken (S. 234). Nach dem Verlassen des Färbebades erhält die Ware einen Luftgang oder wird in abgetafeltem Zustande mindestens $^1/_2$ Stunde liegen gelassen. Dann wird auf einer Breitwaschmaschine gespült, oxydiert, gespült und geseift.

Beim Ansetzen der Flotte verwendet man ungefähr die eineinhalbfache Menge an Lauge und Hydrosulfit wie bei der normalen Färbeweise auf dem Jigger. Da bei dieser Arbeitsweise ein Ausziehen der Bäder möglichst vermieden werden muß, unterbleibt der Zusatz an Salz. Zusätze von Hilfsmitteln mit oberflächenaktiven Eigenschaften wie von Igepon T sind günstig, ebenso auch von Verdickungsmitteln, wie Tragant, Dextrin usw., da dadurch

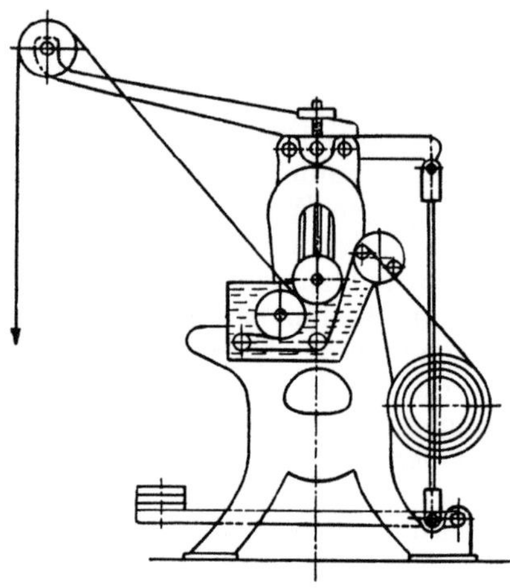

Abb. 3. Foulard für Küpenfärbungen nach Zingg.

die Affinität der Leukoverbindung zu der Faser herabgesetzt und ein gleichmäßiger Farbausfall erreicht wird. Durch Zusatz von 1 g Anthrachinon Teig 30%ig oder 10 bis 15 g Glukose pro Liter wird die Reduktion des Farbstoffes erleichtert und die Haltbarkeit der Flotte verbessert. Man klotzt bei einer Temperatur von 20 bis 30° C mit einem Abquetscheffekt von 80 bis 100% und einer Durchlaufgeschwindigkeit von 25 m pro Minute. Für das Verfahren sind die meisten Küpenfarbstoffe in hellen Tönen geeignet, die verschiedenen Indanthrenblaumarken jedoch nicht.

Die Fixierung ist bei diesem Verfahren meistens nur unvollkommen, so daß auf jeden Fall gründlich geseift werden muß, am besten längere Zeit im Strang, um eine genügende Wasch- und Lichtechtheit zu erreichen.

10. Färben der Küpenfarbstoffe nach dem Dampfentwicklungsverfahren.

Man kann zum Klotzen eine verdünnte Druckfarbe verwenden, welche nach dem Rongalit-Pottasche-Verfahren (S. 253) angesetzt wird und bei der der größte Teil der Verdickung durch Wasser ersetzt ist. Als Verdickung verwendet man Gummiverdickung 1:1, Britischgummiverdickung 1:1, Dextrinverdickung 1:1. Der Farbstoff muß sehr vorsichtig in den Stammansatz eingerührt werden, um Stippenbildung zu vermeiden. Glycin A oder Solutionssalz B werden bei denselben Farbstoffen wie beim Drucken zugesetzt. Um ein Schäumen während des Klotzens zu vermeiden, setzt man Antischaummittel, wie Terpentin, Depanol J, Etingal A, zu. Nach dem Klotzen wird in der Hotflue getrocknet und mit möglichst gleichmäßigem Dampf gedämpft. Vor dem Dämpfen kann die geklotzte Ware mit Küpenfarbstoffen nach dem Rongalitverfahren überdruckt werden; die Fixierung der geklotzten und der aufgedruckten Küpenfarbstoffe findet dann gleichzeitig im Schnelldämpfer statt. Die weitere Behandlung ist dieselbe wie die der Direktdrucke mit Küpenfarbstoffen.

11. Klotzfärbeverfahren auf dem Jigger.

Bei Egalisierungsschwierigkeiten oder bei ungenügender Durchfärbung bei normaler Färbeweise auf dem Jigger kann man zuerst mit einer Suspension des nicht verküpten Farbstoffes das trockene Gewebe imprägnieren und erst nachträglich den schon auf dem Gewebe befindlichen Farbstoff verküpen. Man verfährt dabei folgendermaßen: Der Trog wird nur soweit mit Wasser angefüllt, daß die unteren Leitwalzen eben bedeckt sind. Dann fügt man dem Wasser die zum Enthärten erforderliche Menge Soda sowie die Hilfsmittel wie Dekol zur Verhinderung einer Veränderung des Farbtones und Peregal als Egalisierungsmittel in der auf die gesamte Färbeflotte berechneten Menge zu. Der Küpenfarbstoff (Teigmarken oder sehr feine Pulvermarken) wird mit Wasser angeteigt und durch ein Sieb zugesetzt. Durch dieses Bad wird die gut abgekochte oder gebleichte Ware in trockenem Zustande zweimal passiert. Anschließend wird der Trog mit Wasser auf die normale Flottenmenge aufgefüllt, dann erwärmt man die Flotte auf die vorgeschriebene Temperatur und setzt die Natronlauge und das Hydrosulfit nach. In dieser Flotte wird dann zu Ende gefärbt. Aus diesem Verfahren hat sich das Pigmentklotzverfahren entwickelt.

12. Pigmentklotzverfahren.

Aus dem auf dem Jigger ausgeführten Klotzfärbeverfahren entstand in weiterer Entwicklung das von der I. G. 1928 zuerst veröffentlichte Pigmentklotzverfahren[1], das angewendet wird, wo Schwierigkeiten beim Egalisieren auftreten, z. B. bei mercerisierter Ware, oder wo die Durchfärbung nicht einwandfrei ist, wie bei dicht geschlagenen Geweben oder hart gedrehten Garnen. Bei diesem Verfahren werden Gewebe auf dem Foulard, Garne auf der Garnpassiermaschine mit einer Suspension des feinst verteilten Farbstoffes unter Zusatz von Prästabitöl V, einem hochsulfurierten Öl, oder Eulysin A (alkylierte Naphtalinsulfosäuren plus Aminen) geklotzt und anschließend auf dem Jigger bzw. bei Garnen auf der Kufe, in einem getrennten Entwicklungsbade, welches mit Lauge, Hydrosulfit, Glaubersalz und einem kleinen Teil der Klotzflotte beschickt

---

[1] Gund: Melliand Textilber. **1937**, 231, 232.

ist, bei der für den betreffenden Farbstoff vorgeschriebenen Temperatur entwickelt. Das Prästabitöl führt durch seine Fließwirkung den Farbstoff in das Innere der Faser.

Die Walzen des Foulards müssen vollkommen glatt sein, da jede Unregelmäßigkeit, die beim Klotzen entsteht, nach der Fertigstellung der Färbung sichtbar ist. Der Abquetscheffekt soll mindestens 90% betragen. Das Chassis muß mit einer Dampfschlange für indirekten Dampf und einer stärkeren Führungswalze ausgestattet sein, an beiden Seiten der Führungswalze sollen Flügelschrauben angebracht sein, um ein Absetzen des Farbstoffes während des Klotzens zu verhindern.

Man klotzt mit dem Bade, welches nur Farbstoff und 20 bis 30 cm³ Prästabitöl im Liter enthält, das trockene Gewebe in drei Passagen bei 70 bis 80° C. Der Nachsatz, welcher zum Ersatz der von der Ware mitgenommenen Flüssigkeitsmenge ständig zulaufen muß, enthält die gleichen Mengen an Farbstoff und Prästabitöl wie das Ansatzbad.

Die geklotzte Ware wird dann auf einem Jigger in einem Bade, welches

18 bis 30 cm³ Natronlauge 38° Bé und
8 bis 12 g   Hydrosulfit im Liter

sowie einige Liter der Klotzflotte und etwas Glaubersalz enthält, bei 40 bis 60° C innerhalb einer Stunde entwickelt. Die zugesetzte Menge an Klotzflotte ist vom Abquetscheffekt abhängig und soll möglichst klein sein. Dann wird gespült, oxydiert, kochend geseift.

Bei dieser Färbemethode ist es möglich, den nicht verküpten Farbstoff mit Hilfe der Dispergier- und Fließwirkung des Hilfsmittels Prästabitöl bis zu den im Inneren des Gespinstes liegenden Fasern zu bringen, während der verküpte Farbstoff schon auf der Oberfläche des Farbgutes abgeschieden wird.

Von ausschlaggebendem Einflusse auf die gute Durchfärbung und den gleichmäßigen Ausfall ist der Dispersionsgrad der verwendeten Farbstoffe. Die Farbenfabriken bringen zu diesem Zwecke besonders feine Pulvermarken auf den Markt, z. B. die Farbstoffe Typ 8059 der I. G., deren Teilchenradius bei 0,01 bis 0,18 μ liegt, während der Teilchenradius bei Leukofarbstoff-Peregal-Aggregaten nach VALKO 0,00388 μ beträgt.

Bei dem Verfahren ist ein außerordentlich genaues und sauberes Arbeiten notwendig. Sämtliche Abdrücke, welche durch Unregelmäßigkeiten der Walzen, Berühren der geklotzten Ware mit den Händen, Wassertropfen u. dgl. entstanden sind, sind nach dem Verküpen sichtbar. Aus dem gleichen Grunde muß das Gewebe nach dem Klotzen aufgedockt werden und darf nicht aufgetafelt werden. Die Vorläufer müssen mindestens 10 m lang sein, beim Zusammennähen der Stücke ist so zu verfahren, daß sich keine Wülste bilden.

Analog verfährt man beim Färben von Garnen. Das Verfahren ist für die Apparatenfärberei aus später erwähnten Ursachen weniger geeignet (S. 221).

13. Pigmentfärbeverfahren.

Da das Pigmentklotzverfahren für die Apparatenfärberei weniger geeignet ist, wurden verschiedene Pigmentfärbeverfahren mit mehr oder weniger guten Resultaten ausgearbeitet.

Unter den Varianten des Verfahrens ist besonders das ABBOT-COX-Verfahren in England vielfach in Verwendung, bei welchem Dispersol VL (ICI), ein Dispergier- und Egalisierungsmittel von ähnlichen Eigenschaften wie die des Peregals O der I. G., zugesetzt wird. Charakteristisch für dieses Verfahren ist der Zusatz an Koch- oder Glaubersalz zu der Imprägnierungsflotte, wodurch ein Aufziehen des nicht verküpten Farbstoffes auf die Faser erreicht wird. Infolge der abziehenden Wirkung des Dispersols würden die Färbungen sehr schwach ausfallen, wenn man genau so wie beim Prästabitölverfahren arbeiten würde. Es ist daher besonders bei Baumwollfärbungen notwendig, nach dem Imprägnieren des Färbegutes mit dem Farbstoffpigment zu spülen, um das Dispersol zu entfernen, bevor man mit der Verküpung beginnt. Je nach der Empfindlichkeit des betreffenden Farbstoffes dem Dispersol gegenüber kann man durch das Spülen die Konzentration des Dispersols regeln. Das auf die Faser gebrachte Farbstoffpigment blutet beim Spülen nicht aus. Das Verfahren hat besonders für die Apparatenfärberei Bedeutung.

Die Farbstoffe, die für das Pigmentfärbeverfahren verwendet werden, müssen leicht anteigbar und in langem Flottenverhältnis verküpbar sein. Um die Verküpung zu erleichtern und zu beschleunigen, sind die verwendeten Mengen an Natronlauge und Hydrosulfit höher als normalerweise üblich.

14. Stammküpenverfahren.

Ein weiteres Verfahren, bei dem durch geeignete Maßnahmen das rasche Aufziehen des reduzierten Farbstoffes auf die Faser vermieden wird, ist das von der I. G. Farbenindustrie A. G. ausgearbeitete Stammküpenverfahren[1]. Dieses Verfahren hat vor allem in der Apparatenfärberei (S. 224), aber auch in der Färberei auf dem Jigger eine gewisse Bedeutung erlangt. Das Prinzip dieses Verfahrens besteht darin, den in konzentrierter Stammküpe verküpten Farbstoff durch Hydrolyse in mehr oder minder großem Ausmaße in die freie Küpensäure umzuwandeln, die dann durch Zusatz von Natronlauge allmählich wieder in das Leukosalz zurückverwandelt wird. Dadurch ist ein langsames Aufziehen des Farbstoffes gewährleistet.

Der Farbstoff wird zuerst in einer konzentrierten Stammküpe verküpt, welche dann dem ein Dispergierungsmittel enthaltenden Färbebade zugesetzt wird. Mit dieser Flotte wird das Material imprägniert. Während der Anteil des Farbstoffes, der als Leukosalz in der Flotte vorhanden ist, auf die Faser substantiv aufzieht, dringt der Anteil, der als Küpensäure vorliegt, zwar in das Innere des Materials ein, ohne aber dort fixiert zu

---

[1] ELLNER: Melliand Textilber. 29, 508 (1938). — HEES: Melliand Textilber. 21, 179—180 (1940). — GUND: Melliand Textilber. 24, 436—437 (1943).

werden; erst in dem Maße, als die Küpensäure, die keine Affinität zu der Faser aufweist, durch allmählichen Zusatz von Natronlauge und Hydrosulfit wieder in die Natriumverbindung der Küpensäure übergeführt wird, die hohe Affinität zu der Faser aufweist, tritt eine weitere Fixierung des Farbstoffes ein. Man erreicht dadurch eine vollständige Ausnützung des Farbstoffes und gleichzeitig gute Egalität und Durchfärbung des gefärbten Materials.

Man netzt zuerst das zu färbende Material in einer Flotte, die 1 bis 2 g Peregal OK oder Albatex PO plus 1 g Setamol WS enthält, während 10 bis 15 Minuten bei 70 bis 80° C vor. Dann setzt man die Stammküpenlösung dem Färbebade zu und behandelt in diesem Färbebade bei IN-Farbstoffen bei 75° C, bei IW-Farbstoffen bei 60° C während 10 bis 15 Minuten. Während dabei der dispergierte Farbstoff auf die Faser aufzieht, bleibt die freie Küpensäure in feinst dispergiertem Zustande im Bade und durchdringt mit diesem das Färbegut. Nach 10 bis 15 Minuten wird eine gewisse Menge Natronlauge und Hydrosulfit zugesetzt, um der Oxydation der Leukoverbindung entgegenzuwirken, wobei sich wieder eine gewisse Menge des affinen Leukosalzes aus der freien Leukosäure bildet. Dieser Farbstoffanteil zieht auf die Faser auf, dann wird wieder Natronlauge und Hydrosulfit nachgesetzt, bis zum Schlusse das Färbebad die für die betreffende Farbstoffgruppe (IN, IW, IK) vorgeschriebene Normalmenge an Natronlauge enthält; gleichzeitig wird bei IW- und IK-Farbstoffen Glaubersalz oder Kochsalz zugesetzt.

Wenn die für die einzelnen Küpenfarbstoffe zur Erhaltung der Natrium-Leukoverbindung nötige verschieden hohe Alkalität nicht mehr erreicht wird, tritt Hydrolyse ein, indem die Leukofarbstoffanionen mit den Wasserstoffanionen des Wassers die freie Küpensäure nach folgender Gleichung bilden, in der L^- die Leukofarbstoffanionen, H^+ die Wasserstoffionen und LH die freie Küpensäure bedeuten:

$$L^- + Na^+ + H^+ + OH^- \rightleftharpoons LH + Na^+ + OH^-.$$

Je geringer der Natronlaugenüberschuß ist und je mehr der betreffende Leukoküpenfarbstoff zur Ionisation neigt, desto mehr ist das Gleichgewicht in der Richtung der freien Leukosäure verschoben. Da die einzelnen Küpenfarbstoffe verschiedene Laugenmengen zum Verküpen in konzentrierter Lösung brauchen, ist dementsprechend auch das Verhältnis zwischen dem als Natrium-Leukoverbindung und dem als Küpensäure vorliegenden Anteil bei jedem Farbstoff ein anderes. Außerdem spielt auch die Farbtiefe, d. h. also die in der Lösung befindliche Farbstoffmenge eine Rolle, da größere Farbstoffmengen eine größere Natronlaugenmenge zur Herstellung der konzentrierten Stammküpe erfordern. Deshalb ist es zweckmäßig, bei tieferen Farbtönen die Stammküpe in zwei Portionen zuzusetzen. Man kann dadurch verhindern, daß bei Beginn des Färbeprozesses eine hohe Alkalikonzentration vorhanden ist, die die Hydrolyse verhindern würde.

Zusätzlich wird durch Verwendung von Peregal oder anderen retardierenden Mitteln in der Färbeflotte beim Verdünnen der Stammküpe die Bildung von Farbstoff-Peregal-Aggregaten bewerkstelligt, die erst nach Zusatz von Natronlauge in kleinere Aggregate aufgelöst werden, die zum Aufziehen auf die Faser befähigt sind.

Tabelle 3.

Indanthrenfarbstoff (Pulverfein für Färbung, Pulver fein, Pulver)	Lösungswasser Liter	Natronlauge (38° Bé) 32,5% Liter	Hydrosulfit kg	Ver- küpungs- temperatur ° C
gelb 7 GK, 4 GK, 4 GF	35— 50	1,5	0,5	50
*gelb G....................	50	1,5	0,5	50
*goldorange G..............	35— 50	1,5	0,5	50
*orange RRTS, RR, F 3 R.....	35— 50	1,5	0,5	50
orange 4 R.................	70—100	3,0	1,0	60
brillantscharlach RK.........	35— 50	1,5	0,5	50
rot GG.....................	50—100	3,0	1,0	45
rot RK, FBB	35— 50	1,5	0,5	50
rubin GR...................	50	1,5	0,5	50
*rubin B...................	35— 50	1,5	0,5	50
*bordo B	35— 50	3,0	0,5	50
rotviolett RRK..............	35— 50	1,5	0,5	50
*brillantviolett 4 R, RR, 3 B ..	35— 50	1,5	0,5	50
violett FFBN	35— 50	1,5	0,5	50
*dunkelblau BOA............	35— 50	1,5	0,5	50
marineblau RB	50	1,5	0,5	50
*marineblau BF, G	35— 50	1,5	0,5	50
dunkelblau DB	50	1,5	0,5	60
blau RS	50	1,5	0,5	60
brillantblau R	100	3,0	1,0	60
*brillantblau RCL	35— 50	1,5	0,5	60
*blau GCD.................	40— 50	1,5	0,5	60
*blau BC	35— 50	1,5	0,5	60
brillantblau 3 G	50	1,5	0,5	50
*blau 3 GF	50	1,5	0,5	50
blau 3 GN	70—100	3,0	1,0	60
*blau CLB.................	35— 50	1,5	0,5	50
blau CLG..................	50	1,5	0,5	50
cyanin B	50	1,5	0,5	50
grün G, GG	100	3,0	1,0	60
*brillantgrün 3 B, B, GG, 4 G .	35— 50	1,5	0,5	50
olivgrün B	35— 50	1,5	0,5	50
olivgrün GG	35— 50	3,0	0,75	60
oliv MW...................	35— 50	1,5	0,5	50
rotbraun G, R	35— 50	1,5	0,5	50
marron BR	35— 50	1,5	0,5	50
*braun LG.................	35— 50	1,5	0,5	50
oliv T	35— 50	3,0	0,75	60
grau RRH	35— 50	1,5	0,5	50—60
grau CL, 3 B..............	35— 50	1,5	0,5	50

Die mit * bezeichneten Farbstoffe können auch mit 3 Liter Natronlauge 38° Bé und 0,75 kg Hydrosulfit in 50 Liter Lösungswasser bei 60° C verküpt werden. Indanthrenbrillantrosa BBL und -türkisblau 3 GK können nur lang bei 25 bis 30° C, -blau GCN bei 50° C, -blaugrün FBB bei 60° C verküpt werden.

Der Zusatz von anionaktiven Hilfsmitteln, z. B. von sulfonierten Produkten, wie Humectol CX oder von Nekal BX, kompensiert die retardierende Wirkung des Peregals; man setzt sie daher nicht sofort zu oder erst in der zweiten Hälfte des Färbeprozesses. Als Stabilisierungsmittel verwendet man im Färbebade außer Setamol WS vor allem auch Trilon B mit gutem Erfolge.

Das Stammküpenverfahren ist in erster Linie für die Heißfärber (IN-Färber) von Bedeutung, daneben können auch die Warmfärber (IW-Färber) mit gutem Erfolge mittels dieses Verfahrens gefärbt werden. Außer den eigentlichen Indanthrenfarbstoffen kann man auch Hydronblau mittels des Stammküpenverfahrens färben. Die Farbstoffe dieser Gruppe können aber nur dann verwendet werden, wenn die Löslichkeit zur Bereitung der Stammküpe in der notwendigen Konzentration genügt. Dies ist um so schwieriger zu erreichen, da diese Farbstoffe allgemein nur zur Herstellung von tiefen Tönen verwendet werden. Der Stammküpenzusatz muß daher auch in zwei Portionen erfolgen. Peregal eignet sich bei Hydronblau weniger als Egalisierungs- und Dispergierungsmittel, dagegen sind Setamol WS und Trilon B gut geeignete Hilfsmittel, um klare Farbbäder und reibechte Färbungen zu erhalten. Der Hydrolysegrad ist bei den Hydronblau-Leukoanionen gering.

Das Stammküpenverfahren hat weniger in der Stückfärberei als in der Garnfärberei auf Apparaten Verbreitung gefunden, da dort das Pigmentklotzverfahren nicht die Vorteile bringt wie in der Stückfärberei. Insbesondere beim Färben von Material aus regenerierter Zellulose, das stark zum Quellen neigt, erzielt man auf Apparaten gute Erfolge. Dort aber, wo auch mittels des Stammküpenverfahrens nicht restlos befriedigende Resultate erlangt werden, muß man auf das dem Stammküpenverfahren nahestehende Küpensäureverfahren übergehen.

Die Badische Anilin- und Sodafabrik gibt Stammküpenvorschriften an, die aus Tabelle 3 ersichtlich sind.

15. Küpensäureverfahren.

Es ist das Verdienst von J. MÜLLER, die Anwendungsmöglichkeiten der Küpensäuren in der Färberei erkannt und die praktischen Verfahren in dem koloristischen Laboratorium der I. G. Farbenindustrie A. G. in Ludwigshafen ausgearbeitet zu haben[1].

Es ist möglich, mit Hilfe des Küpensäureverfahrens die höchsten Ansprüche hinsichtlich Durchfärbung, Egalität und Arbeitsgeschwindigkeit zu befriedigen, da die Küpensäure selbst und der durch Oxydation

---

[1] J. MÜLLER: Melliand Textilber. **30**, 364—368 (1949); Text. Rdsch. **5**, H. 8, 312 (1950). — HEYDER und SANDOR: Text. Rdsch. **6**, H. 5, 179—186 (1951). — ELLNER: Melliand Textilber. **19**, 508—511 (1938). — GUND: Melliand Textilber. **24**, 470—473 (1943). — HENNESSY: Amer. Dyestuff Reporter **36**, 26ff. (1947), ferner S. 142. — FARGHER: J. Soc. Dyers Colourists **63**, 425ff. (1947). — SMITH: Amer. Dyestuff Reporter **35**, 413ff. (1946).

aus ihr entstandene Farbstoff wesentlich feiner verteilt als das normale Farbstoffpigment sind. Die Teilchengröße bei feinst verteilten Farbstoffpigmenten liegt zwischen 0,18 und 0,01 μ, bei den Küpensäuren meist unter 0,01 μ. Das Küpensäureverfahren stellt entwicklungsmäßig eine Fortsetzung einerseits des Pigment-Klotzverfahrens, anderseits des Stammküpenverfahrens dar. Letzteres Verfahren, das in erster Linie von Bedeutung für das Färben auf Apparaten ist (S. 187, 224), besteht darin, daß man konzentrierte Stammküpen soweit in einem neutralen Farbbade verdünnt, daß das Natriumsalz der Leukoverbindung durch Hydrolyse teilweise in die freie Leukosäure, die Küpensäure, übergeht. Es zeigte sich, daß bei verschiedenen Küpenfarbstoffen die Natrium-Leukoverbindungen nicht in ausreichendem Maße durch Hydrolyse in die Küpensäuren verwandelt werden, bei anderen aber in dem schwach alkalischen Medium eine Umlagerung der Enolform in die färberisch nicht ausnützbare Ketoform (S. 133) eintritt. Der nächste Schritt war daher, die Natrium-Leukoverbindung durch Neutralisation mit Essig- oder Ameisensäure vollständig in die freie Küpensäure überzuführen. Zu diesem Zweck wird die normale Stammküpe unter Zusatz von Schutzkolloiden und Dispergierungsmitteln, z. B. Kondensationsprodukten von Formaldehyd und Naphtalinsulfosäure („Setamol WS", „Solegal A") in ein Essig- oder Ameisensäure enthaltendes Bad eingeführt. Die Küpensäuren besitzen die Fähigkeit, kolloidale Lösungen oder feinst verteilte Suspensionen zu bilden. Im Gegensatz zu der Natrium-Leukoverbindung ist die Küpensäure praktisch ohne Affinität zur Faser. Die Konzentration und die Zusammensetzung der Küpensäurebäder bleibt beim Klotzen auf dem Foulard deshalb vollkommen konstant; es tritt kein Ausziehen oder Erschöpfen der Bäder ein.

Die Küpensäurelösungen sind gegen Luftoxydation ziemlich beständig; durch Zusatz kleiner Hydrosulfitmengen kann die eventuelle geringfügige Oxydation wieder behoben werden. Bei Ausschluß von Luftsauerstoff bleiben die Küpensäurelösungen wochenlang, manchmal sogar monatelang unverändert.

Der Küpenfarbstoff wird zuerst unter Zusatz von 1 g Setamol WS je Liter Stammküpe konzentriert verküpt. Die Stammküpe wird sodann nach vollständiger Verküpung dem 60° C warmen Färbebad zugesetzt, das außer 0,5 g Peregal OK und 0,5 g Setamol WS je Liter die zum Neutralisieren nötige Essig- oder Ameisensäure enthält. Bei einzelnen Indanthrenblaumarken, z. B. Indanthrenblau BC oder GCD, ist es zweckmäßiger, an Stelle des Peregals Igepon T oder Medialan A zu verwenden, um einen schwächeren Farbausfall zu vermeiden. Insbesondere bei den Farbstoffen der Indanthrenblaugruppe kann unter bestimmten Verhältnissen auch bei der Küpensäure die Enol-Ketoumlagerung eintreten. Einzelne Farbstoffe dieser Gruppe, z. B. Indanthrenblau 5 G oder Indanthrengrün BB, sind für dieses Verfahren überhaupt nicht geeignet. Igepon T und Medialan A dienen gleichzeitig als Netzmittel, während man Nekal BX erst zum Schluß zusetzen darf, da es die Wirkung des Peregals teilweise aufhebt.

Humectol CX darf nicht als Netzmittel verwendet werden, da es beim Übergang vom alkalischen in den neutralen Zustand der Lösung Flockungen verursacht.

Es ist notwendig, ein Dispergierungsmittel schon der Stammküpe zuzusetzen, da Stammküpen, die durch Abscheidung kristallisierter Natrium-Leukoverbindungen getrübt sind, bei der Absäuerung und der Verdünnung keine hinreichend stabile Küpensäuresuspensionen ergeben.

Zweckmäßig gibt man soviel Essigsäure bei der Neutralisation zu, daß noch ein Überschuß von zirka 20% Essigsäure vorhanden ist. Man setzt daher pro Liter angewandte Natronlauge 36° Bé 0,6 Liter 100%ige Essigsäure zu. Durch das beim Neutralisieren gebildete Natriumazetat-Essigsäuregemisch wird der p_H-Wert der Lösung auf etwa 5 gepuffert. Das Ansäuern der Stammküpe wird ausgeführt, indem man die im Verhältnis von 1:4 verdünnte Essigsäure direkt der Stammküpe zusetzt; oder man setzt ein Bad mit verdünnter Säure an und fügt diesem die Stammküpe zu. Das Mischen soll möglichst rasch ausgeführt werden, um Fällungen infolge von Umlagerungen, die bei einem langsamen Übergang aus dem alkalischen in den sauren Zustand eintreten können, zu vermeiden. Man muß daher das Volumen der Lösung, die der vorgelegten anderen Lösung zugefügt wird, möglichst klein halten.

Der Zusatz von Sulfitablauge wie Dekol ist nicht so wirkungsvoll wie der von Kondensationsprodukten der Naphtalinsulfosäure mit Formaldehyd, z. B. Setamol WS. Auch Fettalkoholsulfonate sind weniger wirkungsvoll und auch wegen der Schaumbildung weniger geeignet.

Zur Herstellung der Küpensäurelösung hat sich in der Praxis die Anwendung von zwei übereinander angeordneten Gefäßen aus rostfreiem Stahl bewährt. Aus dem oberen, kleineren Gefäße läßt man die eine Lösung in das untere mit einem Rührwerk ausgestattete Gefäß, in dem sich die andere Lösung befindet, zulaufen.

Es zeigte sich, daß man beim Verküpen in der Stammküpe möglichst nicht bis an die Höchstkonzentration kommen soll. Pulverfarbstoffe werden am besten in der 100fachen, mindest aber in der 80fachen Wassermenge, die schwer löslichen Farbstoffe der Indanthrenblaureihe in einer noch einmal so großen Wassermenge verküpt. Man kann auch konzentriertere Stammküpen in die Küpensäure überführen, es können aber Ausfällungen infolge der aussalzenden Wirkung des konzentrierten Natriumazetates auftreten. Ausgefällte Küpensäuren können aber durch erneuten Laugenzusatz und Wiederansäuern unter Zusatz von Dispergierungsmitteln wieder in Ordnung gebracht werden.

Die Küpensäuren werden aus Stammküpen folgender Allgemeinformel hergestellt:

5 bis 20 g	Farbstoff in Pulver, fein,
900 cm³	Wasser,
7 bis 20 g	Dispergierungsmittel,
20 bis 36 cm³	Natronlauge 36° Bé,
10 bis 18 g	Hydrosulfit.

1 Liter.

Zum Beispiel für 600 Liter Färbeflotte:

A. Stammküpe:		B. Säurelösung:	
5 kg	Farbstoffpulver,	22 Liter	Essigsäure 50%ig,
6 kg	Sprit,	1 Liter	Dispergierungsmittel
400 Liter	Wasser 60° C,		1 : 10,
60 Liter	Dispergierungsmittel	77 Liter	Wasser 60° C.
	1 : 10,	100 Liter.	
18 Liter	Natronlauge 36° Bé,		
9 kg	Hydrosulfit.		

Zirka 500 Liter, 10 bis 15 Minuten verküpen.

Man gießt die Säurelösung nach erfolgter Verküpung unter gutem Rühren möglichst rasch in die Stammküpe.

Man kann aber auch umgekehrt die Stammküpe in das Säurebad gießen, z. B. nach folgendem Ansatz:

A. Stammküpe:		B. Säurelösung:	
1,2 kg	Farbstoffpulver,	5,2 Liter	Essigsäure 50%,
1,2 Liter	Sprit,	4,8 Liter	Dispergierungsmittel 1:10
1,5 Liter	Wasser 60° C	474,0 Liter	Wasser 60° C.
6,0 Liter	Dispergierungsmittel	480 Liter.	
	1 : 10,		
4,3 Liter	Natronlauge 36° Bé,		
2,15 kg	Hydrosulfit.		

120 Liter, 10 bis 15 Minuten verküpen.

Während sich aber die ebenfalls affinitätslose Ketoform nicht oder nur schwer wieder in die normale Natrium-Leukoverbindung zurückverwandeln läßt, kann die Küpensäure ohne weiteres schlagartig in die Natrium-Leukoverbindung überführt werden, ein Umstand, der vor allem in der Stückfärberei von ausschlaggebender Bedeutung ist.

Man kann daher das Färbegut mit der Küpensäure imprägnieren, ohne daß Störungen, wie sie durch affine Farbstofflösungen oder -dispersionen bewirkt werden, eintreten können. Die Konzentration und die Zusammensetzung der Klotzbäder bleibt daher bei Anwendung von Küpensäuren konstant, da kein Ausziehen oder Erschöpfen stattfindet; in der Apparatenfärberei treten keine Konzentrationsunterschiede in den Außen- und in den Innenschichten der Wickelkörper auf, da eine Bindung der Küpensäure an die Faser nicht stattfindet. Die Feinverteilung der Küpensäure bleibt erhalten, auch wenn sie durch Oxydation während der Zwischentrocknung in den nicht reduzierten Küpenfarbstoff verwandelt wird.

Oft ist ein großer Unterschied im Farbton zwischen der Küpensäure und der Natrium-Leukoverbindung zu beobachten. Dieser Unterschied ist bei den Farbstoffen der Indanthrenbrillantgrünreihe besonders groß. Meistens sind die Unterschiede aber weniger kraß, bisweilen kaum festzustellen.

Das Küpensäureverfahren eignet sich sowohl für die Stückfärberei als auch für die Apparatenfärberei. Für das Färben von Stücken kann man das Klotzen auf dem Foulard (eventuell auch auf dem Jigger) mit der Jiggerentwicklung analog dem Pigmentklotzverfahren kombinieren.

Für die kontinuierliche Arbeitsweise eignet sich die Dampfentwicklung im Colloresindämpfer oder besonders im Elektrofixierer sehr gut, während die Naßentwicklung in der Rollenkufe meist nur wenig befriedigende Resultate ergibt.

a) Küpensäureklotzverfahren.

Die praktische Ausführung lehnt sich an das Pigmentklotzverfahren an. Da man bei letzterem Verfahren in schwach alkalischem bis neutralem Medium arbeitet, bei dem Küpensäureverfahren aber in neutralem bis schwach saurem Bereich, muß man andere Verteilungsmittel verwenden, vor allem die schon erwähnten Kondensationsprodukte aus Formaldehyd und Naphtalinsulfosäure („Setamol WS", „Solegal A"), während „Dekol" und andere aus Sulfitablauge erzeugte Schutzkolloide wenig geeignet sind. Die meisten Küpenfarbstoffe bereiten bei Anwendung in kleineren Konzentrationen keine Schwierigkeiten, mit Ausnahme der in die Naphtalintetrakarbonsäuregruppe gehörenden Farbstoffe Indanthrenbrillantorange GR und Indanthrenscharlach GG. Die Perylenfarbstoffe Indanthrenrot GG und Indanthrenscharlach R machen keine Schwierigkeiten. Die Farbstoffe der Indanthrenblaureihe verhalten sich, wie schon erwähnt, etwas abweichend von den anderen (S. 191). Sie sind bei höheren Konzentrationen nicht mehr geeignet, Indanthrenblau 5 G und Indanthrengrün BB auch in niedrigen nicht. Auch manche Acridone sind bei höheren Konzentrationen nicht mehr geeignet.

Da die Küpensäureflotten ein besseres Durchdringungsvermögen aufweisen, ist beim Klotzen auf dem Foulard eine Verringerung der Passagen möglich, wobei trotzdem eine bessere Durchfärbung erreicht wird als bei dem normalen Pigmentklotzverfahren. Außerdem ist bei dem Küpensäureverfahren die Entwicklungsgeschwindigkeit größer, so daß man beim Entwickeln auf dem Jigger mit weniger Passagen arbeiten kann.

Bei diesem Verfahren erhält man dem Pigmentklotzverfahren gegenüber eine weitere Verbesserung der Egalität und Durchfärbung, selbst bei ganz dicht geschlagenen Leinengeweben. Bei Mischgeweben wird die Übereinstimmung im Farbton zwischen der Baumwolle und Zellwolle, bzw. Kunstseide verbessert.

Monopolbrillantöl und Monopolseife dürfen bei der Herstellung der Stammküpen nicht verwendet werden, da sie in saurem Medium nicht die erforderliche Schutzkolloid- und Dispergierungswirkung den Küpensäuren gegenüber entwickeln und Trübungen der Flotte verursachen. Man verwendet daher statt dessen Setamol WS und Dekol.

Da die Küpensäure kein Aufziehvermögen besitzt, wird das Material in der Küpensäurelösung nur schwach angefärbt, während der größte Teil des Farbstoffes im Bade zurückbleibt. Bei der Umwandlung der Küpensäurelösung in die Natrium-Leukoverbindung muß man auf den Umstand Rücksicht nehmen, daß der Säurecharakter bei den Küpensäuren der verschiedenen Küpenfarbstoffe nicht gleich stark ausgeprägt ist. Dementsprechend ist auch der Alkalitätsgrad, der notwendig ist, um den Aufziehvorgang einzuleiten, bei den verschiedenen Küpenfarbstoffen nicht gleich.

Bei Farbstoffen, deren Küpensäure schon bei niedriger Alkalität (p_H-Wert 8 bis 9) vollständig in Leukoanionen übergeht, genügt schon eine ganz schwache Alkalität, um eine plötzliche Steigerung der Affinität und normal starke Färbungen zu erreichen. Hierher gehören vor allem die einfachen Acylaminoanthrachinone, die im allgemeinen Kaltfärber, teilweise auch Warmfärber sind. Man kann daher bei diesen Farbstoffen das Aufziehvermögen kaum durch Dosierung der zugesetzten Alkalimenge regeln, da schon geringe Alkalimengen zur Erreichung der normalen Affinität genügen. Man regelt daher das Aufziehvermögen bei diesen Farbstoffen am besten durch entsprechende Temperaturerhöhung und durch allmählichen Zusatz der zur Erreichung des vollkommenen Aufziehvermögens notwendigen Salzmenge.

Im Gegensatz zu diesen Farbstoffen stehen vor allem die Farbstoffe der Indanthrenblaureihe (N-Dihydroanthrachinonazine) und die Dibenzanthrone und Isodibenzanthrone. Diese Farbstoffe benötigen eine höhere Alkalität (p_H-Wert 12 bis 13), um eine vollständige Überführung der Leukosäure in die Natrium-Leukoverbindung zu erreichen. Bei diesen Farbstoffen tritt mit steigender Natronlaugenmenge eine allmähliche Steigerung des Aufziehvermögens ein, bis man nach Zusatz eines großen Natronlaugenüberschusses normal ziehende Küpen erreicht. Man muß bei diesen Farbstoffen, die alle Heißfärber sind, den Laugenzusatz entsprechend regeln, um damit gleichzeitig das Aufziehen des Farbstoffes auf die Faser zu regeln. Solange der Zusatz 2 bis 3 cm³ Natronlauge 38° Bé je Liter nicht übersteigt, ist die Affinität nicht groß und es findet nur ein langsames Aufziehen des Farbstoffes statt. Erst bei Erhöhung der Laugenkonzentration zieht der Farbstoff rascher auf. Die Lauge muß daher anfangs langsam, später rascher zugesetzt werden. Dies erreicht man am besten durch einen kontinuierlichen Zulauf der Natronlauge oder durch einen portionenweisen in Abständen von 10 Minuten. Die zur Erhaltung des Reduktionsstandes nötige Hydrosulfitmenge wird am besten gleichzeitig zugesetzt. Man verteilt die erforderliche Natronlaugenmenge z. B. so, daß beim ersten Zusatz pro Liter höchstens 2 cm³, beim zweiten 3 cm³, beim dritten 4 cm³ und beim vierten die vollständige Laugenmenge im Bade vorhanden sind.

Der bei den Warmfärbern erforderliche Salzzusatz wird in der zweiten Hälfte des Färbeprozesses entweder kontinuierlich oder in Portionen ausgeführt; bei Material aus regenerierter Zellulose kann der Salzzusatz unter Umständen entfallen.

Die Geschwindigkeit, mit der die verschiedenen Zusätze vollzogen werden, muß aber außer von der Aufziehgeschwindigkeit des Farbstoffes auch von der Aufnahmefähigkeit des zu färbenden Materiales und der Farbtiefe abhängig gemacht werden.

Nach Zusatz der bei normaler Färbeweise erforderlichen Natronlaugenmenge wird noch $^1\!/_2$ Stunde gefärbt. Dabei wird ebenso wie bei den anderen Spezialverfahren durch eine Erhöhung der Färbetemperatur über die für das IN-Verfahren erforderliche Temperatur von 60° C auf 80° C der Diffusionsvorgang erleichtert, so daß bessere Durchfärbung und Egalität erreicht werden.

Das Spülen, Säuren, Oxydieren, Seifen und Fertigstellen findet nach vollzogener Färbung in der üblichen Weise statt.

Das Küpensäureverfahren ist auch für indigoide und Hydronfarbstoffe anwendbar.

b) Küpensäure-Kontinue-Färbeverfahren.

Das Küpenklotzverfahren (S. 194) und das Indanthrenblau-Kontinueküpen-Verfahren befriedigen nicht vollkommen, da durch die hohe Affinität der Färbebäder die Egalität und die Durchfärbung beeinträchtigt werden. Außerdem entstehen bei diesen Verfahren große Schwierigkeiten durch die Affinitätsunterschiede, wenn man Farbstoffkombinationen verwendet. Um die Schwierigkeiten zu umgehen, müssen Verfahren angewendet werden, bei denen sich der Farbstoff in einem Zustande möglichst geringer Affinität befindet. Dies ist bei den Indigosolen und in noch höherem Maße bei den Küpensäuren der Fall. Die Indigosolfarbstoffe haben nur ein beschränktes Einsatzgebiet, da sie nur für hellere Farbtöne in Betracht kommen und außerdem nicht für alle Farbtöne entsprechend echte Farbstoffe in dieser Gruppe existieren. Es ist nun das Verdienst von Dr. JOACHIM MÜLLER (I. G. Ludwigshafen), die Bedeutung der Küpensäuren für die kontinuierlichen Färbeverfahren erkannt und auch die entsprechenden Verfahren ausgearbeitet zu haben[1].

Wenn man die Küpensäure auf die Gewebe klotzt und dann mit den Entwicklungsbädern in kontinuierlicher Arbeitsweise auf der Rollenkufe bei 80° C in die Natrium-Leukoverbindung überführen will, so gelangt man nur bei Farbstoffen mit außerordentlich hoher Aufziehgeschwindigkeit und Ausziehfähigkeit, z. B. Indanthrenbrillantgrün GG und Indanthrenbrillantviolett 3 B zu tieferen Farbtönen, während selbst die meisten hochaffinen Küpenfarbstoffe, wie z. B. Indanthrenmarineblau BF oder Indanthrendunkelblau BO, nur helle Färbungen ergeben. Diese Schwierigkeit ist auf die im Vergleich zu der Dampfentwicklung geringe Entwicklungsenergie der 80° C warmen Entwicklungsbäder zurückzuführen, da die Oxydation bei Anwesenheit von Hydrosulfit rascher eintritt als die Fixierung der Natrium-Leukoverbindung.

Man erhält aber nach HEYDER gute Resultate, wenn man folgendermaßen verfährt. Die mit der Küpensäure auf einem Dreiwalzenfoulard bei 50 bis 60° C geklotzte Ware, die man nach dem Trocknen ohne Schaden längere Zeit liegen lassen kann, wird zuerst in trockenem Zustande auf einem zweiten Foulard durch ein Reduktionsbad bei 80° C passiert, das 20 cm³ Natronlauge 38° Bé, 6 g Hydrosulfit, 50 g Glaubersalz und etwas Küpensäurelösung enthält. Die Umwandlung der Küpensäure in das Natriumsalz findet augenblicklich statt, während die Reduktion der Pigmentklotzungen längere Zeit in Anspruch nimmt. Man

---

[1] Melliand Textilber. **30**, 366—368 (1949).

kann deshalb mit niedrigeren Laugen- und Hydrosulfitkonzentrationen und größerer Warengeschwindigkeit arbeiten. Höhere Konzentrationen an Lauge und Hydrosulfit, wie sie von manchen angegeben werden, sind nicht nur überflüssig, sondern sogar für den Farbton und die Echtheit nicht günstig. Nachdem man die Ware durch das Reduktionsbad durchgenommen hat, gibt man eine Luftpassage von mindestens 1 Minute; je länger die Luftpassage ist, desto günstiger ist dies für den Ausfall. Anschließend wird auf einer Breitwaschmaschine gespült, mit Essigsäure abgesäuert und mit Perborat oxydiert, kochend geseift und gespült.

Bei dem Pad-Steam-Verfahren von DU PONT (S. 201) läßt sich eine Erhöhung der Entwicklungsenergie durch zusätzliche Anwendung von Dampf bei gleichzeitiger Verringerung der Flottenmenge der Reduktionsbäder erzielen. Dies wird praktisch in der Weise ausgeführt, daß über den Bädern ein Dampfraum gebildet wird; man verwendet dazu eine Art von geschlossener Rollenkufe. Dabei kommt die im Vergleich zu den 80° C warmen Bädern höhere Temperatur des Dampfes zur Auswirkung. Bei diesem Verfahren erreicht man aber noch immer keinen vollen Erfolg, außerdem ist die Anwendung der heißen Entwicklungsbäder ungünstig, da der Farbstoff teilweise von der Faser abgelöst wird und bei verschiedenen Farbstoffen, insbesondere bei den Farbstoffen der Indanthrenblaureihe (Indanthrongruppe) die Einwirkung der heißen alkalischen Reduktionsflotte auf den abgelösten Farbstoff eine Überreduktion des Farbstoffes bewirken kann. Ähnliche Verhältnisse sind auch bei dem Indanthrennaßdampfverfahren der I. G. Farbenindustrie A. G.

Man kann aber die durch die Verwendung von heißen Entwicklungsbädern bei dem Pad-Steam-Verfahren verursachten Schwierigkeiten dadurch umgehen, daß man die zuerst mit der Küpensäure geklotzte und dann getrocknete Ware auf einem Foulard mit der kalten Reduktionsflotte, die außerdem 5 bis 15% der Küpensäureklotzlösung enthält, klotzt und anschließend durch einen Dämpfer nimmt, wobei die volle Reduktion und die Fixierung eintreten.

Relativ günstige Verhältnisse liegen bei Verwendung der Williams Unit (S. 204) vor. Diese stellt im Prinzip eine Rollenkufe dar, bei der der Flottenraum durch Verdrängungskörper auf ein Minimum verkleinert ist. Dadurch wird einerseits die Entwicklungsenergie erhöht, anderseits auch die Flotte rascher erneuert, so daß die Gefahr verringert wird, das durch den ins Bad gewanderten Farbstoff Fehler entstehen.

Die Entwicklungsenergie ist bei Verwendung eines Dämpfers wesentlich höher. Günstige Resultate wurden mit dem Colloresindämpfer (S. 262) und vor allem mit dem Elektrofixierer von AUBAUER (S. 263) erzielt. Erfahrungsgemäß ist die schlagartige Erreichung einer Temperatur von 100° C von größter Wichtigkeit für eine gute Fixierung. Dies ist aber beim Arbeiten mit Entwicklungsbädern ausgeschlossen, beim Arbeiten mit Dämpfapparaten nur dann, wenn die Temperatur im Dämpfer selbst so hoch ist, daß die Temperaturübertragung in kürzester Zeit stattfinden kann. Im Colloresindämpfer der Zittauer Maschinenfabrik wurden nur 105 bis 110° C erreicht, so daß die auf dem geklotzten Gewebe notwendige Temperatur von 100° C nicht innerhalb einer Minute erreicht werden konnte. Im Elektrofixierer sind dagegen bedeutend höhere Temperaturen erreichbar, da die Aufheizung mittels elektrischer Strahlungskörper vollzogen wird. Dabei wird die im Gewebe vorhandene Wassermenge selbst erhitzt und zur Erzeugung des Dampfes verwendet.

Die Ware wird auf einem Drei- oder Vierwalzenfoulard mit der Küpensäureflotte, die mit Britischgummi verdickt ist, geklotzt und sofort in einer Hotflue oder in einer automatischen Hänge oder in einem Flachbahntrockner getrocknet. Spannrahmen oder gar Trockenzylinder sind zum Trocknen weniger geeignet oder überhaupt nicht geeignet. An Stelle des Britischgummi hat sich auch Appretan C, ein halb verseiftes Polyacrylnitril, als Verdickungsmittel bewährt, während aus Kartoffelstärke erzeugte Dextrine, Tragant und Zelluloseäther nicht verwendbar sind. Das Verdickungsmittel hat vor allem den Zweck, ein Wandern der Küpensäure auf dem Gewebe beim Zwischentrocknen zu verhindern; gleichzeitig soll es aber auch egalisierend wirken, da bei Klotzungen ohne Verdickungsmittel jede Unregelmäßigkeit im Gewebe, z. B. durch Spannungsunterschiede bewirkte Unregelmäßigkeiten, stark in Erscheinung treten.

Nach dem Trocknen wird die Ware entweder abgelegt, da die Klotzung in trockenem Zustande unbegrenzt haltbar ist und nur eine Oxydation der Küpensäure zum Küpenfarbstoff stattfinden kann, oder es wird kontinuierlich weitergearbeitet. Man imprägniert sodann auf einem Zweiwalzenfoulard mit horizontal angeordneten Walzen mit einer Lösung von Natronlauge und Hydrosulfit (zum Schutze gegen vorzeitige Oxydation, bzw. um die beim Trocknen eventuell stattgefundene Oxydation der Küpensäure wieder rückgängig zu machen). Durch die horizontale Anordnung der Walzen erreicht man eine gleichmäßige Einwirkung des Bades auf beide Gewebeseiten. Um genügend Flüssigkeit für die Entwicklung im Elektrofixierer zur Verfügung zu haben und ein Antrocknen zu vermeiden, arbeitet man mit einer niedrigen Pression mit einem Abquetscheffekt von zirka 150 bis 170%. Nur so kann man erreichen, daß ein Antrocknen verhindert wird und trotzdem die schlagartige Erwärmung auf 100° C eintritt. Bei einer Durchlaufzeit von 45 Sekunden sollen die Farbstoffe vollkommen reduziert aus dem anschließend an den Zweiwalzenfoulard angeordneten Elektrofixierer herauskommen, dessen Temperatur dementsprechend hoch eingestellt werden muß.

In Laboratoriumsversuchen, die in Ludwigshafen ausgeführt wurden, konnte man feststellen, daß bei einem Abquetscheffekt von 60 bis 80% im Färbefoulard und von 150 bis 170% im Entwicklungsfoulard auch ohne Zwischentrocknung eine genügende Menge Natronlauge und Hydrosulfit auf das Baumwollgewebe gebracht werden kann; bei regenerierten Zellulosen ist dies jedoch nicht möglich, da die starke Quellung des nassen Materials ein genügendes Eindringen der Natronlauge-Hydrosulfit-Flotte verhindert. Man erhält daher ohne Zwischentrocknung auf Zellwolle oder Kunstseide nur ganz unbrauchbare, unegale Färbungen. Aber auch bei Baumwolle sind die Resultate mit Zwischentrocknung besser.

Um ein Abziehen einer mehr oder minder großen Menge an Küpensäure im Entwicklungsbade zu vermeiden, setzt man diesem außer der Natronlauge und dem Hydrosulfit etwas von der Färbeflotte zu.

Infolge der hohen Entwicklungsenergie, die man im Elektrofixierer erreicht, können auch Klotzungen mit gewöhnlichen Pulverfein-Marken voll entwickelt werden. Man kann auch satte Töne, z. B. Marineblau, nach dem Küpensäure-Kontinue-Verfahren mit Entwicklung im Elektrofixierer färben. Die Vorteile des Küpensäure-Kontinue-Verfahrens gegenüber dem gewöhnlichen Färbeverfahren beruhen darauf, daß die Entwicklungsenergie bei 100° C bedeutend höher ist, so daß eine Färbedauer von 45 Sekunden vollkommen genügt. Dadurch entfallen die sonst beim Färben in Bädern bei dieser Temperatur eintretenden Schwierigkeiten vollkommen, insbesondere kann Überreduktion, Dehalogenierung, Verseifung der Farbstoffe völlig vermieden werden.

Nach dem Verlassen des Elektrofixierers leitet man das Gewebe zur Voroxydation über einen Luftgang, weiter oxydiert, spült und seift man auf einer Breitwaschmaschine in der üblichen Weise.

Die Schwierigkeiten des Küpensäureverfahrens werden vielfach überschätzt. Die Durchführung des Verfahrens erfordert ebenso wie jedes andere Echtfärbeverfahren ein erfahrenes und intelligentes Personal. Aber sonst sind die Schwierigkeiten nicht größer wie bei anderen Echtfärbeverfahren.

Das Küpensäureverfahren bietet vor dem Pigmentklotzverfahren folgende Vorteile:

1. Die Farbstoffe sind nicht an einen bestimmten feinen Dispergierungsgrad gebunden, so daß alle Marken verwendet werden können.

2. Die Egalität und die Durchfärbung ist noch besser.

3. Die Überführung der Küpensäure in das Leukosalz geht rascher vor sich als die Verküpung des Farbpigments.

4. Das Verfahren ist für die Apparatenfärberei besser geeignet als das Pigmentklotzverfahren.

Dagegen besitzt das Pigmentklotzverfahren folgende Vorteile:

1. Das Pigmentklotzverfahren ist leichter zu handhaben.

2. Auch das Färben von dunklen Tönen ist möglich.

Vor dem Indigosolverfahren bietet das Küpensäureverfahren folgende Vorteile:

1. Es stehen mehr Farbstoffe zur Verfügung, so daß auch in manchen Tönen bessere Echtheiten erreicht werden können.

2. Die Küpenfarbstoffe sind billiger als die entsprechenden Indigosole.

3. Man erhält bei Stückfärbungen in manchen Fällen noch egalere Färbungen und bessere Durchfärbung.

4. Es ist nicht notwendig, Säuren und Oxydationsmittel zu verwenden, so daß das zu färbende Material und die Apparatur geschont werden.

Dagegen besitzt das Indigosolverfahren folgende Vorteile:

1. Die Farbstoffe liegen in handlicher Form als Pulver vor und können auf einfache Weise wie Direktfarbstoffe gefärbt werden.

2. Das Nuancieren ist einfacher.

16. .Färben von Küpenfarbstoffen mit Booster-Boxes[1].

Beim Klotzfärbeverfahren mit reduziertem Küpenfarbstoff (S. 183) erzielt man eine nur mäßige Durchfärbung und Egalität und wenig echte Färbungen, da die für die Fixierung des Farbstoffes zur Verfügung stehende Zeit vollkommen unzureichend ist. Um die Einwirkungsdauer der Flotten zu verlängern, werden in verschiedenen amerikanischen Betrieben sogenannte „Booster Boxes" verwendet, in die das Gewebe aus dem Imprägnierfoulard läuft. Die Booster Boxes sind große Rollenkufen mit einem Inhalt von 1000 bis 6000 Litern. Sie werden mit Bädern, die Natronlauge, Hydrosulfit und soviel Farbstoff enthalten, daß das Gleichgewicht zwischen der auf dem Gewebe und der in der Flotte befindlichen Farbstoffmenge hergestellt ist, beschickt. Die richtige Bemessung des Zusatzes an Farbstoff erfordert große Übung und Genauigkeit, besonders bei Kombination von Farbstoffen mit verschiedenem Ausziehvermögen. Die Erzeugung dunkler Nuancen ist bei diesem Verfahren nicht möglich, da einerseits die Löslichkeitsverhältnisse der Leukosalze keine höheren Konzentrationen im Färbefoulard zulassen, anderseits der Flottenansatz in den Booster Boxes große Mengen an Farbstoff und Chemikalien beanspruchen.

Man kann die Booster Boxes auch zur kontinuierlichen Entwicklung von Pigmentklotzungen (S. 185) verwenden. Das mit dem Farbstoffe geklotzte Gewebe läuft kontinuierlich durch eine Hotflue und in getrocknetem Zustande durch einen Dreiwalzenfoulard, wo es mit einer kalten Lösung von Hydrosulfit, Natronlauge und Salz imprägniert wird. Da die Lösung kalt ist und Salz enthält, tritt kaum ein Ausbluten ein. Dann läuft das Gewebe kontinuierlich durch eine oder zwei Booster Boxes, wo in einem 75 bis 100° C heißem Natronlauge-Hydrosulfit-Bade die Reduktion und Fixierung des Farbstoffes zu Ende geführt wird. Dies beansprucht eine Tauchzeit von ungefähr einer Minute. Man arbeitet mit einer Geschwindigkeit von 50 bis 100 m pro Minute je nach der Größe der Booster-Anlage.

Die Farbrezepte werden eingestellt, indem man schmale Gewebestreifen durch die Anlage laufen läßt.

Abgesehen von der erwähnten Schwierigkeit, den Farbstoffzusatz so zu bemessen, daß das Farbstoffgleichgewicht zwischen Gewebe und Booster-Flotte konstant ist, besteht der Hauptnachteil der Booster Boxes darin, daß infolge des großen Flüssigkeitsvolumens ein sehr hoher Verbrauch an Farbstoff und Chemikalien besonders dann stattfindet, wenn nicht große Partien von mindestens mehreren tausend Metern auf einmal gefärbt werden können.

Die Weiterentwicklung fand nun in zwei Richtungen statt:

1. In der Williams Unit der General Dyestuff Corp. (S. 204) ist das Flottenvolumen weitgehend verringert, ohne daß der in der Flotte von dem Gewebe zurückgelegte Weg verkürzt wird.

---

[1] BOARDMAN: J. Soc. Dyers Colourists **66**, 398 (1950). — HAWORTH und KILBY: J. Soc. Dyers Colourists **67**, 508 (1951).

2. Die vollständige Reduktion und Fixierung wird nicht mehr in heißen Bädern, sondern durch Dämpfen vorgenommen. Dieser Weg wurde einerseits von der I. G. Farbenindustrie durch die Entwicklung des Colloresindämpfers und des Elektrofixierers von AUBAUER (S. 263), anderseits von DU PONT durch die Einführung des Pad-Steam-Verfahrens beschritten. Während man aber bei den I.-G.-Verfahren bei beträchtlich über 100° C liegenden Temperaturen dämpft, arbeitet man bei dem DU PONTschen Pad-Steam-Verfahren mit Sattdampf oder wenig über 100° C heißem Dampf und unterstützt die Wirkung dort, wo dies nicht ausreicht, durch eine Kombination mit Booster-Flotten.

17. Pad-Steam-Verfahren[1].

Das Gewebe wird auf einem Foulard mit der Pigmentsuspension geklotzt und in einer Hotflue getrocknet. Von dieser passiert es einen Luftgang oder Kühltrommeln und gelangt so in abgekühltem Zustande

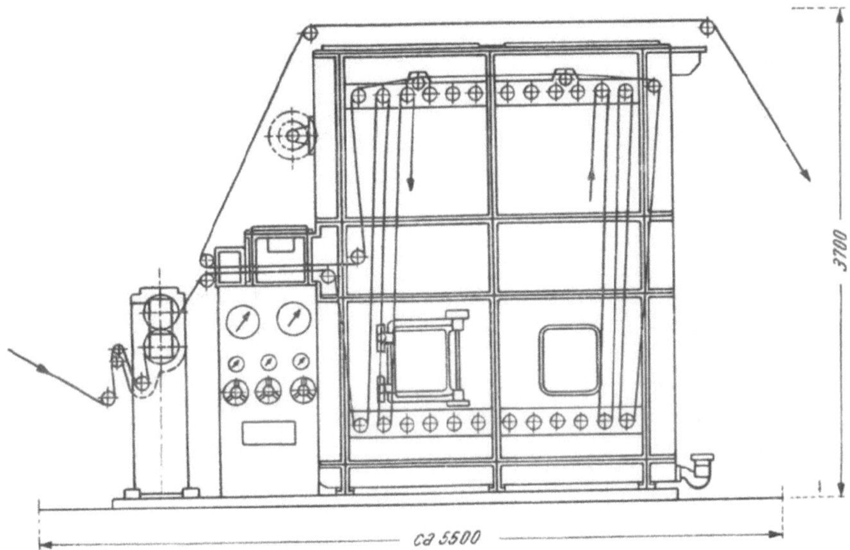

Abb. 4. Kontinuedämpfer mit vorgebautem Quetschwerk für Pad-Steam-Verfahren und Leverkusener Verfahren. Benteler Werke A. G., Bielefeld.

in einen zweiten Foulard, wo es mit einer Lösung von Natronlauge, Hydrosulfit und Salz zwischen 30 und 40° C geklotzt wird. Auf diese Weise ist es möglich, das Ausbluten des Farbstoffes nahezu vollständig

---

[1] BOARDMAN: J. Soc. Dyers Colourists **66**, 399 (1950). — HAWORTH und KILBY: J. Soc. Dyers Colourists **67**, 509 (1951). — ZIEGLER: Melliand Textilber. **32**, 626 ff. (1951). — KRAUS: J. prakt. Chem. **3**, 17 (1952). — GAMBLE: Amer. Dyestuff Reporter **1951**, 529, 530. — CLARK: Amer. Dyestuff Reporter **1951**, 315—322. — REINER: Amer. Dyestuff Reporter **1952**, 44—46. — GUND: Melliand Textilber. **34**, 51—53 (1953).

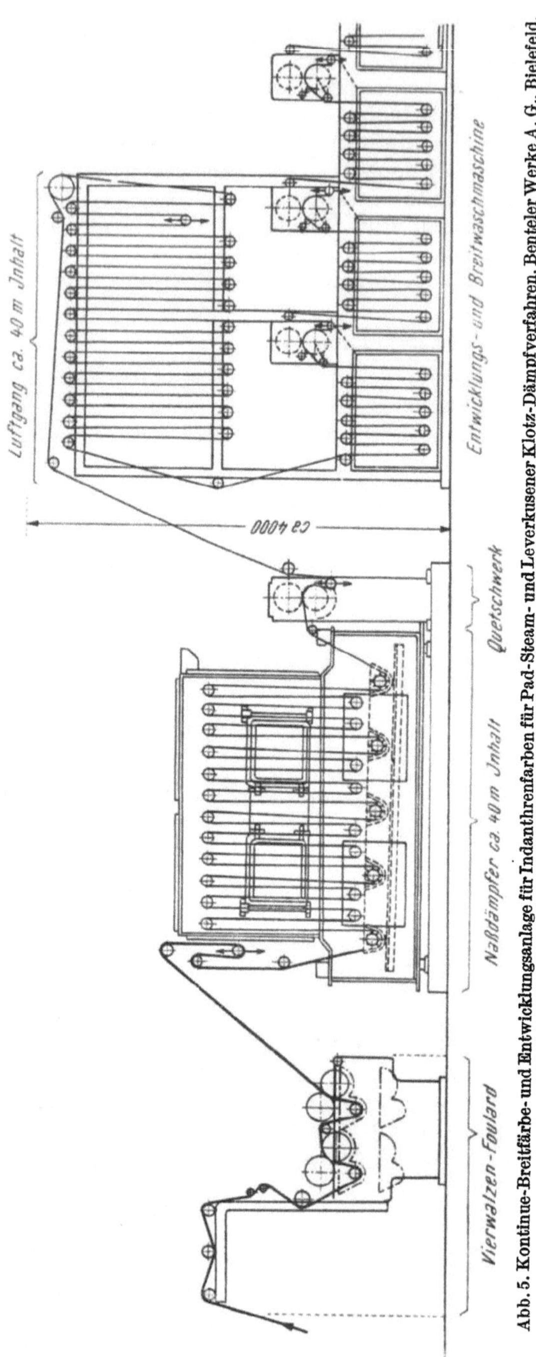

Abb. 5. Kontinue-Breitfärbe- und Entwicklungsanlage für Indanthrenfarben für Pad-Steam- und Leverkusener Klotz-Dämpfverfahren. Benteler Werke A. G., Bielefeld.

zu vermeiden. Das Gewebe passiert nun einen Schnelldämpfer, der luftfreien Sattdampf oder Dampf von 101 bis 104° C enthält. Hier findet die Reduktion und Fixierung innerhalb weniger als 1 Minute, in manchen Fällen sogar innerhalb 10 Sekunden statt. In Fällen, in denen die Passage durch einen gewöhnlichen Dämpfer nicht genügt, kann der Dämpfprozeß dadurch unterstützt werden, daß der untere Teil des Dämpfers gleichzeitig als Booster verwendet wird und mit 600 bis 1000 Liter eines Natronlauge, Hydrosulfit und Salz sowie Farbstoff enthaltenden Bades angefüllt wird. Durch die abwechselnde Einwirkung des Dampfes und des kochenden Entwicklungsbades tritt in äußerst kurzer Zeit vollständige Reduktion und Fixierung ein. Die für das Fixieren von Druckfarben notwendige Zeitdauer ist länger, da bei diesen Verdickungen anwesend sind und der Feuchtigkeitsgehalt niedriger ist. Nach dem Verlassen des Dämpfers passiert das Gewebe eine Breitwaschmaschine, wo in üblicher Weise gespült, gesäuert, oxydiert, kochend geseift und gewaschen wird.

Das Verfahren wird entweder als Kontinueverfahren von der Pigmentklotzung bis zum letzten Spülen oder in zwei getrennten Arbeitsgängen ausgeführt, wobei der erste Abschnitt das Pigmentklotzen und Trocknen, der zweite das Klotzen mit der Entwicklungsflotte, das Dämpfen und die Fertigstellung umfaßt.

Während dieses Verfahren allgemein mit gutem Erfolg anwendbar ist, z. B. auch bei Geweben mit stark gedrehtem Garn oder bei mercerisierter Ware, kann man das Verfahren, bei dem man ohne Zwischentrocknung aus dem Pigmentklotzbade direkt in das Entwicklungsbad eingeht, nur in manchen Fällen auf nicht mercerisierter Baumwolle oder auf Kunstseidengeweben anwenden. Dem Entwicklungsbad muß immer etwas

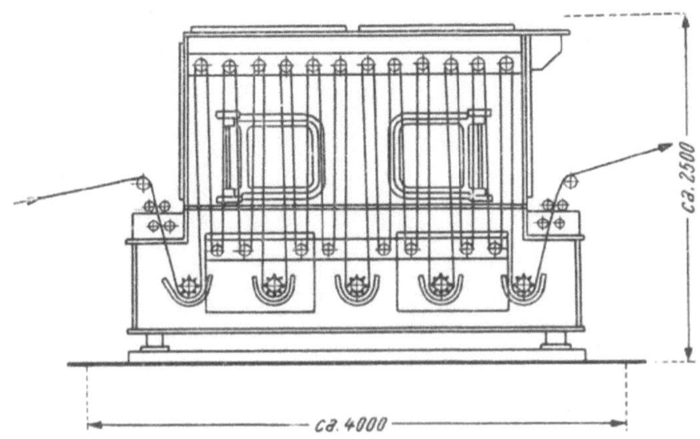

Abb. 6. Kontinue-Naßdämpfer mit Trögen für Lauge-Hydrosulfit (Ludwigshafener Verfahren). Benteler Werke A. G., Bielefeld.

Klotzflotte zugesetzt werden, da ein wesentlich stärkeres Ausbluten als beim Eingehen mit der trockenen Ware eintritt.

Da in dem Pigmentklotzbade kein substantives Aufziehen des nicht verküpten Farbstoffes stattfindet und nur im Dampfe ohne lange Passage durch wässerige Entwicklungsflotten gearbeitet wird, besteht kaum die Gefahr, daß die Ware am Anfang und am Ende ungleich gefärbt aus der Anlage herauskommt.

Das Einstellen des Farbrezeptes wird ausgeführt, indem man einen Gewebestreifen durch die Anlage laufen läßt.

Man arbeitet mit Geschwindigkeiten zwischen 50 und 100 m pro Minute. Das Verfahren wird vor allem bei sehr großen Färbepartien ausgeführt. Aber schon bei 1000 bis 2000 m ist es vorteilhaft anzuwenden.

Zur Bedienung einer Anlage braucht man drei Mann.

Das Pad-Steam-Verfahren kann auch bei Klotzfärbungen mit verküptem Farbstoff sowie für Küpensäureklotzungen mit oder ohne Zwischentrocknung angewendet werden.

Gund[1] beschreibt eine in Leverkusen aufgestellte Apparatur, die für das Klotzdämpfverfahren speziell entwickelt wurde. Auf dieser Anlage durch-

---

[1] Melliand Textilber. **34**, 51—53 (1953).

geführte Versuche zeigten, daß man beim Arbeiten ohne Zwischentrocknung zwischen der Pigmentklotzung und der Chemikalienklotzung weniger gute Erfolge erzielt; außerdem wird von der nassen Ware eine größere Farbstoffmenge im Chemikalienbade abgezogen als von der trockenen.

Einen für das Leverkusener Kontinue-Färbeverfahren sowie für das ursprüngliche Pad-Steam-Verfahren bestimmten Dämpfer bauen die Benteler-Werke in Bielefeld (Abb. 4 und 5). Bei dem in Ludwigshafen ausgearbeiteten Verfahren befinden sich die Tröge für die Lauge und das Hydrosulfit im Dämpfer (Abb. 6).

18. Färben der Küpenfarbstoffe in der Williams Unit[1].

Die Einführung der Williams Unit durch die General Dyestuff Corp. an Stelle der bis dahin verwendeten Rollenkästen in der Kontinue-färberei bildet einen der wichtigsten Fortschritte auf apparativem Gebiete, vielleicht überhaupt den wichtigsten (Abb. 7).

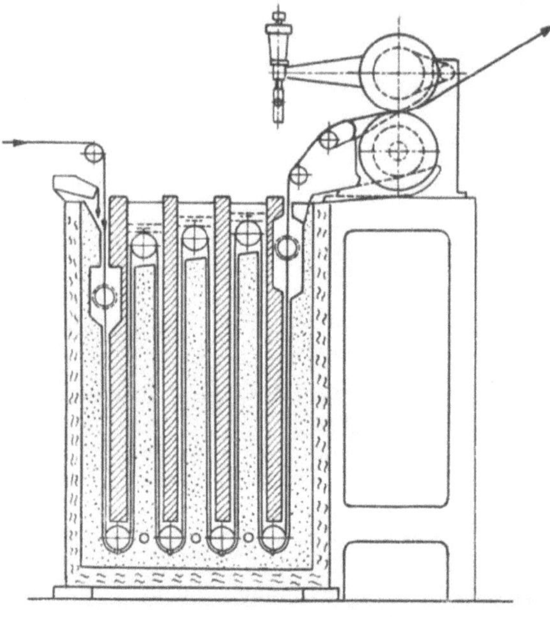

Abb. 7. Williams Unit (Textile World 1947, Mai, S. 143).

Die Williams Unit wird von der Morrison Machine Company, Patterson, New Jersey, gebaut[2]. Der Trog besitzt Dampfkammern mit Schlitzen, in denen die Ware über Leitwalzen wie bei einer gewöhnlichen Rollenkufe geführt wird. Durch versenkbare Verdrängungskörper kann das Flüssigkeitsvolumen noch weiter herabgesetzt werden, so daß dieses ungefähr 300 Liter beträgt, während der Weg der Ware sich auf ungefähr 10 m beläuft. Bei ungefähr gleichem Wege wie in einer normalen Rollenkufe ist daher die Flüssigkeitsmenge auf den dritten bis vierten Teil herabgesetzt, so daß man ein günstiges Flottenverhältnis erreicht. Weiters ist es möglich, die Flotte mittels der Dampfkammern tatsächlich vollständig auf Kochtemperatur zu halten und damit eine rasche Reduktion und Fixierung der Küpenfarbstoffe zu erreichen. Außerdem entstehen

---

[1] WILLIAMS: Amer. Dyestuff Reporter **36**, 256 (1947); Text. World **1947**, Mai, 145ff. — BOARDMAN: J. Soc. Dyers Colourists **66**, 399 (1950). — HAWORTH und KILBY: J. Soc. Dyers Colourists **67**, 509 (1951).

[2] Amer. P. 2364838.

infolge der Passage des Gewebes durch die engen Schlitze zwischen den Dampfkammern und den Verdrängungskörpern Wirbel in der Flotte, die ein gutes Durchfärben begünstigen. Die Flotte fließt aus dem letzten Abteil zu dem ersten dem Warenlauf entgegen.

Die normale Arbeitsweise besteht darin, daß man das Gewebe auf einem Foulard entsprechend dem alten Pigmentklotzverfahren mit der feinverteilten Küpenfarbstoffsuspension klotzt und anschließend in einer Hotflue trocknet. Dann folgen ein oder zwei Williams Units mit einer Natronlauge-Hydrosulfit-Flotte von 100° C, der etwas von der Klotzlösung zugesetzt ist, um eine gleichmäßige Färbung zu erreichen. Das Hydrosulfit wird am besten als Pulver nachgesetzt. Das heiße Reduktionsbad bewirkt einerseits eine rasche Verküpung und Fixierung, anderseits gleichzeitig ein Abziehen des Farbpigmentes. Durch Zusatz eines Teiles der Klotzflotte wird das Gleichgewicht von Beginn an eingestellt. Dies ist durch die Verringerung des Flottenvolumens wesentlich vereinfacht; außerdem wird der Chemikalienverbrauch herabgesetzt. Bei Verwendung von zwei Williams Units kann man mit einer Geschwindigkeit von 100 m in der Minute fahren; die im allgemeinen übliche Geschwindigkeit dürfte 60 m betragen. Man kann die weiteren Operationen ebenfalls in Williams Units oder in gewöhnlichen Rollenkästen ausführen.

Die General Dyestuff Corp. empfiehlt folgende Anlage: 1 Foulard, 1 Hotflue, 2 Williams Units für die Reduktionsflotte, 1 Williams Unit für die kalte Waschflotte, 1 Williams Unit für die Oxydationsflotte, 1 Williams Unit für die heiße Waschflotte, 1 Williams Unit für die Seifenflotte, 1 Williams Unit für die zweite heiße Waschflotte, 1 Trockenanlage.

Man kann die Williams Units außerdem auch zum direkten Färben mit reduzierten Küpenfarbstoffen sowie auch als „Booster" zur Nachbehandlung von Färbungen, die auf dem Foulard mit verküpten Farbstoffen geklotzt wurden, verwenden.

Die Farbrezepte werden auf einer Laboratoriums-Unit eingestellt.

Es soll noch erwähnt werden, daß die Verwendung der Williams Units nicht auf die Küpenfärberei beschränkt ist.

Dan River-Verfahren. Dieses Verfahren schließt sich an die vorangegangenen an. Das Gewebe wird mit der Pigmentdispersion geklotzt und getrocknet. In trockenem Zustande durchläuft es einen Dreiwalzenfoulard, dessen Trog zirka 1600 Liter faßt und mit einer 60 bis 95° C warmen Flotte beschickt ist. Anschließend folgen noch ein oder mehrere Entwicklungsbäder, dann die üblichen Spül-, Oxydations- und Seifbäder. Durch den „Chemischen Foulard" wird die Egalität der Färbung sichergestellt.

19. Färben der Küpenfarbstoffe im Metallbade (Standfast-Verfahren)[1].

Nachdem schon NESTELBERGER im Jahre 1940 bei der I. G. Farbenindustrie A. G.[2]. Versuche ähnlicher Art durchgeführt hatte, die aber

---

[1] Brit. P. 620 584, 661 086. — J. Soc. Dyers Colourists **65**, 412 (1949). — BOARDMAN: J. Soc. Dyers Colourists **66**, 401—405 (1950). — HAWORTH und KILBY: J. Soc. Dyers Colourists **67**, 509—513 (1951).

[2] Franz. P. 900 758.

noch nicht zu technisch verwertbaren Resultaten geführt hatten, gelang es der Firma Standfast Dyers & Printers in Lancaster auf Grund von Versuchen, die seit dem Jahre 1945 unternommen worden waren, die Fixierung von Küpenfarbstoffen mittels einer Passage durch geschmolzenes Metall von höherer Temperatur in kontinuierlicher Arbeitsweise betriebsmäßig auszuführen.

Das Prinzip des Verfahrens besteht darin, daß das mit der Farbflotte imprägnierte Gewebe anschließend durch ein heißes Metallbad geführt wird, wo die Fixierung des Farbstoffes auf der Faser stattfindet. Wie schon an anderer Stelle angeführt wurde, z. B. bei der Beschreibung des Elektrofixierers (S. 263), findet die Fixierung der Küpenfarbstoffe bei einer schlagartigen Wärmeeinwirkung äußerst rasch statt, und zwar viel rascher als beim Färben in Küpen oder selbst beim Dämpfen im Schnelldämpfer. Es lag daher nahe, die erwünschte schlagartige Wärmeeinwirkung durch Berührung des Fasermaterials mit einer heißen Metallfläche herbeizuführen; die Übertragung der Wärme findet dabei noch rascher und intensiver statt als durch die strahlende Wärme im Dämpfer.

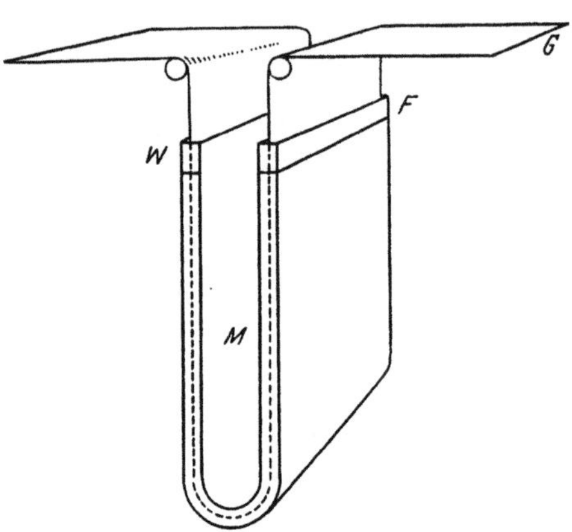

Abb. 8. Anlage für das Standfast-Metallbadverfahren (BOARDMAN, Journ. Soc. Dyers and Colourists, 1950, Bd. 66, S. 401). *F* Färbebad, *M* Metallbad, *W* Waschflüssigkeit, *G* Gewebe.

Die von der Standfast Dyers and Printers Ltd. verwendete Anlage (Abb. 9) besteht im wesentlichen aus einem eisernen U-förmigen Behälter (*B*) zur Aufnahme des flüssigen Metalles (*M*), durch den die mit der Farbflotte imprägnierte Ware breit passiert wird. Die beiden Schenkel dieses Behälters sind ungefähr 1,5 m lang, so daß der Gesamtweg durch das Metallbad etwas mehr als 3 m beträgt. Die Schenkel sind ungefähr 15 cm voneinander entfernt; die lichte Weite des Innenraumes beträgt zirka 2.5 cm; der Behälter ist ungefähr 1,5 m breit. In beiden Schenkeln sind in bestimmten Abständen gegenüber beiden Gewebeseiten Heizrohre (*H*) angebracht, so daß überall im Metallbade die gleiche Temperatur herrscht.

Auf jedem Schenkel des Metallbades ist ein Chassis aus nicht rostendem Stahl mit ungefähr 5 Liter Inhalt aufgesetzt, dessen Boden durch die flüssige Metalloberfläche gebildet wird. Das Chassis an der Wareneingangsseite (*F*) enthält das Färbebad, das an der Warenausgangsseite ein Glaubersalzbad. Das Chassis reicht über die ganze Breite des Metallbades von ungefähr 1,5 m und ist knapp 2,5 cm breit. Es reicht zirka 20 cm über die Oberfläche des geschmolzenen Metalles und zirka 5 cm in dieses hinein. Dies ist deshalb notwendig, da das spezifische Gewicht der Metallegierung ungefähr neunmal so groß ist wie das der wässerigen, auf der Metalloberfläche schwimmenden Flotte, so daß durch die zirka 20 cm hohe Wassersäule die Oberfläche des Metalles um zirka 2,5 cm hinabgedrückt wird. Der Raum in den Metallschenkeln, der das Metallbad enthält, wird durch Verdrängungskörper (V) möglichst verkleinert.

Das Metallbad dient zum Abquetschen der überschüssigen Farbflotte, da die Anlage keine Abquetschwalzen besitzt. Gleichzeitig dient das flüssige Metall, das während des Färbeprozesses auf einer Temperatur von 95 bis 105° C gehalten wird, zum Übertragen der Wärme. Das Gewebe (G) gelangt direkt von dem Färbebad (F) ohne Berührung mit der Luft in das Metallbad (M) und von dort nach vollzogener Fixierung des Farbstoffes in ein Glaubersalzbad, das sich analog in dem Chassis an der Warenausgangsseite (W) befindet, wo die erschöpfte Färbeflotte entfernt wird (Abb. 8).

Das Gewebe (G), das auf Trockenzylinder vorgewärmt wurde, kann direkt in das die Farbstoffküpe enthaltende Chassis (F) geführt werden; man kann aber auch vorher durch einen Färbefoulard (FF) mit Abquetschwalzen (Q) fahren, wo die Ware mit dem verküpten oder unverküpten Farbstoff vorimprägniert wird, und dann erst durch das Chassis (F), aus dem das Gewebe direkt in das Metallbad gelangt (Abb. 10).

Durch die Anordnung eines Chassis mit der auf dem Metallbade schwimmenden Färbeflotte unterscheidet sich das Standfast-Verfahren grundsätzlich von der Versuchsanordnung, die NESTELBERGER verwendete; bei dieser wurde das mit der Farbstofflösung imprägnierte Gewebe in der üblichen Weise abgequetscht und erst später, nachdem es mit der Luft wieder in Berührung gekommen ist, in das Metallbad gebracht.

Nachdem das Gewebe die Standfast-Anlage passiert hat, wird es ent-

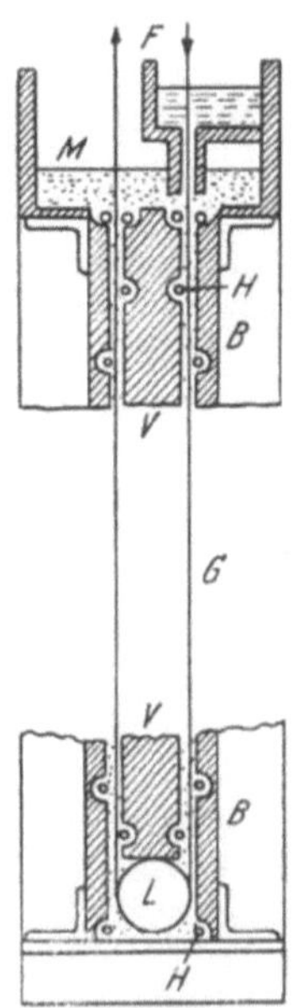

Abb. 9. Querschnitt durch das Metallbad. Nach S. L. BOARDMAN, Silk and Rayon 24, 5, 275—278, Mai 1950. M Metallbad, B Behälter für Metallbad, V Verdrängungskörper, H Heizrohre, L Leitwalze, G Gewebe, F Färbebehälter mit Färbebad.

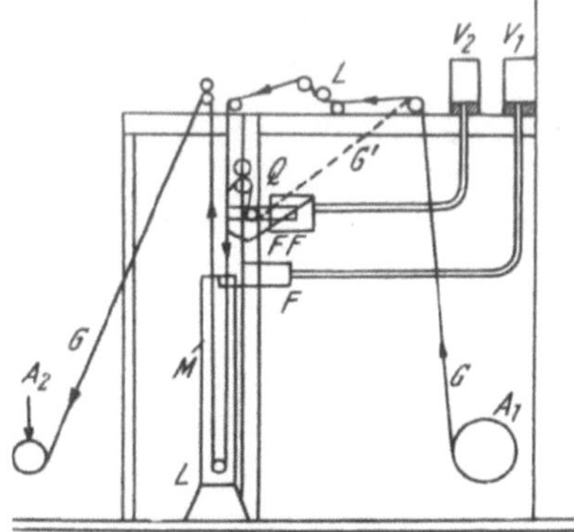

Abb. 10. Schema einer Anlage zum Färben im Metallbade (Standfast Metal Machine Continuous Vat Dyeing Process). G Gewebebahn, V_1, V_2 Vorratsbehälter für Farbstofflösung, F Niveautank mit Färbebad, M Metallbad, A_1 und A_2 Ab- und Aufwickelwalze für Gewebe, L Leitwalzen, FF Färbefoulard mit Quetschwalzen Q, G' Gewebebahn bei Verwendung eines Färbefoulards.

weder aufgewickelt und dann in der üblichen Weise oxydiert, gesäuert, geseift und gespült oder in kontinuierlichem Arbeitsgange direkt von der Standfast-Anlage in eine Breitwaschmaschine geführt, wo es gesäuert, oxydiert, geseift und gewaschen wird.

Die ersten Versuche wurden mit einem Quecksilberbad unternommen. Obwohl sich dieses gut bewährte, kam man davon ab, da die Verwendung des giftigen Quecksilbers eine Gefahr für die damit beschäftigten Personen darstellt. Derzeit wird eine bei 71° C schmelzende Wismut-Kadmium-Zinn-Blei-Legierung (50% Wismut, 10% Kadmium, 13,3% Zinn, 26,7% Blei) verwendet, die ein spezifisches Gewicht von 9 besitzt. Mit Rücksicht auf den Schmelzpunkt der Legierung müssen das Farb- und das Glaubersalzbad sowie auch die Gewebe selbst auf eine höhere Temperatur als diesen gebracht werden, bevor sie mit dem Metallbade in Berührung kommen, um ein Erstarren der Metallegierung zu vermeiden; diese wird während der Arbeit auf einer Temperatur von 95 bis 105° C gehalten. Das Gewebe wird daher über einen Trockenzylinder geleitet, bevor es zum Färben kommt. Wenn die Legierung an der Oberfläche erstarrt, kann die Farblösung durch die erstarrten Metallteilchen aus dem Gewebe herausgekratzt werden, so daß man hellere Längsstreifen auf dem gefärbten Gewebe erhält. Das Metallbad darf aber auch nicht zu heiß werden; bei zirka 110° C bildet sich im unteren Teile des Metallbades aus der vom Gewebe mitgebrachten Farblösung Wasserdampf, der durch das Farbbad entweicht und dort eine unvollständige Berührung der Ware durch die Farbflotte verursacht.

Wie schon erwähnt wurde, besitzt die Anlage keine Abquetschvorrichtung zwischen dem Farbbade und dem Metallbade, so daß das flüssige Metall die Funktion der Abquetschvorrichtung übernehmen muß. Der Druck am Boden der zirka 1,5 m hohen Schenkel beträgt ungefähr 1,5 kg pro Quadratzentimeter. Der Abquetscheffekt beläuft sich auf ungefähr 140%, je nach Art des Gewebes. Das flüssige Metall übt einen vollkommen gleichmäßigen Druck aus und kann seine Oberfläche vollkommen den Ungleichheiten des Gewebes anpassen. Dies ist besonders bei Geweben mit ungleichmäßiger Dicke von Bedeutung, z. B. bei Geweben mit eingewebten Mustern oder bei Samten, die dünnere Leisten besitzen, und in anderen ähnlichen Fällen. Bei derartigen Geweben wird durch Quetschwalzen mehr Flüssigkeit aus den dicken Gewebestellen herausgequetscht als aus den dünneren, so daß bei raschem Warendurchlauf durch Kontinuefärbeanlagen mit Quetschwalzen die dickeren Stellen des Gewebes heller gefärbt werden als die dünneren.

Für die Gleichmäßigkeit der Färbung auf der Standfast-Anlage ist auch der Umstand von großer Bedeutung, daß sie unter vollkommenem Luftabschluß stattfindet. Dadurch werden vor allem die in der Jiggerfärberei auftretenden Fehler, wie dünklere Ränder, Nahtabdrücke u. dgl., vermieden.

Durch den vollständigen Luftabschluß wird gleichzeitig die außerordentlich rasche Wärmeübertragung ermöglicht. Daß die zu erwärmende Flüssigkeitsmenge, die vom Gewebe mitgebracht wird, klein ist, erleichtert weiter die Wärmeübertragung. Die im Gewebe enthaltene Farblösung wird dabei schlagartig auf ungefähr 95° C gebracht. Bei dieser Temperatur findet das Aufziehen und die Fixierung des Leukofarbstoffes äußerst rasch statt. Man kann auch Farbstoffe, welche normalerweise nach verschiedenen Färbeverfahren gefärbt werden müßten, gemeinsam färben; so ist z. B. die Kombination des IK-Farbstoffes Indanthrenrot RK (Caledonrot BN) mit IN-Farbstoffen, wie Indanthrengelb G (Caledongelb G) und Indanthrenblau BC (Caledonblau RC), möglich.

Da die Farbstoffaufnahme und die Fixierung in sehr kurzer Zeit stattfinden, kann einerseits das Volumen des Farbbades und des Metallbades sehr klein gehalten werden, anderseits kann man mit großer Geschwindigkeit die Ware durch die Bäder passieren. Nach den Angaben, die BOARDMAN in einem Vortrage vor der Society of Dyers and Colourists machte, ist es möglich, jede beliebige Küpenfarbstoffkombination in jeder gewünschten Tiefe mit einer Mindestgeschwindigkeit von 30 Yard pro Minute zu färben. Die Höchstgeschwindigkeit, die durch maschinentechnische Ursachen bedingt war und bei der man auch einwandfreie Färbungen erhielt, betrug 120 Yard. Dies bedeutet eine Passagedauer von 0,44 Sekunden im Farbbade und 6,7 Sekunden im Metallbade bei einer Geschwindigkeit von 30 Yard pro Minute, bzw. von 0,11 Sekunden im Farbbade und 1,67 Sekunden im Metallbade bei einer Geschwindigkeit von 120 Yard pro Minute. Die Geschwindigkeit, mit der man fährt, ist nach diesen Angaben ohne Einfluß auf den Ausfall der Färbung und auf die Farbtiefe; man kann die Geschwindigkeit von 100 Yard auf 30 Yard herabsetzen, ohne daß die Fixierung verändert würde. Nach anderen Angaben[1] sollen aber die Farbstoffausbeuten geringer sein als etwa beim Pad-Steam-Verfahren; die indigoiden Farbstoffe, wie Algolorange G oder Indanthrenscharlach B, sollen sich günstiger als Indanthrenblau GCD oder Indanthrenbrillantgrün B verhalten. Um eine bessere Farbstoffausnützung zu erzielen, müßte das Metallbad vergrößert werden, was mit großen Kosten verbunden wäre. Wie dem auch sei, Tatsache ist, daß bis Ende 1951 über 17 Millionen Yard Gewebe nach dem Standfast-Verfahren gefärbt wurden, wobei eine Produktionsziffer von 45000 Yard in einer 11-Stundenschicht auf einer Anlage erreicht wurde.

Das Färbebad muß auf einer Temperatur von ungefähr 75° C gehalten werden, damit nicht der Erstarrungspunkt der Metallegierung von 71° C unterschritten wird. Die Färbeflotte wird in einem Vorratsbehälter in kaltem Zustande angesetzt. Sie enthält mehr Lauge und Hydrosulfit als normal. In kaltem Zustande ist die Flotte mehrere Stunden haltbar. Auch die Netz-, Stabilisierungs- und Dispergierungsmittel werden der Farbflotte zugesetzt. Erst knapp vor dem Gebrauch wird die Flotte mittels einer Passage durch einen wirksamen Heizapparat auf dem Wege von dem Vorratsbehälter zu dem Farbbade auf die Temperatur von 75° C gebracht. Da das Farbbad nur ein kleines Volumen faßt und daher

---

[1] Z. B. NESTELBERGER: Melliand Textilber. **32**, 955 ff. (1951).

rasch erneuert wird, ist die Gefahr der Zerstörung von Küpenfarbstoffen in der warmen, stark alkalischen Küpe und auch die Bildung von Sulfiden auf der Metalloberfläche durch Zersetzung des Hydrosulfits vermieden. Während eines Zeitraumes von wenigen Sekunden tritt im Erhitzer und im Metallbad die Reduktion des Farbstoffes ein; dagegen ist der Farbstoff im Vorratsbehälter in dem kalten Ansatzbad nur zu einem geringen Teile reduziert. Zwecks Hintanhaltung der Bildung von Sulfidschaum auf der Metalloberfläche erwies sich der Zusatz der halben Menge Glukose vom Hydrosulfitgewicht, das sind zirka 15 g, als vorteilhaft.

Als optimales Verhältnis ergab sich nach Angaben, die SPEKE vor dem Schwedischen Färber-Verein in einem Vortrage am 16. April 1951 machte, ein solches von zwei Teilen Hydrosulfit auf einen Teil Ätznatron. Der Verbrauch an Hydrosulfit und Alkali beträgt ungefähr den dritten Teil des Verbrauches bei Jiggerfärbungen.

Die Zufuhr der Farbstofflösung in das Färbebad erfolgt durch ein perforiertes Rohr über die ganze Warenbreite zu beiden Seiten des Gewebes; außerdem läßt man die Flotte innerhalb des Farbbades zirkulieren (zirka 30 Liter pro Minute). Dadurch findet sowohl eine vertikale als auch eine horizontale Bewegung der Flüssigkeit statt, so daß auch bei der extrem niedrigen Zeitdauer von 0,11 Sekunden, während der sich das Gewebe bei einer Geschwindigkeit von 120 Yard pro Minute im Färbebade befindet, eine gleichmäßige Imprägnierung gewährleistet wird.

Das Färbebad enthält ungefähr 5 Liter. Dadurch ist eine hinreichend rasche Erneuerung der Farbflotte sichergestellt, um eine Zersetzung der Küpe oder eine Zerstörung des Farbstoffes durch eine zu lange Einwirkung in der Wärme zu vermeiden. Außerdem ist es dadurch möglich, die Färbe- und die Nachsatzflotte auf der gleichen Konzentration zu halten.

Es ist wichtig, daß der Stoff gleichmäßig genau in die Mitte des Metallbades einläuft, um eine Berührung der Wände zu vermeiden. Dies wird durch Führungswalzen erreicht, die zu beiden Seiten des Farbbades angebracht sind. Wenn das Gewebe mit der Wand in Berührung gekommen ist, wird es durch das Metall, das am Boden des Metallbades einen Druck von $1^{1}/_{2}$ kg pro Quadratzentimeter ausübt, sehr fest angepreßt, so daß es nur unter Anwendung eines starken Zuges möglich ist, das Gewebe wieder von der Wand zu trennen; eine Trennung des Gewebes von der Wand ohne Beschädigung ist daher kaum möglich. Man hat deshalb die Seitenwände des Metallbades durch im Schnitte dreieckige Vertiefungen, die ungefähr 0,6 cm tief und 0,6 cm an der Grundfläche breit sind, mit Zacken versehen. Dadurch wird die Berührungsfläche zwischen der Wand und dem Gewebe auf ein Minimum verringert.

Die Farbrezepte werden vor dem Färben auf einer analog gebauten kleinen Laboratoriumsmaschine eingestellt, deren Farbbad ungefähr 100 cm³ faßt; durch diese Maschine läßt man das Versuchsmuster innerhalb von 15 Sekunden durchlaufen.

Nach dem Verlassen des Metallbades läuft das Gewebe durch das beim Ausgang auf dem Metallbade schwimmende Waschbad. Dieses soll das Mitreißen von Metallteilchen verhindern. Es muß ebenfalls auf einer höher als der Schmelzpunkt der Legierung liegenden Temperatur gehalten werden. Da sich das Bad sofort mit Lauge und Hydrosulfit anreichert, muß es Glaubersalz enthalten, um das Abziehen der Leukoverbindung von der Faser zu verhindern oder zumindestens einzuschränken. Von diesem Bade läuft das Gewebe kontinuierlich zu einer Breitwaschmaschine, wo es in üblicher Weise fertiggestellt wird.

Es besteht weiters die Möglichkeit, das Pigmentklotzverfahren auf der Standfast-Anlage auszuführen. In diesem Falle wird die Ware auf einem gewöhnlichen Foulard mit dem unverküpten Farbpigment geklotzt; dann wird in einem Heißlufttrockenapparat getrocknet und auf Wagen abgetafelt. Dann läßt man die Ware durch die Standfast-Anlage laufen; das Farbbad wird dabei mit Lauge, Hydrosulfit und einer kleinen Menge der Pigmentklotzflotte beschickt. Der weitere Vorgang ist der gleiche wie beim Färben mit dem mit Farbstoff, Lauge und Hydrosulfit angesetzten Farbbade. Die Durchfärbung ist ausgezeichnet. Aber auch bei der normalen Färbeweise ist die Durchfärbung sehr gut, da mit einer hohen Färbetemperatur gearbeitet wird und durch das Metallbad ein gleichmäßiges Eindringen der Farbflotte erreicht wird.

Nach den Angaben von CLARK[1] arbeitet man bei schwachen bis mittleren Farbtönen mit einer Geschwindigkeit von 55 bis 90 m, bei mittleren bis dunklen Farbtönen mit einer Geschwindigkeit von 28 bis 55 m pro Minute.

Auch in arbeitstechnischer Hinsicht bietet das Verfahren Vorteile. Da der Farbtrog nur klein ist, läßt sich in kurzer Zeit ein Farbwechsel durchführen, indem die in der Färbeanlage befindliche Farbflotte aus den Zuleitungen und dem Trog herausgepumpt und eine heiße Lösung von Lauge und Hydrosulfit durch das ganze System gepumpt wird. Innerhalb weniger Minuten ist die Anlage gereinigt und nach Entfernung der Waschflüssigkeit kann die neue Farblösung eingelassen werden. Dadurch ist auch das Färben von kleinen Partien noch ökonomisch, da sowohl der Verlust an Farbflotte als auch an Zeit, die für das Umstellen verbraucht wird, in engen Grenzen gehalten wird. Im Gegensatz dazu sind andere kontinuierliche Arbeitsmethoden, z. B. das Färben in Rollenkufen, in den Williams Units usw. erst bei größeren Färbepartien rationell. Nach Angabe von BOARDMAN kann man sich auch beim Färben größerer Partien einen Mann ersparen im Vergleich zu den amerikanischen Verfahren. Der Vorteil im Vergleich zu der normalen Färbeweise auf dem Jigger ist ein noch größerer, denn die pro Mann gefärbte Menge ist ungefähr vier- bis fünfmal so groß bei besserer Egalität und Durchführung.

Die Lichtechtheit der nach dem Standfast-Verfahren gefärbten Küpenfärbungen soll gleichwertig der normaler anderer Färbungen sein, die Waschechtheit infolge der angeblich besseren Fixierung noch besser.

Es soll noch erwähnt werden, daß NESTELBERGER, der bei manchen Küpenfarbstoffen eine unvollständige Fixierung infolge der kurzen

---

[1] Amer. Dyestuff Reporter **40**, 315ff. (1951).

Färbe- und Fixierungsdauer befürchtet, vorschlägt, unmittelbar an das Metallbad einen luftfreien Dämpfer anzuschließen.

GUND (Leverkusen) schlägt etwa zwei- bis dreimal längere Tauchzeiten vor als die von BOARDMAN angegebenen, um eine vollständigere Fixierung zu erreichen, außerdem höhere Temperaturen, die auch NESTELBERGER vorschlägt[1]. ZIEGLER berechnet die Kosten der Metallfüllung mit 35000 DM für eine Füllung von 2 Tonnen. Die hohen Kosten stehen der im Interesse der Farbstoffausnutzung anzustrebenden Verlängerung des Metallbades entgegen.

20. Färben der Küpenfarbstoffe im heißen Ölbade[2].

Die General Dyestuff Corp. entwickelte ein Verfahren zum kontinuierlichen Färben von Küpenfarbstoffen und Schwefelfarbstoffen, das dem Standfast-Verfahren ähnlich ist, bei dem aber an Stelle des Metallbades ein Heißölbad zur Anwendung gelangt. Die Farbstoffe werden wie beim Pigmentklotzverfahren in unverküptem Zustande auf das Gewebe geklotzt. Das Gewebe kommt dann ohne Zwischentrocknung oder nach einer Zwischentrocknung in einer Hotflue in eine Williams Unit, die ein 40 bis 50° C warmes Bad mit Natronlauge und Hydrosulfit enthält. Von dem Reduktionsbad läuft das Gewebe in eine zweite Williams Unit, die ein 102° C warmes Mineralöl (Weißöl) enthält. Bei dieser Temperatur findet die vollständige Reduktion und Fixierung des Farbstoffes innerhalb von 10 bis 12 Sekunden statt. Die Williams Unit wird nur halb mit Wasser angefüllt, um ein Überschäumen beim Eintritt der feuchten Ware zu vermeiden. Das Nachlauföl ist auf 70° C vorgewärmt. Das Gewebe läuft aus dem Ölbad in eine Williams Unit, die Igepal C von 20 bis 25° C enthält, um das mitgerissene Öl zu entfernen. Dann folgen die üblichen Operationen des Säuerns, Oxydierens, heißen Seifens und Spülens. Bei hellen Nuancen entfällt die Zwischentrocknung.

Da das Öl nicht durch die Farbstoffe verschmutzt wird, kann man ohne Schwierigkeiten verschiedene Nuancen hintereinander färben.

Man arbeitet mit einer Geschwindigkeit von 45 bis 70 m pro Minute. Beim Färben eines Gewebes mit einem Gewicht von 150 g muß man mit einem Ölverlust von ungefähr 5 Liter pro 150 m rechnen. Das mitgeschleppte Öl soll aber wieder zurückgewonnen werden können.

Das Oxydieren, Seifen und Spülen kann außer in Williams Units auch in gewöhnlichen Rollenkufen ausgeführt werden.

Bei Schwefelfarbstoffen imprägniert man das Gewebe mit dem reduzierten Farbstoff und geht dann direkt in das 107° C warme Ölbad ein.

Das Heißölverfahren der General Dyestuff Corp. ist nicht patentiert.

---

[1] S. a. ZIEGLER: Melliand Textilber. **32**, 626—628 (1951).

[2] General Dyestuff Corp., Techn. Bulletins Ex 175 E u. a.; Amer. Dyestuff Reporter 40, 172 ff. (1951); Reyon u. Zellw. **3**, 154, 168 (1952); Melliand Textilber. **32**, 737 (1951); J. Soc. Dyers Colourists 67, 512 (1951); S. V. F.-Fachorgan f. Textilveredlung **1951**, 346—348.

21. Vat-Craft-Verfahren[1].

Das Gewebe wird mit einer Lösung von Farbstoffen imprägniert, die durch Bestrahlung in unlösliche Farbpigmente umgewandelt werden. Um die Reaktion zu beschleunigen, wird ein radioaktives Isotop des Urans UXI der Farbstofflösung zugesetzt.

Das Gewebe wird durch die Farbstofflösung, die den radioaktiven Katalysator enthält, durchgenommen, abgequetscht, dann durch eine photosensibilisierende Lösung (Uranylazetat) passiert und wieder abgequetscht. Das Gewebe läuft dann durch die Entwicklungskammer, die zwei Regale mit je 15 Beleuchtungskörpern, die durch Schirme aus 96%igem Quarzglas abgedeckt sind, enthält. Diese Beleuchtungskörper liefern 112,5 kW. Angeblich sollen die Farbstoffe vollkommen entwickelt sein, wenn das Gewebe die Kammer verläßt. Das Gewebe läuft dann durch Wasser, wo es gereinigt wird, und kann dann in üblicher Weise fertiggestellt werden.

Nach den Berichten sollen die Mindestauftragsmengen 5000 Yards sein. Hinsichtlich des Färbens von dunklen Nuancen ist man noch nicht so weit wie bei mittleren und hellen Nuancen.

22. Küpenfärbeversuche mit Hörschall und Ultraschall.

M. BRÄUER[2] und Prof. RATH[3] berichten über Versuche zur Verwendung des Hörschalles und Ultraschalles in der Küpenfärberei der vegetabilischen, animalischen und synthetischen Fasern, die zwar noch nicht zu betriebsmäßiger Anwendung führten, aber auf jeden Fall erfolgversprechend sind. (In den USA. sollen angeblich Apparate mit Hörschall in Betrieb sein.) Dabei erwies sich der Hörschall infolge der geringeren Absorption durch das Fasermaterial (größere Reichweite) als geeigneter als der Ultraschall. Der Hörschall bedingt geringere Unkosten als der Ultraschall. BRÄUER verwendete Frequenzen von 50 Hz. Es zeigte sich, daß durch die Beschallung die Stabilität der Küpen nicht beeinträchtigt wurde. Die Versuche wurden mit dem für den betreffenden Küpenfarbstoff günstigsten Verfahren ausgeführt. Meistens erhält man durch die Beschallung tiefere Färbungen, besonders bei Farbstoffen mit hoher Eigensubstantivität, wie z. B. bei Indanthrenbrillantviolett RR oder bei Indanthrenoliv T; dagegen ergaben sich bei Farbstoffen mit geringer Eigensubstantivität, wie Indanthrenbrillantscharlach RK oder bei Indanthrentürkisblau 3 GK keine Unterschiede zwischen der nicht beschallten und der beschallten Färbung. Bei schlecht durchfärbbaren Geweben (Popeline, Leinengewebe) wurde weder eine Verbesserung der Durchfärbung noch eine Erhöhung der Reibechtheit erzielt. Bei Naturseide und Wolle sind die Unterschiede in der Farbtiefe am geringsten,

---

[1] Vat Craft Corporation, Amer. Dyestuff Reporter **38**, 960 (1947). — HAWORTH und KILBY: J. Soc. Dyers Colourists **67**, 512 (1951). — Brit. Rayon a. Silk J. **26**, 308 (1950).

[2] Melliand Textilber. **32**, 701ff. (1951).

[3] Melliand Textilber. **33**, 211, 311, 859ff. (1952).

bei Baumwolle, Kunstseide und Leinen wurden größere Unterschiede festgestellt. Bei Perlon ist die Farbvertiefung schon bei 60° C beträchtlich, bei 80° C außergewöhnlich groß. Durch den Hörschall kann bei Leinen eine Faserschädigung eintreten. Es konnte eine wesentlich raschere Farbstoffaufnahme (ein Viertel bis ein Neuntel der normalen Zeit) beobachtet werden. Ultraschall ist noch etwas wirkungsvoller; bei schwer durchfärbbaren Geweben bewirkt Ultraschall im Gegensatz zum Hörschall eine Verbesserung der Durchfärbung.

23. Färben von Kunstseide und Zellwolle mit Küpenfarbstoffen.

Infolge der größeren Affinität und der starken Quellung der regenerierten Zellulose treten beim Färben mit Küpenfarbstoffen größere Schwierigkeiten ein als beim Färben von Baumwolle und anderen nativen vegetabilischen Fasern. Es ist daher schwieriger, gute Durchfärbung und egale Färbung zu erzielen. Obwohl grundsätzlich nach den für die Baumwolle üblichen Verfahren gearbeitet wird, sind gewisse Abänderungen der normalen Arbeitsweise notwendig. Vor allem sind die Chemikalienzusätze niedriger zu bemessen als dies in der Baumwollfärberei üblich ist:

Tabelle 4.

	Verfahren IN	Verfahren IW	Verfahren IK
Natronlauge 38° Bé im Liter	6—12 cm³	3,5—6 cm³	3,5—6 cm³
Hydrosulfit konz. Pulver im Liter	bei hellen Färbungen (1—10% Farbstoff Teig) 1,5—2 g bei mittleren Färbungen (10—20% Farbstoff Teig) 2—3 g bei dunklen Färbungen (über 20% Farbstoff Teig) 3—4 g		
Glaubersalz kalz. oder Gewerbesalz im Liter	—	bei hellen Färbungen 0—2,5 g bei mittleren Färbungen 2,5—5 g bei dunklen Färbungen 5—10 g	doppelte Menge wie bei Verfahren IW

Man färbt meistens in einem längeren Flottenverhältnis als bei Baumwolle, etwa 1:30. Um die Ware zu schonen, werden außer spannungslosen Jiggern vielfach auch Haspelkufen zum Färben von Stückware verwendet, während Garne auf der Kufe, auf Strangfärbemaschinen oder auf Apparaten gefärbt werden.

Man geht besonders bei Kunstseide (Viskose- und Kupferseide) auch bei Verwendung von IW- und IN-Farbstoffen bei möglichst niedriger Temperatur ein und erwärmt allmählich auf eine Temperatur von 50 bis 60° C. Dagegen ist es bei IK-Farbstoffen im Interesse der besseren Egalität empfehlenswert, bei 40 bis 50° C einzugehen und im erkaltenden Bade zu Ende zu färben. Unbedingt soll man mit trockenem Material eingehen, da nasses Material infolge der schon vorhandenen Quellung dem Eindringen der Flotte einen größeren Widerstand entgegensetzt.

Falls beim Färben von Kunstseide mit IN-Farbstoffen Egalisierungsschwierigkeiten auftreten, ist es zweckmäßiger, den Farbstoff in möglichst kurzer Stammküpe mit möglichst wenig Natronlauge bei 60° C zu verküpen und bei 30° C zu färben. Zum Verküpen braucht man ungefähr die zwei- bis dreifache Menge Natronlauge 38° Bé und die ein- bis zweifache Menge Hydrosulfit vom Farbstoffpulvergewicht. Das Färbebad wird mit 2 bis 4 cm³ Natronlauge und 2 bis 3 g Hydrosulfit pro Liter vorgeschärft, weiters setzt man netzende und dispergierende Hilfsmittel, wie Igepon T oder Humectol, sowie das Aufziehen des Farbstoffes verzögernde Mittel, wie Peregal O oder Albatex, zu. In weiterer Entwicklung entstanden aus diesem Verfahren das Stammküpenverfahren mit hydrolysierter Natrium-Leukoverbindung, und das Küpensäureverfahren, über die an anderer Stelle ausführlich berichtet wird (S. 190, 225).

Das Färben von Mischgeweben aus Baumwolle und Viskosekunstseide oder Kupferkunstseide wird durch die ungleiche Affinität der beiden Fasern noch komplizierter. Aber auch bei Mischgarnen aus Baumwolle und Zellwolle bewirkt das ungleiche Farbstoffaufnahmevermögen eine erhöhte Neigung zu unegalen Färbungen.

Im allgemeinen sind die IK- und IW-Farbstoffe zum Färben zu bevorzugen, da sie bessere Resultate hinsichtlich Fasergleichheit ergeben. Eine wesentliche Verbesserung läßt sich in vielen Fällen dadurch erzielen, daß man in kurzer Flotte mit dem verküpten Farbstoff klotzt. Dieses Verfahren ist vor allem dann empfehlenswert, wenn helle Ton-in-Ton-Färbungen herzustellen sind. Die Klotzflotte wird folgendermaßen angesetzt:

1 bis 2 g   IN-Farbstoffpulver,
500 cm³   Wasser 50° C,
4 bis 8 g   Natronlauge 38° Bé,
1,5 g   Hydrosulfit,
60 g   Leimlösung 5%ig.

Nach dem Verküpen bei 50° C werden 2 g Nekal BX zugesetzt und auf 1 Liter aufgefüllt.

IK- und IW-Farbstoffe werden nach den üblichen Verfahren in möglichst kurzer Stammküpe verküpt, die dann der Klotzflotte zugesetzt wird.

Man klotzt bei 30° C, verlüftet, spült, seift kochend.

Falls Durchfärbeschwierigkeiten vorliegen, kann man durch Färben bei erhöhter Temperatur von 80 bis 90° C wie bei rein baumwollenen Geweben manchmal gute Erfolge erzielen. Dabei ist der Zusatz von Sulfitzelluloseablauge (Dekol), Peregal O u. dgl. günstig.

Noch bessere Resultate sind bei Verwendung des Pigmentklotzverfahrens zu erzielen.

Für das Färben von Garnen aus regenerierten Zellulosen und besonders von Mischgarnen eignen sich außer dem Pigmentklotzverfahren noch das Stammküpen- und das Küpensäureverfahren sowie das Temperaturstufenverfahren sehr gut, über die an anderer Stelle berichtet wird (S. 190, 225, 227).

Zwecks Erzielung einer guten Durchfärbung und guter Egalität ist die Reinheit der Fasern von ausschlaggebender Bedeutung. Bei Baumwolle sind diesbezüglich keine großen Schwierigkeiten; während regenerierte Zellulose zwar von Haus aus reiner ist, erschwert aber die starke Quellung in Wasser und besonders in Alkalien die Reinigungsoperationen. Wesentlich schwieriger sind die Verhältnisse, wenn es sich um gemischtes Farbgut handelt. Wenn man in Mischgarnen die Zellwolle schonen will, so wird die Baumwolle nicht genügend gereinigt. Man ist unter diesen Umständen besonders beim Färben von Mischgarnen meistens gezwungen, eines der erwähnten Spezialverfahren zu verwenden.

Unter den verschiedenen Spezialverfahren ist das Pigmentfärbeverfahren am leichtesten zu handhaben und auch für empfindliche Waren geeignet, wo man Gewebe ohne jegliche Spannung färben will. Es ist auch für Stranggarn geeignet. In der Apparatenfärberei genügt es meistens nicht, besonders wenn es sich um hart gedrehtes oder gezwirntes Garn handelt. In diesem Falle muß man das Stammküpen- oder das Küpensäureverfahren anwenden, um eine genügende Egalität und Durchfärbung zu erreichen. Das Temperaturstufenverfahren besitzt ebenfalls den Vorzug der einfachen Handhabung, aber es ist beim Färben von leicht quellbarem Material aus regenerierter Zellulose weniger geeignet, da die Quellung, die bei der niedrigen Anfangstemperatur eintritt, die Zirkulation der Flotte im Apparate behindert.

Zum Färben von empfindlichen Geweben aus Zellwolle oder Kunstseide hat sich das Pigmentfärbeverfahren[1] dann gut bewährt, wenn man das Pigmentklotzverfahren nicht anwenden will, um die Behandlung des Gewebes auf dem Foulard zu vermeiden, und auf der Haspelkufe arbeitet, z. B. bei der Küpenfärberei von Kreppware. Man läßt die Ware im üblichen Flottenverhältnis zuerst in der wässerigen Suspension des feinst verteilten Küpenfarbstoffes (Pulverfein-Marke), der man 1 cm³ Peregal OK und 5 cm³ Dekol je Liter zusetzt, bei 85 bis 90° C eine halbe Stunde lang vorlaufen. Dann wird die erforderliche Menge Natronlauge (7 bis 12 cm³ pro Liter je nach Farbtiefe) und 0,5 g Tannin oder 0,5 g Brenzkatechin zugesetzt und durch portionenweisen Zusatz von Hydrosulfit in Mengen von 0,5 bis 1 g pro Liter eine allmähliche Verküpung bewirkt. Die Geschwindigkeit des Hydrosulfitzusatzes und die Gesamtmenge, die zugesetzt werden muß, ist von den jeweiligen Verhältnissen abhängig. Außerdem setzt man 0,75 g Humectol CX je Liter zur Vermeidung von Schaumflecken zu, sobald der Farbstoff bereits teilweise verküpt ist. Gegen Ende des Färbeprozesses muß die Küpe einen normalen einwandfreien Reduktionsstand zeigen. Das Färben in der Küpe dauert ³/₄ bis 1 Stunde; währenddessen wird die Temperatur auf 85 bis 90° C gehalten, um eine zu starke Quellung des Materiales zu vermeiden. Die Haspeln der Haspelkufe sollen für dieses Verfahren möglichst niedrig gelagert sein, damit der Luftweg möglichst verkleinert wird. Da die Natrium-Leukoverbindungen mancher Farbstoffe durch die lange Einwirkung der 85

---

[1] GUND: Melliand Textilber. **24**, 436 (1943).

bis 90° C heißen alkalischen Küpe angegriffen werden können, soll die Färbedauer nicht über eine Stunde ausgedehnt werden. Man muß daher trachten, die nötige Farbstoffkombination schon durch Vorversuche festzulegen, um nachträgliches Nuancieren möglichst zu vermeiden. Gut geeignete Farbstoffe sind: Indanthrengelb 3 GFN, G, Indanthrengoldorange 3 G, Indanthrenscharlach GG, Indanthrenrot FFB, Indanthrenviolett FFBN, Indanthrenblau GCD, 5 G, Indanthrenmarineblau G, Indanthrenolivgrün B, Indanthrenoliv R, Indanthrenbraun R, 3 GT, G, GG, Indanthrenrotbraun GR und 5 RF. Nach dem Färben wird gespült, indem man gleichzeitig Wasser zulaufen läßt, während man die Flotte ablaufen läßt, bis das Spülwasser klar ist. Dann wird in der üblichen Weise mit Natriumperborat oder einem anderen Oxydationsmittel oxydiert, gesäuert, kochend geseift und gespült.

Das Verfahren ist in der gleichen Weise auch für das Färben von Stranggarn auf Maschinen oder in der Wanne geeignet. Für die Apparatenfärberei ist es weniger zu empfehlen (S. 221).

Die verwendeten Pulverfein-Marken besitzen einen Teilchenradius von 0,01 bis 0,18 μ, so daß sie schon den Leukoküpenfarbstoff-Peregal-Aggregaten, deren mittlerer Teilchenradius nach VALKO 0,0388 μ beträgt, nahekommen. Derartige Suspensionen, die schon fast den Eindruck echter Lösungen bewirken, lassen sich in langer Flotte verhältnismäßig leicht verküpen. Man kann entweder zuerst die ganze Natronlaugenmenge und dann erst das Hydrosulfit allmählich in kleineren Portionen zusetzen oder die Natronlauge und das Hydrosulfit gleichzeitig in mehreren Portionen. Bei Farbstoffen mit großer Neigung zur Enol-Ketoumlagerung (S. 133), vor allem bei den Indanthrenblaumarken, bei Indanthrenoliv T und Indanthrenolivgrün GG ist es aber sicherer, zuerst die ganze Natronlaugenmenge zuzusetzen und dann erst durch allmählichen Hydrosulfitzusatz die Bildung der Natrium-Leukoverbindung zu bewerkstelligen. Durch den Zusatz der Natronlauge zu dem nicht verküpten Farbstoff wird auch bewirkt, daß ein gewisser Anteil des Pigmentes an der Faseroberfläche stärker festgehalten wird. Ähnlich wirken auch andere Elektrolyte, vor allem Glauber- und Kochsalz sowie verschiedene faseraffine Textilhilfsmittel.

Beim Färben von Fasern aus regenerierter Zellulose arbeitet man bei höherer Temperatur, um die Quellung zurückzudrängen, gleichzeitig wird das Wandern des Farbstoffes von Stellen höherer Konzentration auf der Faser zu solchen niedrigerer begünstigt. Das zum Färben gelangende Material soll trocken sein.

Ein hierher gehörendes Verfahren, welches besonders für das Färben von Mischgeweben aus Viskoseseide und Baumwolle von der ICI ausgearbeitet wurde, ist der „Gum Tragasol Pigment Padding Process". Dabei wird die Neigung der Farbstoffe, in die blinde Küpe zu wandern und dann die Kunstseide in verstärktem Maße anzufärben, dadurch verringert, daß man Gum Tragasol zusetzt. Gum Tragasol ist ein Johannisbrotmehlprodukt, das durch Alkali leicht koaguliert wird. Dadurch wird das Wandern des nicht reduzierten Farbstoffes — ähnlich wie bei dem Colloresinverfahren der I. G. — in das Lauge-Hydrosulfit-Bad verhindert. Die Klotzflotte wird nach folgender Vorschrift angesetzt:

    1,3 kg   Gum Tragasol wird unter ständigem Rühren langsam in
    100 Liter   Wasser eingestreut, welches
    40 g   Borax und
    160 g   Essigsäure 50%ig enthält.

Man läßt die Flüssigkeit 15 Minuten stehen, dann wird während 15 Minuten aufgekocht, bis ein klarer Schleim erhalten wird. Dann setzt man 1 kg eines Netzmittels, z. B. Calsolenöl der ICI zu und füllt auf 130 Liter auf. Die Lösung wird vor dem Gebrauch durch ein Sieb passiert. Der Farbstoff wird mit wenig Wasser angeteigt und mit der 1%igen Lösung des Gum Tragasol auf das Volumen des Foulard-Troges verdünnt. Dann wird nach dem normalen Pigmentklotzverfahren weiter gearbeitet. Der Reduktionsflotte setzt man Glauber- oder Kochsalz zu, um das Bluten noch weiter zu vermindern. Durch Trocknen nach dem Klotzen ist es bei manchen Farbstoffen möglich, die Baumwolle tiefer als die Kunstseide anzufärben[1].

24. Apparatenfärberei mit Küpenfarbstoffen.

Lose Baumwolle und Kardenband werden auf Apparaten nach dem Packsystem, Garn in Form von Kopsen und Kreuzspulen auf Apparaten nach dem Aufstecksystem oder als Ketten auf Kettbaumfärbeapparaten gefärbt. Beim Färben mit Küpenfarbstoffen auf Apparaten stellt die gleichmäßige Durchdringung des gesamten Materiales die größte Schwierigkeit dar. Es ist daher beim Färben auf Packapparaten wichtig, daß das Material möglichst fest und gleichmäßig eingelegt wird, damit sich keine Kanäle bilden und die Flotte alle Teile gleichmäßig durchdringt. Beim Färben von Kopsen oder Kreuzspulen auf Packapparaten müssen deshalb die Zwischenräume mit losem Material oder Garn ausgefällt werden. Am zweckmäßigsten sind Apparate mit Schleudervorrichtung; auf diesen Apparaten wird das Material vor dem Färben abgekocht, gespült, geschleudert und nach dem Färben fertiggestellt. Beim Färben nach dem Aufstecksystem werden die Kopse oder Kreuzspulen auf durchlochte Spindeln gesteckt; die Hülsen sind ebenfalls durchlocht; für Ketten werden perforierte Kettbäume verwendet. Wichtig ist in allen Fällen, daß das Material gleichmäßig und fest aufgewickelt wird. Während des Färbens dürfen sich die Öffnungen nicht verstopfen. Aus Kupfer oder Kupferlegierungen hergestellte Bestandteile dürfen an den Apparaten für die Küpenfärberei nicht verwendet werden. Geschlossene Apparate sind offenen vorzuziehen, da man an Hydrosulfit erspart und gleichmäßigere Färbungen erzielt.

Man arbeitet im allgemeinen mit einem Flottenverhältnis von 1 : 8 bis 1 : 15. Der grundlegende Unterschied gegenüber dem Färben auf dem Jigger, der Kufe, dem Foulard, der Rollenkufe und Rouletteküpe besteht darin, daß bei der Apparatenfärberei nicht das Material bewegt wird,

---

[1] Fox: Vat Dyestuffs and Vat Dyeing, 2. Aufl., S. 138. London 1948.

sondern die Flotte. Dadurch kann es leicht durch das Ausziehen des Farbstoffes zu Konzentrationsunterschieden in der Flotte kommen, welche eine ungleiche Farbtiefe in den inneren und den äußeren Teilen der Wickelkörper oder innerhalb des eingepackten Materials bewirken. Man muß daher mit um zirka 50% höheren Zusätzen an Lauge und Hydrosulfit arbeiten als beim Färben auf dem Jigger. Meistens verküpt man den Farbstoff in einem besonderen Gefäß und setzt dann die Stammküpe dem Färbebade, welches mit Lauge und Hydrosulfit vorgeschärft ist, zu. Dabei wird der Materialträger mit dem Material aus dem Apparat herausgenommen. Das Material wird vor dem Färben entweder im Färbeapparat selbst abgekocht oder man läßt die mit einem Teil der Lauge und des Hydrosulfits beschickte Färbeflotte ohne Farbstoff vor dem Färben einige Zeit durch das Material zirkulieren. Nach dem Zusatze der Stammküpe wird eine Stunde bei der vorgeschriebenen Temperatur gefärbt. Während des Färbens von IK- oder IW-Farbstoffen setzt man Gewerbesalz oder Glaubersalz zu. Nach beendeter Färbung wird die Färbeflotte durch Pumpen entfernt, bei Färbungen auf dem Packapparat wird dann das Material geschleudert, bei Aufsteckapparaten wird der Rest der Farbflotte durch Druck- oder Saugluft entfernt. Der Grad der Entfernung der Farbflotte beeinflußt nicht nur die Oxydationsgeschwindigkeit, sondern auch besonders die Wasch- und Reibechtheit der Färbung. Dann wird gespült, gegebenenfalls mit Chromkali oder Perborat unter Zusatz von Essig- oder Ameisensäure oxydiert, gespült, kochend geseift und gespült.

Die Hydronfarbstoffe färbt man am besten nach dem Hydrosulfitverfahren, da man dabei klarere Lösungen als bei dem Schwefelnatrium-Hydrosulfit-Verfahren erhält. Die Laugen- und Hydrosulfitmengen sind auch bei den Hydronfarbstoffen entsprechend höher zu bemessen als beim Färben auf dem Jigger.

Die beim Färben auf Apparaten auftretenden Egalisierungs- und Durchfärbeschwierigkeiten wurden noch wesentlich vergrößert, seitdem man reine Zellwollgarne oder Mischgarne aus Zellwolle und Baumwolle färben mußte, so daß man versuchte, diese Schwierigkeiten teils von der apparativen Seite aus, teils durch Verwendung von egalisierend wirkenden Textilhilfsmitteln und teils durch Anwendung von Spezialverfahren, über die ausführlich berichtet werden wird, zu meistern.

Beim Färben von Kreuzspulen ist man während der letzten Jahrzehnte immer mehr von der zylindrischen auf die konische Form übergegangen, da letztere verschiedene Vorteile bei der weiteren Verarbeitung der Garne in der Weberei aufweist. Während diese Umstellung in der Färberei von Baumwollmaterial mit substantiven Farbstoffen keine Schwierigkeiten verursachte, wurden beim Färben mit Küpenfarbstoffen, insbesondere aber bei Kunstseide und Zellwolle enthaltenden Garnen, häufig unegaler Ausfall, schlechte Durchfärbung, stellenweise sogar ungefärbte Stellen im Material erhalten. Es zeigte sich, daß das Verhältnis des oberen und des unteren Durchmessers der Hülsen von großer Bedeutung ist, da der Strömungswinkel der Flotte innerhalb der Hülsen dadurch große Unterschiede aufweist. Erfahrungsgemäß sind z. B. meistens die Spitzen an den Kopsen in der Kopsfärberei besonders ungleich angefärbt; dies ist nicht nur darauf zurückzuführen, daß sie verstopft werden, sondern vor allem auch darauf, daß der betreffende Strömungswinkel sehr ungünstig ist. Je weiter man sich von der zylindrischen Form entfernt, desto ungünstiger werden aus leicht ersichtlichen Gründen die Verhältnisse. In der Praxis hat sich als das günstigste Verhältnis für die Abmessungen einer konischen Hülse bei einem Materialgewicht von 800 bis 1000 g Baumwollgarn ein Durchmesser von 55 mm für die große und von 33 mm für die kleine Öffnung ergeben[1].

Auch beim Färben von Kettbäumen treten ähnliche Schwierigkeiten auf. Dabei erweist sich ein möglichst großer Durchmesser der Kettbaumwalzen als besonders vorteilhaft. Eine bessere Gleichmäßigkeit der Bäume und damit im Zusammenhange ein gleichmäßigeres Durchströmen der Flotte erreicht man, indem man die Zettelmaschine, die zum Zetteln der Kettbäume verwendet wird, mit einer Changiervorrichtung versieht. Diese Arbeitsweise ist besonders bei geringer Fadenzahl und bei feinen Garnnummern vorteilhaft.

Die Verwendung von geschlossenen Apparaten, bei denen sowohl von innen nach außen als auch von außen nach innen mit Druck gearbeitet werden kann, ist wegen der besseren Durchfärbung vorzuziehen. Bei offenen Apparaten kann man nur von innen nach außen arbeiten; bei diesen ist der Verbrauch an Hydrosulfit höher.

Das Ziehvermögen der einzelnen Farbstoffe ist von großer Bedeutung für die gute Durchfärbung und die Egalität der Färbungen. Besonders beim Färben von Kreuzspulen oder Kettbäumen mit Garn aus Kunstseide oder aus Zellwolle sowie von Mischgarnen mit hohem Zellwollanteil sind die durch die hohe Affinität der Regeneratzellulose und ihr großes Quellungsvermögen verursachten Schwierigkeiten groß, so daß schnell ziehende Farbstoffe schlechte Durchfärbung und unegalen Ausfall der Färbungen ergeben. Es sind daher für Material aus Regeneratzellulose die IK- und die IW-Farbstoffe vorzuziehen, da sie einerseits eine geringere Affinität aufweisen, anderseits auch weniger Natronlauge brauchen, so daß die Quellung geringer ist. Man muß daher außer durch Auswahl geeigneter Farbstoffe durch Zusatz von das Aufziehen verlangsamenden Mitteln, z. B. Peregal O (Kondensationsprodukt aus Polymerisaten des Äthylenoxydes mit höheren Fettalkoholen), Dispersol VL, Albatex PO, Liovatin E und ähnlichen Produkten sowie auch von Dextrin, Sulfitablauge (Dekol), Leim usw., das Aufziehen möglichst verlangsamen; auch durch Einhalten der günstigsten Färbebedingungen, z. B. hinsichtlich der Färbetemperatur, der Konzentration der Lauge u. dgl., kann das Aufziehen gebremst werden.

Im allgemeinen kann das Färbegut mit Küpenfarbstoffen nach den normalen Färbeverfahren auf Apparaten nur bei Vorliegen idealer Verhältnisse, wie man sie selten antrifft, einwandfrei gefärbt werden. Als

---

[1] ELLNER: Melliand Textilber. **19**, 509 (1938).

häufigste Fehler treten infolge des unzulänglichen Durchdringungsvermögens und der Ungleichmäßigkeiten hinsichtlich der Packung (beim Färben nach dem Packsystem) Unregelmäßigkeiten im Farbton und in der Farbtiefe der einzelnen Materialschichten auf. Diese Fehler entstehen hauptsächlich dadurch, daß bei Beginn des Färbens eine rasche Abnahme der Farbstoffkonzentration eintritt und die Teile des Färbematerials, durch welche die Flotte zuerst zirkuliert, die größten Anteile an Farbstoff aufnehmen können. Das Ausmaß der Unregelmäßigkeit ist von der Aufziehgeschwindigkeit des Farbstoffes und der Umlaufgeschwindigkeit der Flotte abhängig. Dadurch wird es erklärlich, daß man bei vielen Farbstoffen durch Anwendung von den Farbstoff zurückhaltenden Mitteln bessere Resultate erzielt.

a) Pigmentklotzverfahren und Pigmentfärbeverfahren.

Das Pigmentklotzverfahren (S. 185) ist für das Färben von Kreuzspulen und von Kettbäumen anwendbar. Das Material wird mit einer Suspension des feinst dispergierten unlöslichen Küpenfarbstoffes unter Zusatz von Schutzkolloiden und Egalisierungsmitteln, wie Prästabitöl, Peregal OK, Dispersol VL, Mischungen von Dekol mit Netzmitteln u. dgl., bei einer Temperatur von zirka 80 bis 90° C in kurzer Flotte während 15 bis 20 Minuten imprägniert. Dann füllt man auf die volle Flottenmenge auf, wobei die Flotte abgekühlt wird, und setzt langsam in kleinen Portionen die erforderliche Menge an Natronlauge und Hydrosulfit nach. Auf diese Weise bildet sich langsam die Leukoverbindung, die sich auf der Faser fixiert. Nach vollständiger Verküpung färbt man noch ungefähr 20 Minuten bei 60 bis 80° C, gegebenenfalls unter Salzzusatz, zu Ende. Mit Hilfe dieses Verfahrens gelingt es auch, Leinen oder Kunstseide auf Kreuzspulen auf Apparaten gut durchzufärben. Dies ist z. B. bei den heißfärbenden Indanthrenfarbstoffen nach dem normalen Färbeverfahren IN nicht möglich. Während aber beim Imprägnieren von Stranggarn auf der Garnpassiermaschine ebenso wie auch beim Imprägnieren von Stückware auf dem Foulard nahezu die ganze Farbstoffmenge auf die Ware gebracht werden kann, bleiben infolge des wesentlich ungünstigeren Flottenverhältnisses in der Apparatenfärberei bis ungefähr 90% des Farbstoffes vor dem Verküpen in der Flotte zurück. Abgesehen davon, daß in diesem Falle nur zirka 10% des Farbstoffes im Färbegut in nicht verküptem Zustande verteilt sind und daher das Innere des Färbegutes unbedingt nur hell anpigmentiert sein kann, verhält sich der Rest, das sind also 90% der Gesamtfarbstoffmenge, genau so wie bei der normalen Färbeweise. Der erreichte Erfolg ist daher bei Anwendung des Pigmentklotzverfahrens, das richtiger als Pigmentfärbeverfahren auf Apparaten zu bezeichnen ist, nur gering, besonders, wenn es sich um dunkle Färbungen handelt. Bis zu einem gewissen Grade kann man aber durch Zusatz von Natronlauge in kleinen Mengen zum Pigmentbade die Ablagerung des Pigmentes im Färbegut erhöhen[1].

---

[1] ELLNER: Melliand Textilber. **19**, 508—511 (1938); **21**, 179—180 (1940).

Man kann aber auch so verfahren, daß man nach dem Imprägnieren die Klotzflotte wegpumpt und in einer blinden Küpe, der eine gewisse Menge der Klotzflotte zugesetzt wird, zu Ende färbt, nachdem das Färbegut vorher durch Schleudern oder Absaugen von der überschüssigen Klotzflotte befreit wurde. Die übriggebliebene Klotzflotte wird für weitere Partien verwendet.

Eine in England übliche Variante des Pigmentfärbeverfahrens ist der „Abbot-Cox-Prozeß". Die in England gebräuchliche Arbeitsweise ist folgende[1]: Der Farbstoff, der in einer äußerst feinen Verteilung (FD-Caledon-Marken der ICI) sein muß, wird in einer wässerigen Lösung von Dispersol VL, einem dem Peregal sehr ähnlichem Produkte der ICI, fein dispergiert. Man beginnt mit dem Imprägnieren bei 30 bis 40° C unter Zusatz von 5 g Dispersol VL. Während die Flotte durch das Material durchgepumpt wird, steigert man die Temperatur allmählich auf 85 bis 90° C. Bei dieser Temperatur zieht das Farbpigment am besten auf die Faser. Gleichzeitig wird während des Imprägnierens Glaubersalz oder Kochsalz zugesetzt, wodurch eine weitgehende Erschöpfung des Pigmentfärbebades erreicht wird. Der Grad der Erschöpfung des Bades hängt von der Art und von der Wicklung bzw. Packung des Färbegutes ab, also vom Filtereffekt, sowie von der Aggregation der Farbstoffteilchen, die durch die Erhöhung der Temperatur bei gleichzeitigem Zusatze des Salzes bewirkt wird, in geringerem Maße von der Affinität des Farbstoffes zur Faser. Bei Kunstseide und Zellwolle setzt man dann das Reduktionsmittel und die Lauge direkt dem Färbebade zu. Bei Baumwolle würden bei der gleichen Arbeitsweise die Färbungen infolge der abziehenden Wirkung des zugesetzten Dispersols zu schwach ausfallen. Man spült daher mit Wasser, wobei der Farbstoff nicht ausblutet, und reduziert erst dann. Je nach der Empfindlichkeit der betreffenden Farbstoffe dem Dispersol gegenüber kann man durch mehr oder minder starkes Spülen die Konzentration des Dispersols im Färbebade regeln. Maßgebend dabei sind die Empfindlichkeit der Leukoverbindung dem Dispersol gegenüber und die Menge an Dispersol, die zum Egalisieren und zur gleichzeitigen Erreichung einer guten Farbstärke notwendig sind. Aber auch die Reduktionszeit und die Reduktionstemperatur spielen eine Rolle.

Der Hauptvorteil der Pigmentfärbeverfahren, besonders des Abbot-Cox-Verfahrens, besteht beim Färben in Apparaten darin, daß die Alkaliquellung der regenerierten Zellulosen beim Auftragen des Farbstoffes in Form des Pigmentes vermieden werden kann. Dadurch wird ein hoher Flottendurchsatz ermöglicht. Die Verküpung findet erst auf der Faser statt. Falls die Auftragung des Pigmentes gleichmäßig stattgefunden hat, ist daher eine ausgezeichnete Egalität und Durchfärbung zu erwarten. Bei unsachgemäßer Arbeitsweise kann aber die Pigmentierung infolge grober, agglomerierter Farbstoffteilchen, die sich durch den Salzzu-

---

[1] Cox: J. Soc. Dyers Colourists **62**, 41ff. (1946); **63**, 224ff. (1947); **67**, 369ff. (1951); Text. Rdsch. 1949, 69; Amer. Dyestuff Reporter **37**, 438 (1946); **50**, 322 (1949). — Brit. P. 593008 der ICI.

satz bei hoher Temperatur leicht bilden können, und infolge Kanalbildung während des Pigmentierens wenig gleichmäßig sein. Eine Egalisierung derartiger Unregelmäßigkeiten während des Verküpens auf der Faser ist aber kaum mehr möglich. Man müßte daher entweder die Gefahr dieser Ungleichmäßigkeiten in Kauf nehmen oder auf die vollständige Erschöpfung des Bades verzichten und bei niedrigerer Temperatur pigmentieren.

Eine Variante des Abbot-Cox-Verfahrens stellt das von M. BRÄUER[1] beschriebene Pigmentierfärbeverfahren dar. Die BASF hat für dieses Verfahren die Indanthrenfarbstoffe „Colloisol" in den Handel gebracht, die sich durch noch feinere Verteilung als die für das normale Pigmentklotzverfahren gebräuchlichen Indanthrenfarbstoffe Pulver fein Typ 8059 auszeichnen. Letztere besitzen noch nicht die feine Dispergierung, die das Pigmentierfärbeverfahren beansprucht.

Bei Zusatz von Peregal ON zu der Pigmentierungsflotte tritt folgendes ein: Bei Anwesenheit von Elektrolyten wird der Trübungspunkt, der normalerweise bei ungefähr 100° C liegt, auf zirka 70° C herabgesetzt. Unter Trübungspunkt ist die Temperatur zu verstehen, bei der die wässerigen Lösungen des Peregals ON, die bei niedriger Temperatur klar sind, beginnen, trüb zu werden, indem sich das Produkt in Form von feinsten Tröpfchen im Wasser abzuscheiden beginnt. Diese Erscheinung zeigen andere Oxyäthylierungsprodukte nicht bzw. nur bei höheren Temperaturen. Das bei dieser Temperatur nicht mehr gelöste, sondern feinst dispergierte Peregal ON tritt nun mit den Farbstoffteilchen zusammen und wird mit diesen vom Färbegut abfiltriert. Das Bad wird vollkommen klar ausgezogen. Wenn man aber die Temperatur unter den Trübungspunkt, z. B. auf 60° C erniedrigt, wandert der Farbstoff wieder von der Faser zurück ins Bad. Wenn man aber ohne Peregal ON arbeitet, also nur mit Glaubersalz allein, gelingt es nicht, eine entsprechend große Farbstoffmenge durch Behandlung mit kaltem Wasser von der Faser abzulösen. Das Farbstoffpigment sitzt außerordentlich fest auf der Faser. Selbst kochende Waschmittelbäder lösen kaum einen nennenswerten Betrag des Farbpigmentes ab. Zweckmäßig arbeitet man mit Pigmentierungsbädern, die 2 bis 3 g Glaubersalz kalz. und 1 bis 2 cm³ Peregal ON pro Liter enthalten.

Die Entwicklung des pigmentierten Materials durch Zusatz von Natronlauge und Hydrosulfit geht äußerst rasch vonstatten und ist in ungefähr 10 bis 15 Minuten vollendet. Dabei läßt sich kaum eine Egalisierung mehr durchführen, wenn die Pigmentierung nicht egal war. In diesem Falle läßt sich aber durch Verwendung von Peregal O oder OK oder von Albigen A, eventuell unter Mitverwendung von Dekol N, falls bei höherer Temperatur gearbeitet wird, eine Ausegalisierung erzielen.

Es soll noch erwähnt werden, daß auch durch portionenweisen Zusatz von Natronlauge, eventuell unter gleichzeitigem Zusatz von Hydrosulfit, auch ohne Glaubersalz eine Erschöpfung der Pigmentierflotte möglich ist. Die Vorteile des neutralen Bades, besonders beim Färben von Material aus regenerierten Zellulosen, gehen dabei verloren.

---

[1] Melliand Textilber. **34**, 54—57 (1953).

Die Salze mehrwertiger Metalle, z. B. Calcium, Magnesium, Eisen, Aluminium, haben eine wesentlich stärkere Wirkung als Glaubersalz, so daß hartes Betriebswasser oder von der Faser mitgebrachte Metallsalze Störungen verursachen können. Ebenso können auf der Faser befindliche kationaktive Verbindungen Schwierigkeiten bereiten. Das Färbegut muß daher unbedingt frei von anorganischen oder organischen Kationen sein.

Die Temperaturerhöhung muß grundsätzlich langsam erfolgen, da man sonst keine egale Pigmentierung erreicht. Eine einwandfreie egale Pigmentierung ist bei dünkleren Farbtönen überhaupt schwierig zu erreichen, so daß das Verfahren in erster Linie für helle bis mittlere Farbtöne in Frage kommt.

b) Stammküpenverfahren.

Ein anderes Verfahren, das gute Resultate hinsichtlich Durchfärbung und Egalität vor allem beim Färben auf Apparaten ergibt, ist das Stammküpenverfahren der I. G. Farbenindustrie A. G.[1]. Bei diesem Verfahren ist das Verhalten der einzelnen Farbstoffe hinsichtlich Lösungskonzentration, Natronlauge- und Hydrosulfitmengen, die eben zum Verküpen notwendig sind, genauestens zu beachten. Diese Werte schwanken bei den verschiedenen Farbstoffen in den weitesten Grenzen. Die Stammküpe wird nach 10 bis 15 Minuten Verküpungsdauer in das Färbebad gegossen, das ohne irgendwelche Zusätze an Hydrosulfit und Lauge nur mit 2 g Peregal OK und 1 g Humectol CX im Liter Flotte angesetzt wird. Durch diese Zusätze wird ein Ausfällen des Farbstoffes verhindert, obwohl infolge der starken Verdünnung eine teilweise Hydrolyse der Natrium-Leukoverbindung in die unlösliche Küpensäure, die keine Affinität zur Faser besitzt, stattfindet. Es zieht daher nur der nicht hydrolisierte Teil des verküpten Farbstoffes auf. Die Flotte, die die Küpensäure in feinst dispergierter Form enthält, kann aber durch den Materialblock zirkulieren, ohne sich an der Oberfläche abzusetzen. Da in der Flotte nur die geringe Menge Natronlauge aus dem Stammküpenansatz vorhanden ist, kann man beim Färben von Regeneratzellulose, z. B. von Zellwolle, ein zu starkes Quellen vermeiden. Die Temperatur des Bades kann bei den IN-Farbstoffen auf 70 bis 80° C, bei IW-Farbstoffen auf zirka 60° C und bei IK-Farbstoffen auf 30 bis 50° C eingestellt werden. Nach 15 bis 20 Minuten Behandlungsdauer wird die Flotte zurückgepumpt. Die Flotte hat nicht an Intensität verloren, da der Farbstoff nicht aufzieht. Es wird nun ein Viertel bis ein Drittel der normalerweise notwendigen Natronlaugemenge, je nach der Farbtiefe, sowie die Hälfte der Hydrosulfitmenge zugesetzt. Nach 10 Minuten Verküpungsdauer wird die Flotte auf das Material gepumpt, wobei ein Teil des Farbstoffes aufzieht. Das Aufziehen des Farbstoffes findet aber nur sehr langsam statt, so daß eine gute Durchfärbung und eine egale Färbung gewährleistet ist. Nach ungefähr 15 Minuten Färbedauer wird wieder zurückgepumpt, der Rest

---

[1] ELLNER: Melliand Textilber. **19**, 508—511 (1938). — HEES: Melliand Textilber. **21**, 179—180 (1940).

der Natronlauge und des Hydrosulfites sowie die erforderliche Menge an Glaubersalz zugesetzt und fertig gefärbt.

Die feine Verteilung der durch Hydrolyse aus der Natrium-Leukoverbindung gebildeten Küpensäure kann man daran erkennen, daß eine Probe ohne Hinterlassung eines Rückstandes durch ein Filter läuft.

c) Küpensäureverfahren[1].

Dieses Verfahren wurde speziell für das Färben von Zellwolle auf Apparaten entwickelt, da das starke Quellen der regenerierten Zellulose und ihre hohe Affinität (z. B. bei Cuprama) besondere Schwierigkeiten hinsichtlich der Durchfärbung bereitete. Das Verfahren ist in weiterer Entwicklung aus dem Stammküpenverfahren hervorgegangen. Es ergibt vielfach noch bessere Resultate als letzteres, vor allem bei den sonst besonders schwer durchfärbbaren Indanthrenblau- und Indanthrenbrillantgrün-Marken. Während bei dem Stammküpenverfahren nur ein Teil des verküpten Farbstoffes in Form der Küpensäure in der Flotte vorliegt, wird bei dem Küpensäureverfahren durch Neutralisation der Küpe mit Essig- oder Ameisensäure die Natrium-Leukoverbindung vollständig in die Küpensäure verwandelt, die durch Zusätze von Dispergiermittel, wie z. B. Setamol WS und Schutzkolloiden, in der Flotte in feinster Verteilung bleibt. Durch den hohen Verteilungsgrad der Küpensäure wird eine gute Verteilung ermöglicht.

Der Küpenfarbstoff wird zuerst ebenso wie beim Stammküpenverfahren unter Zusatz von Setamol WS oder einem entsprechenden Produkte verküpt. Die Stammküpe wird nach Vollendung der Verküpung dem 60° C warmen Färbebad zugesetzt, das außer 0,5 bis 1 g Peregal OK und 0,5 bis 1 g Setamol WS je Liter die zur Neutralisation notwendige Menge Essigsäure oder Ameisensäure enthält. Bei Indanthrenblau BC, Indanthrenblau GCD und Indanthrenbrillantblau RCL verwendet man an Stelle des Peregals besser Igepon T oder Medialan A. Dann wird die Ware in der Küpensäuredispersion zirka 15 Minuten imprägniert. Ebenso wie beim Stammküpenverfahren wird die Küpensäure allmählich durch portionenweisen Zusatz von Natronlauge und Hydrosulfit wieder in die Natrium-Leukoverbindung übergeführt, so daß diese langsam und gleichmäßig auf die Faser aufziehen kann. Gleichzeitig mit den letzten Zusätzen an Natronlauge und Hydrosulfit wird dann die erforderliche Menge Salz zugesetzt; anschließend wird zu Ende gefärbt.

Beim Färben von Zellwolle und Kunstseide ist es zweckmäßig, die Temperatur von mindestens 60° C während des Färbens einzuhalten; in manchen Fällen ist sogar eine Temperatur von 80° C zu empfehlen, um die Quellung des Materiales zu verringern und eine bessere Durchdringung zu erreichen.

Wenn man bei einem Flottenverhältnis von 1 : 10 bis 1 : 20 auf dem Apparat mit der Küpensäure imprägniert, befindet sich nur ein kleiner

---

[1] J. MÜLLER: Melliand Textilber. **30**, 365 (1949). — HEYDER und SANDOR: Text. Rdsch. **5**, 184—185 (1950).

Teil des Farbstoffes als Küpensäure auf dem Material, während der größte Teil in der Flotte zurückbleibt. Die Verhältnisse sind daher anders als in der Stückfärberei, wo die Küpensäure durch Klotzen auf dem Foulard auf das Gewebe gebracht wird, so daß bei der anschließenden Entwicklung nur der auf dem Gewebe befindliche Anteil an Küpensäure fixiert werden muß. Im Gegensatz dazu ist in der Apparatenfärberei die Farbstoffkonzentration in der Imprägnierungsflotte so niedrig, daß bei sofortigem Zusatze der gesamten Natronlauge- und Hydrosulfitmenge der Hauptanteil an Farbstoff, der sich noch in der Flotte befindet, sofort aus der freien Küpensäure in die Natrium-Leukoverbindung übergehen würde. Die Folge davon wäre, daß man letzten Endes mit dem größten Teil des Farbstoffes in der normalen Arbeitsweise weiter arbeiten würde und überhaupt keinen Vorteil von dem Küpensäureverfahren hätte. Man muß daher, analog zum Stammküpenverfahren, die Küpensäure allmählich in die Natrium-Leukoverbindung überführen, indem man die Natronlauge und ein gewisses Quantum Hydrosulfit, das zur Verhinderung einer vorzeitigen Oxydation dient, portionenweise zusetzt oder zulaufen läßt. Über das Küpensäureverfahren ist ausführlicher auf S. 190 berichtet[1].

Der Übergang von der nicht substantiven Küpensäure in das stark substantive Leukosalz findet dabei stufenweise während des Färbeprozesses statt, bis sich schließlich das Färbebad von einer normalen Färbeküpe nicht mehr unterscheidet. Man ist daher in der Lage, in Apparaten nicht nur helle und mittlere, sondern auch tiefe Farbtöne zu färben.

Die Steigerung der Substantivität muß mit sehr großer Sorgfalt ausgeführt werden. Es zeigt sich, daß bei den IN-Farbstoffen das Aufziehen des Farbstoffes langsam erfolgt, solange die Laugenkonzentration die Menge von 4 cm³ je Liter nicht übersteigt. Nach Überschreiten dieser Konzentration tritt eine rasche Steigerung des Aufziehvermögens ein. Man muß deshalb besonders bei den Heißfärbern (IN-Farbstoffen), die ja die größten Egalisierungs- und Durchfärbeschwierigkeiten bereiten, die Lauge zuerst in kleinen und erst gegen Schluß in größeren Portionen zusetzen. Der Zusatz des Hydrosulfits kann aber gleichmäßig erfolgen.

Im folgenden wird ein Beispiel einer Küpensäurefärbung auf Kreuzspulen nach HEYDER und SANDOR[2] angeführt:

130 kg Kreuzspulen, 1500 Liter Flotte, Färbung 0,1% Indanthrenblau RSN Pulver.

A.   150 g   Indanthrenblau RSN Pulver mit
     130 cm³   Sprit anrühren, mit
      12 Liter   heißem Wasser (60° C) verdünnen,
       1 Liter   Dispergiermittel 1 : 10,
     460 cm³   Natronlauge 36° Bé
     230 g   Hydrosulfit zusetzen.

      14 Liter.

---

[1] Siehe auch J. MÜLLER: Melliand Textilber. **30**, 364—368 (1949). — HEYDER: Kritik und Praxis des Küpensäureverfahrens, Text. Rdsch. 5, H. 5, 184—185 (1951). — Amer. Dyestuff Reporter **35**, 413 ff. (1946). — GUND: Melliand Textilber. **24**, 470—473 (1943).

[2] Text. Rdsch. **5**, 185 (1950).

B.   85 Liter Wasser 60° C mit
         1 Liter Dispergiermittel 1 : 10 und
       560 cm³ Essigsäure 50%ig mischen.
       ____
        86 Liter.

C.   1386 Liter Wasser 60° C,
       ____
         14 Liter Dispergiermittel 1 : 10.

Man gießt die Küpe A rasch in die vorgelegte Säurelösung B unter Rühren ein und filtriert nach gutem Vermischen in das Färbebad C.

Man läßt mit Richtungswechsel 10 Minuten zirkulieren und macht nach je 10 Minuten folgende Zusätze, während die Zirkulationsrichtung alle 5 Minuten geändert wird:

1.   1,2 Liter Natronlauge 36° Bé   ($^1/_{15}$ der Menge)
      1,5 kg   Hydrosulfit   ($^1/_4$ der Menge)
2.   2,4 Liter Natronlauge 36° Bé   ($^2/_{15}$ der Menge)
      1,5 kg   Hydrosulfit   ($^1/_4$ der Menge)
3.   4,8 Liter Natronlauge 36° Bé   ($^4/_{15}$ der Menge)
      1,5 kg   Hydrosulfit   ($^1/_4$ der Menge)
4.   9,6 Liter Natronlauge 36° Bé   ($^8/_{15}$ der Menge)
      1,5 kg   Hydrosulfit   ($^1/_4$ der Menge)

Zum Schluß läßt man noch 20 bis 30 Minuten wechselseitig zirkulieren, spült, oxydiert, seift kochend und spült.

Wenn man aber die Grundierung mit der Küpensäure auf der Terrine vornimmt und die Entwicklung mit der blinden Küpe, der etwas Küpensäure zugesetzt ist, im Färbeapparat ausführt, arbeitet man unter den gleichen Verhältnissen wie in der Stückfärberei auf dem Foulard.

d) Temperaturstufenverfahren.

Das Temperaturstufenverfahren[1] beruht darauf, daß die stark substantiven, bei höherer Temperatur rasch aufziehenden Farbstoffe bei niedrigerer Temperatur eine wesentlich geringere Affinität zur Zellulosefaser zeigen. Dieses Verfahren ist daher besonders bei Farbstoffen der IN-Gruppe, aber auch bei solchen der IW-Gruppe interessant.

Das Verfahren ist außer für Baumwolle auch für Kunstseide, Zellwolle, Fasermischungen von Baumwolle und Zellwolle sowie auch für mercerisierte Baumwolle geeignet. Während man beim Färben von Baumwolle mit Küpenfarbstoffen der IN-Gruppe eine leichtere Egalisierung dadurch erreichen kann, daß man das Färben bei 30 bis 35° C beginnt und erst später auf 60° C geht, versagt diese Färbeweise bei Kunstseide und Zellwolle infolge der höheren Affinität der regenerierten Zellulose. Man fand nun, daß bei noch tieferer Temperatur, und zwar bei 15 bis 20° C, die Affinität der Leukoverbindung der regenerierten Zellulose gegenüber soweit herabgesetzt ist, daß das Färbematerial in der ersten Zeit von der Flotte vollkommen gleichmäßig durchtränkt und der Farbstoff vollkommen gleichmäßig von der Faser aufgenommen wird.

---

[1] DRAPAL: Melliand Textilber. **20**, 294 (1941). — ELLNER: Melliand Textilber. **19**, 508—511 (1938).

Durch eine allmähliche Steigerung der Temperatur bis zu der normalerweise bei dem betreffenden Farbstoff angewandten Temperatur, bei der dann noch $^1/_4$ Stunde gefärbt wird, erreicht man die Fixierung des vorher gleichmäßig innerhalb des Färbegutes verteilten Farbstoffes.

Das Färbebad wird angesetzt, indem man eine möglichst konzentrierte Stammküpe in ein 13 bis 14° C warmes Bad, das mit Natronlauge und Hydrosulfit beschickt ist, eingießt, da man IN-Farbstoffe in langer und kalter Flotte nicht verküpen kann. Nach dem Zusatze der Stammküpe enthält dann das fertige Färbebad die für das normale Färben von Küpenfarbstoffen auf Baumwolle vorgeschriebene Konzentration an Chemikalien, also 10 bis 18 cm³ Natronlauge 38° Bé und 2 bis 3 g Hydrosulfit pro Liter. Außerdem werden Netzmittel und Egalisierungsmittel, wie Peregal, zugesetzt. Von letzterem verwendet man 1 g pro Liter bei Zellwolle, bzw. 4 bis 5 g bei Kunstseide. Bei Indanthrenblau- und Indanthrenbrillantgrün-Marken ist es zweckmäßiger, an Stelle des Peregals Igepon T zu verwenden.

Das Färbegut wird zuerst $^1/_4$ Stunde bei wechselnder Flotte gefärbt, dann wird die Färbetemperatur sehr sorgfältig um je 1° C in der Minute bis 35° C erhöht; anschließend wird rascher auf die normale Färbetemperatur von 50 bis 70° C gesteigert; bei dieser Temperatur wird in ungefähr $^1/_4$ Stunde zu Ende gefärbt, dann in der üblichen Weise gespült, oxydiert, kochend geseift und fertiggestellt.

Dieses Verfahren eignet sich nicht nur für das Färben von Kunstseide und Zellwolle in Apparaten sehr gut, sondern auch für das Färben von hellen Tönen auf Baumwolle, insbesondere von mercerisiertem Garn.

Beim Färben von Strähngarn in Kufen muß man zur Erzielung egaler Färbungen nach dem kalten Färben aufwerfen, dann wird auf 50° C erwärmt und das Material möglichst rasch wieder in das Färbebad gebracht und umgezogen. Beim Färben von Stückware auf dem Jigger oder auf der Haspelkufe muß man entsprechend verfahren. Es sind aber in diesen Fällen keine besonderen Vorteile bei Anwendung des Temperaturstufenverfahrens vorhanden, das in erster Linie beim Färben auf Apparaten gute Erfolge bringt. Das Verfahren ist ohne große Schwierigkeiten für alle Farbstoffe geeignet, die hinreichend löslich sind, um ein kleines Volumen der heißen Stammküpe zu ermöglichen und dadurch eine zu starke Erwärmung des Färbebades bei Beginn des Färbens zu vermeiden. Bei schwer löslichen Farbstoffen, wie Indanthrenblau RSN, erreicht man eine bessere Stabilisierung der kalten Flotte durch Zusatz von 1 bis 2 g Setamol WS je Liter Flotte.

Bei der Herstellung von Kombinationsfärbungen muß man darauf achten, daß einige IN-Farbstoffe auch schon bei 15° C ein stärkeres Ziehvermögen als andere besitzen. Man muß in solchen Fällen die Zeit des kalten Färbens auf 30 bis 35 Minuten verlängern. Ein stärkeres Ziehvermögen bei 15° C weisen vor allem folgende IN-Farbstoffe auf: Indanthrengelb G, Indanthrenorange RRT, Indanthrenbrillantviolett RR, Indanthrenbrillantviolett 4R, Indanthrenbrillantgrün GG, Indanthrenbrillantgrün FFB, Indanthrengrau M, Indanthrengrau MG und Indanthrengrau RRH, ferner folgende IW-Farbstoffe: Indanthrenrot GG, Indanthrenrot FBB und Indanthrenbrillantblau 3 G. IK-Farbstoffe haben allgemein bei 15° C ein erhöhtes Ziehvermögen; sie kommen aber für ein gemeinsames Färben mit IN-Farbstoffen an sich nicht in Betracht.

Das Temperaturstufenverfahren ist in erster Linie für die Apparatenfärberei von Bedeutung. Besonders beim Färben von regenerierter Zellulose, also von Kunstseide und Zellwolle, die eine hohe Neigung zum Quellen besitzen, bewährt es sich sehr gut.

Im Gegensatz dazu haben Versuche, Küpenfarbstoffe nahe der Kochtemperatur auf Apparaten zu färben, nach ELLNER keine günstigen Resultate gezeigt. Die Durchfärbung und die Egalität werden zwar wesentlich verbessert. Bei manchen Farbstoffen tritt aber Überreduktion durch Hydrosulfit ein, so daß der Farbton leidet. Auch die Farbtiefe läßt oft viel zu wünschen übrig. Durch den Zusatz von Glukose und anderen Färbehilfsmitteln, die man sonst beim Färben bei erhöhter Temperatur verwendet, lassen sich die Schwierigkeiten nicht vollständig beheben. Versuche von ELLNER, das Hydrosulfit durch Rongalit zu ersetzen, um die Beeinträchtigung der Lebhaftigkeit der Färbungen durch Überreduktion zu vermeiden, hatten zwar Erfolge aufzuweisen, leider war aber keine gleichmäßige Verküpung mit Rongalit möglich.

Das Temperaturstufenverfahren kann auch für das Färben der besser löslichen Hydronfarbstoffe Verwendung finden, bei denen die notwendige niedrige Anfangstemperatur noch erreichbar ist; bei schwerer löslichen Vertretern, wie beim Hydronblau G, kann man aber nicht mehr die niedrige Anfangstemperatur erreichen, ohne das Flottenvolumen zu sehr zu vergrößern. Auch die Brillantindigofarbstoffe können nach diesem Verfahren gefärbt werden. Bei diesen ist Igepon T besser geeignet als Humectol CX.

Das Temperaturstufenverfahren ist also vor allem bei solchen Farbstoffen zu empfehlen, die ein optimales Ziehvermögen bei höherer Temperatur aufweisen.

Im Bereiche niedrigerer Temperaturen verschiebt sich nach GUND[1] das Aggregationsgleichgewicht zugunsten des aggregierten Anteiles und zuungunsten der einzelnen zum Aufziehen befähigten Leukofarbstoffanionen. Dadurch tritt in der Kälte eine beträchtliche Verlangsamung des Aufziehvorganges ein. Durch Mitverwendung von Peregal OK im Färbebad ist eine weitere Erhöhung des aggregierten Anteiles anzunehmen, da sich Leukofarbstoff-Peregal-Aggregate bilden. Bei Temperaturanstieg wird der Anteil an Leukofarbstoffanionen beträchtlich erhöht und die Aufziehgeschwindigkeit dadurch gesteigert. Man muß daher besonders am Anfang bis zu etwa 30° C mit der Steigerung der Temperatur vorsichtig vorgehen.

Das Temperaturstufenverfahren ist das am einfachsten auszuführende unter den Spezialfärbeverfahren. Obwohl es in erster Linie für die Apparatenfärberei von Bedeutung ist, kann es auch bei Stückware mit

---

[1] Melliand Textilber. **24**, 473 (1943).

gutem Erfolge Anwendung finden. Besonders bei kunstseidener und zell-
wollener Stückware hat es sich bewährt; durch die niedrige Anfangstemperatur wird eine gute Egalität, Seiten- und Endengleichheit, durch
die hohe Temperatur am Ende des Färbeprozesses gute Durchfärbung
erreicht.

In der Apparatenfärberei treten oft Schwierigkeiten durch die niedrige
Anfangstemperatur ein, wenn man Material aus regenerierter Zellulose
färbt, da dieses dann stark quillt.

e) Stammküpenausziehverfahren.

Das von M. Bräuer[1] beschriebene Stammküpenausziehverfahren ist
aus einer Kombination des Stammküpenverfahrens mit anderen Küpen-
färbeverfahren hervorgegangen. Es unterscheidet sich vom eigentlichen
Stammküpenverfahren dadurch, daß man das Grundierungsbad, das bei
einem p_H-Wert von 8 bis 9 die mehr oder minder hydrolysierte Leukoverbindung enthält, durch eine Temperaturerhöhung auf 80 bis 85° C
weitgehend auszieht und dann die zur vollständigen Verküpung notwendige Laugenmenge auf einmal zusetzt. Man kann bei diesem Verfahren durch entsprechende Zusätze zum Grundierungsbade eine raschere
oder langsamere Erschöpfung des Bades erreichen, je nachdem es das zu
färbende Material erfordert.

Die Stammküpe wird in der normalen Weise angesetzt und soll möglichst bald weiter verarbeitet werden. Das Färbebad wird mit 0,5 g
Hydrosulfit, 1 bis 2 g Setamol WS und 1 g Nekanil LS (Oxyäthylierungs-
produkt) je Liter bei 20 bis 25° C vorgeschärft, dann setzt man die Stammküpe zu. Das Hydrosulfit soll eine vorzeitige Oxydation der durch Hydrolyse gebildeten Küpensäure verhindern. Bei Farbstoffen, die fein dispergierte und gut stabile Küpensäuren liefern, kann man an Stelle des
Setamols und Nekanils 5 bis 10 cm³ Dekol N zusetzen, welches Farbstoffe, die gegen die Einwirkung von Lauge und Hydrosulfit bei höherer
Temperatur empfindlich sind, schützt und gleichzeitig das Ausziehen des
Farbstoffes begünstigt.

Der p_H-Wert des Grundierungsbades soll bei hellen Färbungen
höchstens 8 betragen. Bei dunkleren Färbungen soll er nicht über 8 bis
9 liegen. Durch die größere Farbstoffmenge wird eine größere Laugenmenge dem Grundierungsbade zugefügt, die eventuell durch Ameisensäure, die dem Grundierungsbade vor Zusatz der Stammküpe zugefügt
werden muß, neutralisiert werden muß. Man braucht für jeden Kubik-
zentimeter Natronlauge 38° Bé, der über der zulässigen Höchstmenge
von 1,5 bis 2 cm³ im Grundierungsbade vorhanden wäre, einen Zusatz
von 0,6 Ameisensäure 85%ig.

Man läßt sodann das Grundierungsbad bei häufigem Wechsel der
Flottenrichtung zirkulieren und steigert die Temperatur allmählich auf
80 bis 85° C. Dabei tritt besonders bei hellen Tönen eine weitgehende
Erschöpfung des Grundierungsbades ein. Das Ausziehen ist außer von

---

[1] Melliand Textilber. **33**, 623—626 (1952).

der Temperatur und von der Farbstoffkonzentration auch von dem zu färbenden Material abhängig. Die Aufziehgeschwindigkeit kann durch Zusatz von 0,3 bis 0,5 cm³ Albigen A (Polyvinylpyrrolidon) herabgesetzt werden. Dies macht man bei Material, das sonst zu rasch zieht wie Kupferseide, wobei schließlich der gleiche Auszieheffekt erreicht werden kann. Durch Zusatz von 2 bis 5 g Glaubersalz kann aber auch das Ausziehen beschleunigt werden. Falls das Ausziehen bei dunklen Färbungen nicht vollständig vor sich geht, kann man durch Zusatz kleiner Laugenmengen ein vollständiges Ausziehen des Farbstoffes erzielen. Die Grundierung ist nach 35 bis 45 Minuten beendigt.

Man setzt dann dem erschöpften Färbebade die zum normalen Färben notwendige Laugenmenge zu, dann läßt man einige Minuten zirkulieren und fügt die notwendige Hydrosulfitmenge hinzu. Man setzt eventuell Egalisierungsmittel, wie Peregal O oder Albigen A und Dekol N, zu. Wenn möglich, arbeitet man bei höherer Temperatur, etwa bei 75 bis 80° C. Nach 15 bis 20 Minuten ist die Färbung beendigt.

Das Verfahren hat sich beim Färben von Kreuzspulen mit Zellwolle wie mit Baumwolle gut bewährt, obwohl eine geringe Faserquellung nicht zu vermeiden ist.

25. Färben von Azetatseide enthaltendem Material mit Küpenfarbstoffen.

Azetatseide wird durch Lauge verseift; dadurch ist ihr Verhalten Küpen gegenüber bedingt.

Man verwendet Azetatseide einerseits als Effektfäden in Geweben aus anderem Material, welches gefärbt wird, während die Azetatseide reserviert bleiben soll; anderseits kann die Azetatseide auch selbst mit Küpenfarbstoffen gefärbt werden.

Beim Färben von Geweben aus Baumwolle oder Kunstseide, die Effektfäden aus Azetatseide enthalten, ist die Verseifung höchst unerwünscht. Man verhindert dies durch Zusatz von Reserven in die Farbküpe. Der Küpenfarbstoff wird nach dem IW- oder IK-Verfahren verküpt, dann setzt man dem Färbebade die erforderliche Menge Glaubersalz und das Reservierungsmittel zu und färbt $^1/_2$ bis 1 Stunde in der Kälte. Dann wird in der üblichen Weise oxydiert, gespült und bei 70° C geseift. Die Höchstgrenze von 5 cm³ Natronlauge 38° Bé pro Liter darf nicht überschritten werden. Als Reservierungsmittel, die das Verseifen und das Anfärben der Azetatseide verhindern sollen, werden von den Farbenfabriken verschiedene Produkte herausgebracht, z. B. Katanol WL (I. G.), Tibaline NAM (Francolor) usw.; auch β-Naphtol hat reservierende Eigenschaften. Man erhält gute Reservierung der Azetatseide, wenn man die Natronlauge teilweise durch Trinatriumphosphat ersetzt, z. B. höchstens 2 cm³ Natronlauge und 20 g Trinatriumphosphat je Liter Farbbad verwendet[1].

---

[1] Dyer: Textile Printer, Bleacher and Finisher 89, 206 (1943).

In analoger Weise kann auch mit Schwefelfarbstoffen gefärbt werden. Man färbt mit kristallisiertem Schwefelnatrium unter Zusatz von Hydrosulfit und Reservierungsmittel, jedoch ohne Glaubersalz, um die Effektfäden weiß zu erhalten, bei 70° C.

Wenn die Azetatseide gefärbt werden soll, muß dafür gesorgt werden, daß das Material nicht durch eine zu weitgehende Verseifung geschädigt wird. Dies kann man, ähnlich wie in der Färberei der Wolle mit Küpenfarbstoffen, dadurch erreichen, daß die überschüssige Alkalität abgestumpft wird. Gemäß dem Verfahren der Courtaulds Ltd.[1] wird der Küpenfarbstoff zuerst in der normalen Weise verküpt. Nach vollendeter Verküpung setzt man soviel Natriumbikarbonat zu, daß die ganze Menge an Natronlauge, die nicht zur Bildung des Natriumsalzes der Leukoverbindung notwendig ist, in Soda verwandelt wird. Der Überschuß an Natronlauge, der in der Küpe vorhanden ist, hängt von der Anzahl der reduzierbaren Ketogruppen im Moleküle des betreffenden Farbstoffes ab. 40 Teile Ätznatron benötigen 84 Teile Natriumbikarbonat zur Umwandlung in Natriumkarbonat. Man färbt ungefähr 45 Minuten bei 60 bis 70° C. Die Oxydation wird in einem Bade, das Schwefelsäure und Nitrit enthält (analog der Entwicklung der Indigosole) ausgeführt. Dann wird in der üblichen Weise fertiggestellt; beim Seifen darf die Temperatur 70 bis 75° C nicht übersteigen.

Fox führt noch folgende Methoden an[2]:

Die Azetatseide wird zuerst mit dem nicht reduzierten Farbstoff imprägniert, dann folgen zwei Passagen durch ein 60° C warmes Bad, das die normalerweise notwendige Natronlaugemenge enthält, wobei vollständige Verseifung der Oberfläche der Azetatseide stattfindet. Die dazu verbrauchte Natronlaugenmenge wird durch weitere Zusätze ersetzt, dann wird Hydrosulfit zugesetzt und in normaler Weise zu Ende gefärbt. Nach diesem Verfahren können alle Küpenfarbstoffe gefärbt werden. Die Azetatseide verliert aber durch Verwandlung in regenerierte Zellulose ihre ursprünglichen Eigenschaften.

Bei einem anderen Verfahren läßt man die Azetatseide zuerst in einem Bade, das 2% Salizylsäure enthält, quellen, trocknet anschließend bei niedriger Temperatur unter möglichst geringer Spannung und färbt sodann nach dem Pigmentklotzverfahren. Die Entwicklung findet in einer blinden Küpe, die außer Hydrosulfit organische Basen als Alkali enthält, auf einem Jigger statt. Als Basen verwendet man Äthylendiamin mit oder ohne Triäthanolamin unter Zusatz von Ammoniak. Bei diesem Verfahren tritt nur schwache Verseifung der Azetatseide ein. Anstatt der Salizylsäure kann man auch Butanol als Quellmittel verwenden.

In kontinuierlicher Weise können lichte Farben auf Azetatseide ohne Verseifung gefärbt werden, indem man mit dem reduzierten Farbstoff unter Zusatz von Hydrosulfit und der Mindestmenge an Natronlauge sowie von 25 g Butanol je Liter klotzt. Dann wird durch ein Bad, das Hydrosulfit und Soda enthält, passiert, gespült, oxydiert und geseift.

---

[1] Brit. P. 517751.
[2] Vat Dyestuffs and Vat Dyeing, S. 140—141.

Dunkle Töne kann man färben, indem das Azetatseidengewebe zuerst mit dem nicht reduzierten Farbstoff imprägniert, dann getrocknet und zwecks Reduktion durch eine blinde Küpe genommen wird, die Hydrosulfit und die geringste mögliche Menge Natronlauge enthält. Dann wird in der üblichen Weise gespült, oxydiert, gespült und geseift. Die Verseifung soll angeblich nicht mehr als 2%, bezogen auf den Verlust an Azetylresten, betragen[1].

Gewebe aus Mischgarnen, die Viskose und Azetatseide im Verhältnis 7 : 3 enthalten, können in hellen Tönen gefärbt werden, indem die Azetat-seide teilweise verseift wird. Man klotzt bei Raumtemperatur in einem Bade, das außer dem Farbstoff 20% Alkohol, eine kleine Menge Karaya-gummi und ein Netzmittel enthält. Anschließend wird auf dem Jigger mit Trinatriumphosphat und Hydrosulfit verküpt. Das Verfahren erfordert eine genaue Temperaturkontrolle und ist nur für bestimmte Farbstoffe geeignet; die Zeit muß auf ein Minimum reduziert werden.

26. Spezialfärbemaschinen zum Klotzen von Küpenfarbstoffen und Indigosolen.

Um einen gleichmäßigen Ausfall der Färbungen zu erhalten, ist es notwendig, durch Verkleinerung des Flottenvolumens auf das geringste mögliche Ausmaß die durch die mehr oder minder große Substantivität der Farbstoffe bedingten Schwankungen in der Konzentration der Färbeflotten weitgehendst auszuschalten. Außerdem ist es notwendig, die durch die von den Geweben mitgebrachte Luft, die eine rasche vorzeitige Oxydation der Leukoverbindungen der Küpenfarbstoffe verursachen, möglichst aus den Geweben zu entfernen, bevor diese mit der Flotte in Berührung kommen. Durch die Entfernung der Luft aus den Zwischen-räumen zwischen den Fasern wird außerdem das Gewebe, das nach Verlassen der Quetschwalzen sofort in Berührung mit der Farbflotte kommen soll, in erhöhtem Maße befähigt, die Farbflotte durch Saugwirkung aufzunehmen. Weiters soll die Ware während des Färbeprozesses selbst möglichst wenig mit der Luft in Berührung kommen.

Diesen Ansprüchen genügen die sonst verwendeten Färbefoulards nur teilweise, so daß verschiedene neuere Spezialkonstruktionen von den Maschinenfabriken herausgebracht wurden, die sowohl für das Pigment-klotzverfahren und andere Spezialfärbeverfahren mit Küpenfarbstoffen als auch für das Klotzen der Leukosulfoester gut geeignet sind.

Besonders geeignet für das Klotzen von Indanthrenfarbstoffen und Indigosolfarbstoffen sind Foulards, bei denen das Flottenvolumen auf ein Minimum herabgesetzt wird. Dies wird auf verschiedene Weise erreicht. Zuerst behielt man die alten Konstruktionen des Färbefoulards bei und verwendete Tröge, die möglichst klein waren. Eine dieser Konstruktionen besitzt ein V-förmiges Chassis (Abb. 11), das einem dem Warenlauf angepaßten Hohlraum für die Flotte bildet. Bei einer Warenbreite von 80 cm beträgt der Inhalt 12 bis 15 Liter. Der mit diesem

---

[1] Amer. Dyestuff Reporter **34**, 213 (1945).

Chassis versehene Foulard findet vor allem Verwendung zum Imprägnieren mit der blinden Küpe beim Pigmentklotzverfahren, wenn man anschließend in einem Dämpfer nach dem Du Pont-Pad-Steam-Verfahren oder in dem Elektrofixierer von AUBAUER nach dem I. G.-Verfahren fixiert, ferner zum Naßentwickeln von Indigosolfarbstoffen nach dem Nitrit- oder Chromatverfahren.

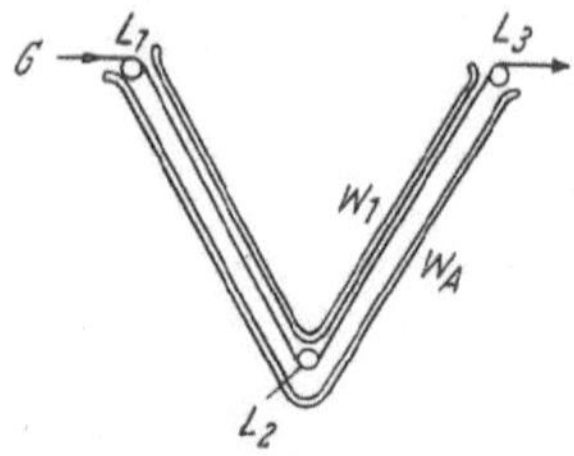

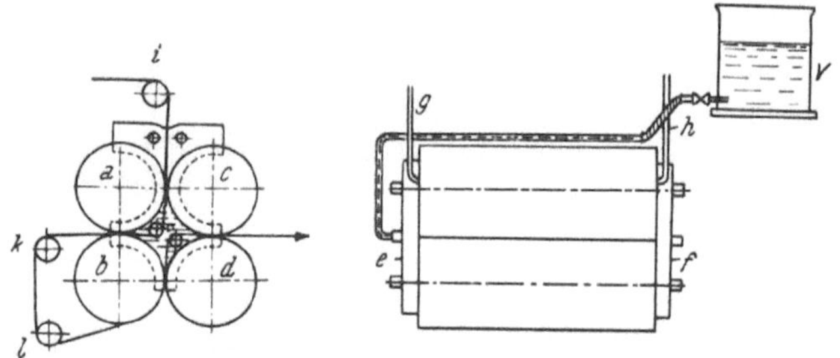

Abb. 11. V-förmiger Trog. W_A, W_1 Außen-, Innenwand, heizbar, L_1, L_2, L_3 Leitwalzen, G Gewebe.

Später wurden vollständig neue Wege im Bau von Klotzmaschinen eingeschlagen, indem man durch Anordnung einer größeren Anzahl von Walzen, die gleichzeitig als Verdrängungskörper wirken, nicht nur den Flottenraum im Farbtrog verkleinerte, sondern auch eine wesentliche Verbesserung des Imprägniereffektes erzielen konnte. Dieselben Vorteile wurden weiters bei anderen Konstruktionen erreicht, die auf ein Farbchassis überhaupt verzichteten und als Flottenraum den von mehreren Abquetschwalzen gebildeten Zwischenraum benützen. Gleichzeitig werden bei allen derartigen Konstruktionen Störungen, die durch ein öfteres Berühren der Ware mit Luft entstehen sowie auch die Schaumbildung vermieden.

„*Fibe*“*-Maschine der Maschinenfabrik Benninger, Uzwil, Schweiz.* Diese Maschine (Abb. 12, 13) bietet den Vorteil, daß der Flüssigkeitsraum

Abb. 12. Fibemaschine, Maschinenfabrik Benninger A. G., Uzwil, Schweiz.

auf ein Minimum verkleinert wird, indem der Färbetrog vollkommen ausgeschaltet wird und die Färbeflotte in dem von vier Walzen gebildeten Raum untergebracht wird. Gleichzeitig wird dadurch, daß die Ware nur kurze Strecken nicht mit den Walzen in Berührung ist, der auf das Gewebe ausgeübte Zug weitgehendst vermindert, so daß heikle Gewebe in hohem Maße geschont werden. Beim Färben von Küpenfarbstoffen ist außerdem die Möglichkeit der vorzeitigen Oxydation durch den Luftsauerstoff verringert.

Die Walze d ist die starr gelagerte Antriebswalze. Die vier waagrecht gelagerten Walzen (a, b, c, d) werden durch regelbaren Druck voneinander entfernt oder gegenseitig angepreßt. Die Metallplatten (e, f) lassen sich an die Endflächen der Walzen anpressen; dadurch, daß der Weichgummiüberzug etwas über den Walzenkern hinausragt, läßt sich eine vollständige Abdichtung des von den vier Walzen gebildeten Zwischenraumes erreichen, der zur Aufnahme des Färbeflotte dient. Auf die Berührungsfläche des Gummis mit den Abdichtplatten läßt man während des Arbeitens eine Glyzerin-Wasser-Lösung träufeln. Die vier Walzen werden mittels Federpressung aneinander gedrückt und dienen gleichzeitig als Abquetschwalzen. Das Gewebe wird mittels der Leitwalzen *i, k, l, m, n* zweimal durch die Färbeflotte geführt und dabei viermal abgequetscht. Zum Entfernen der ausgepreßten Luft dienen die beiden durch die Abdichtungsplatten führenden Rohre *g, h*. Die Flotte zirkuliert während des Färbeprozesses ohne Unterbrechung, indem sie aus dem Zirkulations-

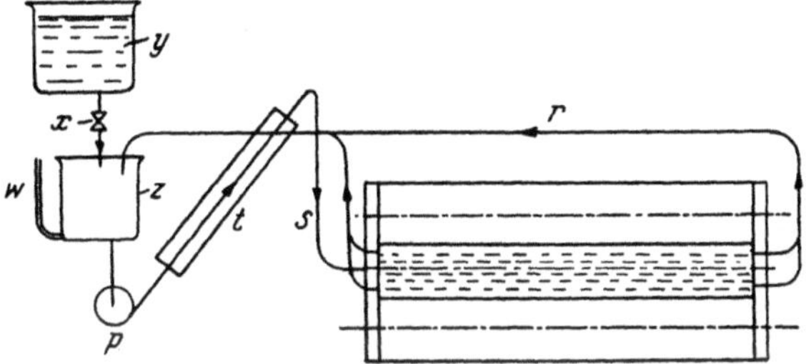

Abb. 13. Flottenzirkulation der Fibemaschine. *p* Pumpe, *r* Rückleitung, *s* Zuleitung, *t* Heizung, *w* Wasserstand, *x* Absperrhahn, *y* Stammgefäß, *z* Zirkulationsgefäß.

gefäß mittels einer Pumpe durch eine Heizung mit indirektem Dampfe in den bei 90 cm Walzenbreite zirka 10 Liter fassenden Färberaum gepreßt und wieder in das Zirkulationsgefäß zurückbefördert wird. Die in die Abdichtungsplatten gebohrten Flottenkanäle sind mit Thermometern ausgestattet, außerdem passiert die Flotte vor ihrem Eintritt in die Maschine ein Glasrohr, so daß eine einwandfreie Kontrolle ermöglicht wird. Die Flotte wird in dem Stammgefäß *y* angesetzt.

Durch die Zirkulation der Flotte erreicht man, daß diese praktisch ihre Konzentration nicht ändert, da sie ständig erneuert wird, außerdem steht der Flottenraum ständig unter einem kleinen hydraulischen Überdruck, so daß ein Eindringen von Luft vermieden wird. Die Flotte wird ständig auf einer konstanten Temperatur gehalten und durch ein in die Rückleitung eingebautes Filtersystem von Fasern und anderen Verunreinigungen gereinigt.

Die Anlage arbeitet sehr rationell. Die Leistung beträgt bis 40 m in der Minute, der Abquetscheffekt liegt zwischen 50 und 100%. Für ganz kleine Partien oder für Musterkollektionen kann der Raum, der oberhalb der beiden oberen Walzen liegt, verwendet werden. Die Maschine ist auch zum kontinuierlichen Färben von Kettgarn, das direkt von der Zettelmaschine kommt, geeignet.

Hochleistungsfärbemaschine Fz der Firma Haubold A. G., Chemnitz. Diese Maschine (Abb. 14) ist der „Fibe" ähnlich. Die Flotte befindet sich in dem von der mit Hartgummi überzogenen Walze 1 und den mit Weichgummi überzogenen Walzen 2 und 3, bzw. 2 und 4 gebildeten Räumen. Die Ware wird von unten zwischen den Walzen 1 und 3 ein-

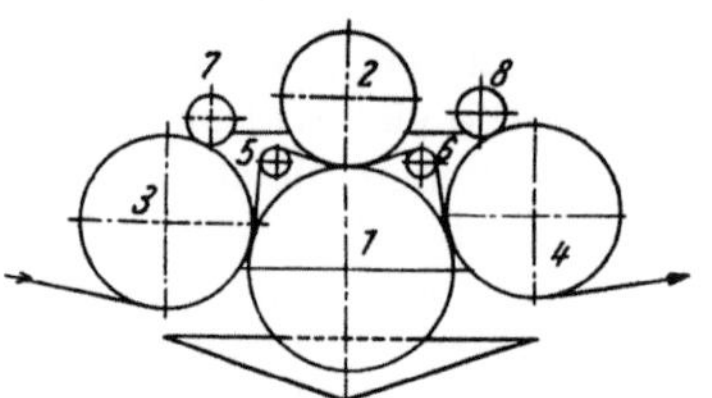

Abb. 14. Färbemaschine der Haubold A. G., Chemnitz.

geführt und luftfrei abgequetscht, läuft über die Leitwalze 5 durch die Flotte, dann wird sie unterhalb des Flottenspiegels zwischen den Walzen 1 und 2 abgequetscht, läuft ein zweitesmal durch die Flotte über die Leitwalze 6 und wird zwischen den Walzen 1 und 4 abgequetscht. Die beiden kleinen, mit Weichgummi überzogenen Walzen 7 und 8, die auf den Walzen 3 und 4 liegen, ver-

hindern, daß von diesen Walzen Flotte mitgenommen wird. Nach oben wird der Flottenraum durch Abdeckplatten aus Nickel abgeschlossen. Die seitliche Abdichtung erfolgt analog der „Fibe" mittels Abdichtungsplatten;

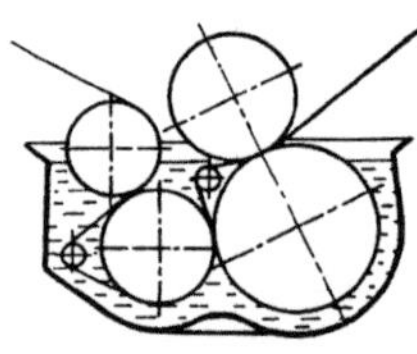

Abb. 15. Walzenfoulard der Zittauer Maschinenfabrik, Zittau in Sachsen.

mittels Heizrohren wird die Flotte erwärmt, die durch ein Zuflußrohr zuläuft. Die Maschine besitzt einen Vorwärts- und einen Rückwärtsgang.

Vier-Walzen-Foulard Typ KZ der Zittauer Maschinenfabrik A. G., Zittau in Sachsen. Dieser Foulard (Abb. 15) besitzt einen Farbtrog. Die Ware wird vor dem Eintritt in die Flotte durch Quetschwalzen entlüftet, eine zweite Quetschstelle befindet sich innerhalb der Flotte und zum drittenmal wird die Ware

nach dem Verlassen der Flotte durch ein besonders kräftiges Quetschwerk von der Flotte befreit. Man kann aber auch mit höherem Flottenstand ohne Entlüftung, dafür aber mit dreimaliger Imprägnierung arbeiten. Die Entstehung von Schaumflecken wird bei dieser Konstruktion vermieden. Da die Walzen als Verdrängungskörper wirken, ist das Fassungsvolumen des Farbtroges klein.

Breitfärbemaschine „Antischaum" der Etablissements A. Deck, Mülhausen, Elsaß. Diese Maschine (Abb. 16) ist mit Vor- und Rückwärtsgang, einem Farbtrog und als Verdrängungskörper wirkenden vier Quetschwalzen, je zwei Leitwalzen beim Warenein- und -austritt, einer

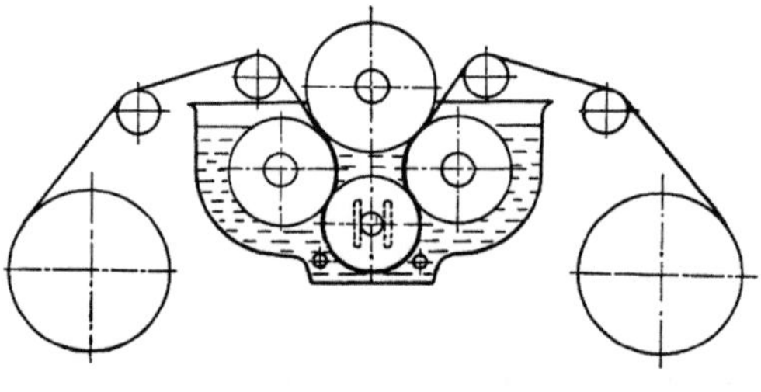

Abb. 16. Breitfärbemaschine „Antischaum", Etablissements A. Deck, Mülhausen.

Heizschlange und einem Farbzulaufrohr ausgestattet. Die Ware wird vor dem Eintritt in die Flotte durch Abquetschen luftfrei gemacht, in der Flotte zweimal abgequetscht und nach dem Verlassen der Flotte nochmals abgequetscht. Bei dieser Arbeitsweise wird eine Schaumbildung verhindert.

B. Verwendung von Küpenfarbstoffen in der Färberei der animalischen Fasern.

1. Verwendung der Küpenfarbstoffe in der Wollfärberei.

Die Küpenfarbstoffe haben in der Wollfärberei bei weitem nicht die gleiche Bedeutung erlangt wie in der Färberei der Zellulosefasern. Dies ist auf folgende Ursachen zurückzuführen. 1. Es gibt außer den Küpenfarbstoffen viel mehr echte Wollfarbstoffe als Baumwollfarbstoffe. 2. Die Affinität der Küpenfarbstoffe zur Baumwolle ist größer als zur Wolle, so daß auch die Zahl der für die Baumwollfärberei geeigneten Küpenfarbstoffe wesentlich größer ist als die Zahl der für die Wollfärberei geeigneten Farbstoffe. 3. Da die Wolle durch Alkali angegriffen wird, können nur gewisse Farbstoffe, die in schwach alkalischem Bade gefärbt werden können, unter Berücksichtigung entsprechender Vorsichtsmaßnahmen gefärbt werden.

Daß trotz der Gefährdung der Wolle durch die alkalischen Bäder Küpenfarbstoffe zum Färben von Wolle Verwendung finden, hat darin seinen Grund, daß auch durch das Färben mit Chromierungsfarbstoffen, der anderen Gruppe der Wollechtfarbstoffe, eine Schädigung der Wollfaser verursacht wird. Es wird sogar von vielen Forschern die Schädigung beim Färben mit Chromierungsfarbstoffen für größer angesehen; nach neueren Forschungen kann jedenfalls noch nicht eindeutig erklärt werden, daß das Färben mit der einen oder der anderen Farbstoffklasse eine größere Gefährdung der Wollfaser beinhaltet.

Abgesehen von der Gefahr, die eine hohe Alkalität für die Wollfaser darstellt, verringert sie aber auch die Erschöpfung des Farbbades. Es genügt die Alkalimenge, die notwendig ist, um den reduzierten Farbstoff in Lösung zu halten. Soweit noch Alkali außer dem schon in der Stammküpe vorhandenen notwendig ist, soll nur Soda oder Ammoniak, aber keinesfalls Lauge angewendet werden.

Für die Wollfärberei sind die indigoiden Farbstoffe, die mit weniger Alkali verküpt und gefärbt werden können, besser geeignet als die anthrachinoiden.

Nur die freie Küpensäure zieht auf die Faser auf, wobei die Bindung der Küpensäure an die Wolle nach LEUPIN und HARTMARK[1] in ähnlicher Weise wie bei einem sauren Farbstoff stattfindet. Dabei findet eine Absättigung der Aminogruppen der Wolle statt. Nach erfolgter Oxydation werden die Aminogruppen wieder frei, so daß immer mehr und mehr Küpenfarbstoff aufgenommen werden kann. Es ist deshalb eine Hydrolyse des Leukosalzes in die freie Küpensäure wünschenswert.

Bei indigoiden Küpenfarbstoffen, die ein gutes Ziehvermögen besitzen, sinkt dieses mit steigender Alkalikonzentration; dagegen wächst das Ziehvermögen mit steigender Alkalikonzentration bei Küpenfarbstoffen, die an sich wenig Affinität zur Wolle besitzen wie bei Indanthrenblau GCD oder Indanthrenbrillantgrün B[2].

---

[1] Melliand Textilber. **24**, 394 (1943).
[2] Amer. Dyestuff Reporter **39**, 2ff. (1950).

Während das Ziehvermögen der Küpenfarbstoffe gegen Baumwolle mit zunehmendem Dispersitätsgrade der Leukoverbindung geringer wird, wächst es in diesem Falle gegen Wolle. Indigo, der in der Küpe in molekulardispersem Zustande vorliegt, zieht besser auf Wolle als auf Baumwolle.

Schaeffer teilt die Küpenfarbstoffe auf Grund von Diffusionsmessungen in drei Gruppen ein: 1. Indigo und Thioindigo, deren Leukosalze molekular gelöst sind, 2. Brillantindigo 4B, Indanthrenrotviolett RH, Helindonrosa R, deren Leukosalze semikolloid gelöst sind, mit einer Teilchengröße bis 3,5 mμ und begrenztem Diffusionsvermögen und 3. Indanthrengelb G, Indanthrendunkelblau BO, deren Leukosalze kolloidale Dispersionen bilden mit einer Teilchengröße über 3,5 mμ und ohne Diffusionsvermögen.

Bei anthrachinoiden Küpenfarbstoffen, wie z. B. Indanthrenblau GCD, nimmt die Diffusionsgeschwindigkeit zu, wenn die Alkalikonzentration erhöht wird, bis schließlich der Dispersitätsgrad von indigoiden Farbstoffen erreicht ist.

Neben der chemischen Bindung spielt aber auch die Adsorption eine Rolle; es konnte festgestellt werden, daß reservierte Wolle schließlich die gleiche Indigomenge wie gewöhnliche Wolle aufnimmt.

Um ein vollständiges Ausziehen der Farbstoffe zu erreichen, ist der Zusatz von Verbindungen zweckmäßig, die während des Färbeprozesses die Alkalität herabsetzen. Das gebräuchlichste Verfahren besteht im Zusatz von Ammonsulfat oder Ammonchlorid.

Um die die Wollfaser schädigende Wirkung der zum Verküpen verwendeten Lauge vollständig auszuschalten, wurde diese durch alkalisch reagierende Salze wie z. B. durch Trinatriumphosphat (ICI) ersetzt. Auf diese Weise gelingt auch die Verwendung von anthrachinoiden Farbstoffen.

Um die Faser vor der schädigenden Wirkung des Alkalis zu schützen, werden dem Farbbade Leim und andere Schutzkolloide zugesetzt. Die Temperatur darf nicht höher getrieben werden als es zur Fixierung des betreffenden Farbstoffes unbedingt notwendig ist. Besonderes Augenmerk ist aber der vollständigen Entfernung des Alkalis nach dem Färben zu schenken. Die Ware muß daher nach dem Färben gründlich abgesäuert werden, damit nicht beim Trocknen eine Erhöhung der Laugenkonzentration eintritt, die bei den nachfolgenden Veredlungsoperationen, besonders beim Dekatieren, eine zerstörende Wirkung entfalten würde.

Jeder einzelne Küpenfarbstoff verlangt in der Wollfärberei eigene Verküpungsvorschriften, so daß es zu weit führen würde, diese einzeln anzuführen. Die Farbenfabriken, vor allem die I. G. Farbenindustrie A. G., bzw. ihre Nachfolger haben ausführliche Beschreibungen herausgebracht.

Indigo wird schon seit uralten Zeiten zum Färben von Wolle verwendet. Da die Echtheitseigenschaften des Indigos auf Wolle wesentlich besser sind als auf Baumwolle und denen der echtesten Chromierungsfarbstoffe gleichkommen, wird er noch in weitem Maße in der Wollechtfärberei verwendet, z. B. für Uniformstoffe. Die früher verwendeten Gärungsküpen wurden in Europa fast allgemein durch die Hydrosulfitküpe verdrängt. Nur in kleinen handwerksmäßigen Betrieben am Balkan oder in Asien findet diese Färbeweise noch Anwendung.

a) Indigofärberei.

Die Gärungsküpe ist derzeit, mit Ausnahme von industriell rückständigen Gebieten, durch die Hydrosulfitküpe vollständig verdrängt, da sie wesentlich schwerer anzusetzen und zu führen ist und da außerdem auch ihre Leistungsfähigkeit geringer ist. Man kann folgende vier verschiedene Arten der Gärungsküpe unterscheiden:

1. Die Waidküpe, die mit Waid, wenig Kleie und Krapp als Gärungsmittel angesetzt und mit Kleie unter Kalkzusatz geführt wird. Sie stellt die älteste Küpenart dar; sie erforderte aber sehr viel Übung und Erfahrung. Wenn der Ansatz in Ordnung war, soll sie aber ohne Unterbrechung sechs bis zehn Monate in Verwendung gestanden sein. Außer Kleie wird dieser Küpe Zucker in Form von Rosinen, Honig, Mehl u. dgl. zugesetzt, um die Entwicklung der Bakterien zu fördern. Da die Bakterien die Kohlehydrate zu Milch-, Butter- und anderen organischen Säuren abbauen, hat das zugesetzte Alkali bei Anwendung dieser Küpe auch die Funktion, die gebildete Säure zu neutralisieren. Es muß aber auch ein Überschuß an Alkali vermieden werden, da dadurch das Wachstum der Bakterien behindert wird. Die I. G. Farbenindustrie gibt folgende Vorschriften an:

60 kg Waid,
20 kg Krapp,
10 kg Solvaysoda,
10 kg Sirup,
25 kg Weizenkleie,
3 kg Kalk,
4 bis 5 kg Indigopulver.

10 000 Liter.

Man erwärmt auf 60 bis 70° C. Nach 20stündigem Stehen tritt eine schwache Gärung ein. Durch allmählichen Kalkzusatz wird die Gärung in bestimmten Grenzen gehalten, damit keine Überreduktion eintritt. Nach ein bis zwei Tagen sieht die Küpe grünlich-gelb aus und kann verwendet werden, sobald sie nach dem Ausschärfen mit Kalk, das alle 2 bis 3 Stunden vorgenommen werden muß, eine gelbliche Durchsicht angenommen und den süßlichen Geruch verloren hat.

Während des Gebrauches muß man der Küpe täglich Indigo, Kalk und Gärungsstoffe zusetzen.

Das Färben wird bei 55 bis 60° C in mehreren Zügen vorgenommen.

2. Die Sodaküpe. Diese wird mit Kleie, Sirup und Krapp als Gärungsmittel angesetzt und mit Kleie, Kalk, Soda und Sirup weitergeführt. Während die Waidküpe hauptsächlich in England angewendet wurde, war die Sodaküpe mehr in Mitteleuropa in Verwendung, wo Waid schwerer erhältlich war und daher durch Sirup ersetzt wurde. Im allgemeinen ist die Arbeitsweise die gleiche wie bei der Waidküpe, abgesehen davon, daß die Verküpungstemperatur 50 bis 60° C beträgt.

3. Die Bastardküpe. Diese wird als Waidküpe angesetzt und als Sodaküpe fortgeführt.

4. Die Wollschweißküpe. Bei dieser wird der Wollschweiß, der meistens genügend alkalisch ist, als Gärungsmittel verwendet. Außerdem setzt man noch Pottasche oder Holzasche zu. Diese Küpe wäscht und färbt die Wolle gleichzeitig.

Die Waidküpe eignet sich besonders für dunklere Töne, die Sodaküpe mehr für hellere, lebhafte Töne.

Abgesehen von den technischen Schwierigkeiten, die das Ansetzen und das Führen der Gärungsküpen verursachen, ist auch die Bildung einer großen Menge Bodensatzes ein wesentlicher Nachteil dieser Verfahren. Dadurch gelangen kleine Teilchen in die Wolle, die beim Spinnen Unannehmlichkeiten hervorrufen. Man ist außerdem zur Verwendung größerer Küpen gezwungen; dadurch wird aber der Dampfverbrauch größer.

Durch Einführung rein chemischer Verküpungsmethoden wurde gegen Ende des 19. Jahrhunderts ein wesentlicher Fortschritt im Vergleich mit den alten empirisch gehandhabten Gärungsküpen erreicht. Nach dem Verfahren von SCHÜTZENBERGER und LALANDE wurde das Hydrosulfit in der Fäberei selbst durch Umsetzung von Zinkstaub mit Natriumbisulfit hergestellt. Als Alkali wurde zuerst Kalk verwendet. Bei dieser Verküpungsart war ein großer Bodensatz und ein Verlust an Indigo unvermeidbar. Durch die Verwendung von Natronlauge an Stelle von Kalk wurde dieser Übelstand verbessert, aber das starke Alkali verursachte bedeutende Schädigungen der Wollfaser. Wesentlich vereinfacht wurde der Arbeitsvorgang, als die Hoechster Farbwerke und die Badische Anilin- und Sodafabrik das Hydrosulfit zuerst als Lösung, später in fester Form auf den Markt brachten. Die Einführung der Indigolösungen durch die Hoechster Farbwerke bildete einen weiteren Schritt in der Entwicklung. Die Hoechster Farbwerke fanden, daß Indigo, der zwar nicht in ammoniakalischer Lösung verküpt werden kann, nicht in unlöslicher Form ausgefällt wird, wenn die Stammküpe nicht einem stark alkalischen, sondern einem ammoniakalischen Färbebad in Gegenwart von Leim zugesetzt wird, und eine kolloidale Lösung bildet. Die Ammoniak-Leim-Hydrosulfit-Küpe, der die Indigolösung der Hoechster Farbwerke zugesetzt wurde, stellte eine schonende Behandlung der Wollfaser dar und verdrängte daher die bis dahin angewandte Natronlauge-Hydrosulfit-Küpe.

Lose Wolle wird in viereckigen Färbebottichen gefärbt, in denen sich ein Einsatz aus durchlochtem Blech befindet. Dieser kann emporgewunden werden, so daß damit die Wolle aus dem Farbbade herausgenommen werden kann. Die Wolle wird mittels eines Quetschwerkes von der überschüssigen Flotte abgequetscht, die wieder in den Färbebottich zurückläuft. Auch auf Apparaten kann die lose Wolle gefärbt werden, dabei wird die Flotte wechselseitig durch das Material gepumpt. Nach dem Herausnehmen aus dem Apparat muß rasch abgequetscht werden. Auch in gewöhnlichen Färbekufen ohne Abquetschwalzen kann man färben, wenn das später erwähnte Ausziehverfahren zur Anwendung kommt. Über ein kontinuierliches Färbeverfahren berichten VON BERGEN, CROWLEY und BROMMELSIECK[1]. Bei diesem Verfahren werden zwei entsprechend adaptierte Wollwaschanlagen mit je vier Trögen verwendet. Durch Quetschwalzen wird das Material nach Verlassen der Tröge abgequetscht. Der Transport wird durch Rechen und Laufbänder in einer das Material schonenden Weise ausgeführt. Im ersten Kasten wird das Material genetzt, im zweiten wird es während 6 Minuten gefärbt, im dritten mit Wasserstoffsuperoxyd oder Natriumperborat oxydiert, im vierten gespült; in der zweiten Anlage gelangt es zum zweitenmal in eine Indigoküpe, dann wieder in ein Oxydationsbad und in zwei Spülbäder. Der Indigoküpe, die Lauge, Soda, Ammoniak, Hydrosulfit und Leim enthält, muß während des Färbens die entsprechende Menge an Hydrosulfit und Alkalien nachgesetzt werden, wie es bei allen kontinuierlichen Färbeverfahren üblich ist.

Die Färberei von Kammzug in Bobinen wird in Apparaten mit einseitiger oder zweiseitiger Flottenzirkulation ausgeführt. Übergußapparate, bei denen die Flotte mit der Luft in Berührung kommt, sind nicht geeignet, da die Leukoverbindungen der Farbstoffe oxydiert würden. Nach Beendigung des Färbens wird mit kaltem Wasser auf 20 bis 30° C abgekühlt, mit 2% Wasserstoffsuperoxyd 30%ig 10 Minuten bei 30° C oxydiert, gespült, gesäuert und fertiggestellt.

Garn wird in ähnlicher Weise wie lose Wolle gefärbt. Das vorgenetzte und geschleuderte Garn wird in offenen Gefäßen auf U-förmig gebogenen Eisenstäben oder Gasrohren gefärbt, indem es unter der Flotte umgezogen wird. Nach dem Färben werden die Stränge einzeln herausgenommen und abgequetscht. Auf die gleiche Art kann auch Kammzug im Strang gefärbt werden. Es besteht auch die Möglichkeit, Garne in Garnfärbeapparaten mit zirkulierender Flotte zu färben. Man färbt nach dem später beschriebenen Ausziehverfahren.

Zum Färben von Stückware benützt man die sogenannte Hawkmaschine (Hawking Machine), wobei die Stücke unter der Flotte bewegt werden. Die genetzte und geschleuderte Ware wird auf dieser Maschine je nach der Dichte des Gewebes $^1/_2$ bis 2 Stunden gefärbt, dann wird gut abgequetscht; die Oxydation kann durch eine Luftpassage bewerkstelligt werden. LINBERG[2] beschreibt die kontinuierliche Wollstückfärberei. Das Färben von Stückware in der Küpe wird nur selten ausgeführt.

Die beschriebenen maschinellen Anordnungen sind sowohl für Indigo als auch für seine Abkömmlinge sowie für die Derivate des Thioindigos geeignet.

Die Führung der Hydrosulfitküpe auf offenen Gefäßen mit Abquetschvorrichtung wird in folgender Weise ausgeführt. Das auf 50 bis 55° C erwärmte Bad wird der Reihe nach mit 3% gelöstem Leim, 0 bis 3% Ammoniak 25%ig und 2% Hydrosulfit beschickt. Für 30 kg Wolle verwendet man 2500 bis 3000 Liter Küpenflotte. Der Ammoniakzusatz

---

[1] Amer. Dyestuff Reporter **34**, 53—62 (1945).
[2] Amer. Dyestuff Reporter **32**, 33 (1943).

wird nach der Farbtiefe bemessen; hellere Färbungen benötigen eine größere Alkalität als tiefere. Das Bad soll Phenolphtalein schwach rot färben. Man geht mit der trockenen oder mit der vorgenetzten und geschleuderten Wolle ein, hantiert während 20 bis 30 Minuten, quetscht gut ab, läßt zum Oxydieren einige Zeit stehen und wiederholt bei dunklen Tönen das Färben ein zweitesmal. Man kann aber auch nach dem Färben und Abquetschen sofort in kaltes Wasser eingehen. Beim Arbeiten auf altem Bade wird die Küpe zuerst durch Zusatz der notwendigen Menge an Hydrosulfit und Ammoniak auf den Normalstand gebracht; ein Leimzusatz ist nicht mehr notwendig; der Zusatz an Farbstoff kann bis zu 30% verringert werden.

In Zirkulationsapparaten mit Abquetschvorrichtung kann man in derselben Flottenmenge ungefähr viermal mehr Wolle färben als in der offenen Küpe. Die Zusätze sind 1% Leim, 0,5 bis 1,5% Ammoniak 25%ig, 1,5% Hydrosulfit. Abgesehen davon, daß man die Zugdauer etwas verlängert, um die Durchfärbung zu verbessern, ist die Arbeitsweise die gleiche. Man muß die Küpenflotte öfter erneuern, da mit dem gleichen Flottenvolumen eine bedeutend größere Menge Material gefärbt wird.

Man kann lose Wolle auch in Kufen ohne Abquetschvorrichtung oder in den üblichen Färbeapparaten färben. Man beschickt die Färbeflotte in der gleichen Weise mit Leim, Ammoniak und Hydrosulfit. Man färbt 20 bis 30 Minuten, stumpft dann das Alkali je nach der Tiefe der Färbung mit 1 bis 4% Ammonsulfat ab und färbt nochmals 20 bis 30 Minuten weiter, bis das anfangs schwach alkalische Bad fast neutral ist. Dabei wird der Farbstoff fast vollständig ausgezogen. Man läßt dann kaltes Wasser zulaufen und gleichzeitig die warme Flotte ablaufen, so daß die Wolle immer von der Flüssigkeit bedeckt ist. Nachdem das Material auf diese Weise abgekühlt ist, läßt man die Flüssigkeit ab und packt das Material aus. Das Oxydieren dauert länger; man kann auch mit Wasserstoffsuperoxyd oxydieren.

b) Färben mit indigoiden und anthrachinoiden Küpenfarbstoffen.

Unter den Küpenfarbstoffen wurden die für die Wollfärberei geeignetsten von der I. G. Farbenindustrie A. G. ausgesucht und unter der Bezeichnung Helindonfarbstoffe in den Handel gebracht. Seit der Aufteilung der I. G. werden diese Farbstoffe von den Farbwerken Hoechst geliefert. Entsprechende Farbstoffe liefert die Ciba unter der Bezeichnung Cibafarbstoffe, die ICI unter der Bezeichnung Durindonfarbstoffe. Die indigoiden Farbstoffe sind besser geeignet als die anthrachinoiden, da sie bei einem niedrigeren p_H-Wert verküpbar und färbbar sind, so daß die Anwendung stark alkalischer, die Wolle in stärkerem Maße schädigender Flotten überflüssig ist.

Die Verküpung findet allgemein in Form von Stammküpen statt, nicht im Färbebade. Man setzt gerade so viel Natronlauge der Stammküpe zu, als zum Verküpen notwendig ist. Das Färbebad wird unter

Vermeidung von Natronlauge nur mit Hydrosulfit und Ammoniak unter Zusatz von Leim vorgeschärft.

Die Helindonfarbstoffe werden in zwei Gruppen eingeteilt; die erste, die HN-Gruppe, zu der auch Indigo gehört, wird bei 50 bis 55° C gefärbt, die zweite, die HW-Gruppe, zu der auch Tetrabromindigo gehört, bei 60 bis 65° C. Hinsichtlich des Ansatzes der Stammküpen lassen sich aber keine Regeln aufstellen, da jeder Farbstoff ohne Rücksicht auf die obige Einteilung eine bestimmte Temperatur und bestimmte Mengen Lauge und Hydrosulfit beansprucht. Die meisten HW-Farbstoffe brauchen aber höhere Laugenmengen zum Verküpen. Es sollen daher nur solche Farbstoffe kombiniert werden, die unter ähnlichen Bedingungen verküpbar und färbbar sind.

HN-Gruppe. Die Farbstoffe dieser Gruppe werden bei 50 bis 55° C während 20 bis 30 Minuten gefärbt.

Zum Ansetzen der Stammküpe muß weiches Wasser verwendet werden. Zum Färben kann man auch hartes Wasser von 20 bis 30 deutschen Härtegraden verwenden. Die Farbstoffe der HN-Gruppe ziehen in hartem Wasser wesentlich besser als in weichem auf; falls das Ziehvermögen in weichem Wasser nicht genügt, setzt man der Färbeküpe bei 0° d. H. 2 bis 4%, bei 10° d. H. 1 bis 2% Ammonsulfat in Wasser gelöst zu.

Durch den Zusatz von Ammonsulfat- oder Ammonchloridlösung wird die überschüssige Alkalität, die der Farbstoffausnützung entgegenwirkt und gleichzeitig die Wolle schädigt, abgestumpft. Das Bad soll bei Beginn des Färbens Phenolphtaleinpapier rosa anfärben, nach Beendigung der Färbung aber praktisch neutral sein.

HW-Gruppe. Zu dieser Gruppe gehören nur wenige Farbstoffe, die bei 60 bis 65° C gefärbt werden müssen. Die Färbeküpen müssen etwas stärker alkalisch sein als bei dem HN-Verfahren und Phenolphtaleinpapier rot färben. Nach dem Ausziehverfahren mit Ammonsulfat dürfen diese Farbstoffe nicht gefärbt werden, da die Bäder bei Zusatz von Ammonsulfat schlechter ausziehen, teilweise ausfallen und Färbungen mit schlechten Echtheitseigenschaften, vor allem mit schlechter Reibechtheit, ergeben. Die Farbstoffe ziehen in hartem Wasser stärker als in weichem auf. Man setzt daher bei Verwendung von weichem Wasser 5% kalz. Chlorkalcium bei 0° d. H., bzw. $2^1/_2$% kalz. Chlorkalcium bei 10° d. H. zu, um eine bessere Farbstoffausnützung zu erreichen.

Die Farbstoffe der HW-Gruppe müssen nach der Luftoxydation in einem frischen Bade mit 2 bis 3% Schwefelsäure 96% (66° Bé) oder mit 3 bis 5% Essigsäure 30% vom Warengewicht abgesäuert werden, um den Farbstoff vollständig zu entwickeln. Man beginnt bei 30 bis 40° C und behandelt annähernd bei Kochtemperatur während 5 bis 10 Minuten.

Die Farbstoffe der HW-Gruppe können mit denen der HN-Gruppe gemeinsam bei 60 bis 65° C gefärbt werden.

Die Färbedauer beträgt bei den HW-Farbstoffen ebenso wie bei HN-Farbstoffen ungefähr 20 bis 30 Minuten.

Anstatt die Stammküpen selbst anzusetzen, kann man die fertigen Küpenpräparate der Farbenfabriken verwenden.

In den Färbebädern können außer Leim auch Eiweißfettsäure-kondensate (Lamepon), Sulfitablauge (Protektol) und alkylierte Naphtalinsulfosäuren (Leonil S) als Schutzkolloide Anwendung finden. Die Schutzkolloide dienen einerseits zum Stabilisieren der Küpe, anderseits sollen sie die Wolle vor der Einwirkung der alkalischen Bäder schützen.

In dem von der ICI ausgearbeiteten Trinatriumphosphatverfahren[1] wird die Natronlauge durch Trinatriumphosphat ersetzt. Das Trinatriumphosphat muß in kristallisierter Form angewendet werden. Man kann sowohl indigoide als auch anthrachinoide Farbstoffe nach diesem Verfahren färben.

Der Farbstoff wird in einem Viertel der Färbebadflüssigkeit mit 0,5% Trinatriumphosphat (kristallisiert) und 0,15% Hydrosulfit, bezogen auf das gesamte Flüssigkeitsvolumen, verküpt. Die Verküpungstemperatur beträgt bei anthrachinoiden Farbstoffen 60° C, bei indigoiden 90° C. Nach 15 Minuten ist die Verküpung beendigt. Die Lösung des reduzierten Farbstoffes wird dann dem Farbbade zugesetzt, das mit 0,5% Trinatriumphosphat (kristallisiert) und 0,02% Hydrosulfit vorgeschärft ist. Die Färbung wird in 30 Minuten bei 60° C ausgeführt. Anthrachinoide Färbungen werden nach dem Abquetschen an der Luft oxydiert, gespült und 15 Minuten bei 50° C in einem Bad, das 0,25% Lissapol C und 0,25% Essigsäure (30%) enthält, behandelt. Indigoide Färbungen werden durch eine 15 Minuten währende Behandlung in einem Bade, das 0,25% Kaliumpersulfat und 0,5% Essigsäure (30%) enthält, oxydiert und dann 15 Minuten in einem Bade, das 0,25% Lissapol C enthält, bei 50° C behandelt. Dann wird gespült.

2. Verwendung der Küpenfarbstoffe in der Seidenfärberei.

Küpenfarbstoffe werden in der Seidenfärberei dort verwendet, wo hohe Ansprüche hinsichtlich Licht-, Wetter-, Wasch- und Tragechtheit gestellt werden, also vor allem für Möbel- und Dekorationsstoffe und für Garne, aus denen derartige Materialien gewebt werden.

Da Seide durch Alkalien nicht in dem Maße angegriffen wird wie Wolle, können auch die anthrachinoiden Küpenfarbstoffe verwendet werden. Die anthrachinoiden Küpenfarbstoffe werden ebenso wie auf den Zellulosefasern nach den Verfahren IN, IW und IK gefärbt. Gewisse kleinere Abänderungen gegenüber der bei Baumwolle oder Kunstseide üblichen Arbeitsweise sind zweckmäßig. Der Laugenzusatz wird etwas niedriger gehalten. IN-Farbstoffe verküpt man am besten im Färbebade bei 60° C, IW- und IK-Farbstoffe werden mit der zum Färben notwendigen Menge an Natronlauge und Hydrosulfit in konzentrierteren Küpen bei 40 bis 50° C verküpt und dann nach vollendeter Verküpung dem mit etwas Lauge und Hydrosulfit vorgeschärften Färbebade zugesetzt. Man färbt die entbastete Seide in einem Flottenverhältnis von 1 : 40 bis 1 : 50 innerhalb $^1/_2$ bis 1 Stunde. Die Färbetemperatur beträgt 50° C; bei helleren Farbtönen, die nach dem IN-Verfahren gefärbt werden

---

[1] Fox: Vat Dyestuff and Vat Dyeing, S. 72, 73.

sollen, geht man bei niederer Temperatur ein und steigert die Färbetemperatur allmählich auf 50° C. Diese Temperatur soll nicht überschritten werden. Die weiteren Operationen sind analog wie in der Baumwollfärberei. Als Egalisierungsmittel verwendet man Peregal O, Dekol und die anderen in der Baumwollfärberei gebräuchlichen Hilfsmittel. Es ist noch zu bemerken, daß nicht nur die IK- und die IW-Farbstoffe unter Zusatz von Salz (Glaubersalz) gefärbt werden, sondern auch die IN-Farbstoffe.

Man kann die Farbstoffe auch in Stammküpen verküpen. Die indigoiden Farbstoffe müssen allgemein in Stammküpen reduziert werden, wobei für jeden Farbstoff eine eigene Vorschrift maßgebend ist.

Zum Schluß wird mit einer organischen Säure aviviert.

Meistens werden Garne in Strangform gefärbt, die für Buntgewebe oder für Stickereien Verwendung finden. Es wird nur nicht beschwerte Seide gefärbt; es soll darauf hingewiesen werden, daß die Affinität der natürlichen Seide zu Küpenfarbstoffen durch Behandlung mit Schwermetallsalzen erhöht wird.

Mit manchen Küpenfarbstoffen lassen sich auch gut licht- und waschechte Färbungen auf Mischgeweben aus Seide und Baumwolle bzw. Kunstseide herstellen.

Es soll noch erwähnt werden, daß man Seide auch mit Schwefelfarbstoffen färben kann. Diese werden entweder mittels Schwefelnatrium oder mittels Hydrosulfit und Soda reduziert. Die Anwendung der im Vergleich zu den Küpenfarbstoffen weniger echten Schwefelfarbstoffe bietet aber kaum irgendwelche Vorteile; die Gefährdung der Faser ist kaum geringer als bei der Anwendung von Küpenfarbstoffen, so daß sie nur selten gefärbt werden.

C. Verwendung der Küpenfarbstoffe in der Färberei von Polyamid- und Polyurethanfasern.

Verschiedene Küpenfarbstoffe lassen sich zwar mit gutem Erfolge auf Polyamid- und Polyurethanfasern färben. Auch zeigte es sich bei eingehender Nachprüfung, daß die Echtheitseigenschaften keineswegs immer in einem derartigen Ausmaße schlechter sind als die der Färbungen auf Zellulosefasern. Trotzdem ist es nicht sehr wahrscheinlich, daß die Küpenfärberei der Polyamid- und Polyurethanfasern eine größere Bedeutung finden wird.

Die Färbebedingungen sind am günstigsten bei Perlon L, das aus Caprolactam erzeugt wird, dann folgt Nylon bzw. Perlon T, die durch Kondensation von Adipinsäure mit Hexamethylendiamin erzeugt werden, und schließlich Perlon U, das ein Polyurethan ist.

Eingehende Untersuchungen beschreibt J. Müller[1].

In höherem Ausmaße als beim Färben von nativen und regenerierten Zellulosen ist beim Färben der Polyamid- und Polyurethanseiden der

---

[1] J. Müller: Melliand Textilber. **30**, 106, 149, 199 (1949); **31**, 564—569 (1950); Text. Rdsch. **5**, 313—314 (1950).

Einfluß der Temperatur von Bedeutung. Man erhält nur dann brauchbare Küpenfärbungen, wenn man die Färbetemperatur auf 80 bis 90° C erhöht oder wenn man bei 1 bis $1^1/_2$ atü vordämpft und dann bei 60° C färbt. Perlonfaser läßt sich leichter als die Perlonseide färben, bei der die Erhöhung der Färbetemperatur besonders wichtig ist. Um die zersetzende Wirkung der hohen Temperatur auf das Hydrosulfit zu vermeiden, kann statt dessen das Natrium-Formaldehyd-Sulfoxylat (Rongalit C) verwendet werden, wenn man bei 80 bis 90° C färbt; bei Farbstoffen, die zur Überreduktion neigen, wird Glukose zugesetzt. Die normalen Zusätze betragen bei IK- und IW-Farbstoffen 5 cm³ Natronlauge 38° Bé und 4 g Hydrosulfit je Liter, bei IN-Farbstoffen 12 cm³ Natronlauge 38° Bé und 4 g Hydrosulfit.

Bei der anderen Arbeitsweise wird 10 Minuten bei 1 bis $1^1/_2$ atü vorgedämpft, dann bei 60° C, bei einzelnen Farbstoffen bei 70° C gefärbt. Das Vordämpfen muß unter Druck erfolgen, wenn man die gleiche Farbstoffaufnahme erreichen will wie bei der ersten Methode.

Einzelne Farbstoffe ergeben auf vorgedämpfter Ware schwächere Färbungen als beim Färben nach der ersten Methode.

Verschiedene Farbstoffe, die auch beim Färben auf Viskose bessere Resultate bei erhöhter Temperatur ergeben, wie Indanthrenoliv 3 G oder Indanthrenrotbraun GR, ziehen auch bei 90° C auf nicht vorgedämpfte Perlonseide oder bei 60° C auf vorgedämpfte Perlonseide ganz ungenügend, jedoch vollkommen auf vorgedämpfte Perlonseide bei 90° C.

Bei gemeinsamem Färben von Perlonfaser und Zellwolle in einem Bade zeigen sich oft Abweichungen im Farbton, wobei chemisch nahestehende Farbstoffe keineswegs immer in der gleichen Weise nach der optisch tieferen bzw. helleren Seite abweichen. Oft sind die Färbungen auf Perlonseide matter als auf Viskose. Bei gemeinsamem Färben von Perlonfaser und Zellwolle kann man durch Variation der Färbetemperatur ein gleichmäßiges Decken beider Fasern erzielen. Je größer die Affinität zu Perlon ist, desto tiefer liegt die für das gleichmäßige Decken günstigste Temperatur (am niedrigsten bei thioindigoiden Farbstoffen bei nur 30 bis 40° C). Bei getrenntem Färben ist die Endaffinität bei den meisten Farbstoffen praktisch für beide Fasern gleich.

Perlonfaser, die der Zellwolle entspricht, verhält sich hinsichtlich der Farbstoffaufnahme ähnlich wie vorgedämpfte Perlonseide.

Hinsichtlich des Aufziehvermögens besteht keine Parallele zu den Zellulosen. Alle indigoiden Farbstoffe besitzen eine hohe Affinität, sie sind aber wegen ihrer geringen Lichtechtheit für Echtfärbungen ungeeignet, wenn man vom Indanthrenrotviolett RRN absieht. Weiters besitzen Dibenzanthrone, Isodibenzanthrone, Benzanthronylaminoanthrachinone und Naphtalintetrakarbonsäurederivate eine gute Affinität. In der Reihe der Anthrachinonkarbazole besitzt Indanthrengelb FFRK als einfachste Verbindung ein gutes Aufziehvermögen, die anderen nur ein mäßiges, während bei Indanthrenkhaki GG das Aufziehvermögen ausgesprochen schlecht ist. Es zeigt sich also, daß innerhalb einer chemisch definierten Gruppe das Aufziehvermögen in negativem Sinne durch

Molekülvergrößerung beeinflußt wird. Die Farbstoffe der Indanthrongruppe zeigen eine mäßige Affinität, mit Ausnahme der Oxyderivate, wie Indanthrenblau 5 G (4,4'-Dioxyindanthron), und der Aminoderivate, wie Indanthrengrün BB (4,4'-Diamino-3,3'-dichlorindanthron), die eine sehr gute Affinität besitzen.

Die Abhängigkeit der Affinität von der Färbetemperatur (Temperatureffekt) ist auf Perlon stärker ausgeprägt als auf Viskose und in noch höherem Maße als auf Baumwolle. Auch die Aufziehgeschwindigkeit ist größer, obwohl der Unterschied nicht so groß ist wie hinsichtlich des Temperatureffektes.

Während bei Baumwolle und bei Zellwolle außer dem Aufziehvermögen und der Aufziehgeschwindigkeit auch das Wanderungsvermögen (Ausgleichsvermögen) eines Küpenfarbstoffes für die Egalisierfähigkeit von Einfluß ist, besitzt dieses bei Perlonseide und Perlonfaser nur sehr wenig Bedeutung. Bei stark affinen Farbstoffen (Indanthrenbrillantviolett 4 R, Indanthrenblaugrün FFB, Indanthrenoliv T) ist die Differenz zwischen Perlon und Viskose hinsichtlich des Ausgleichsvermögens natürlich nicht so groß. Auf vorgedämpfter Perlonseide ist das Ausgleichsvermögen verbessert; ein ähnliches Verhalten kann man auch bei Stapelfasern aus Perlon L infolge der angewandten Säurekräuselung feststellen. Die das Aufziehen verlangsamende Wirkung des Peregals ist geringer als bei Viskose; nach 2- bis 4stündigem Färben bei 80° C bewirkt aber das Peregal eine starke Erhöhung des Ausgleichsvermögens bei vorgedämpfter Perlonseide oder bei ungedämpfter Perlonfaser, besonders aber bei vorgedämpfter Perlonfaser. Vorgedämpfte Perlonseide und nicht gedämpfte Perlonfaser verhalten sich hinsichtlich des Ausgleichsvermögens in Gegenwart von Peregal ungefähr gleich; nicht vorgedämpfter Perlonseide gegenüber wird aber das Ausgleichsvermögen auch durch Zusatz von Peregal kaum beeinflußt. Das Polyvinylpyrrolidon verlangsamt das Aufziehen in stärkerem Ausmaße und erreicht bei Perlon L fast die gleiche Wirkung wie bei Viskose. Leim und Dekol weisen keine nennenswerte Wirkung auf. Um das Aufziehen zu verlangsamen und dadurch eine bessere Egalisierungswirkung zu erzielen, soll das Temperaturstufenverfahren angewendet werden, indem man nur langsam die Temperatur bis auf die vorgeschriebene Grenze steigert. Erwartungsgemäß liegen die Verhältnisse bezüglich des Abziehens von Perlonfärbungen mit Küpenfarbstoffen analog.

Die Oxydation gelingt bei beiden Färbemethoden nur mittels Oxydationsmitteln, vor allem von Natriumperborat und anderen peroxydischen Verbindungen, vollständig. Durch Verhängen an der Luft tritt nur unvollständige Oxydation ein. Es kann sogar eine Reduktion des Farbstoffes durch die Faser stattfinden. An Stelle der peroxydischen Oxydationsmittel können auch Bichromat oder Hypochlorit verwendet werden.

Durch die reduzierenden Eigenschaften der Perlonseide ist bei einer beträchtlichen Anzahl von Küpenfarbstoffen eine Herabsetzung der Lichtechtheit bedingt. Nach J. MÜLLER dürfte bei Veränderung der

Küpenfärbungen am Lichte zumindest in der ersten Phase eine Reduktion zur Leukoverbindung stattfinden. Dies läßt sich vor allem bei Indanthrengelb G beweisen. Ähnliche Verhältnisse kann man auch bei anderen Farbstoffen annehmen. Da durch Verhängen überhaupt keine vollständige Oxydation möglich ist, sind diese Färbungen auch weniger lichtecht als solche, die mittels peroxydischen Oxydationsmitteln oder mittels Hypochlorit oder Chlorit oxydiert wurden. Diese reduzierenden Eigenschaften weisen sowohl die Polyamide als auch die Polyurethane auf. Die Reduzierbarkeit der verschiedenen Küpenfarbstoffe stellt jedoch keinen Maßstab für die Lichtechtheit im allgemeinen dar, wenn die Leukoverbindung nicht eine Zwischenstufe des Abbaues darstellt. Hingegen halten diejenigen leicht reduzierbaren Farbstoffe der Lichteinwirkung stand, die eine hohe chemische Widerstandsfähigkeit besitzen, wie z. B. Indanthrenrot RK oder Indanthrenorange F3R. Bei vorgedämpfter Perlonseide verläuft besonders bei durch Perlon leicht reduzierbaren Farbstoffen, wie Indanthrengelb G, Indanthrengelb 6GD, Indanthrengelb 7GK und Indanthrenbrillantorange RK, die Oxydation leichter als bei nicht vorgedämpfter.

Bei Farbstoffen mit einem stabilen Gerüst, z. B. bei Indanthronen, bei substituierten Anthrimidkarbazolen, bei Akridonen, bei Dibenzanthronen und bei Isodibenzanthronen ist die Lichtechtheit auf Perlonseide und auf Viskose gleich. Größere Unterschiede sind bei den Acylamidoanthrachinonen und bei den indigoiden Farbstoffen feststellbar. Soweit innerhalb einer Gruppe Unterschiede feststellbar sind, hängen diese mit der oben erwähnten Reduzierbarkeit zusammen, z. B. Indanthrengelb GGF gegenüber Indanthrengelb 5GK. In der Dibenzanthrongruppe ist die bessere Lichtechtheit des Indanthrenbrillantgrün GG im Vergleich zu der des Indanthrenbrillantgrün FFB darauf zurückzuführen, daß bei ersterem Farbstoffe durch Halogenierung die Verküpbarkeit erschwert wird. Das gleiche Verhalten zeigt sich auch bei Indanthrengoldorange G im Vergleich zu seinem Halogenierungsprodukte Indanthrenorange RRT.

Die schlechtere Lichtechtheit vieler Farbstoffe ist oft auf eine feinere Verteilung zurückzuführen. Deshalb fallen auch auf vorgedämpfter Perlonseide ebenso wie auch auf nachträglich gedämpfter die Färbungen lichtechter aus. Die Vordämpfung wirkt entweder durch Vergrößerung der Partikel oder durch Herabsetzung der reduzierenden Eigenschaften des Polyamids oder des Polyurethans, die Nachdämpfung wahrscheinlich durch Vergrößerung der Partikel. Eine Kornvergröberung durch kochendes Seifen ist aber nicht möglich.

Während bei nativen und regenerierten Zellulosen ein kaltes Absäuern genügt, muß bei Polyamiden und bei Polyurethanen kochend abgesäuert werden, da bei diesen Fasern die Diffusionsvorgänge langsamer stattfinden.

Hinsichtlich der Waschechtheit bestehen im Durchschnitt keine größeren Unterschiede zwischen Perlon und Viskose; die Waschechtheit ist auf Perlon eher besser, insbesondere bei Indanthrengelb G, Indanthrenbrillantviolett RK und BBK und bei Indanthrenmarineblau RB. Leicht reduzierbare indigoide Küpenfarbstoffe sind aber auf Perlonseide schlechter waschecht, z. B. Indanthrenrotviolett RH und Indanthrendruckblau GG.

Die Reibechtheit wird durch kochendes Seifen in vielen Fällen verschlechtert. Dies steht im Gegensatz zu der Wirkung des kochenden Seifens bei Zellulosefasern; bei diesen wird durch Entfernung des überschüssigen Farbstoffes die Reibechtheit erhöht. Die Verschlechterung der Reibechtheit ist auf die Kornvergröberung zurückzuführen; anscheinend sind die Verhältnisse der inneren Oberfläche weniger günstig als bei Viskose. Meistens ist die Reibechtheit nicht wesentlich schlechter als auf Viskose. Hinsichtlich der Reibechtheit verhalten sich die Anthrachinonkarbazole, die Benzanthronylaminoanthrachinone und die Indanthrenrotbraun RR-Gruppe, ferner die Isodibenzanthrongruppe am günstigsten. Dabei spielt wieder die Bromierung eine wichtige Rolle. Das vollständig reibechte Indanthrenblaugrün 3B ist ein Bromierungsprodukt des Indanthrenmarineblau G, eines Farbstoffes, der zwei Dibenzanthronreste enthält. Ähnlich sind die Verhältnisse bei Indanthrenbrillantgrün FFB und dem Bromierungsprodukt Indanthrenbrillantgrün GG, weiters bei Indanthrengoldorange G und dem Bromierungsprodukt Indanthrenorange RRT. Das Indanthrenblau RS und seine Halogenierungsprodukte sind nicht vollständig reibecht, das 4,4'-Dioxy- und das 4,4'-Diamino-3,3'-dichlorindanthron verhalten sich günstiger. Ausgesprochen mäßig ist die Reibechtheit der indigoiden und der thioindigoiden Farbstoffe. Die sonst feststellbaren Beziehungen zwischen Reibechtheit und Affinität (z. B. auch bei Indanthrenblau 5G und Indanthrengrün BB im Vergleich zu Indanthrenblau RS) stimmen bei den Indigo- und Thioindigoderivaten nicht, da die Thioindigofarbstoffe die höchste Affinität zu Perlonseide besitzen.

Farbstoffe, die auf Baumwolle oder Viskose sehr wenig wassertropfenecht und bügelecht sind, z. B. Indanthrenbrillantviolett 4R und 3B u. a., verhalten sich auf Perlon einwandfrei; dies hängt mit der geringen Wasseraufnahmefähigkeit der Perlonseide zusammen.

Das Verhalten der Küpenfarbstoffe auf Perlon ist im allgemeinen nicht so ungünstig, wie oft angenommen wird. Sie sind hinsichtlich der Wasch- und Kochechtheit teilweise sogar besser als Chromkomplex- und Cellitonfarbstoffe, hinsichtlich der Reibechtheit kaum wesentlich schlechter, hinsichtlich der Lichtechtheit eher besser im Durchschnitt, wie die von Dr. J. MÜLLER durchgeführten Versuche zeigten.

Die Polyurethane, z. B. Perlon U, verursachen größere Schwierigkeiten als die Polyamide (Perlon L, Perlon T, Nylon). Durch Dämpfen unter Druck wird die äußerst geringe Aufnahmefähigkeit des Perlon U in stärkerem Maße als die der Polyamidfasern gesteigert. Auch die Oxydation bereitet bei Perlon U sehr große Schwierigkeiten; sie gelingt überhaupt nur bei den Indanthronen vollständig. Am besten läßt sich die Oxydation in einem schwach sauren Chlorbade, eventuell mit einer Perboratnachbehandlung oder mittels fein suspendierten Benzoylsuper-

oxyd ausführen. Unter den Polyamidfasern besitzen die Caprolactam-
seiden (Perlon L) ein besseres Aufnahmevermögen als die Adipinsäure-
Hexamethylendiaminkondensate (Perlon T, Nylon).

II. Verwendung der Küpenfarbstoffe im Zeugdruck.

A. Direktdruck mit Küpenfarbstoffen.

1. Ältere Druckverfahren.

a) Direktdruck mit Indigo.

Der direkte Druck mit Indigo wird seit uralten Zeiten im Orient, vor
allem in Indien, ausgeführt, wo man das Gewebe mit einer Indigoküpe
mit Hilfe eines Pinsels bemalte. Seit Anfang des 18. Jahrhunderts fand
dieses Verfahren auch in Europa Eingang. Heute hat der Druck mit
Indigo selbst keine Bedeutung mehr, seitdem in den Halogenderivaten
des Indigos, den Indanthrenblau- und Hydronblaumarken sowie auch in
den Kombinationen von Naphtolen mit Variaminblausalz, bzw. den entsprechenden Rapidogen-, Rapidecht- und Rapidazolfarbstoffen wesentlich echtere und auch leichter zu verarbeitende Produkte zur Verfügung stehen. Hingegen werden Halogenderivate des Indigos, z. B.
der Brillantindigo 4 B (Tetrabromindigo) und Thioindigoderivate wie
Indanthrenbrillantrosa B und R, in großen Mengen neben den anthrachinoiden Küpenfarbstoffen auch heute noch im Direktdruck verwendet.

Bei den ersten in Europa ausgeführten Verfahren („Pinselblau",
„Schilderblau", „Federblau", „Tafeldruckblau", „Chinablau") wurde der
mit einer Mischung von Schwefelarsen und gelöschtem Kalk („Opperment-
küpe") oder Kalilauge aufgelöste und mit Gummi verdickte Indigo mit
einem Pinsel auf das Gewebe gemalt oder mit einem Handmodel gedruckt. Schließlich wurden das Verdickungsmittel und die anhaftenden
Salze mit Wasser ausgewaschen, nachdem durch Liegenlassen an der
Luft die Oxydation ausgeführt worden war.

Wegen der gesundheitsschädlichen Wirkung des Schwefelarsens
wurde diese Methode schon im 18. Jahrhundert zuerst in England und
später auch in Deutschland durch die Verküpung mit Eisenvitriol und
Kalk verdrängt („Fayenceblau", „Englischblau"). Bei diesem Verfahren
wurde das Gewebe, das mit einer Druckfarbe mit Eisenvitriol und Eisen-
azetat bedruckt war, der Reihe nach durch Bäder mit Kalk, Eisenvitriol,
Kalilauge und Schwefelsäure genommen.

Bei einem anderen, zuerst ebenfalls in England und später auch auf
dem Kontinent ausgeübten Verfahren („Solidblau") wurde der Indigo
mittels Zinnoxydul, Kandiszucker, Kalilauge und Kalk verküpt. Dieses
Verfahren wurde nicht nur zum Aufmalen und im Handmodeldruck,
sondern noch in der ersten Zeit des Walzendruckes während der ersten
Hälfte des 19. Jahrhunderts ausgeführt.

Als erste verwendeten Schützenberger und Lalande hydroschwefelige Säure beim Drucken mit einer Indigoküpe als Reduktionsmittel[1].

Die ersten Druckverfahren, bei denen die Reduktion des Indigos durch Dämpfen ausgeführt wurde, sind das Verfahren von Prud'homme, welcher eine Druckfarbe mit Indigo, Glyzerin und Natronlauge anwandte, dann ein Verfahren, bei dem man Indigo mit Natronlauge und rotem Phosphor aufdruckte, ferner das Verfahren von Leese aus dem Jahre 1863, bei welchem die Druckfarben Indigo, hochkonzentrierte Natronlauge und Traubenzucker enthielten, und ein Verfahren der Badischen Anilin- und Sodafabrik aus dem Jahre 1898, bei welchem Indigo mit Lauge ohne Traubenzucker gedruckt wurde. Alle diese Druckfarben hatten den großen Nachteil, daß sie gegen den Einfluß des Luftsauerstoffes sehr empfindlich und daher für größere Produktionen nicht geeignet waren.

Schlieper & Baum gelang es, dieser Schwierigkeiten dadurch Herr zu werden, daß sie den Indigo und die als Reduktionsmittel dienende Glukose getrennt auf die Faser brachten. Die mit einer Glukoselösung mit einem Gehalt von 125 bis 250 g im Liter präparierte Ware wurde mit einer Druckfarbe bedruckt, welche Indigo, ferner eine Mindestmenge von 200 g Ätznatron pro Kilogramm und gebrannte Stärke oder Britischgummi als Verdickungsmittel enthielt. Die Laugenmenge muß deshalb so hoch sein, damit sie einen Mercerisationseffekt auf den bedruckten Stellen bewirkt. Dann wird bei höchstens 30° C getrocknet, im luftfreien Schnelldämpfer gedämpft, gespült und fertiggestellt[2]. Dieses Verfahren ist vor allem wegen der hohen Konzentration an Ätznatron mit großen Unannehmlichkeiten behaftet.

Bei anderen Verfahren wurde der Indigo auf der Faser erzeugt. Nitrophenylpropiolsäure geht mit xanthogensaurem Natrium in Boraxlösung beim Verhängen bei 25° C innerhalb von 16 bis 24 Stunden in Indigo über. Orthonitrophenylmilchsäuremethylketon (Indigo T von Kalle & Co.) in Bisulfit gelöst, wurde durch eine Passage durch 50 bis 80° C warme Natronlauge von 12 bis 16° Bé in Indigo verwandelt. Weiters gehört das „Indophor" der Badischen Anilin- und Sodafabrik hierher.

Schließlich wurde nach der Erfindung der Doppelverbindung des Hydrosulfites mit Formaldehyd, des Natrium-Sulfoxylat-Formaldehyds (Rongalit C, Hydrosulfit NF, Hyraldit C u. a. Bezeichnungen) durch Russina in Eilenburg und gleichzeitig durch Schwarz, Baumann, Sunder und Thesmar bei Zündel in Moskau eine Anwendung des Hydrosulfites in stabiler Form ermöglicht. Dadurch trat eine wesentliche Vereinfachung des Druckens mit Indigo und den seit der gleichen Zeit von den Farbenfabriken herausgebrachten sonstigen Küpenfarbstoffen ein. Die mit Rongalit C als Reduktionsmittel unter Zusatz von Alkalien hergestellten Druckfarben sind haltbar, so daß damit die Trennung des Reduktions-

---

[1] Saussure: Der Zeugdruck, S. 208. Berlin 1890. — Amer. Pat. 522 042, 1894, von Blanchon und Allegret.
[2] Bull. Mulh. 1883, 53, 585, 600; 1884, 49.

mittels von der Druckfarbe wie bei dem Verfahren von Schlieper & Baum nicht mehr notwendig war.

Soweit Indigo heute noch gedruckt wird, können die gleichen Druckvorschriften Verwendung finden wie bei anderen indigoiden und anthrachinoiden Küpenfarbstoffen. Vor allem ist für Indigo das stark alkalische Druckverfahren mit Natronlauge gut geeignet, man kann aber auch nach dem Rongalit-Pottasche-Verfahren mit oder ohne Vorreduktion arbeiten.

Heute hat der Indigo selbst im Direktdruck jegliche Bedeutung verloren. Aber die Halogenderivate des Indigos, vor allem der Tetrabromindigo (Cibablau 2 B, Brillantindigo 4 B usw.), werden auch heute noch in großem Umfange trotz ihrer an die Indanthrenblaumarken nicht ganz heranreichenden Echtheitseigenschaften gedruckt.

b) Natronlaugeentwicklungsverfahren.

Noch aus der Zeit der ersten indigoiden und anthrachinoiden Küpenfarbstoffe vor der Erfindung des Natrium-Sulfoxylat-Formaldehyds stammt das JEANMAIREsche Natronlaugeentwicklungsverfahren mit Eisenvitriol und Zinnsalz[1]. Die Küpenfarbstoffe werden zusammen mit den Reduktionsmitteln Eisenvitriol und Zinnsalz, Glukose, Milch- und Weinsäure aufgedruckt und nach dem Trocknen durch eine Behandlung mit Natronlauge von 20° Bé (15%) bei 75 bis 80° C in der Rollenkufe entwickelt. Anschließend wird durch ein kaltes Natronlaugebad gleicher Konzentration passiert; nach gründlichem Absäuern mit Schwefelsäure von 3° Bé, der man 2 g Oxalsäure im Liter zusetzt, wird $\frac{1}{4}$ bis $\frac{1}{2}$ Stunde gesäuert, dann läßt man etwa 1 Stunde liegen, wäscht, seift kochend, wäscht. Dem Entwicklungsbade setzt man vorteilhaft etwas Braunsteinpaste zu, um ein Anfärben der weißen Böden zu verhindern. Man arbeitet nach folgender Vorschrift:

<pre>
335 g Stärke-Tragant-Verdickung,
360 g Eisenvitriol 1 : 2,
 20 g Glukose 1 : 1,
 15 g Zinnsalz 1 : 1,
 50 g Milchsäure 50%ig,
 20 g Weinsäure 1 : 1,
200 g Küpenfarbstoff Teig.
─────
1000 g.
</pre>

Die Milchsäure und die Weinsäure verhindern eine zu rasche Reoxydation des durch das Eisenvitriol und das Zinnsalz reduzierten Farbstoffes und gleichzeitig die Bildung von Eisenhydroxyd auf den bedruckten Stellen des Gewebes. Im Gegensatz zu der Weinsäure, welche das Gewebe beim Trocknen angreift, ist die Milchsäure vollkommen unschädlich.

Das Verfahren ist für die meisten Küpenfarbstoffe geeignet. Es ergibt die lebhaftesten und klarsten Farbtöne unter allen Verfahren. Infolgedessen hat es sich noch im Hand-, Film- und Spritzdruck teilweise halten können.

---

[1] DRP. 132402.

c) Lauge-Zinnoxydul-Dämpfverfahren.

An das Verfahren von JEANMAIRES schließt sich das Lauge-Zinnoxydul-Dämpfverfahren an, welches heute keine Bedeutung mehr besitzt. HALLER[1] gibt folgende Druckvorschrift an:

100 g Küpenfarbstoff Teig,	Alkalische Verdickung.
40 g Zinnoxydul Teig 40%ig,	320 g Dextrin 600/400,
50 g Glyzerin,	340 g Gummi 1 : 1,
700 g alkalische Verdickung,	1000 g Natronlauge 40° Bé.
110 g Gummi-Dextrin-Verdickung 1 : 1.	
1000 g.	

Nach dem Drucken wird im Schnelldämpfer gedämpft, $^1/_4$ Stunde in schwach mit Schwefelsäure angesäuertem Wasser behandelt, gewaschen, geseift und fertiggestellt.

2. Direktdruck mit Küpenfarbstoffen unter Anwendung von Natrium-Formaldehyd-Sulfoxylat.

Für die Entwicklung des Direktdruckes mit Küpenfarbstoffen erwies sich die Auffindung der Doppelverbindung aus Hydrosulfit und Formaldehyd, des Natrium-Formaldehyd-Sulfoxylats von ausschlaggebender Bedeutung. Diese Verbindung ist im Gegensatz zu Hydrosulfit bei Abschluß von Säuren, Luftfeuchtigkeit und Hitze sehr gut haltbar. Erst bei Temperaturen über 60 bis 70° C beginnt die Zersetzung und damit die Reduktionswirkung in größerem Ausmaße. Reduzierbare Farbstoffe werden daher bei normaler Temperatur kaum beeinflußt, die Reduktionswirkung kann man willkürlich z. B. durch Temperaturerhöhung auslösen. Zusätze leicht reduzierbarer Stoffe, z. B. des Anthrachinons, beschleunigen die Reduktionswirkung katalytisch. Das Handelsprodukt Rongalit C enthält etwas freies Alkali, welches gegen die Einwirkung von Säuren, z. B. auch gegen die Einwirkung der sich bei der Zersetzung bildenden schwefeligen Säure schützt. Je nach dem verwendeten Alkali unterscheidet man schwach alkalische Verfahren mit Alkalikarbonaten und stark alkalische mit Natronlauge.

a) Rongalit-Pottasche-Verfahren.

Das Rongalit-Pottasche-Verfahren wurde von W. SIEBER, Reichenberg, erfunden[2]. Es ist das heute am meisten verwendete Verfahren zur Fixierung von Küpenfarbstoffen im Direktdruck, nachdem die früher verwendeten, stark alkalischen Druckfarben mit Natronlauge verschiedene Nachteile und Schwierigkeiten verursachten. Druckfarben mit Soda ergeben keine besonders farbstarken Drucke und nur bei sehr günstigen Dampfverhältnissen gleichmäßige Drucke.

Als Verdickungsmittel für die Druckfarben werden Stärke, Tragant, Britischgummi, Industriegummi, gebrannte Stärke, Dextrin, Gummi

---

[1] Chemische Technologie der Baumwolle, S. 301.
[2] Versiegeltes Schreiben bei der Société Industrielle in Mülhausen am 4. April 1908 hinterlegt.

arabicum, Colloresin V (zelluloseglykolsaures Natrium) und vor allem Mischungen verschiedener Verdickungsmittel verwendet. Die vollsten Drucke erhält man mit Verdickungen, welche Stärke enthalten (Stärke-Tragant- und Stärke-Britischgummi-Verdickungen). Gebrannte Stärke wirkt sich günstig bei Farbstoffen aus, welche zum „Anreißen der Druckwalzen" neigen wie besonders verschiedene der Indanthrenblaumarken. Für das Drucken großer Flächen und heller Töne sind vor allem Gummi arabicum, Senegalgummi, Industriegummi und Britischgummi oder Mischungen von Britischgummi mit einem der drei zuerst genannten Verdickungsmittel gut geeignet, da man mit diesen die beste Egalität erzielt. Zweckmäßig ist die Verwendung von Verdickungsmitteln mit hoher spezifischer Wärme, da bei diesen mehr Wasser auf den bedruckten Stellen während des Dämpfprozesses niedergeschlagen wird (S. 303).

Außer dem Alkalikarbonat und dem Reduktionsmittel Rongalit C werden noch verschiedene Substanzen der Druckfarbe zugesetzt, welche die Reduktion des Küpenfarbstoffes beschleunigen, die Fixierbarkeit und Ausgiebigkeit erhöhen, die Gleichmäßigkeit verbessern usw. Glyzerin und Harnstoff dienen als Anteigungs- und Lösungsmittel für viele Küpenfarbstoffe und gleichzeitig als hygroskopische Zusätze, um die Fixierung während des Dämpfens und die Ausgiebigkeit zu erhöhen. Ähnlich wirkt das Glyecin A (Thiodiäthylenglykol) und das Solutionssalz B (benzylsulfanilsaures Natrium). Auch Phenolate und Naphtolate wirken in dieser Richtung. Bei den von der I. G. Farbenindustrie A. G. herausgebrachten Suprafixmarken, welche entweder diese oder ähnliche Zusätze schon enthalten, sind diese Zusätze überflüssig oder sogar schädlich, mit Ausnahme von Glyecin A. Glukose und Anthrachinon wirken als die Reduktion erleichternde und beschleunigende Mittel; die Stabilität der verküpten Farbstoffe wird durch diese Zusätze verbessert. Man arbeitet entweder mit einem Stammansatz, der alle Zusätze enthält und dem der Farbstoff zum Schlusse zugesetzt wird, oder, es wird der Farbstoff mit den Anteigungs- und Lösungsmitteln zusammen der Verdickung zugesetzt und erst dann die Pottasche und das Rongalit zugefügt. Die Farbstoffe werden entweder als Teig- oder als Pulvermarken in geeigneter Form (Pulverfein für Druck) verwendet.

Die Ausgiebigkeit der Küpenfarbstoffe im Druck hängt in hohem Maße von dem mehr oder minder hohen Dispersionsgrad ab. Je feiner und gleichmäßiger der Farbstoff in der Druckfarbe verteilt ist, desto besser verläuft die Reduktion und die Fixierung des Farbstoffes während des Dämpfprozesses. Von der I. G. Farbenindustrie A. G. wurden außer den gewöhnlichen Pulver-fein- und Teig-fein-Marken seit dem Jahre 1929 die „Suprafix"-Marken herausgebracht, die sich durch ganz besonders gute Fixierbarkeit und Ausgiebigkeit auszeichnen. Ähnliche, besonders leicht dispergierbare Produkte brachten auch die anderen Farbenfabriken in den Handel, z. B. die „Mikroteige" der Ciba, die „Ultrafixe" von Sandoz, und andere derartige Produkte[1].

---

[1] BERTHOLD: Melliand Textilber. **31**, 422 (1950).

Die Suprafixmarken sind speziell auf das Rongalit-Pottasche-Verfahren abgestimmt. Sie sind frostsichere, glatt fließende, nicht absitzende Küpenfarbstoffteige, deren Ausgiebigkeit und leichte Fixierbarkeit auf die kombinierte Wirkung der zugesetzten Komponenten zurückzuführen sind. Die zugesetzten Komponenten bestehen aus 1. Glyzerin oder Ersatzprodukten, 2. Betainen des Pyridins, 3. Reduktionskatalysatoren wie Oxyanthrachinonen und 4. dem in einigen Fällen in Form der Küpensäure vorliegenden Farbstoff.

Der Zusatz von Glyzerin, Harnstoff, Solutionssalz und anderen als hygroskopische Lösungsmittel wirkenden Verbindungen zu den Druckfarben wurde schon früher empfohlen. Sie sind den Suprafixmarken direkt zugesetzt. Sie haben eine druckverstärkende Wirkung und schützen gleichzeitig die Drucke vor dem Dämpfen vor einer zu weitgehenden Austrocknung. Über diese Wirkung wird auch auf S. 299, 303 berichtet[1]. Bei den Derivaten des Indanthrenblau RS ist ein Zusatz von Triäthanolamin besonders günstig.

Das Pyridinbetainchlorhydrat und das Pyridiniumoxypropansulfobetain wirken in erster Linie infolge ihrer hydrotropen Eigenschaften[2]. Durch den Zusatz von Betain und seinen Derivaten wird daher die Fixation der Küpenfarbstoffe erleichtert und man erhält tiefere Farbtöne; die Haltbarkeit der Druckfarben wird erhöht. Man kann daher auch die bedruckte Ware länger vor dem Dämpfen liegenlassen. Als „Hydrotropie" bezeichnet NEUBERG[3] die Eigenschaft verschiedener Verbindungen, vor allem von Salzen organischer Säuren oder organischer Basen, wasserunlösliche Substanzen wasserlöslich zu machen.

Reduktionskatalysatoren sind vor allem β-Oxyanthrachinone, ferner Merkaptobenzothiazole und Anthrachinonmerkaptane, die während der Reduktion zu Disulfiden oxydiert werden können. Diese Verbindungen machen die gleichen Prozesse wie die Küpenfarbstoffe mit, nämlich die Reduktion zur Leukostufe und die Reoxydation. Dadurch tritt die Reduktion des Farbstoffes in kürzerer Zeit und vollständiger ein, während die Reoxydation verzögert wird, so daß die Farbstoffaufnahme verbessert wird. Die wichtigsten Verbindungen sind das β-Oxyanthrachinon und die Anthraflavinsäure[4].

Manche Farbstoffe bieten in reduziertem Zustande als Küpensäuren Vorteile, z. B. Indanthrendruckschwarz BL und TL, ferner Indanthrenbrillantrosa R.

Das thixotrope Verhalten verbessert die Lagerfähigkeit und die Stabilität. Unter Thixotropie versteht man die Erscheinung, daß die Pasten nach dem Durchrühren oder Schütteln die normale Fließfähigkeit aufweisen, nach kürzerem oder längerem Stehen durch reversible

---

[1] FAHNOE: Amer. Dyestuff Reporter **48**, 663—685 (1949).

[2] DRP. 614768; Brit. P. 420095; Amer. P. 1989784; Franz. P. 795683; Österr. P. 145504 und 145505; Schweiz. P. 169662 der I. G.

[3] Biochem. Z. **76**, 107—176 (1916); Ber. Preuss. Akad. Wiss. 1916, 1034 bis 1042.

[4] DRP. 626862, 633103; Brit. P. 349955, 452036; Franz. P. 727605; 785825; Amer. P. 1963967, 2024502; Schweiz. P. 154487, 181784.

Agglomeration wieder viskoser werden und durch nochmaliges Rühren oder Schütteln wieder dünnflüssiger werden können.

Die Anzahl der hydrotropen organischen Verbindungen ist sehr groß, es können aber viele, z. B. Harnstoff, nicht verwendet werden, da sie in dem Glyzerin enthaltenden Teig auskristallisieren.

Im allgemeinen empfiehlt es sich, die frisch hergestellten Druckfarben vor der Verwendung einige Stunden bei mäßiger Wärme stehenzulassen, wobei eine teilweise Reduktion des Farbstoffes eintritt; dadurch wird die Fixierung erleichtert. Statt dessen kann man auch eine Vorreduktion des Farbstoffes mit Hydrosulfit vornehmen. Die mit den Suprafixteigen hergestellten Druckfarben, die auch bei weniger günstigen Dampfverhältnissen gut fixiert werden, ergeben auch bei sofortiger Verwendung ohne vorhergehendes Stehen oder Vorreduktion gute Resultate.

Bei Anwendung der Indanthrendruckfarben entstehen oft Rakelstreifen, besonders bei den Druckfarben, die Indanthrenblau- oder Indanthrenbrillantgrünmarken enthalten. Die Rakelstreifen treten bezeichnenderweise auch bei mehrmals passierten Druckfarben auf. Über die Ursache dieser Erscheinung sind sich die Fachleute nicht einig. Manche nehmen an, daß die Chemikalien der Druckfarben die Walzen angreifen, andere vermuten die Bildung von scharfkantigen Kristallen, wieder andere machen elektrische Erscheinungen, z. B. die Bildung von statischer Elektrizität, für den Fehler verantwortlich. Einen wertvollen Beitrag zur Klärung der Frage lieferte KRÄHENBÜHL[1]. Die Schwerlöslichkeit der Leukoverbindungen und der hohe Alkalibedarf bei Verwendung oben genannter Farbstoffe stehen zumindest nicht im Gegensatz zu der ersten und vor allem zur zweiten Hypothese. Es empfiehlt sich, sofort, sobald die ersten schwachen Rakelstreifen auftreten, mit dem Drucken aufzuhören, da in kurzer Zeit der Fehler ein derartiges Maß annimmt, daß die bedruckte Ware vollkommen unbrauchbar wird. Bis zu einem gewissen Grade läßt sich der Fehler von Anfang an dadurch vermeiden, daß man das Gewebe vor dem Drucken mit oxydierenden Substanzen, z. B. Ludigol (m-nitrobenzolsaures Natrium), imprägniert.

Nach dem Drucken muß das Gewebe gut, aber nicht zu lange getrocknet werden. Rongalit C wird durch längere Einwirkung von nicht allzu·hoher Temperatur mehr zersetzt als durch kurze Einwirkung höherer Temperaturen. Das Trocknen auf Trockenzylindern, wie es vor allem in England und den Vereinigten Staaten üblich ist, ist wegen der Gefahr der Zerstörung des Rongalits mit großer Vorsicht auszuführen und weniger sicher als das Trocknen in der Mansarde. Beim Trocknen auf Trockenzylindern ist erfahrungsgemäß eine schlechtere Ausbeute an Farbstoff festzustellen. Dies ist nicht nur auf die eventuelle Zersetzung des Rongalits, sondern auch darauf zurückzuführen, daß dem Gewebe zuviel Feuchtigkeit entzogen wird, wodurch die Fixierung beim Dämpfen verschlechtert wird. Nach dem Trocknen muß, wenn möglich, noch an

---

[1] Melliand Textilber. **22**, 484—486 (1941).

dem gleichen Tage gedämpft werden, da die nicht gedämpften Drucke gegen die Einwirkung von Sonnenlicht, Wasserdampf und Säuredämpfe empfindlich sind. Das Dämpfen wird im luftfreien Schnelldämpfer mit möglichst viel gesättigtem Dampf bei etwas über 100° C ausgeführt[1]. Die in der Druckereiindustrie gebräuchliche Bezeichnung „Feuchter Dampf" ist physikalisch unrichtig, so daß die richtige Bezeichnung für diesen Dampfzustand „Gesättigter Dampf" oder „Sattdampf" lautet.

Nach dem Dämpfen wird mit 2 bis 3 g Chromkali oder Chromnatron und 5 cm³ Essigsäure 30%ig oder ¹/₂ bis 1 g Natriumperborat und 5 cm³ Essigsäure 30%ig im Liter abgesäuert und oxydiert, gespült, kochend geseift, gespült. Noch günstiger ist es, falls man über entsprechende Breitwaschmaschinen verfügt, das Säuern und Oxydieren in getrennten Bädern vorzunehmen. Bei Indanthrenblau- und bei Indanthrenbrillantrosamarken soll man mit Perborat oxydieren, da der Farbton durch das Oxydieren mit Chromaten verändert und getrübt wird. Bei einer Reihe von Farbstoffen, vor allem bei den Indanthrenblau- und bei den Indanthrenbrillantgrünmarken werden durch Zusatz von Glyecin A, bei einer Reihe von anderen Farbstoffen durch Zusatz von Solutionssalz B oder B neu zu den Druckfarben vollere Töne erzielt.

Als Grundlage für die Druckfarben können folgende Vorschriften dienen:

	I	II	III
Farbstoff in Teig............	75 bis 300	75 bis 300	75 bis 300
Glyzerin..................	80 bis 100	40 bis 50	80 bis 100
Glyecin A	—	40 bis 50	—
Solutionssalz B (B neu).....	—	—	30 bis 30
Stärke-Tragant-Verdickung ..	500 bis 380	500 bis 380	500 bis 350
Pottasche.................	80 bis 120	80 bis 120	80 bis 120
Rongalit C................	60 bis 100	60 bis 100	60 bis 100
Wasser	205 bis 0	205 bis 0	175 bis 0

1 kg

Aus folgenden Beispielen aus der Praxis verschiedener Betriebe ist ersichtlich, daß man diese Vorschriften den jeweiligen Verhältnissen entsprechend anpassen muß:

I. Stammverdickung.	Druckfarbe.
90 kg Stärke-Tragant- Verdickung,	10,0 kg Indanthrenbraun TM Teig,
	3,6 kg Indanthrengoldgelb RK Teig,
36 kg Wasser,	4,0 kg Indanthrenblaugrün FFB Teig,
33 kg Pottasche,	12,0 kg Wasser,
27 kg Rongalit C,	6,4 kg Harnstoff,
4 kg Printogen.	52,0 kg Stammverdickung,
	12,0 kg Stärke-Tragant-Verdickung oder Wasser.
100 kg.	

---

[1] REINKING und DRIESSEN: Melliand Textilber. 1927, 269, 270. — HESS: Melliand Textilber. 1941, 346. — ETTEL: Melliand Textilber. 1951, 960 bis 964 u. a.

II. Stammverdickung.   Druckfarbe.

3,75 kg Colloresin V	100 g Indanthrenbrillantgrün B Teig,
3,75 kg Stärke,	40 g Indanthrengelb 6 GD suprafix doppelt
42,50 kg Wasser,	Teig,
10,00 kg Rongalit C,	700 g Stammverdickung,
10,00 kg Pottasche.	30 g Harnstoff,
70,00 kg.	30 g Glukose,
	100 g Wasser.
	1000 g.

III.

60 g Indanthrenbrillantrosa R Teig suprafix,
360 g Britischgummi-Tragant-Verdickung,
340 g Stärke-Tragant-Verdickung,
75 g Pottasche,
45 g Wasser,
60 g Rongalit C,
30 g Glyzerin,
30 g Printogen.
1000 g.

Nach diesen Vorschriften druckt man die Teigmarken aller anthrachinoiden und indigoiden Küpenfarbstoffe sowie der Hydronblaumarken.

Die Pulvermarken (Pulver fein und Pulver fein für Druck) können auch ohne vorheriges Anteigen mit Wasser direkt in die fertige Stammverdickung eingerührt werden, bei manchen ist es notwendig, zuerst mit heißem Wasser unter Zusatz von Glyecin A anzuteigen.

Bei gewöhnlichen Pulvermarken ist es notwendig, den Farbstoff vorzureduzieren. Man teigt den Farbstoff mit Alkohol oder einer 0,2%igen Nekal BX-Lösung und Glyzerin an; dann wird mit Hydrosulfit unter Zusatz von Pottasche oder von Natronlauge vorreduziert. Bei Verwendung von Natronlauge wird diese noch vor vollendeter Reduktion mittels Natriumbikarbonat abgestumpft. Verschiedene der Teigmarken ergeben tiefere Drucke, wenn sie nach der Vorschrift mit Vorreduzieren gedruckt werden.

b) Natriumbikarbonatverfahren.

Pulvermarken können nach folgender Vorschrift gedruckt werden (Natriumbikarbonatverfahren):

30 g Farbstoffpulver anteigen mit
30 g Alkohol oder 0,2%iger Nekal BX-Lösung und
80 g Solutionssalz B, bzw. 40 g Solutionssalz B plus 40 g Glyecin A,
    bzw. 65 g Glyzerin plus 15 g Solutionssalz B und einrühren in
400 g Stärke-Tragant-Verdickung;
145 g Wasser mit
65 g Natronlauge 38° Bé und
40 g Hydrosulfit werden zusammen zugesetzt; dann wird auf 55° C erwärmt, bis alles gelöst ist, dann werden
60 g Natriumbicarbonat und nach dem Erkalten
150 g Rongalit C 1 : 1 zugesetzt.
1000 g.

Beispiel aus der Praxis.

$$\left.\begin{array}{l}\left.\begin{array}{l}\left.\begin{array}{l}\left.\begin{array}{l}\text{30 g Cibablau 2 B Pulver,}\\\text{30 g Alkohol oder 0,2\%ige Nekal BX-Lösung,}\\\text{80 g Glyzerin,}\\\text{100 g Wasser,}\end{array}\right\}\\\text{400 g Stärke-Britischgummi-Tragant-Verdickung,}\\\text{30 g Solutionssalz B,}\\\text{60 g Natronlauge 40° Bé,}\\\text{40 g Hydrosulfit,}\end{array}\right.\\\left.\begin{array}{l}\text{75 g Rongalit C,}\\\text{95 g Wasser,}\\\text{60 g Natriumbicarbonat.}\end{array}\right\}\end{array}\right.$$

1000 g.

Teigmarken kann man ohne Natronlauge nach folgender Vorschrift drucken:

Farbstoff Teig	150 bis 300 g
Glyzerin.	80 g
Solutionssalz B 1 : 1	60 g
Stärke-Tragant-Verdickung . . .	400 bis 250 g
Pottasche	120 g
Hydrosulfit	40 g
Rongalit C 1 : 1	150 g
	1000 g

Beispiel für Küpenfarbstoff Teig aus der Praxis.

1,0 kg Küpenfarbstoff Teig,
0,8 kg Glyzerin,
0,2 kg Natronlauge 45° Bé,
4,0 kg Stärke-Tragant-Verdickung,
1,2 kg Pottasche,
1,6 kg Rongalit C 1 : 1,
0,3 kg Dekol,
0,5 kg Solutionssalz B 1 : 1,
0,1 kg Tetracarnit,
0,3 kg Hydrosulfit.

10 kg.

c) Verfahren mit stark alkalischen Farben.

Mit stark alkalischen Farben wird wegen der damit verbundenen Schwierigkeiten selten gedruckt, man kann aber infolge des eintretenden Mercerisationseffektes mit ihnen dunklere Farbtöne erzielen. Das Verfahren eignet sich besonders für Indigo, es ist aber auch für Indanthrenblau RS Teig geeignet. Man arbeitet nach folgender Vorschrift:

Alkalische Verdickung.

90 g Britischgummi Pulver
60 g Weizenstärke
120 g Wasser
10 g Natronlauge 38° Bé

} anteigen und über Nacht stehenlassen, dann zusetzen

720 g Natronlauge 38° Bé, auf 60° C erwärmen, abkühlen.

1000 g.

Druckfarbe.

650 bis 450 g alkalische Verdickung,
100 g Natronlauge 38° Bé,
100 bis 150 g Rongalit C 1 : 1,
150 bis 300 g Farbstoff Teig.

1000 g.

In ähnlicher Weise wie die Indanthrenfarbstoffe werden auch die eigentlich zu den Schwefelfarbstoffen zählenden Indokarbonmarken mit Rongalit C, Glukose, Natronlauge oder Soda gedruckt. Diese Farbstoffe zeichnen sich durch hervorragende Echtheitseigenschaften aus und die damit hergestellten Färbungen und Drucke durften daher auch mit dem Indanthrenzeichen ausgezeichnet werden. Man druckt nach den folgenden Vorschriften:

50 g Indocarbon CL fein für Druck,	180 g Indocarbon IR suprafix,
60 g Glyzerin,	400 g Stärke-Tragant-Verdickung,
110 g Natronlauge 38° Bé,	30 g Glyzerin,
30 g Soda,	30 g Glyecin A,
105 g Wasser,	50 g Soda,
75 g Wasser,	160 g Glukose 1 : 1,
32 g Weizenstärke,	30 g Rongalit C,
100 g Britischgummi,	120 g kaltes Wasser.
8 g Solutionssalz B,	1000 g.
260 g Wasser,	
100 g geschmolzene Glukose,	
40 g Rongalit C 1 : 1,	
15 g Rizinusöl,	
15 g Depanol.	
1000 g.	

3. Colloresin-Verfahren.

Das Colloresin-Verfahren[1] zeichnet sich dadurch aus, daß die bedruckte Ware unbeschränkt lange nach dem Drucken ungedämpft liegenbleiben kann, da die Druckfarben kein Reduktionsmittel und kein Alkali enthalten. Das Verfahren hat daher besonders dort Bedeutung, wo die Ware nicht an dem gleichen Tag gedruckt und gedämpft werden kann, da die Produktion eines Tages nicht entsprechend groß ist. Ferner bedeutet die Abwesenheit des Alkalis in der Druckfarbe eine wesentliche Schonung für Druckfilze, Filmdruckschablonen und sonstiges Material. Aus diesen Gründen ist das Verfahren vor allem für den Garn-, Hand-, Spritz- und Filmdruck und andere kunst- und kleingewerbliche Anwendungen der Küpenfarbstoffe von Bedeutung.

Als Verdickungsmittel wird das Colloresin DK, eine Methylzellulose, verwendet. Dieses Produkt ist in kaltem Wasser löslich, in heißem Wasser tritt jedoch Koagulation ein. Das koagulierte Produkt löst sich aber leicht wieder in kaltem Wasser auf. Konzentrierte Lösungen von Salzen, Alkalikarbonaten und Ätzalkalien wirken gleichfalls fällend, jedoch nicht stark verdünnte Natronlauge und Ammoniak. Natronlauge 38° Bé wird bis 75 g im Kilogramm Verdickung vertragen. Außerdem wirken Rongalit C, Phenol, Tannin, Nekal BX fällend. Alkohol, Glyzerin, Glyecin A und verschiedene andere organische Lösungsmittel, ferner auch Rhodansalze verbessern die Quellung des Colloresins DK, so daß man durch diese Zusätze zügigere Verdickungen erhält. Durch Zusatz

---

[1] Melliand Textilber. **17,** 378—380 (1936); **34,** 443—445, 538—541 (1953).

von Rhodanammon werden aber die Pasten nach zirka zwei Wochen dünner.

Infolge dieses Verhaltens der Verdickung ist es möglich, die Ware mit dem nicht fixierten Farbstoffe bei Gegenwart von Colloresin DK durch Natronlauge-Rongalit- oder Pottasche-Hydrosulfit-Bäder zu passieren, ohne daß die Farbstoffe ausbluten oder abflecken, und die Ware nach dieser Passage zu dämpfen. Bei genügend langem Waschen mit kaltem Wasser geht die Verdickung wieder in Lösung und läßt sich so nach vollzogenem Dämpfen von der Ware entfernen.

An Stelle der reinen Colloresinverdickung kann man vorteilhaft mit Verschnitten mit Stärke-, Johannisbrotmehl- und ähnlichen Verdickungen arbeiten, da bei alleiniger Verwendung von Colloresin DK die Drucke farbschwächer und weniger waschecht ausfallen. Bei hellen Tönen kann man bis zu 50%, bei dünkleren bis zu 60% an zirka 9%iger Stärkeverdickung zusetzen, wenn man 4%ige Colloresin DK-Verdickung verwendet. Die vollständige Ersetzung des Colloresins durch Johannisbrotmehl ist aber nicht zu empfehlen, da diese Verdickung beim Stehen bald weniger viskos wird, obwohl man in den angelsächsischen Ländern bisweilen nur mit Johannisbrotmehl ohne Colloresin arbeitet. Mischungen mit Gummi oder mit Britishgum bleiben jedoch nicht homogen.

Zusätze von Glyzerin, Glycin A, Solutionssalz B usw. wirken in der gleichen Weise wie bei den normalen Direktdruckfarben mit Rongalit C und Pottasche.

Die Colloresinverdickung stellt man her, indem man Colloresin DK mit zirka 80° C heißem Wasser übergießt, nach dem Quellen gut verrührt und erkalten läßt. Die Druckfarbe hat folgende Zusammensetzung:

Colloresinverdickung.	Druckfarbe.
40 g Colloresin DK,	50 bis 250 g Farbstoff Teig oder 5 bis 50 g
960 g Wasser 80° C.	Farbstoff Pulver fein,
————	350 bis 150 g Wasser,
1000 g.	350 g Stärkeverdickung 10%ig,
	250 g Colloresin DK-Verdickung 4%ig.
	————
	1000 g.

Nach dem Drucken kann man die Ware beliebig lange liegenlassen, ohne zu dämpfen.

Man unterscheidet folgende zwei Entwicklungsverfahren:

1. Rongalit-Pottasche-Verfahren;
2. Hydrosulfit-Lauge-Verfahren.

a) Rongalit-Pottasche-Verfahren.

Das mit einer Colloresindruckfarbe obiger Zusammensetzung bedruckte Gewebe wird auf einem Foulard mit einem Abquetscheffekt von 100% durch ein 25° C warmes Entwicklungsbad folgender Zusammensetzung passiert:

100 g Rongalit C und
100 g Pottasche oder 50 g Soda kalz.
lösen in
500 g Wasser,
100 g Glyzerin,
3 g Nekal BX trocken und
50 g Glaubersalz kalz. zusetzen;
einstellen auf
______
1 Liter.

Die geklotzte Ware wird getrocknet (Hotflue, Spannrahmen oder bombagierte Trockenzylinder) und sofort mit Sattdampf von 101 bis 102° C

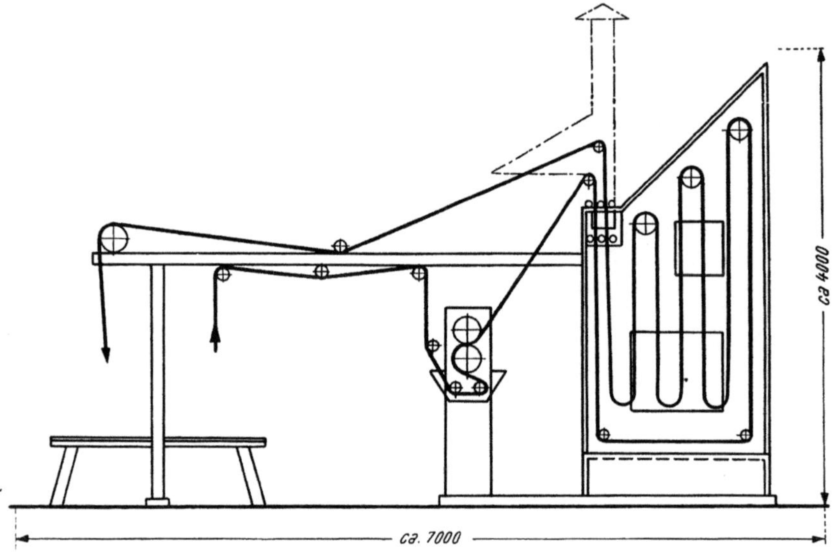

Abb. 17. Hängedämpfer für Film- und Handdruck mit vorgebautem Foulard für das Colloresin-Verfahren. Benteler Werke A. G., Bielefeld.

gedämpft. Außer dem normalen Schnelldämpfer werden vielfach Zylinderdämpfer, z. B. der Von der Wehl-Dämpfer, ferner auch der Spiraldämpfer von Gerber, der Krostewitz-Dämpfer, der Festoon-Dämpfer und der amerikanische Turm-Dämpfer häufig verwendet (S. 306, Abb. 18, 20, 21, 22). Nach dem Dämpfen läßt man gut abkühlen, wäscht gründlich mit kaltem Wasser zur Entfernung der Colloresinverdickung, seift kochend und spült.

Lebhaftere und vollere Drucke erhält man, indem man ohne Zwischentrocknung mit der imprägnierten Ware direkt vom Foulard in den Dämpfer einfährt. In diesem Falle muß man mit überhitztem Dampf von 105 bis 120° C und mehr arbeiten, da die kalte, nasse Ware gesättigten, nicht überhitzten Dampf zu weit abkühlen würde. Die in der Ware befindliche Flüssigkeit verdampft dabei, so daß eine entsprechende Abkühlung des Dampfes auf die normalerweise zum Dämpfen übliche Temperatur von etwas über 100° C innerhalb des

Gewebes eintritt. Die Dämpfzeit beträgt je nach der Warenart und dem Abquetscheffekt 5 bis 10 Minuten. Auch bei diesem Verfahren können an Stelle des üblichen Schnelldämpfers andere Dämpferkonstruktionen verwendet werden, z. B. der Krostewitz-Dämpfer, Sterndämpfer und vor allem die von der Zittauer Maschinenfabrik, von Gerber-Wansleben und von den Benteler-Werken A. G., Bielefeld (Abb. 17) konstruierten kleinen Spezialdämpfer mit heizbaren Seitenwänden. Der Dämpfer der Benteler-Werke stellt eine Verbesserung der alten Zittauer Ausführung dar. Die schräge Decke ist unbeheizt. Dadurch wird ein idealer Dampfraum geschaffen, was besonders bei Küpenfarbstoffen sehr günstig ist, da die sonst unter der beheizten Decke übliche Dampfüberhitzung wegfällt. Falls eine Passage durch die Entwicklungsflotte nicht genügt, z. B. bei dünkleren Farbtönen, kann man das Dämpfen wiederholen.

b) Hydrosulfit-Lauge-Verfahren.

Das mit den Colloresindruckfarben bedruckte Gewebe wird auf einem Dreiwalzenfoulard mit 80 bis 100% Abquetscheffekt mit einer 30° C warmen Entwicklungsflotte folgender Zusammensetzung geklotzt:

60 g	Hydrosulfit,
40 cm³	Natronlauge 38° Bé,
15 g	Glycin A,
200 g	Glaubersalz kalz. oder Kochsalz
	einstellen auf
1 Liter.	

Die Ware wird nach dem Klotzen naß in einem kontinuierlichen Dämpfer, z. B. in die oben erwähnten Kleindämpfer der Zittauer Maschinenfabrik oder von Gerber-Wansleben eingeführt und 20 bis 60 Sekunden gedämpft, wobei aus dem vorher angeführten Grunde mit einem Dampf von 115 bis 120° C gearbeitet wird.

In neuerer Zeit setzt man sowohl bei dem Rongalit-Pottasche- als auch bei dem Hydrosulfit-Lauge-Verfahren 10 bis 20 g Borax den Klotzflotten zu.

Dann spült man gründlich mit kaltem Wasser zur Entfernung der Colloresinverdickung, passiert durch ein Essigsäure- und ein Perboratbad, spült wieder, seift kochend, spült.

Bei diesem Verfahren besteht die Möglichkeit, eine helle Grundfärbung zu erzeugen, indem man dem Klotzbade einen Küpenfarbstoff zusetzt, der dann gleichzeitig mit den Druckfarben fixiert wird.

Beim Colloresin-Verfahren fällt dem Dampfe lediglich die Aufgabe zu, die Reduktionswirkung des Reduktionsmittels bei der geeigneten Temperatur auszulösen. Für die Kondensation von Feuchtigkeit in der Ware oder in der Druckfarbe ist er aber nicht mehr an ein bestimmtes Gleichgewicht gebunden und kann daher in weiten Grenzen schwanken.

Von H. AUBAUER wurde ein elektrisch geheizter Dämpfapparat (Elektrofixierer) konstruiert, in dem der für den Dämpfprozeß notwendige Dampf durch Verdampfen des von dem nassen Gewebe mitgebrachten Wassers selbst entwickelt wird (S. 198, 310, Abb. 23).

Der Elektrofixierer baut sich in dieses Verfahren ausgezeichnet ein. Von dem erwähnten Colloresindämpfer unterscheidet er sich vor allem dadurch, daß die Erzeugung der Wärme, die zur Aufheizung der mit dem Alkali und dem Reduktionsmittel geklotzten Ware auf die Verküpungstemperatur und deren Konstanthaltung im Apparate notwendig ist, mittels elektrischer Heizelemente vorgenommen wird. Während des Warendurchganges entsteht ein Dampf- und Temperaturgleichgewicht, wodurch ein gleichbleibender Druckausfall gewährleistet wird. Durch die zusätzliche Dampferzeugung im Elektrofixierer und durch weitere Dampfzufuhr von außen läßt sich der Dampfhaushalt leicht regeln. Wie beim Colloresindämpfer dient der Dampf beim Dämpfen von Colloresindrucken im Elektrofixierer einerseits als Heizquelle, anderseits zur Verhinderung des Austrocknens des Gewebes. Für die Kondensation von Feuchtigkeit ist er jedoch nicht mehr erforderlich, so daß Schwankungen in der Temperatur des Apparates und des Dampfes erst bei großen Unterschieden störend wirken.

In Anlehnung an den Colloresindämpfer bzw. Elektrofixierer entwickelte JOACHIM MÜLLER einen zweiteiligen Dämpfer, bei dem im ersten Abteil eine schlagartige Erhitzung der mit den Reduktionsmitteln behandelten Ware durch Strahlungswärme und in dem daran anschließenden zweiten Abteil die vollständige Fixierung durch Dampf bewirkt wird.

B. Ätzdruck auf Küpenfärbungen.

Lange Zeit war der Reservedruck mit Schutzpappen der einzige Weg, auf dem man indigogefärbte Ware bemustern konnte. Als aber seit der ersten Hälfte des vorigen Jahrhunderts die Entwicklung der Chemie immer weitere Fortschritte machte, beschäftigte man sich auch mit der Einwirkung von Chemikalien auf Indigo näher und fand dabei Methoden, den Indigo durch Oxydation in farblose und leicht auswaschbare Produkte zu verwandeln, ohne die Faser dabei in zu weitgehendem Maße zu zerstören. Erst viel später gelang es, die Leukoverbindung des Indigos, das Indigoweiß, von der Faser zu entfernen, so daß dann in weiterer Folge die oxydativen Ätzverfahren durch die die Faser nicht schädigenden reduktiven Verfahren allmählich nahezu vollständig verdrängt wurden. Die Reserveverfahren, die eine größere Produktion nur mit vielen Schwierigkeiten zuließen, wurden ganz auf das Gebiet der handwerklichen und kunstgewerblichen Betriebe beschränkt. Soweit heute überhaupt noch Indigo in größerem Maßstabe auf dem Gebiete des Blaudruckes verwendet wird, arbeitet man allgemein, mit wenigen Ausnahmen, mit Reduktionsätzen.

1. Oxydationsätzen auf Indigofärbungen.

Die Oxydationsätzen haben nur bei Indigo selbst Verwendung gefunden.

Obwohl sie heute nahezu keine Bedeutung mehr besitzen, sollen sie aus historischen Gründen besprochen werden, da sie bis fast zum Ende des vorigen Jahrhunderts zu den wichtigsten Verfahren des Zeugdruckes überhaupt gehörten, so daß die bedeutendsten der damaligen Chemikerkoloristen an ihrer Entwicklung maßgeblichen Anteil hatten.

Durch Oxydation wird Indigo in Isatin übergeführt, welches leicht durch heiße, schwach alkalische Bäder von der Faser entfernt werden kann:

$$\text{Indigo} \xrightarrow{O_2} 2\ \text{Isatin}$$

Indigo   Isatin

Das älteste oxydative Verfahren zum Ätzen von Indigo wurde 1825 von Thompson ausgearbeitet. Er imprägnierte die mit Indigo gefärbte Ware mit einer Lösung von Chromkali und druckte dann Ätzfarben auf, welche Oxalsäure und Weinsäure enthielten. Statt dessen wurde auch oxalsaures Kali und Schwefelsäure verwendet. Die Entfärbung der bedruckten Stellen tritt sofort nach dem Aufdruck ein. Es ist nicht zu verwundern, daß bei diesem Verfahren eine beträchtliche Schädigung der bedruckten Stellen stattfand. Außerdem bedeutete die Verwendung des verhältnismäßig teueren Chromkalis im Klotzbade eine mit großen Kosten verbundene Fabrikation. Camille Koechlin schlug daher 1869 den umgekehrten Weg ein, indem er das Gewebe zuerst mit einer Druckfarbe bedruckte, welche Chromate enthielt, und die Chromsäure durch eine Passage durch heiße Schwefelsäure in Freiheit setzte. Er erreichte dadurch eine große Ersparnis an Chromaten; außerdem konnte die bedruckte Ware länger liegenbleiben als die mit Chromaten imprägnierte, bevor sie fertiggestellt wurde. Aber auch bei dieser Arbeitsweise ließ sich die Bildung von Oxyzellulose nicht vollkommen verhindern. Zusätze von Eiweißstoffen, wie Leim oder Albumin zu der Druckpaste oder von reduzierend wirkenden Verbindungen, wie Ferrosulfat, Oxalsäure, Glyzerin, Alkohol setzen die Gefahr der Faserschädigung herab.

Dieses Verfahren besitzt heute kaum mehr Bedeutung.

Eine derartige Weißätze hatte folgende Zusammensetzung:

180 g Kaliumbichromat in
276 g heißem Wasser lösen, dann
 64 g Soda kalz.,
280 g gebrannte Stärke und
200 g Wasser zusetzen, erwärmen
      und kalt rühren.
———————
1000 g.

Nach dem Drucken wird die Ware $^1/_2$ bis 1 Minute lang auf der Rollenkufe durch ein 50 bis 60° C warmes Bad mit 50 g Schwefelsäure 66° Bé und 50 g Oxalsäure pro Liter genommen, sodann gespült. Durch die zugesetzte Oxalsäure wird die überschüssige Chromsäure verbraucht und dadurch die Gefahr der Bildung von Oxyzellulose herabgesetzt.

Durch Zusatz von Alkalien oder essigsaurem Natron zu dieser Ätze konnte man mit dem Ätzen eine Reservierung von aufgedrucktem Anilinschwarz verbinden.

Buntätzen wurden durch Zusatz von unlöslichen, chromatbeständigen Pigmenten mit Albuminlösung in Gegenwart von Ammoniak erzeugt.

Außerdem erzeugte man auf Basis von Naphtolen, mit denen die mit Indigo vorgefärbte Ware geklotzt wurde, Buntätzen, indem man der Ätzfarbe Diazolösungen oder Farbsalzlösungen zusetzte. Die Herstellung von Weißätzen auf naphtolierter Ware ist schwierig, da sich durch Einwirkung des Chromates braune Verbindungen bilden; diese Schwierigkeit entfällt bei der Verwendung von Rapidecht- und Rapidogenfarbstoffen für Buntätzen.

Ein anderes zum oxydativen Ätzen von Indigo verwendetes Mittel ist das Ferricyankalium. MERCER imprägnierte die mit Indigo gefärbte Ware mit einer Lösung von Ferricyankalium und druckte dann Natronlauge auf (1845). v. GALLOIS kehrte dann die Methode um, indem er eine Ferricyankalium enthaltende Farbe druckte und das bedruckte Gewebe durch ein heißes Natronlaugebad von 12° Bé passierte. Das Verfahren war jedoch nur für Färbungen mittlerer Tiefe geeignet, dunklere Färbungen ließen sich nicht einwandfrei weiß ätzen. Die Zusammensetzung einer Weißätze war folgendermaßen:

$$\begin{array}{r l}
700 \text{ g} & \text{Britischgummi } 1:1, \\
100 \text{ g} & \text{Ferricyankalium,} \\
\underline{200 \text{ g}} & \underline{\text{Wasser.}} \\
1000 \text{ g.} &
\end{array}$$

Nach dem Drucken wird durch ein 80° C warmes Bad mit Natronlauge von 12° Bé passiert, gespült und fertiggestellt. Da der Ätzvorgang sehr rasch stattfindet, genügt eine kurze Laugenbehandlung.

Ohne Laugennachbehandlung kann man auch mittlere Indigotöne ätzen, indem man eine stärkere Ätze unter Zusatz von Wasserglas verwendet und die Ätzung durch anschließendes Dämpfen bewirkt, z. B.:

$$\begin{array}{r l}
200 \text{ g} & \text{Ferricyankalium,} \\
600 \text{ g} & \text{Britischgummi } 1:1, \\
\underline{200 \text{ g}} & \underline{\text{Wasserglas } 36° \text{ Bé.}} \\
1000 \text{ g.} &
\end{array}$$

Nach dem Drucken wird $1/_4$ Stunde bei $1/_4$ atü gedämpft und fertiggestellt.

Buntätzen stellte man durch Zusatz von basischen Farbstoffen oder Pigmentfarbstoffen her, ferner indem man auf die mit Naphtolen imprägnierte indigogefärbte Ware Ferricyankaliumätzen aufdruckte, denen Diazolösungen oder Farbsalzlösungen zugesetzt waren.

Die Ätzen mit Ferricyankalium haben keine größere Bedeutung erlangt, da der Preis für das Ferricyankalium zu hoch war.

Auch die Ätzverfahren mit Blei- oder Mangansuperoxyd erlangten wegen der damit verbundenen Oxyzellulosebildung keine Bedeutung.

Größere Bedeutung haben die Chloratätzen auf Indigo gehabt; für die Erzeugung von echten Buntätzen auf Basis von Naphtolen wird das Verfahren auch jetzt noch bisweilen angewendet, da diese mittels Reduktionsätzen nicht einwandfrei herzustellen sind.

Die kräftig oxydierende Wirkung des Chlorates auf Indigo verwendete PERSOZ, indem er die gefärbte Ware mit Chloraten klotzte, dann Weinsäure aufdruckte und durch Dämpfen die oxydative Zerstörung des Indigos herbeiführte. Praktische Verwendung fand dieses Verfahren besonders, seitdem 1885 JEANMAIRE fand, daß die Kombination von Chlorat mit Ferricyankalium den Indigo beim Dämpfen außerordentlich leicht zu Isatin oxydiert. Die Weißätze hatte z. B. folgende Zusammensetzung:

<table>
<tr><td colspan="2">Stammfarbe A.</td><td colspan="2">Stammfarbe B.</td></tr>
<tr><td>100 g</td><td>Weizenstärke und</td><td>100 g</td><td>Britischgummi Pulver werden</td></tr>
<tr><td>590 g</td><td>Wasser werden mit</td><td></td><td>mit</td></tr>
<tr><td>250 g</td><td>Natriumchlorat vorsichtig
verkocht, nach dem Ab-
kühlen werden bei 45° C</td><td>400 g
250 g
250 g</td><td>Wasser,
Weinsäure und
Zitronensäure verkocht.</td></tr>
<tr><td>60 g</td><td>Ferricyankalium zugesetzt.</td><td>1000 g.</td><td></td></tr>
<tr><td>1000 g.</td><td></td><td></td><td></td></tr>
</table>

Weißätze.

800 g Stammfarbe A,
200 g Stammfarbe B.
1000 g.

Nach dem Drucken dämpft man 2 bis 5 Minuten etwas über 100° C im Schnelldämpfer, dann nimmt man breit durch 60° C warmes Wasser und durch ein Bad mit 10 cm³ Wasserglas 36° Bé oder 10 cm³ Natronlauge 38° Bé und wäscht.

Durch Kaolinzusatz erhält man gut stehende, durch Zusatz von Blanc fixe zusammen mit einer Leimverbindung plastische Weißeffekte. Das Blanc fixe überdeckt an den geätzten Stellen den gelblichen Farbton, der durch das Ferrihydroxyd, das sich aus dem primär entstandenen Berliner- oder Turnbulls-Blau bildet, verursacht wird.

Wie schon erwähnt, haben Buntätzen mittels Chloraten auf indigogefärbter Ware heute noch Bedeutung. Als Weißätzen werden meist die üblichen Rongalit-Leukotrop-Ätzen (S. 270) neben den Chlorat-Buntätzen gedruckt, da die Chlorat-Weißätzen auf naphtolierter Ware nur ein gelbstichiges Weiß ergeben. Selbstverständlich können nur solche Naphtolkombinationen Anwendung finden, welche beim Dämpfen durch das Chlorat nicht zerstört werden (z. B. Naphtol AS-D mit Echtrot KB Base).

Die mit Indigo vorgefärbte Ware wird mit der betreffenden Naphtollösung grundiert und nach dem Trocknen mit einer Ätze nachstehender Zusammensetzung bedruckt:

500 g essigsaure Stärke-Tragant-Verdickung. Darin werden
280 g Natriumchlorat vorsichtig durch Erwärmen aufgelöst,
    nach dem Abkühlen werden
 25 g Ferricyankalium und
 25 g Weinsäure eingerührt und schließlich
150 g Diazolösung (Farbsalzlösung) und
 20 g essigsaures Natrium zugesetzt.
1000 g.

Nach dem Drucken dämpft man 2 bis 5 Minuten im Schnelldämpfer, dann behandelt man 10 Minuten in einem 60° C warmen Bad mit 5 g Wasserglas von 36° Bé auf der Haspelkufe, dann wäscht man.

Auch das Aluminiumchlorat wurde mit gutem Erfolg für derartige Buntätzen verwendet.

Bei einer Kombination einer Rongalit-Leukotrop-Weißätze mit einer Chlorat-Buntätze muß man zwischen dem Dämpfen und dem alkalischen Abzugbade spülen, um eine Reduktion des Azofarbstoffes durch unzersetztes Rongalit CL zu vermeiden.

Mit dem Ätzen von Indigo mittels Chloraten kann auf einfache Weise die Entwicklung von Indigosolfarbstoffen stattfinden, so daß man auch auf diesem Wege Buntätzen erzeugen kann. Man druckt eine Indigosolätze folgender Zusammensetzung auf die indigogefärbte Ware auf:

<pre>
 30 bis 100 g Indigosolfarbstoff in
         25 g Solentwickler GA und
         80 g Solentwickler D sowie
195 bis 125 g Wasser lösen. Dann in
        250 g neutrale Stärke-Tragant-Verdickung einrühren. Wenn
               lauwarm,
        150 g Natriumchlorat zusetzen, abkühlen und kalt einrühren
               die Lösung von
         60 g Ferrocyankalium in
        200 g neutraler Stärke-Tragant-Verdickung und
         10 g Ammoniak 25%ig.
       1000 g.
</pre>

Nach dem Drucken wird mindestens 5 Minuten im Schnelldämpfer bei etwas über 100° C gedämpft und anschließend durch ein Bad mit 5 g Wasserglas 36° Bé bei 60° C passiert und gespült.

Die meisten Indigosolfarbstoffe können für dieses Verfahren Verwendung finden. Nicht geeignet sind vor allem Indigosolblau IBC und Indigosolgrün IB, ferner die sich von Indigo und halogenierten Indigos ableitenden Indigosolfarbstoffe, wie Indigosol O, OR, 04B, 06B und einige andere.

Die mit Indigosolfarbstoffen hergestellten Buntätzen haben gegenüber den mit Eisfarben erzeugten den Vorteil, daß sie keine Vorpräparation mit Naphtol erfordern, daß sie besser haltbar sind und daß sie das gleichzeitige Drucken einer Chlorat-Weißätze ermöglichen.

Chloratätzen auf Indigo können durch eine Vordruckreserve mit reduzierenden Verbindungen reserviert werden, z. B.:

<pre>
250 g Britischgummi Pulver mit
150 g Wasser verkochen, dann
500 g Kaliumsulfit 45° Bé und
100 g Rhodankalium zusetzen
1000 g.
</pre>

Eine Vorschrift zum Ätzen mit Bromaten gibt die Badische Anilin- und Sodafabrik an[1]:

<pre>
In 1400 g Gummiwasser werden
     150 g chlorsaures Natrium,
      50 g bromsaures Kalium,
      15 g Ferricyankalium und
     225 g zitronensaures Natrium gelöst.
</pre>

---

[1] „Indigo rein BASF" S. 101 bis 103.

Nach dem Drucken wird $^1/_4$ Stunde bei $^1/_4$ atü gedämpft, dann wird gewaschen und fertiggestellt.

Ein interessantes Verfahren, welches 1908 von M. FREIBERGER ausgearbeitet wurde[1], ist das Nitratätzverfahren für Indigo. Es beruht auf der Wirkung von Salpetersäure oder salpetriger Säure in statu nascendi auf Indigo, wobei dieser augenblicklich in das gelbgefärbte Isatin verwandelt wird, eine Reaktion, die ja als Nachweis des Indigos bekannt ist. Im Prinzip besteht das Verfahren darin, daß man auf indigogefärbte Gewebe Nitrate oder Nitrite aufdruckt, durch Einwirkung von starker Schwefelsäure in der Wärme Salpetersäure oder salpetrige Säure in Freiheit setzt und dadurch die Zerstörung des Indigos an den bedruckten Stellen herbeiführt. Verdünnte Schwefelsäure ist nicht geeignet, da keine Ätzwirkung unter diesen Bedingungen eintritt. Die Einwirkung der starken heißen Schwefelsäure (42° Bé) ist überraschender Weise mit keiner Schädigung der Faser verbunden, wenn die Einwirkung nur einige Sekunden dauert.

Nach HALLER[2] soll Baumwolle, welche auf diese Weise mit heißer starker Schwefelsäure behandelt wurde, die Reaktionen mercerisierter Baumwolle zeigen.

HALLER gibt folgendes Rezept für eine Nitratätze an[3]:

$$\begin{array}{rl}
330 \text{ g} & \text{Maisstärke,} \\
180 \text{ g} & \text{Weizenmehl,} \\
3640 \text{ g} & \text{Wasser und} \\
50 \text{ g} & \text{Rizinusöl verkochen; dann} \\
2550 \text{ g} & \text{Natronsalpeter zusetzen, schließlich} \\
\underline{3250 \text{ g}} & \text{Blanc fixe Teig.} \\
10\,000 \text{ g.} &
\end{array}$$

Das Bariumsulfat soll auf den bedruckten Stellen teilweise fixiert werden und ein plastisches Weiß ergeben. Bariumsulfat ist aber in Schwefelsäure dieser Konzentration in der Wärme beträchtlich löslich.

Die bedruckte und sehr scharf getrocknete Ware wird während 2 bis 3 Sekunden durch ein 65° C heißes Bad von Schwefelsäure 42° Bé passiert. Der Schwefelsäure werden etwas Bisulfit, Eisenvitriol oder organische Substanzen, wie Kartoffelstärke, zugesetzt, um den Indigofond vor der Einwirkung der Schwefelsäure zu schützen. Nach dem Verlassen des Säurebades wird abgequetscht, sofort durch Wasserpassagen im Gegenstromprinzip gründlich gewaschen, in einem schwach alkalischen Bade neutralisiert, nochmals gewaschen und fertiggestellt.

Nach diesem Verfahren wurden auch Buntätzen erzeugt, indem man den Ätzfarben Pigmentfarbstoffe und Albumin zusetzte oder auf naphtolierte Ware Ätzen aufdruckte, welche Diazoverbindungen oder Farbsalze enthielten. Bei Verwendung von Bleinitrat an Stelle des Natriumnitrates und nachfolgende Chromierung erhielt man Gelbätzen.

---

[1] DRP. 228694.
[2] Z. ges. Textilind. 1926.
[3] Chemische Technologie der Baumwolle, S. 287.

Dieses Verfahren konnte nur wenig und vorübergehende Verbreitung finden, da es infolge des großen Verbrauches an Schwefelsäure und wegen der notwendigen gegen Schwefelsäureeinwirkung beständigen Apparaturen außerordentlich hohe Unkosten verursachte.

Die Oxydationsätzen fanden nur für Indigo und in beschränktem Maße für halogenierte Indigos Anwendung. Sie sind heute mit geringen Ausnahmen durch die Rongalitätze verdrängt worden. Für anthrachinoide Küpenfarbstoffe (Indanthrenfarbstoffe), die wesentlich oxydationsbeständiger sind und deren eventuelle Oxydationsprodukte auch nicht von der Faser entfernt werden können, sind sie ungeeignet.

2. Reduktionsätzen.

a) Reduktionsätzen auf Indigofärbungen.

Lange Zeit galt das Problem, Indigo mittels Reduktionsmitteln zu ätzen, als unlösbar. Indigo läßt sich zwar leicht in die Leukoverbindung überführen, deren vollständige Entfernung von der Faser aber lange Zeit nicht gelang. Es tritt ein Gleichgewichtszustand zwischen dem auf der Faser zurückbleibenden und dem in die Waschflüssigkeit gewanderten Anteile der Leukoverbindung ein. Die auf der Faser zurückbleibenden Anteile oxydieren sich wieder zu Indigo zurück, so daß die erhaltenen Ätzeffekte immer mehr oder minder blaugefärbt waren. Bei stärkerer Einwirkung von Reduktionsmitteln bilden sich aber gelbgefärbte, unlösliche Verbindungen, welche die Erzeugung einwandfreier Ätzeffekte verhinderten.

Die Badische Anilin- und Sodafabrik erhielt im Jahre 1896 das DRP. 97593 zum Ätzen von Indigofärbungen mittels einer Druckfarbe, welche Natriumbisulfit, Zinkstaub und Azetin enthielt, also durch das beim Dämpfen gebildete Hydrosulfit wirkte. Dabei ging aber die Reduktion über die Bildung der Leukoverbindung hinaus und führte zu intensiv gelbgefärbten, unlöslichen Reduktionsprodukten, so daß sich die Verwendung dieses Verfahrens auf die Erzeugung von Buntätzen mittels basischer Farbstoffe beschränkte.

Dasselbe gilt von dem Verfahren der Badischen Anilin- und Sodafabrik mit Zinnsalz oder essigsaurem Zinn, welches auch nur für Buntätzen mit basischen Farbstoffen verwendet werden konnte und außerdem noch den Nachteil hatte, daß die Faser geschwächt wurde[1].

Dem Direktdruckverfahren von JEANMAIRE nachgebildet sind die Verfahren von POMERANZ[2], welcher Ätzen mit Eisenvitriol und Zinnsalz verwendete, und M. RIBBERT, Hohenlimburg in Westfalen[3], welche mit Glukose und Zinnhydroxyd arbeiteten; nach dem Drucken wird bei beiden Verfahren durch ein 80° heißes Bad mit Natronlauge von 40° Bé genommen.

Das Hydrosulfit ist als Ätzmittel zu wenig beständig; erst nachdem es RUSSINA in der Eilenburger Kattunmanufaktur und ungefähr gleichzeitig den Chemikern der ZÜNDELschen Manufaktur in Moskau SCHWARZ,

---

[1] „Indigo rein BASF", 1. Aufl., S. 105.
[2] DRP. 253155.
[3] DRP. 267408.

BAUMANN, SUNDER und THESMAR gelungen war, durch Einwirkung von Formaldehyd auf Hydrosulfit das Formaldehyd-Sulfoxylat-Natrium (Rongalit C, Hydrosulfit NF, Hyraldit C u. a.), eine haltbare, erst im Dampf spaltbare Verbindung des Hydrosulfits herzustellen, begann man, sich weitgehend mit dem Ätzen von Indigo mittels Hydrosulfitverbindungen zu beschäftigen.

Obwohl nun die Reduktion des Indigos bis zur Leukoverbindung (Indigoweiß) auf diesem Wege keine weiteren Schwierigkeiten verursachte, blieb noch das Problem der restlosen Entfernung dieses Reduktionsproduktes von der Faser zu lösen übrig. HALLER konnte das Indigoweiß vollständig von der Faser entfernen, indem er der Ätze Kaliseife zusetzte, und die Ware nach dem Dämpfen durch kochendes Wasser passierte[1], wobei die Schmierseife mit der Leukoverbindung zugleich von der Faser entfernt wird. Das Indigoweiß, welches sich mit der Seife an der Wasseroberfläche abscheidet und dort zu Indigo zurückoxydiert wird, kann wieder in Form des Indigos zurückgewonnen werden.

Durch den Zusatz von Anthrachinon zu der Ätzfarbe wird die Haltbarkeit des Indigoweiß auf der Faser erhöht[2]. Dabei wirkt das Anthrachinon durch Bildung des Oxanthranols als energischer Wasserstoffüberträger:

$$\text{Anthrachinon} + H_2 \rightleftharpoons \text{Oxanthranol}$$

Zinkoxyd verwandelt das freie Indigoweiß in das schwerlösliche und haltbarere Zinksalz[3].

Aber auch bei Zusatz von Anthrachinon und Zinkoxyd zu der Rongalit enthaltenden Ätzfarbe durfte die Ware nach dem Dämpfen nicht lange liegenbleiben, sondern mußte sofort durch ein heißes Bad mit Kalkmilch durchgenommen werden.

Schließlich gelang es der Badischen Anilin- und Sodafabrik im Jahre 1906 durch den Zusatz von quaternären Ammoniumverbindungen zu den Rongalit-Weißätzen, der bis dahin vorhandenen Schwierigkeiten Herr zu werden. Diese quaternären Ammoniumverbindungen enthalten einen Benzylrest, durch welchen die Hydroxylgruppen des Indigoweiß substituiert werden, so daß eine Reoxydation zu Indigo nicht mehr möglich ist. Das erste dieser Produkte ist das Dimethylphenylbenzylammoniumchlorid, welches unter der Bezeichnung Leukotrop O in den Handel kam[4]:

$$\underset{\underset{\text{Cl}}{|}}{C_6H_5\!-\!\overset{\overset{\displaystyle H_3C\diagdown\;\diagup CH_3}{}}{N}\!-\!CH_2\!-\!C_6H_5}$$

---

[1] DRP. 194878.
[2] DRP. 213583.
[3] L. Cassella & Co., DRP. 116783.
[4] DRP. 231543.

Beim Dämpfen wird der durch die reduzierende Wirkung des Rongalits gebildete Leukoindigo in die orangegefärbte Benzylverbindung umgewandelt. Da diese nicht in Alkalien löslich ist, gelingt es aber nicht, sie von der Faser abzuziehen und Weißeffekte zu erzielen; man kann jedoch auf diese Weise waschechte, wenngleich nicht lichtechte, lebhafte Orangeeffekte auf indigofarbigem Grunde erzeugen.

Durch die Verwendung eines Sulfurierungsproduktes des Leukotrop O gelang es dann der Basichen Anilin- und Sodafabrik, ein Indigoweißkondensationsprodukt zu erzeugen, welches in alkalischen Bädern vollkommen löslich ist. Dieses Produkt, welches unter der Bezeichnung Leukotrop W im Handel ist, stellt das Monokalziumsalz der Disulfosäure des Dimethylphenylbenzylammoniumchlorides dar[1]:

$$\frac{Ca}{2}-O_3S-C_6H_5-\overset{\displaystyle H_3C\diagdown\diagup CH_3}{\underset{\displaystyle |}{\underset{\displaystyle Cl}{N}}}-CH_2-C_6H_4-SO_3-\frac{Ca}{2}$$

Nach dem Dämpfen erhält man lebhaft orangegefärbte Ätzstellen, die aber bei Passage durch verdünnte heiße Natronlauge ein vorzügliches Weiß auf Indigo ergeben, da sich das sulfobenzylierte Indigoweiß vollkommen von der Faser entfernen läßt. Diese Verbindung ist soweit oxydationsbeständig, daß die richtig gedämpfte Ware auch längere Zeit vor dem Waschen liegenbleiben kann.

Aus dem Indigoweiß bilden sich mit Leukotrop W folgende Verbindungen:

In Gegenwart von Zinkoxyd:

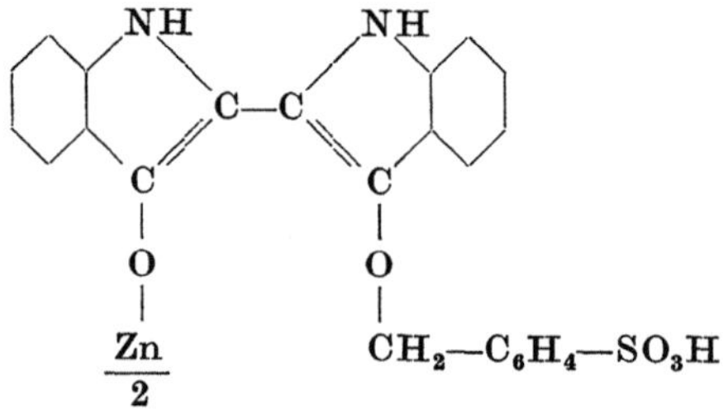

[Strukturformel: zwei über C–C verbundene Indolringe mit NH-Gruppen; der linke Ring trägt C–O–$\frac{Zn}{2}$, der rechte Ring trägt C–O–CH_2–C_6H_4–SO_3H]

In Gegenwart von Natronlauge:

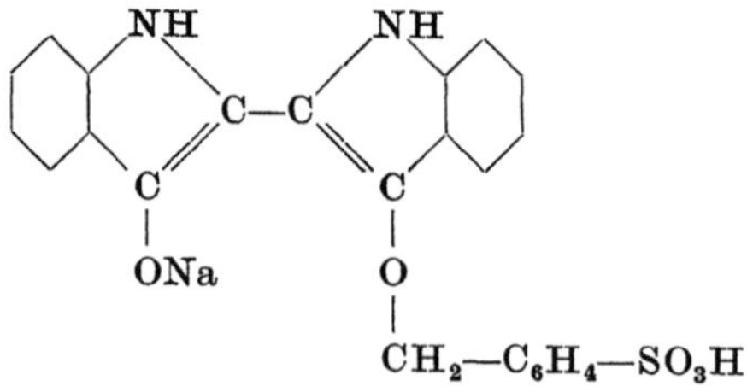

[Strukturformel: zwei über C–C verbundene Indolringe mit NH-Gruppen; der linke Ring trägt C–ONa, der rechte Ring trägt C–O–CH_2–C_6H_4–SO_3H]

<hr>

[1] DRP. 253879, 285880.

In Abwesenheit von Zinkoxyd und Natronlauge:

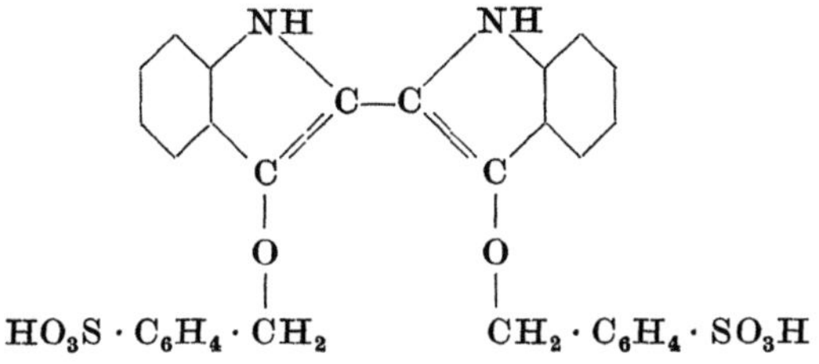
NH
NH
C—C
C
C
O
O
HO3S · C6H4 · CH2
CH2 · C6H4 · SO3H

Die Aufklärung des Reaktionsmechanismus verdanken wir REINKING[1]. Bei Verwendung des Leukotrop O bilden sich dementsprechend folgende Verbindungen:

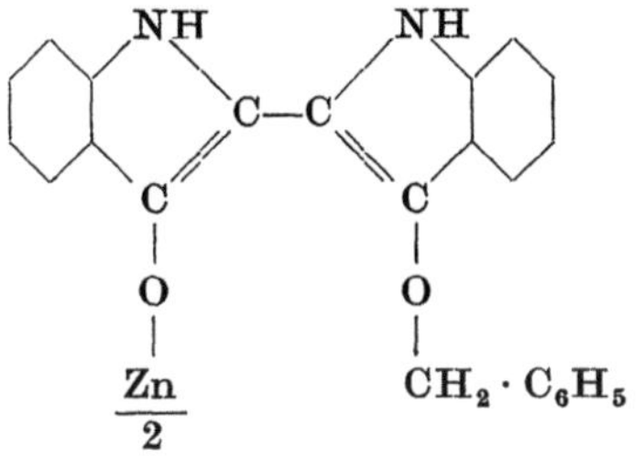
NH
NH
C—C
C
C
O
O
Zn/2
CH2 · C6H5

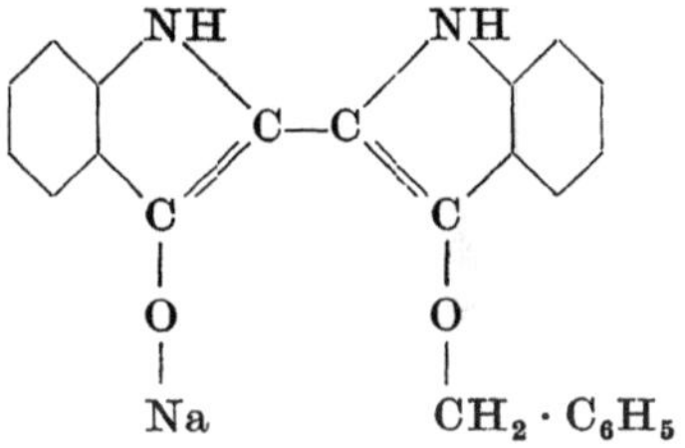
NH
NH
C—C
C
C
O
O
Na
CH2 · C6H5

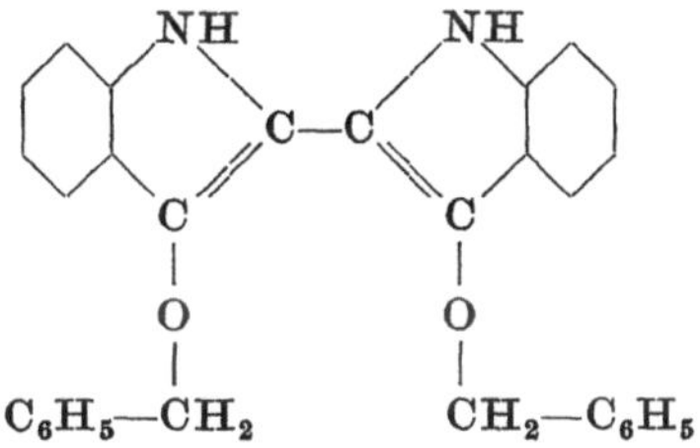
NH
NH
C—C
C
C
O
O
C6H5—CH2
CH2—C6H5

Das Dimethylphenylbenzylammoniumchlorid wird in Dampf in Benzylchlorid und Dimethylanilin gespalten. Das freie Benzylchlorid reagiert sodann mit den Hydroxylgruppen des Indigoweiß unter Bildung von Mono- bzw. Dibenzyläthern. Entsprechend bilden sich bei Verwendung der sulfurierten Verbindung sulfurierte Benzyläther. Nur in Gegenwart von Zinkoxyd bilden sich aber die löslichen Monobenzyläther, während die Dibenzyläther schwerer löslich sind.

Meistens verwendet man eine von den Farbenfabriken erzeugte Mischung von Rongalit C und Leukotrop W, die unter den Bezeichnungen Rongalit CL, Hydrosulfit CL, Hyraldit CL u. a. im Handel sind.

Die gefärbte Ware wird mit einer Ätze nachstehender Zusammensetzung bedruckt:

[1] Färber-Ztg. **1910**, 243; **1912**, 250, 309; **1913**, 45.

420 g Stärke-Britischgummi-Verdickung oder
Stärke-Leim-Verdickung oder Gummiverdickung 1 : 1,
170 g Bariumsulfat 60%ig,
160 g Zinkoxyd 1 : 1,
200 g Rongalit CL,
40 g Anthrachinon 30%ig,
10 g Glyzerin.
____
1000 g.

Nach dem Drucken und Trocknen wird bei etwas über 100° C 3 bis 5 Minuten im luftfreien Schnelldämpfer gedämpft. In manchen Betrieben wird der Dampf befeuchtet, indem man ihn vor dem Eintritt in den Dämpfer oder im Dämpfer selbst durch Wasser durchleitet.

Die geätzten Stellen sollen lebhaft orange gefärbt aus dem Dämpfer kommen und bei Befeuchten mit Wasser nicht mehr blau werden. In letzterem Falle ist die Benzylierung unvollständig und das Dämpfen muß wiederholt werden. Während die Reduktion im Dämpfer ziemlich leicht und rasch vor sich geht, findet die Benzylierung häufig nur unvollkommen statt. Deshalb wird das Gewebe nach dem Dämpfen zuerst durch ein Bad mit kochendem Wasser genommen, da bei ungenügend gedämpfter Ware dadurch eine ähnliche Wirkung wie durch das Dämpfen erreicht wird. Gleichzeitig wird das überschüssige Rongalit C bzw. CL entfernt. Dann wird abgespritzt, abgequetscht und durch ein kochendes Bad mit Lauge oder Wasserglas (10 g Wasserglas 36° Bé pro Liter) passiert. Dabei werden die Reduktionsprodukte vollständig von der Faser entfernt. Vor dem Dämpfen müssen die Stücke vor Feuchtigkeit geschützt werden.

Durch den Zusatz von Bariumsulfat erhält man plastische Drucke. Die Verwendung einer Leim enthaltenden Verdickung ist besonders günstig, da dadurch eine ausgezeichnete Fixierung der Pigmente eintritt, indem der Leim durch den aus dem Rongalit abgespaltenen Formaldehyd koaguliert wird.

Als Reserven unter den Ätzen können oxydierende Substanzen, wie Ludigol, Reservol B u. a., verwendet werden. Man druckt z. B. folgende Reserve auf, trocknet und druckt sodann die Ätze:

200 g Ludigol oder Reservol B,
200 g Wasser,
100 g Kaolin,
500 g Gummiverdickung 1 : 1.
____
1000 g.

In früheren Zeiten hatten Buntätzverfahren auf indigogefärbter Ware eine größere Bedeutung. Man bedruckte die Ware für Orangeeffekte mit einer Leukotrop O enthaltenden Ätzfarbe und erhielt auf diese Weise waschechte, aber wenig lichtechte Orangetöne, welche durch alkalische Bäder nicht abgezogen werden, z. B. mit nachstehender Ätzfarbe:

200 g Zinkoxyd 1 : 1,
540 g Stärke-Tragant-Verdickung,
150 g Rongalit C,
70 g Leukotrop O,
40 g Anthrachinon 30%ig.
____
1000 g.

Nach dem Drucken wird in der üblichen Weise gedämpft und fertiggestellt.

Meistens verwendete man für Buntätzen basische, ätzbeständige Farbstoffe, welche entweder auf mit Katanol vorgeklotzter Ware oder auf nicht vorgeklotzter Ware gemeinsam mit Tannin mit einer Brechweinsteinnachbehandlung gedruckt wurden. Verwendung fanden z. B. Auramin O, Rhodulingelb 6 G, Rhodamin 6 G, Rhodamin B, Thioninblau GO, Neumethylenblau NNS u. a.

Die Beizenfarbstoffe sind im allgemeinen nicht für Buntätzen geeignet, da sie in saurem Medium fixiert werden; es gelang aber HALLER, den Blau-Rot-Artikel herzustellen, indem er auf mit Indigo gefärbter Ware Druckfarben aufdruckte, welche neben Rongalit C die Doppelverbindung aus Aluminiumbisulfit und Formaldehyd und außerdem ameisensauren Kalk enthielten, nach dem Dämpfen durch ein Marseillerseife enthaltendes Alizarinfärbebad passierte, nach dem Waschen mit Türkischrotöl imprägnierte, nochmals dämpfte und längere Zeit in einem Salz enthaltenden Seifenbade behandelte.

Die geeignetste Methode zur Herstellung des Blau-Weiß-Rot-Artikels ist jedoch die Kombination einer Rongalit CL-Weißätze mit einer eine Diazolösung oder ein Farbsalz enthaltenden Chloratätze auf naphtolierter indigogefärbter Ware.

Die echtesten Buntätzen auf Indigofärbungen lassen sich durch Verwendung von Küpenfarben erreichen. Man kann für diesen Zweck Küpenfarbstoffe verwenden, welche eine möglichst hohe Beständigkeit gegen Leukotrop W besitzen oder solche, welche weniger leicht ätzbar sind als Indigo. Vor allem sind die verschiedenen Indanthrenblaumarken für diesen Zweck geeignet. Gut bewährt hat sich folgende Ätze:

```
        50 g  Zinkoxyd mit
        50 g  Glyzerin gut anteigen, eventuell
        30 g  Solutionssalz B (oder B neu) zusetzen und in
       200 g  neutrale Stärke-Tragant-Verdickung einrühren,
       120 g  Pottasche und
       150 g  Rongalit C zusetzen, dann
100 bis 250 g  Küpenfarbstoff in Teig,
 50 bis 100 g  Leukotrop W und
250 bis  50 g  Wasser zusetzen.
       ─────────
      1000 g.
```

Nach dem Drucken und Trocknen wird im luftfreien Schnelldämpfer gedämpft, heiß gespült, wie üblich gesäuert, oxydiert und fertiggestellt.

Man bekommt aber nach diesem Verfahren keine besonders reinen Buntätzen, da das Leukotrop W in alkalischem Medium das Indigoweiß nicht genügend benzyliert[1], so daß der nicht benzylierte Anteil des Indigoweiß wieder teilweise reoxydiert wird. Dabei wirkt sich insbesondere ein Zusatz an Anthrachinon ungünstig aus; dieses geht beim Dämpfen durch Reduktion in Oxanthranol über, welches bei Luftzutritt

---

[1] HALLER: Chemische Technologie der Baumwolle, S. 293.

Wasserstoffsuperoxyd bildet, das das nicht benzylierte Indigoweiß sofort
zu Indigo oxydiert:

$$\underset{O}{\overset{O}{\|}}\;\xrightarrow{\;H_2\;}\;\underset{O}{\overset{CH(OH)}{\|}}\;\xrightarrow{\;O_2\;}\;\underset{O}{\overset{O}{\|}}\;+\;H_2O_2$$

Es hat sich daher eine Kombination der Sulfoxylat-Leukotrop-Ätze
mit dem JEANMAIREschen Druckverfahren für Küpenfarbstoffe mittels
Eisenvitriol und Zinnsalz als besser geeignet erwiesen, wobei die Fixierung des Küpenfarbstoffes durch eine Passage durch heiße konzentrierte Natronlauge bewerkstelligt wird[1]. Man bedruckt die Ware mit
folgender Ätzfarbe:

400 g Rongalit CL,
200 g Rongalit C,
{160 g Zinkoxyd,
{180 g Wasser,
1100 g Gummilösung 1 : 1,
100 g Eisenvitriol,
25 g Zinnsalz,
100 g Indanthrenblau RS oder
     GCD in Teig.
‾‾‾‾‾‾‾‾‾‾
1000 g.

Nach dem Drucken und Trocknen wird 5 Minuten im luftfreien
Schnelldämpfer gedämpft, dann durch 70 bis 80° heiße Natronlauge von
20° Bé 20 Sekunden passiert und fertiggestellt.

HALLER und HACKL haben weiters das beständige Einwirkungs-
produkt von Glukose auf Natriumhydrosulfit (Candit V) verwendet[2].

b) Reduktionsätzen auf Färbungen der indigoiden
Küpenfarbstoffe.

Die Halogenierungsprodukte des Indigos sowie die Substitutions-
produkte des Indirubins lassen sich leicht reduzieren und geben mit
Leukotrop O ebenso wie Indigo selbst gefärbte, unlösliche, mit Leukotrop W lösliche Verbindungen. Da sich die halogenierten Leukoindigo-
derivate schwerer benzylieren lassen als Leukoindigo, muß eine erhöhte
Leukotropmenge angewandt werden, z. B. für Tetrabromindigo (Brillantindigo 4B, Cibablau 2B) verwendet man pro Kilogramm Ätzfarbe
125 g Rongalit C und 225 g Leukotrop W.

Die Thioindigoderivate sind schwerer ätzbar. Sie liefern mit Leukotrop O ungefärbte Verbindungen. Die asymmetrischen Thioindigofarbstoffe sind leichter ätzbar als die symmetrischen[3].

<hr>

[1] HALLER: DRP. 263647; Färber-Ztg. 1912, 462.
[2] Melliand Textilber. 1928, 41; 1929, 630, 717.
[3] DISERENS: Die neuesten Fortschritte in der Anwendung der Farbstoffe,
S. 91. 1941.

Eine Weißätze auf Indanthrenbrillantrosa R oder B hat folgende Zusammensetzung:

300 g Leimverdickung oder
Stärke-Britischgummi-Verdickung,
160 g Rongalit CL,
80 g Rongalit C,
30 g Leukotrop O,
30 g Anthrachinon 30%ig,
40 g Glyecin A,
240 g Zinkoxyd 1 : 1,
120 g Wasser.

1000 g.

In vielen Fällen empfiehlt sich der Zusatz von Natronlauge zu den Ätzfarben. Ferner wird eine Nachbehandlung mit kalter verdünnter Säure und anschließend eine Passage durch heiße verdünnte Natronlauge empfohlen[1].

c) Reduktionsätzen auf Färbungen der anthrachinoiden Küpenfarbstoffe.

Die anthrachinoiden Küpenfarbstoffe lassen sich im allgemeinen nicht leicht ätzen, ein Teil ist praktisch als nicht ätzbar zu betrachten. Verhältnismäßig leicht lassen sich die Acylaminoanthrachinone, zu denen ein großer Teil der Kaltfärber gehört, mit Rongalit CL ätzen, ferner auch verschiedene Di- und Polyanthrachinonylamine und ähnliche Verbindungen, also Verbindungen, bei denen keine aus mehr als drei Sechser- oder Fünfer-Ringen bestehenden Systeme vorkommen und die alle irgendwelche einfache Stickstoff enthaltenden Brücken besitzen. Die aus mehr Ringen bestehenden Verbindungen, also die Farbstoffe, welche durch Anlagerung neuer Ringgebilde an das Anthrachinon entstehen, sind nicht oder nur schwer ätzbar, also vor allem die Dianthrachinondihydroazine (Indanthrenblaumarken), Dianthrachinonylfarbstoffe (Indanthrengelb G), die Kondensationsprodukte des Benzanthrons, Dibenzanthrons und Isodibenzanthrons (Indanthrendunkelblau BO, Indanthrenbrillantviolett RR, Indanthrenbrillantgrünmarken) u. a.

Bei dunkleren Nuancen und auch bei helleren Nuancen der schwerer ätzbaren Farbstoffe muß man den Ätzen Alkali zusetzen. Ein Teil der Farbstoffe läßt sich überhaupt nur dann ätzen, wenn man das Gewebe vor dem Aufdruck der Ätzfarbe mit einer Lösung von 100 bis 200 g Leukotrop W und 20 g Glyzerin pro Liter vorklotzt. Manche Farbstoffe sind praktisch nicht ätzbar oder nur in hellen Färbungen, wenn sie auf dem Foulard oder auf der Rollenkufe gefärbt wurden, so daß der Farbstoff nicht in das Innere des Garnes eingedrungen ist.

Nähere Angaben hinsichtlich der Ätzbarbeit der einzelnen Küpenfarbstoffe finden sich im Ratgeber für das Bedrucken von Baumwolle der I. G. auf S. 246 bis 250.

---

[1] Kalle & Co.: DRP. 200927, 212792; Färber-Ztg. 1910, 287.

Je nach der mehr oder minder leichten Ätzbarkeit der betreffenden Farbstoffe ist eine der drei folgenden Ätzen zu verwenden:

	I	II	III
Britischgummi 1 : 1	350	450	250 bis 200
Zinkoxyd 1 : 1	150	150	100
Blanc fixe Teig 60%ig oder			
Titandioxyd 1 : 1	100	100	—
Wasser	30	50	150 bis 100
Rongalit CL	300	—	300
Rongalit C...................	—	150	—
Leukotrop O...............	—	30	—
Leukotrop W	—	—	100
Glyzerin....................	30	30	—
Anthrachinon Teig 30%ig	40	40	—
Natronlauge $32\frac{1}{2}\%$ (38° Bé)..	—	—	100 bis 200

1000 g

Nach dem Drucken und Trocknen wird die Ware im luftfreien Dämpfer 5 Minuten mit Sattdampf gedämpft, dann auf der Breitwaschmaschine zuerst durch warmes fließendes Wasser genommen oder kalt abgespritzt, um den Rongalitüberschuß zu entfernen, hierauf abgequetscht, in einem kochenden Bad mit 2 bis 5 cm³ Natronlauge 38° Bé oder 10 cm³ Wasserglas 36° Bé abgezogen, gespült und fertiggestellt.

HALLER und HACKL gelang es, auch Indanthrenblau und andere auf anderem Wege nicht ätzbare Farbstoffe durch eine Kombination einer Reduktionsätze mit einem Oxydationsmittel zu ätzen. Auf die mit 125 g Leukotrop vorpräparierte Ware druckten sie eine Ätzfarbe folgender Zusammensetzung:

$$\left\{\begin{array}{l} 90 \ \text{Britischgummi,} \\ 30 \ \text{Wasser,} \\ 180 \ \text{Natronlauge 40° Bé,} \end{array}\right.$$

    60 Kaolin,
  360 Rongalit CL,
   80 Leukotrop W,
   80 Glyzerin,
   10 Resorzin-Alkohol,
   40 Natriumhypochlorit 40° Bé.

Es wird bei möglichst hoher Temperatur (mindest 112° C) gedämpft, die Ätzstellen sollen rötlich aussehen. Eine unmittelbar nach dem Dämpfen eingeschaltete Passage durch Säure ist vorteilhaft. Dann wird in einem heißen Bad mit 5 g Nekal BX pro Liter abgezogen, kochend geseift, eventuell unter Zusatz von Perborat. Schließlich wird gespült und fertiggestellt[1].

Auch sonstige Versuche zum Ätzen des Indanthrenblau wurden unternommen, ohne aber eine wirkliche praktische Bedeutung zu erlangen, z. B. durch Zusatz von Pyridin zu dem Ausfertigungsbad oder durch

---

[1] HALLER: Chemische Technologie der Baumwolle, S. 305. Das Ätzen der Küpenfarbstoffe betreffen u. a. folgende Patente: DRP. 231534, 253879, 235880, 240513, 246252, 246519, 247099, 247101, 250084.

Zusatz anderer quarternärer Ammoniumbasen, wie etwa des 1-Phenyl-1-Naphtomethylammoniumhydroxyd-Natriumsulfonates[1].

Für Buntätzen mit Küpenfarbstoffen auf anthrachinoiden (und auf den leichter ätzbaren indigoiden) Küpenfarbstoffen wird das Gewebe mit Küpenfarbstoffen vorgefärbt, welche mit Rongalit CL leicht geätzt werden können, während die Ätzfarben mit solchen Küpenfarbstoffen hergestellt werden, welche gegen Leukotrop W beständig sind, oder wenigstens schwerer ätzbar sind als die Fondfärbung. Die Buntätzen werden folgendermaßen angesetzt:

50 g	Zinkoxyd werden mit
50 g	Glyzerin angeteigt, eventuell werden
30 g	Solutionssalz B zugesetzt, das Ganze wird in
200 g	neutraler Stärke-Tragant-Verdickung verrührt. Dann werden
120 g	Pottasche,
150 g	Rongalit C, ferner
100 bis 250 g	Küpenfarbstoff in Teig,
50 bis 100 g	Leukotrop W und
250 bis 50 g	Wasser zugesetzt.
1000 g.	

Die Drucke werden nach dem Trocknen im luftfreien Schnelldämpfer gedämpft, heiß gespült, in der üblichen Weise oxydiert und fertiggestellt.

Ferner kann man Indigosole zum Buntätzen von Küpenfärbungen verwenden. Man druckt auf die mit Leukotrop W vorgeklotzte ätzbare Küpenfärbung eine Indigosoldruckfarbe auf, welche außerdem Rongalit CL, Leukotrop W und Zinkoxyd enthält. Dann wird 8 Minuten im luftfreien Schnelldämpfer gedämpft. Nach dem Dämpfen passiert man durch ein 70° C warmes Bad, welches 20 g Natriumbichromat und 30 cm³ Schwefelsäure 66° Bé enthält, wobei die Indigosole an den geätzten Stellen entwickelt werden. Schließlich wäscht und seift man kochend.

Anthrachinoide Küpenfärbungen werden in der Praxis selten geätzt, da doch die meisten Farbstoffe mehr oder minder schwer ätzbar oder überhaupt nicht hinreichend ätzbar sind. Es haben sich gerade bei diesen Küpenfärbungen noch die alten Reservierungsverfahren erhalten können, z. B. das Indanthrenblau-Reserveverfahren. Außerdem gelingt es, durch Vor- oder Aufdruckreserven auf Indigosolböden küpenfarbige Muster auf küpenfarbigem Grunde auf verhältnismäßig leichte Art und Weise zu drucken, wobei vielfach die Fondfärbungen besser egal ausfallen als beim Färben der Küpenfarbstoffe aus der Küpe.

d) Reduktionsätzen auf Färbungen der Hydronfarbstoffe.

Die Hydronfarbstoffe lassen sich nur außerordentlich schwierig und nur in hellen Färbungen halbwegs einwandfrei ätzen, so daß das Ätzen von Hydronfärbungen kaum Bedeutung hat. Die Ätzen müssen größere Mengen Leukotrop W und Pottasche oder Soda enthalten, z. B.[2]:

---

[1] DRP. 568426 der I. G.
[2] HALLER: Chemische Technologie der Baumwolle, S. 315.

<pre>
      200 g Britischgummi 1 : 1 werden mit
      120 g Wasser,
       80 g Glyzerin,
      100 g Zinkoxyd 1 : 1,
100 bis 200 g Leukotrop W konz. und
100 bis 200 g Rongalit CL gut vermischt und während etwa 10 Minuten
                 auf 70° C erwärmt; sodann gibt man
 60 bis 100 g Pottasche zu. Sobald letztere gelöst ist, wird kalt
                 gerührt,
240 bis   0 g Wasser.
     1000 g.
</pre>

Nach dem Drucken wird die Ware 3 bis 6 Minuten im Schnelldämpfer bei 100 bis 102° C gedämpft, $^1/_2$ bis 1 Minute durch zwei kochend heiße Bäder, welche 10 bis 15 g Wasserglas 40° Bé im Liter enthalten, genommen, gut gewaschen, geseift und fertiggestellt.

Nach dem englischen Patent 209188 wird die hydronblau gefärbte Ware mit Kalzium- oder Zinkazetat geklotzt, dann mit einer Rongalit-Leukotrop-Ätze bedruckt, welche Alkohol enthält. Das Kalzium- oder Zinkazetat kann ebenfalls der Ätzfarbe zugesetzt werden.

C. Reservedruck unter Küpenfarbstoffen.

1. Reservieren von Färbungen.

Die Herstellung von bemusterten indigogefärbten Artikeln ist in Indien und in Südostasien schon vor vielen Jahrhunderten ausgeführt worden. Man brachte mechanisch wirkende Reserven, z. B. bei dem in Java heimischen Batikartikel eine Wachs-Harz-Reserve, in heißem geschmolzenem Zustande auf das Gewebe. Dazu verwenden auch heute noch die Eingeborenen Gefäße mit einem engen Auslaufe, aus dem die Reserve auf das Gewebe gegossen wird, oder Pinsel und Stifte, mit denen die Muster auf das Gewebe gezeichnet werden. Auch Holzmodel finden Anwendung. Das Gewebe wird nach dem Auftragen des Musters einige Tage verhängt; sodann wird es unter kaltem Wasser gebrochen, wodurch die feinen Risse und Äderchen, die für den Batikartikel charakteristisch sind, nach dem Färben entstehen.

Das in Europa zuerst angewandte Reserveverfahren war nur eine Nachahmung der indischen Indigoartikel. „Indienne" ist heute noch die französische Bezeichnung für bedruckte Kattune, „Indienneries" wurden früher die Zeugdruckereien bezeichnet.

Die Reserveverfahren mit mechanisch wirkenden Reserven gelangten im 18. Jahrhundert in Europa zur höchsten Durchbildung. Später wurden an Stelle der rein mechanisch wirkenden Reserven solche ausgebildet, welche neben der mechanischen eine chemische oder sogar vorwiegend eine chemische Wirkung entfalten. Heute werden diese Verfahren in Großbetrieben kaum mehr in nennenswertem Umfange ausgeführt, seitdem sich die einfacher und sicherer ausführbaren Ätzverfahren für Indigo eingebürgert haben und vor allem seitdem der Indigo selbst durch echtere Farbstoffe wie die Hydron- und Indanthrenblaumarken sowie in der letzten Zeit durch das Variaminblau den größten Teil seines früheren Machtbereiches verloren hat.

a) Reserveverfahren mit vorwiegend mechanischer Wirkung.

Für die Erzeugung von weißen oder bunten Mustern auf indigogefärbten Geweben (Blaudruck) druckt man vor dem Färben einen sogenannten Schutzpapp auf, welcher das Eindringen der Farbflotte an den bedruckten Stellen auf mechanischem Wege verhindert. Die Schutzpappe enthalten neben der aus Gummi, eventuell auch aus Mehl oder Britischgummi bestehenden Verdickung auf mechanischem Wege reservierend wirkende Mittel, wie Kaolin, Pfeifenerde, Bleisulfat, Bariumsulfat, ferner Fette oder Öle, welche gleichzeitig die Geschmeidigkeit erhöhen; aber auch chemisch wirkende Metallsalze, z. B. Kupfer-, Blei-, Zink-, Mangan-, Aluminiumsalze, werden den Reserven zugesetzt, wobei durch das Alkali der Küpe die betreffenden Metallhydroxyde ausgefällt werden; diese bilden mit der Verdickung eine undurchlässige Schicht und neutralisieren gleichzeitig die Küpe, so daß das Indigoweiß innerhalb der Reserve zwischen den Partikeln der Verdickung oder des Kaolins und anderer unlöslicher Stoffe ausgefällt wird, ohne die Faser erreichen zu können. Neben der sauren Wirkung kann noch eine zusätzliche oxydative eintreten, z. B. bei Verwendung von Kupfer- oder Bleinitrat, so daß Indigo innerhalb der Reserve regeneriert wird und dadurch die Möglichkeit der Anfärbung der Faser noch weiter zurückgedrängt wird.

Am besten geeignet sind Gummiverdickungen, da Gummilösungen infolge ihrer Viskosität eine bedeutende Menge fester Substanz in Suspension halten können, während Stärke-Tragant-Verdickungen im Reservedruck mit Schutzpappen schlechte Resultate ergeben.

Die Wirkung der Schutzpappe von dem oben beschriebenen Aufbau beruht also in erster Linie auf einer mechanischen Wirkung, indem der Zutritt der Farbküpe zur Faser verhindert wird, wobei aber teilweise die reservierenden Stoffe erst durch eine chemische Umsetzung innerhalb der Reserve gebildet werden; daneben tritt die chemische Wirkung auf die Küpe infolge des sauren und teilweise oxydierenden Charakters der verwendeten Metallsalze noch zurück. Aber es´läßt sich keine scharfe Grenze zwischen den Reserven mit vorwiegend mechanischer und denen mit vorwiegend chemischer Wirkung ziehen.

Unlösliche Salze, wie z. B. Bariumsulfat, werden am besten innerhalb des Schutzpappes selbst durch chemische Umsetzung erzeugt, z. B. indem man lösliche Bleisalze und Kupfersulfat dem Schutzpapp zusetzt. Die beste Arbeitsweise besteht darin, daß man mit einer Lösung eines Bleisalzes das Kaolin anteigt, so daß sich das Bleisulfat im Inneren der Verdickung in außerordentlich feiner Verteilung bildet. Zweckmäßig ist es auch, das Kristallwasser der Salze zum Lösen auszunützen, um den Zusatz an Wasser möglichst niedrig halten zu können. Das Bleisulfat dient dabei nicht nur als Reservierungsmittel, sondern auch als Weißpigment, indem es die gelbliche Farbe des Gewebes überdeckt. Es wird verhältnismäßig fest von der Faser zurückgehalten, so daß es auch nach mehrmaliger Wäsche noch fest haftet.

Bleisalzfreie Reserven druckt man als Weißreserven, wenn daneben gelbe oder orange Reserven gedruckt werden; diese werden dadurch erzeugt, daß man die Bleisalze in der Druckfarbe durch Chromieren in Chromate umwandelt.

Die Zusammensetzung derartiger Schutzpappe soll durch nachstehende Vorschriften gezeigt werden:

<table>
<tr><td>

Weißreserve ohne Bleisalze.

37 kg	Kaolin,
27 kg	Wasser,
15 kg	Kupfersulfat,
5 kg	Grünspan,
3 kg	Kupfernitrat,
35 kg	Gummilösung 1 : 1,
18 kg	Wasser.

</td><td>

Weißreserve mit Bleisalzen
(Gelb- oder Orangereserve).

30 kg	Kaolin,
30 kg	Wasser,
40 kg	Bleisulfat Teig 60%ig,
20 kg	Kupfersulfat,
7 kg	Grünspan,
14 kg	Bleinitrat,
4 kg	essigsaures Blei,
50 kg	Gummilösung 1 : 1.

</td></tr>
</table>

Die in der Praxis verwendeten Reserven unterscheiden sich ziemlich weitgehend, so sind z. B. folgende bleisalzhaltige Weißreserven in Verwendung gewesen:

<table>
<tr><td>

1.[1]

175 g	essigsaures Blei (Bleizucker),
120 g	Wasser,
75 g	Bleiglätte,
155 g	Bleinitrat,
155 g	Bleisulfat Teig 50%ig,
100 g	Kupfervitriol,
200 g	Gummiverdickung,
15 g	Terpentinöl,
5 g	Olivenöl.
1000 g.	

</td><td>

2.[2]

9,0 Liter	Wasser,
17,0 kg	Bleizucker,
3,5 kg	Bleiglätte,
6,7 Liter	Wasser,
14,0 kg	Kupfersulfat,
16,8 kg	Bleinitrat,
15,0 kg	Bleisulfat Pulver,
2,0 Liter	Wasser,
4,7 kg	Gummi Pulver,
4,2 kg	dunkelgebrannte Stärke,
2,0 kg	Kaolin,
1,7 kg	Schweinefett,
0,36 kg	Kupfernitrat.

</td></tr>
</table>

Die zu bedruckenden Gewebe werden entschlichtet und gebeucht. Die Kalkbeuche ist erfahrungsgemäß bei diesem wie auch bei anderen Indigoartikeln dem Abkochen mit Natronlauge vorzuziehen. Das Gewebe wird mit Kalkmilch mit einem Gehalt von 10 bis 15 g pro Liter imprägniert und im Kochkessel 6 bis 8 Stunden bei 2 bis $2^1/_2$ atü gekocht, gespült, mit Salzsäure gesäuert, wieder gespült und, ohne zu chloren, getrocknet. Dann wird mit 15 g Weizenstärke und 15 g Tischlerleim pro Liter auf dem Foulard imprägniert. Dieser Flotte werden bisweilen 1 bis 2 g weinsaures Ammon, Kupfervitriol oder Mangansulfat pro Liter zugesetzt, da man dadurch beim Ausfärben dunklere Farbtöne erhält. Schließlich wird die gestärkte Ware kalandert.

---

[1] I. G. Farbenindustrie A. G.: Ratgeber für das Bedrucken von Baumwolle, S. 236.
[2] HALLER: Chemische Technologie der Baumwolle, S. 271—272.

Meistens werden die Gewebe mittels Modeln im Handdruck oder im Perrotinedruck bedruckt, da sich auf diese Weise die erforderlichen Mengen an Schutzpapp leicht auf das Gewebe auftragen lassen. Für den Rouleaudruck müssen die Walzen tief graviert sein; der hohe Prozentsatz an unlöslichen Körpern ist recht ungünstig für die Anwendung dieses Verfahrens im Rouleaudruck.

Nach dem Aufdruck der Pappreserven wird einige Tage in einem warmen Raum verhängt, um die Reserven zu härten; eventuell kann man auch dämpfen.

Das Ausfärben dieses Artikels nimmt man am besten auf dem Sternreifen vor (S. 164) und verwendet die Zinkstaub-Kalk-Küpe (S. 166), seltener die Eisenvitriol- (S. 167) oder die Hydrosulfitküpe (S. 168), die weniger geeignet sind. Nach dem Färben wird vor dem Waschen eventuell getrocknet, da man dadurch dünklere, kupfrige Farbtöne erhält. Schließlich wird gewaschen, mit Schwefelsäure von 10° Bé bei 50 bis 60° C gesäuert und fertiggestellt.

Das Ausfärben auf der Rollenkufe ist bei diesem Artikel mit sehr großen Schwierigkeiten verbunden, da die Pappe nicht immer die nötige Widerstandsfähigkeit gegen die Einwirkung der Küpe besitzen. Die oben angeführte Reserve der I. G. Farbenindustrie A. G. ist verhältnismäßig gut für das Arbeiten auf der Rollenkufe geeignet.

Gelbe und orange Reserveeffekte kann man durch Verwendung jeder bleisalzhaltigen Reserve erhalten, wenn man nach dem Färben, Waschen und Säuern chromiert. Die zum Absäuern verwendete Schwefelsäure muß salzsäurefrei sein, da Salzsäure die Bleisalzreserven auflöst. Bei Verwendung neutraler Bleisalze erhält man schwefelgelbe Töne, die im allgemeinen nicht beliebt sind, so daß man besser basische Bleisalze anwendet, welche orangestichige Gelbtöne liefern. Man kann aber auch nach dem Säuern und Waschen durch ein kaltes Bad mit 2 g Ätzkalk im Liter nehmen und dann 5 Minuten bei 40° C mit 5 g Chromkali chromieren.

Die Fabrikation von orangefarbigen Mustern ist schwieriger. Die Ware soll unbedingt mit Kalk gebeucht werden. Das Trocknen auf Trockenzylindern soll vermieden werden; da die Ware eine gewisse Feuchtigkeit besitzen soll, um für die Aufnahme der Bleioxyde geeignet zu sein, ist das Trocknen in der Hänge vorzuziehen. Nach dem Drucken verhängt man 24 Stunden in einer feuchten Hänge. Zum Anfeuchten bläst man Dampf in die Hänge. Unter Veränderung des Pappes fixieren sich dabei basische Bleisalze auf dem Gewebe. Nach dem Verhängen netzt man die auf den Sternreifen gespannte Ware in einer Sodalösung und färbt in der üblichen Küpe aus, spült, säuert mit Schwefelsäure von 10° Bé, spült, passiert 30 bis 60 Sekunden durch ein Bad mit 10 g Chromkali und 40 g Ätzkalk („Orangieren"), wobei sich basisches Bleichromat bildet, und stellt fertig.

Hellblaue Muster auf indigofarbigem Grunde erzeugte man, indem man die Ware hellblau vorfärbte, dann bleifreie Pappreserven aufdruckte und mit einer starken Küpe ausfärbte. Die Reserven müssen deshalb bleifrei sein, da durch das Bleisulfat der hellblaue Farbton getrübt würde. Grüne Reserven stellte man in der gleichen Weise her, indem man bleisalzhaltige Schutzpappe auf die hellblau vorgefärbte Ware aufdruckte, dann in einer starken Küpe ausfärbte und schließlich wie bei den Gelbreserven chromierte. Dabei ergab das Chromgelb mit der hellblauen Vorfärbung einen grünen Farbton. Olivenfarbige Reserven erzeugte man, indem man genau so auf der hellblau vorgefärbten Ware wie bei der Erzeugung der Orangereserven arbeitete.

Rot- und Orangereserven erzielte man, indem man auf mit Naphtolen vorgeklotzter Ware Pappreserven druckte, denen man Diazolösungen oder Farbsalze zusetzte. Dann wurde auf der Indigo-Zinkstaub-Kalk-Küpe ausgefärbt, sofort gewaschen, mit 5 cm³ Salzsäure pro Liter 5 Minuten lang abgesäuert und gespült.

Die Reservepappe müssen frei von Kupfersalzen sein, da diese die Diazoverbindungen zerstören und den Farbton der Azofarbstoffe verändern. Um die Haltbarkeit der Druckfarben zu erhöhen, setzt man Natriumbichromat zu, wodurch auch die Gummiverdickung während des Verhängens koaguliert wird. Es sind aber nicht alle Gummisorten geeignet, da manche sofort auf Zusatz des Chromates koagulieren. Diese Reserven sind in weitem Maße gegen die chemische und mechanische Einwirkung der Färbeküpe beständig, so daß sogar eine kontinuierliche Färbeweise möglich ist, z. B.:

<table>
<tr><td colspan="2" align="center">Stammweiß.</td><td colspan="2" align="center">Rot-Pappreserve.</td></tr>
<tr><td align="right">70 g</td><td>essigsaures Blei (Bleizucker),</td><td align="right">50 g</td><td>Echtrotsalz 3 GL</td></tr>
<tr><td align="right">25 g</td><td>Bleiglätte,</td><td align="right">100 g</td><td>warmes Wasser,</td></tr>
<tr><td align="right">180 g</td><td>salpetersaures Blei,</td><td align="right">850 g</td><td>Stammweiß.</td></tr>
<tr><td align="right">285 g</td><td>Gummiverdickung 1 : 1,</td><td align="right">1000 g.</td><td></td></tr>
<tr><td align="right">140 g</td><td>Zinksulfat,</td><td></td><td></td></tr>
<tr><td align="right">300 g</td><td>Bleisulfat 50%ig.</td><td></td><td></td></tr>
<tr><td align="right">1000 g.</td><td></td><td></td><td></td></tr>
</table>

Die Ware wird mit Beta-Naphtol oder Naphtol AS vorgeklotzt, dann werden obige Reserven aufgedruckt. Man färbt in einer Kontinueküpe, aber nur mit zwei Trögen. Nach dem Verlassen des zweiten Farbtroges wird abgequetscht, dann folgt womöglich ein Luftgang, dann wird mit Schwefel- oder Salzsäure abgesäuert und fertiggestellt.

Außerdem wurden Buntreserven durch Zusatz von basischen und Beizenfarbstoffen, vor allem von Alizarin hergestellt.

Bei der Erzeugung des Blau-Rot-Artikels wurde das Alizarin mit der Zeit vollkommen durch die Entwicklungsfarben aus Naphtolen und diazotierten Basen (bzw. Farbsalzen) verdrängt.

Alle diese Verfahren besitzen heute nur noch historisches Interesse. Sie wurden auch für andere Küpenfarbstoffe, vor allem für die Hydronblau- und Indanthrenblaumarken verwendet.

b) Reserveverfahren mit vorwiegend chemischer Wirkung.

Diese unterscheiden sich von den bisher erwähnten dadurch, daß bei ihnen die chemische Wirkung im Vergleich zu der mechanischen in den

Vordergrund tritt. Sie enthalten meistens Zinksalze, vor allem Chlorzink, ferner Mangansalze, Chromate, organische Nitroverbindungen, wie das m-nitrobenzolsulfosaure Natrium („Ludigol") oder Barium („Reservol B") und die von HALLER eingeführte Pikrinsäure. Diese Reserven besitzen eine größere Widerstandsfähigkeit gegen die Einwirkung stark alkalischer heißer Flotten als die früher beschriebenen Schutzpappe.

Echte Buntreserven lassen sich unter Verwendung von Indigosolfarbstoffen im Pappreserveverfahren herstellen. Die Indigosolfarbstoffe werden unter Zusatz von Solentwickler GA (Monoäthyläther des Äthylglykols) den Pappreserven zugefügt, welche Blei- und Kupfersalze sowie Ludigol oder Reservol B enthalten; bei manchen Indigosolfarbstoffen wird außerdem Natriumchlorat zugesetzt. Durch die oxydierenden Bestandteile der Pappreserve werden die Indigosolfarbstoffe während des Dämpfens entwickelt. Dann färbt man in der gewöhnlichen Weise in der Küpe aus. Man kann auch die Ware mit einem Naphtol grundieren und neben den mit Indigosolfarbstoffen hergestellten Buntreserven solche mit diazotierten Basen oder Farbsalzen aufdrucken. Die Zusammensetzung der Reserven ist folgende:

Weißreserve (Stammpapp).

```
 80 g Kupfervitriol,
140 g salpetersaures Blei,
100 g Grünspan mit
300 g neutraler Stärke-Tragant-Verdickung,
120 g Britischgummi 1 : 1,
 50 g Bleisulfat Teig 50%ig,
135 g Blanc fixe,
 50 g Ludigol oder Reservol B und
 25 g Wasser gut anteigen, verkochen und
      kalt rühren.
─────
1000 g.
```

Buntreserve.

```
 40 bis  50 g Indigosolfarbstoff,
110 bis 100 g Wasser,
         40 g Solentwickler GA,
         10 g Glyzerin,
        800 g Stammpapp.
        ─────
       1000 g.
```

Bei mehreren Indigosolfarbstoffen sind Zusätze von Rongalit C, bzw. Glyecin A. usw. nötig.

Nach dem Drucken wird zweimal 5 Minuten im Schnelldämpfer gedämpft, mit 15 cm³ Salzsäure von 20° Bé im Liter abgesäuert, gut gespült, kochend geseift und wieder gespült.

Man kann daher bei Anwendung konzentrierter Küpen dunkle Farbtöne in kontinuierlicher Arbeitsweise färben, ohne daß die Reserven angefärbt werden. Diese Verfahren haben außer bei Indigo ihr Hauptanwendungsgebiet im Reservedruck auf Färbungen mit Indanthrenblau und Hydronblau gefunden. Da diese Reserven infolge des Gehaltes an Chlorzink und anderen Verbindungen stark hygroskopisch sind, muß nach dem Drucken scharf getrocknet und möglichst bald ausgefärbt werden.

Das Bariumsalz der m-Nitrobenzolsulfosäure (Reservol B) neigt als schwer lösliche Substanz beim Durchgang durch die Küpe weniger zum Ausbluten als das entsprechende Natriumsalz („Ludigol" oder „Serodit").

An Stelle der Gummiverdickung empfiehlt die I. G. Farbenindustrie A. G. die Verwendung des Colloresin D, einer Methylzellulose, da diese Verdickung nicht nur bessere Reservierfähigkeit verleiht, sondern auch die Diazolösung haltbarer macht, z. B.[1]:

350 g Colloresin DK (40 : 1000),
 75 g Ludigol oder Reservol B,
150 g Manganchlorür,
200 g Chlorzink,
225 g Kaolin 1 : 1.
____
1000 g.

Ein Zusatz von Leukotrop O (S. 272) ist besonders bei Indigo und halogenierten Indigos (Brillantindigo 4 B usw.) zur Unterstützung der reservierenden Wirkung sehr wertvoll. Die Wirkung derartiger Reserven kann noch weiter vergrößert werden, wenn man der Färbeküpe Schwefelnatrium zusetzt. Die I. G. gibt folgende Reserve an[1]:

500 g Gummiverdickung 1 : 1,
 25 g Leukotrop O,
 50 g Kaolin 1 : 1,
 25 g Anthrachinon 30%ig,
380 g Chlorzink,
 20 g Monopolbrillantöl.
____
1000 g.

Sehr gut bewährt sich ein Zusatz von Bichromaten gemäß dem Österr. P. 40412 der Kettenhofer Druckfabrik M. Felmayer, welches später an die Badische Anilin- und Sodafabrik übertragen wurde:

150 g Kaolin 1 : 1 und
 25 g Kaliumbichromat werden in
375 g Gummiverdickung 1 : 1 eingerührt, dann werden
450 g Manganchlorür zugesetzt und durch gelindes Erwärmen
        gelöst.
____
1000 g.

Bei Benützung der zuletzt angeführten Reserve ist es von Vorteil, das Gewebe mit 50 cm³ Natronlauge von 36° Bé vor dem Drucken zu präparieren. Nach dem Färben muß dann der gebildete Braunstein durch eine Behandlung mit einem $1/_2$ bis 1 g Rhodankalium im Liter enthaltenden Bade bei etwa 40° C entfernt werden. Beim Reservieren von Indanthrenblau RS oder auch anderen Indanthrenblaumarken kann durch die Einwirkung des Bichromates der Farbton nach Grün umschlagen. Durch eine Behandlung in einem Bad mit $1/_2$ g Hydrosulfit pro Liter kann der richtige blaue Farbton leicht wieder hergestellt werden.

____

[1] Ratgeber für das Bedrucken von Baumwolle, S. 227.

Alle Druckreserven müssen äußerst fein vermahlen werden; um ein Einsetzen in die Gravuren zu vermeiden, muß man eine Bürstwalze statt der Auftragwalze verwenden. Die Gravuren sollen möglichst tief sein. Die besten Resultate erhält man im Perrotine-, Relief- oder Handmodeldruck.

Colloresinverdickungen erhöhen auch bei den Buntreserven das Reservierungsvermögen und die Haltbarkeit der Diazolösungen.

Als Weißreserve wird z. B. folgende verwendet:

> 500 g Stärke-Tragant-Verdickung oder Gummi 1 : 1 oder Collo-
>   resin DK (40 : 1000),
> 300 g Zinkchlorid,
> 150 g Manganchlorür,
> 50 g Ludigol.
> ________
> 1000 g.

Bei Buntreserven unter Indigo verwendet man am besten die früher erwähnte Weißreserve mit Leukotrop O-Zusatz.

Die Diazolösungen stellt man nach den üblichen in den Ratgebern der Farbenfabriken für die betreffenden Basen angegebenen Vorschriften her.

Nach dem Drucken wird in der gleichen Weise wie bei den Weißreserven gefärbt und fertiggestellt.

Sehr gute Erfolge erzielt man durch Zusatz von Bichromat zu den Reserven. Nach einem Verfahren der Kettenhofer Druckfabrik M. Felmayer[1] druckt man auf die naphtolierte Ware eine Reserve folgender Zusammensetzung:

> 500 g Manganchlorür,
> 100 g Wasser,
> 350 g Gummilösung 1 : 1,
> 10 g Natriumbichromat,
> 40 g Farbsalz.
> ________
> 1000 g.

Diese Reserve wurde vor allem für Indigofärbungen verwendet. Man kann die Ware in der Kontinueküpe ausfärben, da die Reserve gegen die Wirkung der Quetschwalzen sehr widerstandsfähig ist, so daß man auch mit nicht mercerisierter Ware arbeiten und mehrere Passagen durch das Färbebad ausführen kann. Nach dem Färben wird gewaschen und mit Schwefelsäure 10° Bé warm abgesäuert; dem Säurebad setzt man etwas Rhodankalium zu, um die Wirkung des aus dem Mangansuperoxyd entwickelten Sauerstoffes aufzuheben. Auf den bedruckten Stellen bildet sich außer dem Azofarbstoff Mn_3O_4, bzw. ein Manganbichromat, das als energisches Reservierungsmittel in der Küpe wirkt. Dies ist deshalb bemerkenswert, da normalerweise die mit Mangansuperoxyd vorgefärbte Ware beim nachträglichen Überfärben mit Indigo besonders dunkel angefärbt wird[2].

---

[1] Österr. P. 36668, 36758; DRP. 199143. — HALLER: Chemische Technologie der Baumwolle, S. 276.
[2] SCHÜTZENBERGER: Farbstoffe, S. 555. 1868.

Mit Hilfe von Zinkchlorid als Reservierungsmittel können unter Zusatz von Zinnsalz und Eisenvitriol analog dem JEANMAIREschen Direktdruckverfahren Buntreserven von Küpenfarbstoffen unter Küpenfarbstoffen erzeugt werden. Dieses ebenfalls von der Kettenhofer Druckfabrik zum Buntreservieren von Indigo ausgearbeitete Verfahren lehnt sich an das entsprechende Buntätzverfahren von HALLER an. Man druckt z. B. folgende Reserve:

360 g Britischgummi 1 : 1,
210 g Wasser,
100 g Eisenvitriol,
50 g Zinnsalz,
150 g Küpenfarbstoff in Teig,
100 g Zinkchlorid,
30 g Hydrosulfit.
————————————
1000 g.

Man arbeitet am besten mit mercerisierter Ware und färbt in einem kurzen Klotzbade mit einem kleinen Farbtrog an Stelle der Rollenkufe.

Reserven dieser Art können sowohl für Indigo als auch für die übrigen Küpenfarbstoffe verwendet werden. Insbesondere haben sie große Bedeutung auf dem Gebiete des Indanthrenblau RS-Artikels, da infolge der Schwierigkeiten, welche sich dem Ätzen dieses Farbstoffes entgegenstellen, kein anderer Weg zur Bemusterung vorhanden ist.

Über das Färben des Indanthrenblau RS und anderer anthrachinoider Küpenfarbstoffe auf der Rollenkufe mittels der Hydrosulfit-Glukose-Küpe ist auf S. 181 genau berichtet. Die Zusätze an Natronlauge werden im allgemeinen niedriger bemessen als bei glattfärbiger Ware.

Ansatz für Indanthrenblau-Küpe.

30 kg   Indanthrenblau RS doppelt Teig,
36 Liter Glukose 1 : 1,
70 Liter Natronlauge 36° Bé,
4 kg   Hydrosulfit.
————————————
1000 Liter.

Nachsatzflotte.

10 kg   Indanthrenblau RS doppelt Teig,
8 Liter Glukose 1 : 1,
12 Liter Natronlauge 36° Bé,
1 kg   Hydrosulfit.
————————————
100 Liter.

Einen Laugenmangel erkennt man daran, daß die Reserven mit der Zeit klebrig werden und zum Abflecken neigen. Bei Indigo und Brillantindigo werden außerdem die Leukoverbindungen durch das gebildete Zinkhydroxyd ausgefällt, so daß die Färbungen heller ausfallen. Ein Überschuß an Natronlauge und Hydrosulfit muß aber auch vermieden werden, da dadurch die reservierende Wirkung der Druckfarben beeinträchtigt wird.

Die Ware wird mit der bedruckten Seite nach unten durch die Rollenkufe geführt. An der unteren Gummiwalze des beim Ausgang des Farbtroges befindlichen Quetschwalzenpaares wird eine Spritzvorrichtung mit einer darunter befindlichen, eventuell seitlich bewegbaren Rakel oder mit einer rotierenden Bürste angebracht.

Um dunkle Färbungen in einem Durchgang zu erzielen, verwendet man bei dem Indanthrenblauartikel meistens mercerisierte Ware. Außer dem Indanthrenblau RS wird vor allem noch das Indanthrenblau GCD häufig für diesen Artikel angewendet.

Für kleinere Produktionen wird der Indanthrenblau-Reserveartikel bisweilen auf der Tauchküpe gefärbt; man arbeitet aber in diesem Falle meistens nach dem Hydrosulfit-Dekol-Verfahren (S. 183), wobei der Dekolzusatz als Schutzkolloid wirkt, um die Küpe haltbarer zu machen.

Rot- und Orangereserven druckt man, indem man auf die mit Beta-Naphtol oder Naphtol AS imprägnierte Ware Druckfarben druckt, welchen Diazo- oder Farbsalzlösungen zugesetzt sind.

Naphtolpräparation.

14 g Naphtol AS oder ein anderes Naphtol,
14 cm³ Türkischrotöl,
21 cm³ Natronlauge 36° Bé.
——————
1 Liter.

Buntreserve.

160 g Diazolösung,
840 g Weißreserve.
——————
1000 g,

oder

50 bis 90 g Farbsalzlösung,
950 bis 910 g Weißreserve.
——————
1000 g.

Klotzbad für mercerisierte Ware.

8 kg Indigo MLB/4 B Teig 20%ig
    (Tetrabromindigo),
20 Liter heißes Wasser,
4 Liter Natronlauge 40° Bé,
1,6 kg Monopolseife,
1,6 kg Hydrosulfit.
——————
100 Liter.

Nach dem Klotzen lauft die Ware während 1 Minute über einen Luftgang, dann ½ Minute durch eine Rollenkufe, die mit 80° C heißer Natronlauge von 20° Bé angefüllt ist, dann folgt wieder ein Luftgang von einer Minute; schließlich wird gewaschen, warm gesäuert, gewaschen und kochend geseift[1].

Nach einem anderen Verfahren der Kettenhofer Druckfabrik M. Felmayer[2] druckt man auf ein mit 50 g Natronlauge 36° Bé vorpräpariertes Gewebe folgende Reserve:

---

[1] HALLER: Chemische Technologie der Baumwolle, S. 279.
[2] Österr. P. 59155, 59164.

```
 100 g China Clay,
 200 g Ferrosulfat,
  40 g Zinnchlorür,
 610 g Manganchlorür 1 : 1,
  50 g Indanthrengelb G doppelt Teig.
────
1000 g.
```

Aus dem Manganchlorür bildet sich zuerst Manganhydroxyd und dann Mangano-Manganit beim Ausfärben in der Küpe.

Nach der Pat.-Anm. 1911, Akt.-Z. 9673/11 von KOLLMANN, Kettenhofer Druckfabrik M. Felmayer, wird die Ware mit Buntreserven bedruckt, welche neben einem Indanthrenfarbstoff Eisenvitriol, Cerosalze und Kaolin zur Verstärkung der Reservewirkung enthalten. Die beim Ausfärben in der Indigoküpe eindringende Natronlauge reduziert mit Hilfe des Ferrosulfates den Indanthrenfarbstoff und verwandelt das Cerosalz in das Cerohydroxyd, das während des Luftganges in Cerihydroxyd übergeht. Bei der darauffolgenden Säurepassage spaltet dieses Sauerstoff ab, wobei der über der Reserve liegende Küpenfarbstoff (Indigo) oxydiert wird, so daß die reservierte Indanthrenfärbung nicht durch den Indigo angefärbt wird. Für dieses Verfahren eignet sich jedoch nur das leicht reduzierbare Indanthrengelb G.

Schwarze Reserven werden am besten mittels Anilinschwarz erzeugt, wobei Ferrocyandampfschwarz oder Bleichromatschwarz verwendet werden kann.

Ferrocyandampfschwarz.

```
    ⎧    5 g Paramin konz. in Stücken,
 I  ⎨  120 g Anilinöl,
    ⎩  130 g Salpetersäure 40° Bé,
    ⎧  545 g Stärke-Tragant-Verdickung,
 II ⎨   40 g Natriumchlorat,
    ⎩   80 g Ferrocyankalium,
        80 g Essigsäure 6° Bé.
      ────
      1000 g.
```

I wird in II gerührt.

Es wird sofort nach dem Drucken gedämpft.

Bleichromatschwarz.

```
 650 g Stärke-Tragant-Verdickung,
 125 g Chromgelb Teig 40%ig,
  75 g Ammonchlorid,
  25 g Natriumchlorat,
 125 g Anilinsalz.
────
1000 g.
```

Auch bei dieser Farbe muß bald gedämpft werden. Dann wird, wie für die übrigen Reserven angegeben wurde, weiter verfahren.

HALLER[1] hat ähnliche Verfahren ausgearbeitet, z. B. folgendes: Auf die mit 15 g Türkischrotöl vorpräparierte Ware wird folgende Reserve auf der Perrotine gedruckt:

─────────

[1] Färber-Ztg. 1917, 247.

2 800 g Indanthrengelb G Teig,
2 800 g Eisenvitriol,
  500 g Zinnsalz,
6 900 g Wasser,
4 000 g Gummilösung 1 : 1,
2 240 g Kaolin,
1 160 g Britischgummi Pulver,
2 480 g Bleizucker,
1 120 g Rüböl.
____
24 000 g.

Beim Ausfärben in der Küpe diffundiert die Natronlauge durch die Reserve und verküpt mit den in dieser befindlichen reduzierenden Salzen das zugesetzte Indanthrengelb G. Dieses wird an den durch den Papp vor dem Eindringen der Indanthrenblau-Küpe geschützten Stellen fixiert. Diese Indanthrengelbreserve kann auch neben Weiß- und Rotreserven auf naphtolierter Ware gedruckt werden.

HALLER hat ferner gefunden, daß Eisenvitriol allein als reservierende Substanz genügt, und auf diesem Wege eine Indanthrengelbreserve mit Rongalit C hergestellt[1].

Stammfarbe.	Buntreserve.

9 000 g Britischgummi,   27 000 g Stammfarbe,
6 000 g Rongalit C,   2 500 g Indanthrengelb G Teig,
4 800 g Zinkoxyd,   1 000 g Eisenvitriol,
2 400 g Anthrachinon Teig 30%ig, 500 g Glyzerin.
24 900 g Wasser.

Nach dem Drucken dämpft man 5 Minuten im luftfreien Schnelldämpfer bei 105° C, färbt wie üblich in der Indanthrenblau-Küpe aus, wäscht, säuert und stellt fertig.

Dabei wird der Indanthrenfarbstoff in der Reserve durch das Rongalit C reduziert, im Färbebad wird durch die eindringende Natronlauge die Leukoverbindung in Lösung gebracht; der verküpte Farbstoff zieht sodann auf die Faser auf, wobei das Eisenvitriol als Reserve gegenüber der Indanthrenblau-Küpe wirkt, gleichzeitig aber als Reduktionsmittel das Rongalit C dem Indanthrengelb gegenüber unterstützt.

Alle diese Verfahren sind nicht sehr sicher und eignen sich daher nur für nicht zu tiefe Küpenfärbungen. Die Farbstoffe müssen so ausgewählt werden, daß solche, welche leichter reduzierbar sind und weniger empfindlich gegen die reservierende Wirkung sind, in der Reserve verwendet werden.

Ferner können Indigosolfarbstoffe, z. B. Indigosolgoldgelb IGK, Indigosolgrün IB, Indigosolschwarz IB zur Herstellung indanthrenechter Buntreserven unter Küpenfarbstoffen Verwendung finden, indem eine Lösung des Indigosolfarbstoffes in Glyzerin und Wasser einer Weißreserve nachstehender Zusammensetzung zugesetzt wird:

____

[1] Färber-Ztg. 1917, 330; Chemische Technologie der Baumwolle, S. 309, 310.

400 g Gummiverdickung 1 : 1,
100 g Kaolin 1 : 1,
300 g Zinkchlorid,
150 g Manganchlorür,
 50 g Ludigol.
————————
1000 g.

Nach dem Drucken wird die Ware in der üblichen Weise in der Indanthrenblau-Küpe ausgefärbt, dann durch ein Bad, welches 10 cm³ Schwefelsäure 66° Bé und 0,4 g Natriumnitrit pro Liter enthält, zwecks Entwicklung des Indigosolfarbstoffes passiert, gespült, durch ein lauwarmes Bad mit $1/_2$ g Hydrosulfit pro Liter genommen, um die durch Überoxydation verursachte Farbtonänderung des Indanthrenblau rückgängig zu machen, gespült, kochend geseift und fertiggestellt. Dieses Verfahren ist ziemlich schwierig und man erhält nur unter günstigen Verhältnissen einwandfreie Buntreserven; das gleiche gilt von den Buntreserven mit Rapidogen- und Rapidechtfarbstoffen, welche etwa nach folgender Vorschrift anzusetzen sind:

 80 g Rapidogenfarbstoff in
 20 g Natronlauge 38° Bé und
100 g Wasser lösen, dann in
250 g neutrale Stärke-Tragant-Verdickung,
250 g Industriegummiverdickung (1 : 2) und
100 g Kaolin (1 : 1) einrühren und
 80 g Reservol B, angeteigt mit
120 g Wasser, zumischen.
————————
1000 g.

Nach dem Drucken werden die Rapidogenfarbstoffe durch saures Dämpfen entwickelt; dann wird die Ware in der üblichen Weise ausgefärbt und fertiggestellt.

Rapidechtfarbstoffe werden in ähnlicher Weise verwendet, sie werden aber unter Zusatz von neutralem Kaliumchromat und ohne Natronlauge gedruckt. Als Reservierungsmittel dient ebenso wie bei den Rapidogenfarbstoffen vor allem Reservol B (S. 294). Eventuell setzt man auch mechanisch wirkende Substanzen zu. Die Entwicklung der Rapidechtfarbstoffe erfolgt durch Dämpfen oder durch Verhängen. Dann wird in der üblichen Weise ausgefärbt und fertiggestellt.

Der Indanthrenblaureserveartikel hat auch heute noch seine Bedeutung behalten. Vor allem werden Weißreserven und Buntreserven auf naphtolierter Ware mittels Diazo- und Farbsalzlösungen erzeugt. In ausführlicher Weise berichtete darüber R. Haller[1] und A. Nowak[2].

Als billiger Ersatz für den Blaudruckartikel auf indigogefärbter Ware kann nach den gleichen Verfahren der Hydronblauartikel reserviert werden. Ebenso wie Indanthrenblau ist Hydronblau als praktisch nicht ätzbarer Farbstoff anzusehen, so daß man auch bei diesem Farbstoff

---

[1] Melliand Textilber. 1921, 173ff.
[2] Melliand Textilber. 1928, 861—864.

am leichtesten mit Hilfe von Reserven zum Ziele gelangt. Da die Hydronblauküpe Schwefelnatrium enthält, sind vor allem Zink- und Mangansalze als reservierende Verbindungen geeignet, während Kupfer- und
Bleisalze, welche schwarze Sulfide mit dem Schwefelnatrium bilden, in
den Reserven nicht enthalten sein dürfen.

Für helle und mittlere Färbungen verwendet man meist nicht mercerisierte, für dunkle Färbungen dagegen mercerisierte Ware, um mit einem
Zuge die gewünschte Farbtiefe erreichen zu können. Für Rot- und
Orangereserven wird in der üblichen Weise naphtoliert; die Naphtolpräparation ergibt ebenso wie bei Indanthrenblau auch bei Hydronblau
tiefere Färbungen. HALLER[1] gibt folgende Reserven an:

Weißreserve.

280 g Britischgummi werden mit
220 g Wasser und
200 g Kaolin 1 : 1 gut vermischt, gekocht und
300 g Chlorzink (fest) zugesetzt, dann wird gut
      vermahlen.
———
1000 g.

Buntreserve.

860 g Weißreserve,
120 g Diazolösung, z. B. von p-Nitro-o-anisidin,
 20 g essigsaures Natron.
———
1000 g.

Da das Chlorzink stark hygroskopisch ist, muß die mit diesen
Reserven bedruckte Ware in einem warmen, trockenen Raume aufbewahrt werden.

Man färbt auf einer Rollenkufe mit zirka 600 Liter Inhalt bei 70° C
zirka 30 bis 40 Sekunden. Die Rollenkufe ist genau so eingerichtet wie
die für den Indanthrenblauartikel verwendete. Man kann aber auch auf
einem Foulard färben.

Ansatzflotte.	Zulaufflotte.
35 g Hydronblau R Teig 30%ig,	80 g Hydronblau R Teig 30%ig,
20 g Schwefelnatrium krist.	50 g Schwefelnatrium krist.
30 cm³ Natronlauge 40° Bé,	75 cm³ Natronlauge 40° Bé,
2 cm³ Türkischrotöl,	2 cm³ Türkischrotöl,
10 g Hydrosulfit.	25 g Hydrosulfit,
1 Liter.	1 Liter.

Die auf 100% Flüssigkeitsgehalt abgequetschte Ware wird auf einer
direkt angeschlossenen Breitwaschmaschine gespült, mit 10 bis 20 cm³
Schwefelsäure pro Liter gesäuert und nochmals gespült. Durch eine
Perboratbehandlung wird die Lebhaftigkeit der Färbung erhöht.

Echte Buntreserven mit Küpenfarbstoffen lassen sich nach einem
von TAGLIANI stammenden Verfahren erzeugen, z. B. nach folgenden
Rezepten:

———
[1] Chemische Technologie der Baumwolle, S. 314.

120 g Kaolin,
40 g Wasser,
50 g Indanthrengelb G doppelt Teig,
320 g Stärke-Tragant-Verdickung,
250 g Manganchlorür,
170 g Eisenvitriol,
50 g Zinnsalz.

1000 g.

90 g Eisenvitriol,
625 g Britischgummi 1 : 1,
15 g Zinnsalz,
20 g pulverisierte Weinsäure,
150 g Indanthrengelb G Teig,
100 g Zinkchlorid.

1000 g.

Die bedruckte Ware wird in der Hydronblauküpe 30 bis 40 Sekunden bei 70 bis 80° C gefärbt, durch ein 80° C heißes Bad mit Natronlauge 20° Bé passiert, wobei der in den Reserven enthaltene Farbstoff verküpt und fixiert wird, dann gespült, gesäuert und fertiggestellt.

2. Reservieren von Überdrucken.

Die Fixierung der Küpenfarbstoffe kann durch Vordrucken von oxydierenden Substanzen verhindert werden, indem dadurch das Rongalit zerstört wird. Für Vordruckreserven unter Küpenfarbstoffen eignen sich außer anorganischen Verbindungen, wie Mangansuperoxyd, auch organische oxydierende Substanzen, vor allem Nitroverbindungen, z. B. das auch zum Reservieren von Färbungen verwendete m-nitrobenzolsulfosaure Natrium („Ludigol") und die entsprechende Bariumverbindung („Reservol B"). Auch der Zusatz von „Leukotrop W" (Kalziumsalz der Disulfosäure des Dimethylphenylbenzylammoniumchlorids) zu Reserven ist bei manchen Küpenfarbstoffen von Vorteil. Ferner werden alkalibindende Substanzen, besonders Metallsalze wie Zinksulfat, Aluminiumsulfat, Ammonsalze wie Ammonnitrat verwendet. Auch Schutzpappe sind geeignet. Diese Verfahren lehnen sich an die zum Reservieren der Küpenfärbungen an. Als Verdickungen für die Vordruckreserven sind besonders Industriegummi-, Senegalgummi- und Britischgummiverdickungen, für die Küpenüberdruckfarben Britischgummiverdickungen geeignet. Nachstehend sind Beispiele für Weißreserven angeführt:

500 g Gummiverdickung 1 : 1,
200 g Ludigol oder Reservol B,
100 g Leukotrop W,
100 g Zinksulfat,
100 g Wasser.

1000 g.

Oder

100 g Mangansuperoxyd,Teig 30%ig,
450 g Wasser,
200 g Ludigol oder Reservol B
250 g Britischgummi.

1000 g.

Nach dem Aufdrucke der Küpendruckfarben über diese Reserven wird getrocknet, im luftfreien Schnelldämpfer mit gesättigtem Dampfe gedämpft, gespült, mit 5 cm³ Salzsäure von 20° Bé (32%) und 3 cm³ Natriumbisulfit von 38° Bé oder mit 10 cm³ Essigsäure 30%ig und 3 cm³ Natriumbisulfit von 38° Bé im Liter abgesäuert, gespült, geseift und fertiggestellt.

Küpenfarbige Buntreserven unter Küpenfarbstoffen kann man nach zwei Methoden drucken. Bei der ersten druckt man nach dem Glukoseverfahren von Schlieper und Baum leicht fixierbare Küpenfarbstoffe unter Zusatz von Ludigol oder Reservol B vor und überdruckt nach dem Rongalitverfahren mit schwer fixierbaren Küpenfarbstoffen, die durch das Ludigol oder Reservol B beim Dämpfen abgeworfen werden. Bei dem zweiten druckt man nach dem Eisenvitriolverfahren von JEANMAIRE mit oder ohne Zinnsalz unter Zusatz von Leukotrop W Küpenfarbstoffe vor und überdruckt dann nach dem Rongalitverfahren mit Küpenfarbstoffen, die bei Mitverwendung von Leukotrop W leicht ätzbar sind. Dann trocknet man, dämpft und entwickelt durch eine Passage durch ein 80° heißes Bad mit Natronlauge von 20° Bé die Vordruckreserve, spült, säuert kalt mit 5 cm³ Salzsäure und 2 g Oxalsäure ab, spült, seift kochend und spült nochmals.

D. Buntätzen und Buntreserven mit Küpenfarbstoffen.

1. Buntätzen unter Verwendung von Küpenfarbstoffen auf substantiven, Beizen- und Naphtolfärbungen.

Auf substantiven Färbungen können im allgemeinen die Buntätzfarben mit Küpenfarbstoffen nach den für den Direktdruck mit Küpenfarbstoffen angegebenen Vorschriften (S. 253) mit Rongalit hergestellt werden, da die für die Fixierung des Küpenfarbstoffes notwendige Rongalitmenge in den meisten Fällen genügt. Die auch sonst in Ätzfarben verwendeten Zusätze an Anthrachinon, Leukotrop O oder W usw. sind bei manchen schwer ätzbaren substantiven Färbungen, besonders in tieferen Tönen, vorteilhaft.

Die gleichen Vorschriften gelten auch für die Herstellung der Druckfarben für Buntätzen mit Küpenfarbstoffen auf Beizenfärbungen; dieser Artikel wird heute kaum mehr ausgeführt.

Dagegen ist das Ätzen von Naphtolfärbungen infolge der großen Echtheit dieser Färbungen von größter Bedeutung, so daß die Anwendung von Küpenfarbstoffen in Buntätzen der Echtheit der Böden entspricht. Bei sehr leicht ätzbaren Kombinationen, z. B. Naphtol AS-D mit Echtrot KB Base, genügen meistens die gewöhnlichen Direktdruckfarben mit Küpenfarbstoffen, bei schwerer ätzbaren Kombinationen muß man die Menge Rongalit erhöhen und Zusätze an Leukotrop W und Anthrachinon machen.

2. Buntreserven unter Verwendung von Küpenfarbstoffen.

Die Verwendung von Küpenfarbstoffen in Reserven unter Küpenfärbungen ist schon auf S. 288, 289 beschrieben.

a) Buntreserven unter Variaminblau und anderen Naphtolfärbungen.

Da die Naphtolgrundierung unter der Einwirkung der reduzierenden Dämpfe leidet, hat dieses Verfahren keine große Bedeutung erlangen können, denn bei Verwendung von Indigosolen in den Buntreserven fällt diese Schwierigkeit fort. Man muß der Naphtolflotte 20 bis 30 g/kg

Harnstoff zusetzen und druckt auf die geklotzte Ware Reserven folgender
Zusammensetzung:

100 bis 150 g Küpenfarbstoff Teig,
30 g Fibrit D,
450 g Stärke-Tragant-Verdickung,
75 g Pottasche,
100 g Rongalit C,
195 bis 145 g Wasser,
50 g Kaliumsulfitlösung 45° Bé.
—————
1000 g.

Die Küpenfarbstoffreserven dürfen nicht mit gleichzeitig aufgedruckten Reserven, die Diazoverbindungen oder Farbsalze enthalten,
zusammenstoßen.

Nach dem Drucken wird in der für den Direktdruck mit Küpenfarbstoffen üblichen Weise 5 Minuten im Schnelldämpfer etwas über 100° C
gedämpft, durch das Variaminblaubad (S. 347, 349) genommen, anschließend folgt ein Luftgang oder die Heiztrommel- oder Dämpfentwicklung des
Variaminblaus, dann ein 50° C warmes Bad mit 5 bis 10 cm³ Schwefelsäure 66° Bé im Liter, dann wird gespült, durch ein heißes Bad mit 15 g
Natriumbisulfit 36° Bé genommen, gespült, kochend geseift und gespült.

Ähnlich gestaltet sich das Reservieren von Färbungen mit Echt-
violett B Base.

b) Buntreserven unter Rapidecht- und Rapidogenfarbstoffen.

Unter Anwendung von Vordruck- oder Überdruckreserven, die
Reduktionsmittel, wie Rongalit C, Zinnsalz oder Kaliumsulfit, enthalten,
kann man Drucke mit Rapidecht- und Rapidogenfarbstoffen reservieren.
Um die Reserve zur Wirkung zu bringen, muß ein Dämpfprozeß eingeschaltet werden. Man kann entweder vordämpfen und dann erst die
Rapidecht-, bzw. Rapidogenfarbstoffe nach einer der Entwicklungs-
methoden entwickeln oder man kann die Säure-Dampf-Entwicklungs-
methode anwenden.

Die Reservefarben haben folgende Zusammensetzung:

Weißreserve.	Buntreserve.
200 g Industriegummi 1 : 2,	100 bis 200 g Küpenfarbstoff Teig,
200 g Zinkoxyd 1 : 1,	200 g Britischgummiverdickung 1 : 1,
400 g Natronlauge 38° Bé,	200 g Industriegummiverdickung 1 : 2.
100 g Kaliumsulfit 45° Bé,	70 g Soda calc.,
100 g Wasser.	80 g Rongalit C,
—————	30 g Kaliumsulfit 45° Bé,
1000 g.	100 g Zinkoxyd 1 : 1,
	220 bis 120 g Wasser.
	—————
	1000 g.

Man dämpft nach dem Drucken der Küpenfarbstoffe zur Entwicklung
der Küpenfarbstoffe vor, überdruckt sodann mit der Rapidecht- oder
Rapidogenfarbe und entwickelt diese in der üblichen Weise, z. B. durch
das Säuredampf- oder Trockenzylinderverfahren.

c) Buntreserven unter Anilinschwarz
(Ferrocyandampfschwarz).

Bei Anwendung der Küpenfarbstoffe in Buntreserven unter Anilinschwarz ist es zweckmäßiger, diese vorzudrucken, da durch den Dämpfprozeß in Abwesenheit des Anilinschwarzklotzes eine vollständige Fixierung der Küpenfarbstoffe erreicht wird. Man druckt auf die weiße Ware Buntreserven folgender Zusammensetzung auf:

50 bis 250 g	Küpenfarbstoff Teig, bzw. Teig fein
	oder Suprafix,
485 bis 335 g	Industriegummiverdickung 1 : 2,
100 g	Britischgummiverdickung 1 : 1,
200 bis 150 g	Schlämmkreide 1 : 1,
65 g	Natronlauge 38° Bé,
100 g	Rongalit C.

1000 g.

Nach dem Drucken wird 5 Minuten im luftfreien Schnelldämpfer etwas über 100° C gedämpft, scharf getrocknet und zwischen den Walzen eines Foulards, dessen untere Walze in den Trog eintaucht, mit dem Anilinschwarzklotz geklotzt, unmittelbar anschließend auf nicht zu heißen Trockenzylindern getrocknet, sodann zur Entwicklung des Anilinschwarzes nochmals im Schnelldämpfer gedämpft, in saurer Lösung chromiert, gespült, kochend geseift und gespült. Bei diesem Verfahren besteht die Gefahr der Hofbildung.

Wenn man die Anwendung von Überdruckreserven vorzieht, wird die Ware zuerst mit dem Anilinschwarzklotz geklotzt. Die geklotzte Ware muß innerhalb kurzer Zeit mit den Reserven bedruckt werden, da die Vergrünung nach kurzer Zeit beginnt und die Reserveeffekte dadurch getrübt würden. Die Entwicklung des Anilinschwarzes findet durch den gleichen Dämpfprozeß statt wie die Fixierung der Küpenfarbstoffe, so daß diese durch die Einwirkung der aus dem Anilinchlorhydrat abgespaltenen Säuredämpfe nur unvollständig fixiert werden. Man soll daher für dieses Verfahren nur leicht fixierbare Küpenfarbstoffmarken verwenden. Die Druckfarben werden nach folgender Vorschrift angesetzt:

50 bis 300 g	Küpenfarbstoff Teig, Teig fein
	oder Suprafix,
250 bis 0 g	Wasser,
200 bis 0 g	Britischgummiverdickung 1 : 1,
500 bis 700 g	Stammansatz.

1000 g.

Stammansatz.

265 g	dunkelgebrannte Stärke mit
380 g	Wasser verkochen, abkühlen, dann
150 g	Natronlauge 38° Bé,
75 g	Pottasche,
20 g	Glyzerin,
40 g	Hydrosulfit und
70 g	Rongalit C zusetzen.

1000 g.

Die Ware wird mit dem Anilinschwarz vorgeklotzt, mit den Reserven bedruckt, gut getrocknet, mit reichlich viel, ziemlich gesättigtem Dampfe 5 Minuten im Schnelldämpfer gedämpft und in der üblichen Weise chromiert, gut gespült, kochend geseift und gespült.

Infolge der Schwierigkeiten, die beide Verfahren bieten, werden meistens Buntreserven mit Indigosolen vorgezogen.

HALLER und KURZWEIL drucken nach dem DRP. 408414 Druckfarben auf die vorgeklotzte Ware, die außer Rongalit noch Eisenvitriol und Zinnsalz enthalten. Nach dem Dämpfen passiert man durch heiße Natronlauge 38° Bé (S. 288).

E. Verwendung der Küpenfarbstoffe zum Bedrucken von Seide.

Die Anwendung von Küpenfarbstoffen im Seidendruck ist nur dort zu empfehlen, wo es sich um ausgesprochene Waschartikel handelt. Verschiedene Küpenfarbstoffe lassen sich auf unerschwerter Seide auch dann gut fixieren, wenn die im Baumwolldruck übliche Pottaschemenge von 80 bis 120 g je Kilogramm Druckfarbe beträchtlich herabgesetzt wird. Die Alkalimenge muß nämlich möglichst niedrig gehalten werden, um eine Faserschwächung zu vermeiden. Um die Gefahr einer Faserschwächung durch das Alkali zu verringern, wird das Gewebe vor dem Drucken mit 30 bis 40 g Diäthyltartrat (Solentwickler D) im Liter präpariert. Die Fixierung erfolgt durch Dämpfen mit Sattdampf im Schnelldämpfer, eventuell auch Sternreifendämpfer. Nach dem Dämpfen wird in der üblichen Weise mit 1 g Natriumperborat oder 2 cm³ Wasserstoffsuperoxyd 30%ig und 2 cm³ Essigsäure 30%ig im Liter oxydiert, gespült und kochend geseift. Die Druckfarben werden nach folgender Vorschrift angesetzt:

```
 25 bis 250 g  Farbstoff in Teig, Teig fein, Suprafix oder die entsprechende
               Menge Pulver fein für Druck werden mit
225 bis   0 g  Wasser und
        750 g  Stammverdickung verrührt.
       ______
       1000 g.
```

Stammverdickung.

```
800 bis 760 g  Gummiverdickung 1 : 1 oder
               Tragantverdickung 60 : 1000,
         50 g  Glycin A,
 40 bis  80 g  Pottasche,
        110 g  Rongalit C.
       ______
       1000 g.
```

Die für den Seidendruck geeigneten Farbstoffe werden in den Ratgebern der Farbenfabriken angegeben.

Auf erschwerter Seide erhält man wesentlich schlechtere Drucke als auf unerschwerter.

F. Chemische und physikalische Vorgänge beim Dämpfen der Küpenfarbstoffe.

Über das Dämpfen der Küpenfarbstoffe wurde von verschiedenen Autoren berichtet[1]. Die Ausführung des Dämpfens ist bei den Küpenfarbstoffen ein Vorgang, der maßgebend am Ausfalle der Drucke beteiligt ist und die Ursache vieler Fehler sein kann. Während des Dämpfens findet in dem kurzen Zeitraume von 5 Minuten eine Reihe von Vorgängen statt:

1. Das Gewebe absorbiert an den bedruckten und an den unbedruckten Stellen Wasser aus dem Dampf, der kondensiert wird. Dabei löst das Wasser zunächst die löslichen Bestandteile der Druckfarbe.

2. Gleichzeitig beginnt die Zersetzung und damit die Wirksamkeit der Reduktionsmittel.

3. Die durch die Reduktion in alkalischer Lösung entstandene Natrium-Leukoverbindung (Enolat) geht in Lösung.

4. Die Lösung des Enolates wandert aus der Verdickung auf die Faser.

5. Das auf die Faser gewanderte Enolat wird fixiert.

Zumindest am Anfang verlaufen die Absorptions- und Reduktionsvorgänge gleichzeitig. Die Lösung der wasserlöslichen Bestandteile erfolgt am raschesten und beansprucht nur 15 bis 30 Sekunden (nach den von BARTH gemachten Angaben). Die Reduktion der Küpenfarbstoffe wird in der verhältnismäßig kurzen Zeit von 1 bis 2 Minuten beendigt. Am längsten dauern das gleichzeitig mit der Reduktion der Küpenfarbstoffe einsetzende Aufziehen und die Fixierung der Natrium-Leukoverbindung auf der Faser.

Für diese Prozesse ist eine genügende Wassermenge notwendig, besonders da manche Natrium-Leukoverbindungen schwer löslich sind und ohne hinreichende Wassermenge schwer fixieren. Durch Zusatz von hygroskopischen Mitteln, wie Glyzerin, Harnstoff u. dgl., wird die Fixierung verbessert.

Das dem Dämpfer zugeführte Gewebe muß in einem solchen Zustande vorliegen, daß eine möglichst weitgehende Kondensation des Wassers ohne übermäßige Wärmeentwicklung möglich ist. Die Gewebe werden nach dem Drucken am zweckmäßigsten in der Mansarde mit Heißluft getrocknet. Die Mansarden sind meistens mit spiralförmigem Warenlaufe ausgestattet, um ein Berühren der bedruckten Warenseite durch Leitwalzen vor dem Trocknen zu vermeiden. Das Trocknen auf Trockenzylindern, das in England und in den Vereinigten Staaten vielfach ausgeübt wird, ist jedoch wegen der durch die hohe Temperatur leicht eintretenden vorzeitigen Zersetzung des Natrium-Formaldehyd-Sulfoxylates gefährlich; die Menge des während des Dämpfens zur Verfügung stehenden Reduktionsmittels ist dadurch verringert, so daß die Ausgiebigkeit der

---

[1] REINKING: Melliand Textilber. **1927**, H. 3. — HESS: Melliand Textilber. **22**, 346ff. (1941). — FAHNOE: Amer. Dyestuff Reporter **38**, 663—685 (1949). — BARTH: Melliand Textilber. **31**, 771—774 (1950). — ETTEL: Melliand Textilber. **52**, 960—964 (1951).

Druckfarben geringer und die Drucke farbschwächer werden. Aus dem gleichen Grunde sind die in alten Mansarden noch vorkommenden Heizplatten weniger zu empfehlen. Nach dem Trocknen wird die Ware manchmal durch einen Kühlkasten oder auch über einen Luftgang genommen, wobei außer der Abkühlung eine Aufnahme der natürlichen Feuchtigkeit durch das Gewebe erreicht wird. Dies ist für das nachfolgende Dämpfen von großem Vorteile, da sonst besonders bei den im Inneren des Warenstoßes gelegenen Teilen des Gewebes ein Teil des Dampfes durch die Faser absorbiert wird, der dann für die Fixierung des Farbstoffes verloren ist. Außerdem ist aber auch die durch die Kondensation des Dampfes frei werdende Wärmemenge um so größer, je trockener das Gewebe ist und je mehr Wasser es aufnehmen muß. Außer durch Kühlkästen und Kühltrommeln kann man die Ware auch dadurch abkühlen, daß man sie durch eine Kammer nimmt, in die gleichzeitig kalte Luft und Dampf eingeblasen wird, oder indem man sie einsprengt. Dabei tritt gleichzeitig eine Befeuchtung ein.

Die Feuchtigkeitsaufnahme ist aber auch von der Art der Faser abhängig. Nach den Angaben, die BARTH macht, hat mercerisierte Baumwolle das 1,6fache, Kunstseide und Zellwolle das 1,8- bis 2fache Sorptionsvermögen wie gebeuchte und gebleichte Baumwolle. Außerdem wird das Sorptionsvermögen durch ein zu scharfes Trocknen der Faser herabgesetzt. Das Absorptionsgleichgewicht ist weiters von der relativen Dampffeuchtigkeit abhängig und entspricht bei Dampf von $100°$ C und 100% relativer Feuchtigkeit einer Wasseraufnahme von mehr als 18% vom Gewicht der Baumwolle, bei 90% Feuchtigkeit aber nur noch 11% Wasseraufnahme, bei 75% Feuchtigkeit nur noch 6% Wasseraufnahme. Auch bei einer $100°$ C übersteigenden Dampftemperatur wird die Wasserabsorption geringer. Es ist also leicht erklärlich, daß mit einem gesättigten Dampfe, der eine $100°$ C nicht wesentlich übersteigende Temperatur besitzt, die beste Fixierung der Küpenfarbstoffe beim Dämpfen erreicht, wird. Während einer Dämpfdauer von 5 Minuten werden 60% des Absorptionsgewichtes erreicht; dies entspricht daher einer Wasseraufnahme bis 11% als Maximum, nämlich bei Verwendung eines Sattdampfes von $100°$ C. Je nach dem ursprünglichen Feuchtigkeitsgehalt der Baumwolle ist der Feuchtigkeitsgehalt nach dem Dämpfen höher. Durch den ursprünglichen Feuchtigkeitsgehalt wird in weiterer Folge die durch die Kondensation und die Wasserabsorption frei werdende Wärmemenge und damit auch die Erhöhung der Temperatur der Ware und des mit der Ware in Berührung kommenden Dampfes bestimmt. Ferner bewirkt eine schwerere Ware das Freiwerden einer größeren Wärmemenge und damit eine höhere Erwärmung des Dampfes. Durch einen Überschuß an Dampf, den man durch einen ständigen Dampfwechsel erreicht, indem man große Dampfmengen durch den Dämpfer strömen läßt, wird dagegen die Temperaturerhöhung eingeschränkt. Ferner ist die Erhöhung der Dampftemperatur auch von der Faserart abhängig. Während einer Dämpfdauer von 5 Minuten ergibt sich bei trockener Baumwollware ein Temperaturanstieg bis $113°$ C, während beim Dämpfen von Ware mit einem anfänglichen Feuchtigkeitsgehalt von 8,5% die Temperatur innerhalb $2^1/_2$ Minuten auf 102° C ansteigt und dann konstant bleibt. Die bei der Aufnahme von Wasserdampf frei werdende Wärmemenge ist aber geringer als die durch die Lösungs- und Reaktionsvorgänge frei werdende. Der Wassergehalt der Drucke nimmt beim Lagern vor dem Dämpfen von 0 bis 13% parallel zu der relativen Feuchtigkeit zu, nach dem Dämpfen beträgt der Feuchtigkeits- gehalt 15 bis 20%.

Durch die Wasseraufnahme während des Lagerns sinkt die Kon- zentration des Rongalits bis zum Zerfließpunkt der Pottasche bei 44% relativer Feuchtigkeit gleichmäßig; dabei ist die Zersetzung des Rongalits noch gering, so daß nach 24stündiger Lagerung der ungedämpften Drucke bei einer relativen Feuchtigkeit unter 30% überhaupt kein Verlust an Farbtiefe, zwischen 30 und 45% relativer Feuchtigkeit nur zirka 10 bis 20% Verlust an Farbtiefe eintreten. Dies kann man durch ein noch- maliges Trocknen vor dem Dämpfen oder durch eine längere Dämpfdauer korrigieren. Bei hoher relativer Feuchtigkeit, besonders nach Über- schreiten des Zerfließpunktes des Rongalits, der bei 53% relativer Luft- feuchtigkeit liegt, tritt eine stärkere Zersetzung und damit eine Kon- zentrationsverminderung des Rongalits ein; außerdem wandern die übrigen löslichen Bestandteile der Druckfarbe vor dem Dämpfen in die Faser. Infolgedessen werden die Konzentrationsverhältnisse an den be- druckten Stellen ungünstiger, die Aufnahmsfähigkeit der Faser für die Farbstoffe wird verringert, so daß der Ausfall der Drucke magerer wird. Man muß aus diesem Grunde ein Lagern der bedruckten Ware bei einer relativen Feuchtigkeit über 45% vermeiden, da auch eine verlängerte Dämpfdauer keinen Erfolg mehr bringen kann.

Man erzielt daher die besten Resultate mit einem gesättigten Dampf von wenig über 100° C, also etwa zwischen 100 und 103° C. Es soll bei dieser Gelegenheit zu dem in der Textilveredlungsindustrie üblichen Aus- druck „feuchter Dampf" Stellung genommen werden. Dieser Ausdruck ist falsch. Es gibt keinen „feuchten Dampf", sondern nur einen „ge- sättigten" und einen „überhitzten Dampf". An Stelle der üblichen Be- zeichnung „feuchter Dampf" soll es richtig heißen „gesättigter Dampf" oder „Sattdampf".

Es tritt aber schon ohne Einführen der zu dämpfenden Ware in den Dämpfapparat in der Umgebung der Decke des Dämpfapparates, die zwecks Verhinderung der Tropfenbildung durch Kondensation des Dampfes geheizt wird, leicht Überhitzung ein, so daß nach DISERENS ungefähr ein Fünftel bis ein Sechstel des Volumens des Dämpfers leicht Temperaturen von 103 bis 106° C oder mehr aufweisen kann. Dies läßt sich am leichtesten durch reichliche Zufuhr von Frischdampf in den Dämpfer vermeiden, also durch einen starken Dampfdurchsatz.

Man erzeugt den zum Dämpfen geeigneten Dampf entweder in einem am Boden des Dämpfers befindlichen Wassersumpf, wobei kein zusätz- licher Dampf in den Dämpfer eingeführt wird, oder außerhalb des Dämpfers in einem neben dem Dämpfer befindlichen Wasser enthaltenden

Behälter. Die Verdampfung des Wassers erfolgt durch Dampf, der aus der Rohrleitung mit zirka 2 atü kommt oder mittels Rippenrohren. Der aus dem Wassersumpf oder aus dem Wasserbehälter kommende Dampf besitzt dann einen kleinen Überdruck. Man kann dies auch als eine Abkühlung des dem Dämpfer zugeführten Frischdampfes durch das Wasser auffassen; es handelt sich aber nicht um eine Anfeuchtung des Dampfes. Dagegen erhält man durch Entspannen des dem Dämpfer aus dem Kesselhaus zugeführten Dampfes einen überhitzten Dampf, der erst nach Passieren einer Kühlanlage oder durch Einblasen von feinst verteiltem Wasser abgekühlt und gesättigt werden kann. Die Verwendung des direkt aus dem Kesselhaus zugeführten Dampfes ist daher nicht zu empfehlen.

Die besten Resultate erhält man bei einer Temperatur zwischen 100 und 103° C, bei 108° C ist die Fixierung noch ziemlich gut, während sich bei 115° C schon eine starke Verschlechterung im Ausfall der Drucke zeigt. Wichtig ist es, daß sich der Dampf gleichmäßig im Dämpfer verteilt, ferner muß wegen den Druckschwankungen ein Mindestdruck vorhanden sein.

Außer der reichlichen Dampfzufuhr sollen im Interesse der Vermeidung von Überhitzung die einzelnen Warenbahnen nicht zu nahe beisammen sein, damit eine genügende Dampfzirkulation möglich ist. Durch Ventilatoren, Leitbleche und andere Maßnahmen soll eine Erhöhung der Dampfzirkulation erreicht werden.

Da für eine geringe Herabsetzung der Dampftemperatur schon ein Vielfaches der Mindestdampfmenge notwendig ist, schlägt Fahnoe vor, die Ware selbst im Dämpfer durch Besprühen der bedruckten Seite mit kaltem, nebelförmig zerstäubten Wasser zu kühlen und damit eine Überhitzung zu vermeiden. Dies darf aber erst 15 Sekunden nach Eintritt der Ware in den Dämpfer geschehen, da die Ware dann eine Temperatur von 100° C erreicht hat und eine rasche Aufnahme des Wassers durch die Ware und die Druckfarbe möglich ist. Die Wassermenge, die aufgesprüht wird, muß im Einklang zu der Warengeschwindigkeit und Dämpfdauer stehen.

Im Gegensatz zu obigen Ausführungen ergibt sich beim Dämpfen nicht getrockneter Drucke, also z. B. beim Colloresinverfahren (S. 260) keine Verschlechterung des Ausfalles der Drucke, wenn man auf 130° C erhitzt; ganz im Gegenteil, bei dieser Temperatur tritt die Verküpung und Fixierung schlagartig ein, so daß die Dämpfzeit stark reduziert werden kann.

Hinsichtlich der Bedeutung der Zusammensetzung der Druckfarben für den Dämpfprozeß ist folgendes bemerkenswert. Die verwendeten Küpenfarbstoffe sollen sich durch einen hohen Dispersionsgrad, gute Fixierbarkeit und eine weitgehende Unempfindlichkeit gegen Schwankungen der Dampfverhältnisse auszeichnen. Von einer nicht immer richtig erkannten Bedeutung sind die Verdickungsmittel. Es ist naheliegend, daß diese nicht hart und spröd auftrocknen sollen; sie sollen ein Abflecken der Drucke beim Dämpfen ausschalten; sie sollen ein möglichst gutes Eindringen der Farbstoffe in die Faser ermöglichen; sie sollen eine möglichst große Ausgiebigkeit besitzen. Verschiedene Autoren heben die Bedeutung der spezifischen Wärme der Verdickung für den Ablauf des Dämpfprozesses hervor. Bei Verwendung von Verdickungsmitteln mit hoher spezifischer Wärme wird mehr Wasser an den bedruckten Stellen kondensiert und dadurch die Fixierung verbessert. Ausgiebige Verdickungsmittel erleichtern zwar das Aufziehen der Farbstoffe auf die Faser, da sie einen geringeren Widerstand entgegensetzen, und bewirken dadurch eine Erhöhung der Farbtiefe der Drucke. Sie haben aber gleichzeitig auch eine entgegengesetzte Wirkung; die Ausgiebigkeit ist auch von dem Eindringen der Druckfarbe in die Faser abhängig, so daß Verdickungen, die hauptsächlich auf der Oberfläche sitzen, tiefere Drucke ergeben als solche, die tiefer eindringen. Ferner ist ein hoher Gehalt an Festsubstanz insofern günstig, als dadurch eine größere Dampfmenge kondensiert wird, wodurch die Auflösung der Chemikalien und der Leukoverbindung erleichtert wird; dies hat wieder ein tieferes Eindringen in die Faser und bessere Fixierung zur Folge. Britischgummiverdickung enthält eine hohe Menge Festsubstanz; sie ist daher hinsichtlich der Fixierung günstiger als Stärkeverdickung, die weniger Festsubstanz enthält; bei letzterer fallen aber die Drucke tiefer aus, da die Farben nicht so tief eindringen und außerdem infolge der geringeren Menge an Festsubstanz eine geringere Menge des Farbstoffes in der Druckfarbe zurückgehalten wird. In der Praxis verwendet man daher meistens Kombinationen von Stärke- und Britischgummiverdickungen oder von anderen Verdickungsmitteln.

Durch Zusätze von hygroskopischen Mitteln zu den Druckverdickungen wird die Fixierung zusätzlich erleichtert. Meistens verwendet man Glyzerin, Glykol, Sorbit, Glycin A und Harnstoff, die gleichzeitig auch als Lösungsmittel für die Farbstoffe wirken. Die Haltbarkeit mancher Druckfarben wird aber durch den Zusatz von Harnstoff beeinträchtigt, z. B. bei Indanthrendruckgelb 6 GD, Indanthrenbrillantorange RK, Indanthrenrot GG, Indanthrendruckrosa FFB, Indanthrenscharlach GG und GGN, Indanthrenbrillantscharlach FR, Indanthrenbraun 5 RF, Indanthrenbraun BR, Indanthrenbraun G, Indanthrenbrillantviolett BBK, Indanthrendunkelblau BO, Indanthrengrau 3 B, Indanthrengrau M, Indanthrendruckschwarz BR und Algoltiefschwarz BD. Diese Farbstoffe ergeben schon nach 1- bis 2stündigem Zwischenlagern nach dem Trocknen bei Harnstoffzusatz schwächere Drucke, während normalerweise bei diesen Farbstoffen eine Zwischenlagerung bis zu 6 Stunden keinen Rückgang in der Farbausbeute bewirkt.

Sobald der Dampf mit der Druckfarbe in Berührung kommt, wird er dort kondensiert. Die in den Druckfarben enthaltenen Chemikalien beeinflussen den Ablauf des Fixierungsprozesses nicht nur in chemischer, sondern auch in physikalischer Hinsicht. An den bedruckten Stellen tritt eine Temperaturerhöhung im Vergleich zu der Temperatur des umgebenden Dampfes ein. Dies ist sowohl auf die Lösungs- als auch auf die Reaktionsvorgänge zurückzuführen. Pottasche und Hydrosulfit lösen sich unter Wärmeabgabe, Rongalit dagegen unter Wärmeaufnahme. Die Lösung hat das Bestreben, mit dem Dampfe in einem Gleichgewichtszustande zu stehen, so daß sie zu sieden beginnt. Da aber ihr Siedepunkt infolge des hohen Gehaltes an gelösten Elektrolyten weit über dem Siedepunkt des reinen Wassers liegt, steigt die Temperatur in der Umgebung bis zur Erreichung des Gleichgewichtszustandes. Dagegen verursachen die kolloidal gelösten Bestandteile keine nennenswerte Siedepunktserhöhung. Die Temperatursteigerung wirkt sich in mancher Hinsicht für die Fixierung und Ausgiebigkeit der Druckfarben sehr ungünstig aus, die Siedepunktserhöhung hat aber auch günstige Wirkungen, indem dadurch das Wiederverdampfen des für die Fixation notwendigen Kondenswassers erschwert wird. Nach FAHNOE werden während des Dämpfens an den bedruckten Stellen in 2 Minuten 14 bis 17%, in 5 Minuten 15 bis 20% Wasser kondensiert; dies stellt die 3- bis 4fache Menge dessen dar, was zur Bildung einer gesättigten Lösung notwendig wäre. An den bedruckten Stellen hat die Temperatur das Bestreben, bis zu dem Maximalwert von 135° C anzusteigen. Sie sinkt aber dann bei weiterer Wasserkondensation und der dadurch eintretenden Verdünnung wieder ab. Die Auflösung der Druckfarbenbestandteile findet derart unter großer Wärmeentwicklung innerhalb von 15 bis 30 Sekunden nach Eintritt der Ware in die Dampfatmosphäre statt. Infolge der großen frei werdenden Wärmemenge können die chemischen Reaktionen rasch beginnen.

Bei 80° C beginnt die Spaltung des Rongalits (Natriumformaldehydsulfoxylates) unter Wärmeaufnahme in Formaldehyd und Hydrosulfit. Das Hydrosulfit reduziert dagegen den Küpenfarbstoff unter Wärmeabgabe. Diese Wärmeentwicklung kann eine Temperaturerhöhung um 3 bis 4° C bewirken, so daß auch aus diesem Grunde eine hohe Dampfzufuhr notwendig ist, um eine Erhöhung der Temperatur über 101° C zu verhindern. Bei dieser Gelegenheit soll noch bemerkt werden, daß einzelne Autoren[1] eine Temperaturabnahme bei dem Reduktionsvorgange annehmen. Dies dürfte aber auf fehlerhafte Beobachtungen zurückzuführen sein, wie DISERENS[2] vermutet. Die Reduktion ist innerhalb von 1 bis 2 Minuten beendigt. Gleichzeitig mit der Reduktion und dem Auflösen des gebildeten Leukosalzes beginnt schon das Aufziehen auf die Faser. Da dieses Aufziehen innerhalb von 5 bis 6 Minuten, also in einer sehr kurzen Zeit, stattfindet, nimmt HESS an, daß neben der Affinität auch der osmotische Druck das Aufziehen befördert, indem das auf der Faser kondensierte Wasser von den in der Druckfarbe befindlichen löslichen Salzen durch das als halbdurchlässige Membran wirkende Verdickungsmittel angezogen wird; dadurch wird eine rasche Lösung des Leukosalzes ermöglicht. Ein zweites Dämpfen ist oft von Vorteil, wobei angenommen werden kann, daß schon beim ersten Dämpfen eine vollständige Reduktion eingetreten ist, während beim zweiten Dämpfen nur noch das Aufziehen des noch nicht fixierten Leukosalzes

---

[1] Amer. Dyestuff Reporter 26, S. 33.
[2] Die neuesten Fortschritte in der Anwendung der Farbstoffe, S. 75. Basel 1941.

stattfindet. Bei dem zweiten Dämpfen werden keine größeren Wärmemengen frei.

Die Löslichkeit der Leukosalze der verschiedenen Küpenfarbstoffe ist verschieden groß. Im allgemeinen sind die Leukosalze der indigoiden Küpenfarbstoffe löslicher als die der meisten anthrachinoiden. Eine gewisse Parallelität besteht zwischen der Löslichkeit der Leukosalze und ihrer Fixierbarkeit. Die indigoiden Farbstoffe und einige anthrachinoide Farbstoffe, vor allem Indanthrengelb G, Indanthrengoldgelb GK, Indanthrenrosa IB, Indanthrenviolett BF, BBF, RF, Indanthrenbraun G für Druck, beginnen sich schon bei 0,1 atü Überdruck zu fixieren. Bei einer Drucksteigerung bis 0,3 atü tritt eine weitere Steigerung der Farbstoffaufnahme ein, während sie über 0,3 atü wieder absinkt. Die meisten anderen anthrachinoiden Küpenfarbstoffe fixieren sich aber unter 0,3 atü kaum, bei 0,3 atü aber fast vollkommen, so daß eine weitere Druckerhöhung ohne wesentliche Wirkung ist. Dieses unterschiedliche Verhalten der Küpenfarbstoffe muß bei der Herstellung von Mischfarben aus mehreren Komponenten beachtet werden, um Unegalitäten zu verhindern. Eine Überhitzung des Dampfes muß auf jeden Fall vermieden werden, da dadurch zu wenig Wasser auf dem Gewebe kondensiert wird, bzw. die Verdampfung des kondensierten Wassers während des Fixationsprozesses eintreten kann und in weiterer Folge die schwerer löslichen oder schwerer fixierbaren Farbstoffe ungenügend fixiert werden.

Außer der normalen Ausführung des Schnelldämpfers sind besonders in England und in den USA. Dämpfer nach dem Hängeprinzip (Festoon-Dämpfer) gebräuchlich, bei denen eine längere Dämpfdauer üblich ist.

Es ist auch beim Dämpfen hinsichtlich Überreduktion Vorsicht am Platz, da die überreduzierten Farbstoffe durch Oxydationsmittel nur teilweise reoxydiert werden können. Man soll auch nach dem Dämpfen die Ware nicht zu lange liegen lassen, da sonst eine Überhitzung infolge der Oxydation des überschüssigen Rongalits durch den Luftsauerstoff eintreten kann. Dies ist für den Druckausfall gefährlich, da der Farbstoff noch als Leukoverbindung vorhanden ist. Man soll daher möglichst rasch nach dem Dämpfen waschen und oxydieren. Die klarsten Töne erhält man durch Luftoxydation.

Es ist von besonderer Bedeutung, daß der Dampf möglichst luftfrei sein muß, um die Reduktion des Küpenfarbstoffes nicht durch Luftsauerstoff zu beeinträchtigen. Dies wird durch einen geringen Überdruck im Dämpfer erreicht. Es muß daher immer etwas Dampf bei der Warenein- und -austrittsstelle ausströmen. Vor dem eigentlichen Dämpfraum befindet sich ein Vorraum, durch den die Ware laufen muß, damit die mitgebrachte Luft entfernt wird, indem sie durch den unter Überdruck stehenden Dampf verdrängt wird. Vorteilhaft ist es, den Dampfein- und -austritt oben an der Decke anzuordnen, damit sich dort keine Luft anreichern kann und außerdem örtliche Dampfüberhitzung vermieden werden kann.

Nach Fahnoe ist ein Luftgehalt von 0,3% noch ohne schädliche Wirkung. Höhere Luftmengen bewirken jedoch eine Herabsetzung des Reduktionspotentiales der Küpendruckfarben.

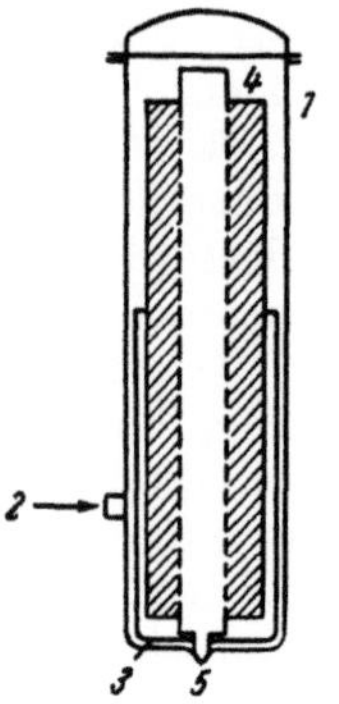

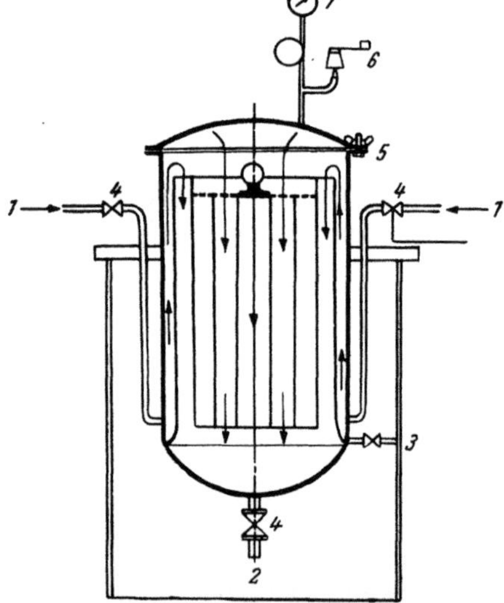

Abb. 18. Indanthrenschnelldämpfer nach VON DER WEHL. *1* Äußerer Kessel, *2* Dampfzutritt, *3* Innerer Kessel, *4* Perforierter Warenzylinder, *5* Dampfaustritt.

Die während des Dämpfens stattfindenden Lösungs-, Adsorptions- und Reduktionsvorgänge sind abhängig 1. von der Zusammensetzung der Druckfarbe, 2. von der Menge der aufgebrachten Druckfarbe pro Flächeneinheit und der Größe der bedruckten Fläche, 3. von der Faserart, 4. von der Warenart, 5. von dem Feuchtigkeitsgehalt und der Temperatur der Ware vor dem Dämpfen, 6. von Beschaffenheit des Dampfes hinsichtlich Temperatur, Sättigungsgrad und Luftgehalt, 7. von der Dampfmenge und der Strömungsgeschwindigkeit (Dampfdurchsatz), 8. von der Verteilung des Dampfes im Dämpfer, 9. von der Dämpfdauer, bzw. der Durchlaufgeschwindigkeit der Ware.

Abgesehen von den Schnelldämpfern, die nach den vorstehend beschriebenen Prinzipien konstruiert sind, werden für das Fixieren von Küpenfarbstoffen verschiedene Sonderkonstruktionen in geringerem Umfange verwendet.

Unter den Apparaten, die nicht für kontinuierliche Arbeitsweise bestimmt sind, ist vor allem der Indanthren-Schnelldämpfer nach VON DER WEHL zu erwähnen (Abb. 18). Dieser Apparat dient vor allem zum Dämpfen kleiner Warenmengen, z. B. im Hand- oder Filmdruck. Die Ware wird zwecks Verhinderung des Abfleckens gemeinsam mit einem Mitläufer auf den siebartig perforierten Zylinder aufgewickelt. Der Zylinder muß an den Enden soweit mit einem Wachs- oder Gummituch fest umhüllt werden, als er von der zu dämpfenden Ware nicht bedeckt wird. Der Dampf durchdringt die Geweberolle von außen nach innen. Bei manchen derartigen Apparaten kann die Strömungsrichtung des Dampfes gewechselt werden, so daß man zuerst von außen nach innen und dann von innen nach außen den

Abb. 19. Doppelwandiger Kessel zum Dämpfen von Küpenfarbstoffen. *1* Dampfeingang, *2* Dampfabgang, *3* Kondenswasser, *4* Drosselventil, *5* Flügelschrauben, *6* Sicherheitsventil, *7* Manometer.

Dampf durch das Gewebe strömen lassen kann, um gleichmäßigere Resultate zu erzielen. Es ist zu empfehlen, keine allzugroßen Gewebemengen auf den Zylinder aufzuwickeln, damit einerseits der Durchgang des Dampfes nicht erschwert und anderseits ein störendes Überhitzen des Dampfes sowie eine Beladung mit flüchtigen Reaktionsprodukten, die besonders im Ätzdruck eine Beeinträchtigung der Fondfarben verursachen können, vermieden wird. Das Dämpfen von Küpenfarbstoffen in diesem Apparate beansprucht 3 bis 5 Minuten.

Eine weitere Konstruktion eines doppelwandigen Kessels zum Dämpfen von Küpenfarbstoffen ist aus der Abb. 19 ersichtlich. Der Dampf wird an zwei gegenüberliegenden Stellen am Boden des Doppelmantels eingeleitet, steigt dann nach oben und strömt im Inneren des Kessels durch die Ware nach unten, wo er abgeleitet wird. Dadurch findet eine rasche, weitgehende Verdrängung der Luft aus dem Dämpfer statt. Dem gleichen Zweck dient eine Evakuierung des Kessels mittels einer Luftpumpe, bevor mit dem Dämpfen begonnen wird. Es exi-

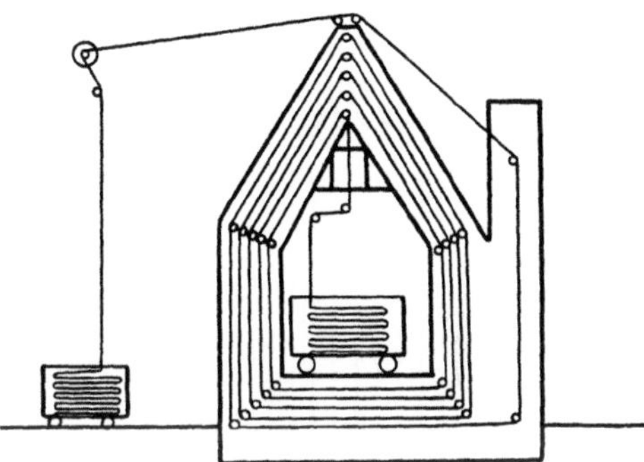

Abb. 20. Spiraldämpfer, Gerber-Wansleben.

stieren auch Kessel, bei denen die Möglichkeit besteht, den Dampfweg umzuschalten, so daß der Dampf von unten nach oben durch die Ware strömen kann.

Bei den kontinuierlich arbeitenden Dämpfern besteht die Gefahr des Abfleckens der Druckfarben durch Übertragung auf die Führungswalzen. Dies ist besonders bei größeren bedruckten Flächen oder bei Druckmethoden, bei denen größere Farbmengen aufgetragen werden, der Fall, z. B. im Model- oder Filmdruck. Die Firma Gerber-Wansleben in Krefeld behebt diese Schwierigkeiten durch ihren Schnelldämpfer (Abb. 20), indem die Ware in spiralförmigem Laufe so von Walze zu Walze geführt wird, daß nur die Geweberückseite mit den Walzen in Berührung kommt. Das Gewebe wird in der Mitte des Apparates eingeführt und verläßt ihn in kontinuierlichem Warenlauf nach außen. Durch die dachartige Deckenkonstruktion wird es möglich, die heizbaren Deckenplatten fast vollständig fortzulassen, da die Tropfen an der schrägen Wand ablaufen. Zusätzlich werden unter den schrägen Platten noch Tropfenfänger aus Kupferblech angebracht, so daß jegliche Gefahr der Tropfenbildung vermieden wird. Da die Ware nicht über die richtungändernden Schwerter geführt wird, können auch die empfindlichsten Gewebe auf dieser Anlage verarbeitet werden[1].

Bei der Dämpfmansarde von Krostewitz (Abb. 21) wird das Gewebe mit der unbedruckten Seite über die Leitwalzen geführt, wobei der

---

[1] Melliand Textilber. **18**, 384 (1937); **22**, 96 (1941).

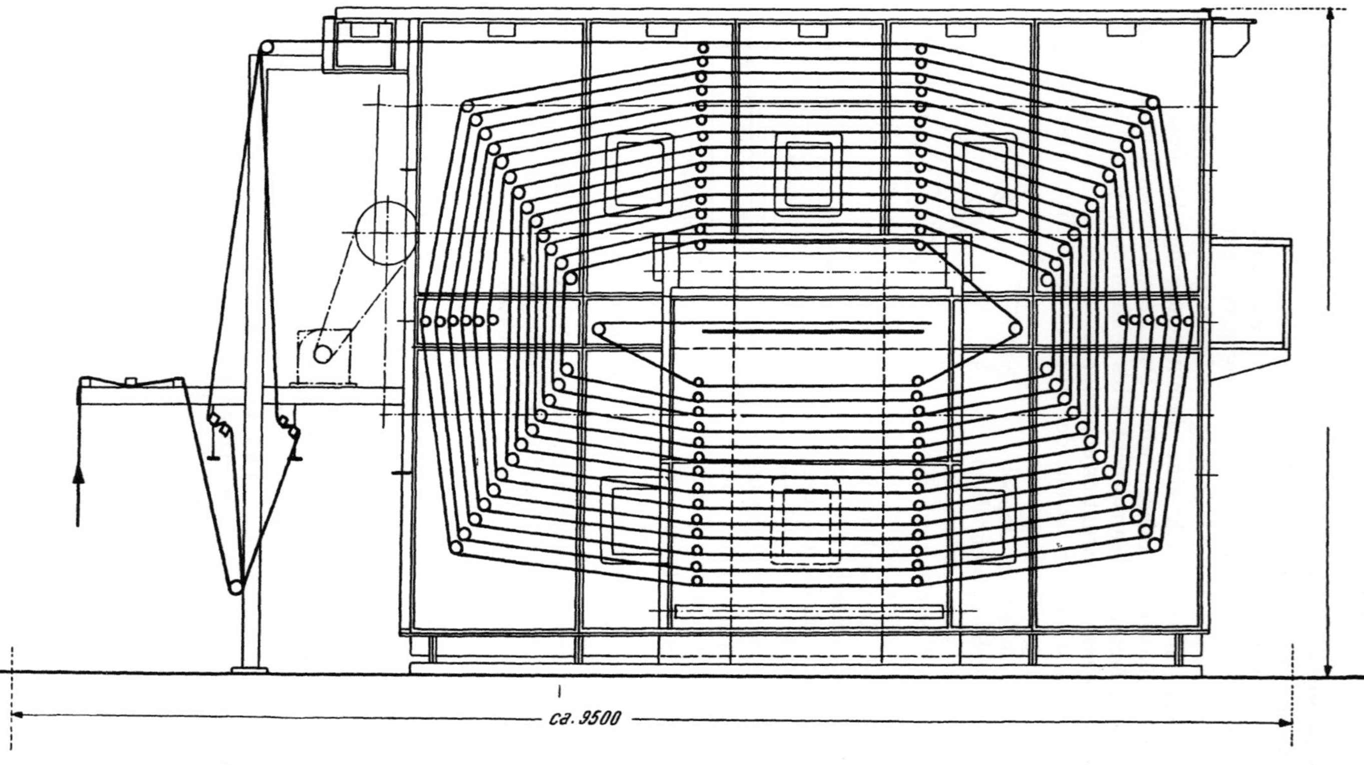

Abb. 21. Dämpfmansarde „System Krostewitz". Benteler Werke A. G., Bielefeld.

Warenlauf spiralförmig von außen nach innen erfolgt. Dann tritt das Gewebe seitlich über ein Schwert in einen Nachkasten ein. Dabei läßt sich nicht vermeiden, daß das Gewebe mit der bedruckten Seite über das Schwert oder eine Leitwalze geführt wird. Bei dieser Konstruktion ist der Zutritt des Dampfes gegen die Mitte erschwert. Bei der Dämpfermansarde „System MEBE" der Benteler-Werke (Abb. 22) liegt der Ein- und Ausgang der zu behandelnden Gewebe an einer Stelle. Es fällt daher der seitliche Ausgang weg und man erzielt dadurch, daß nur ein Vorkasten notwendig ist, eine Dampfersparnis und ein sichereres Arbeiten.

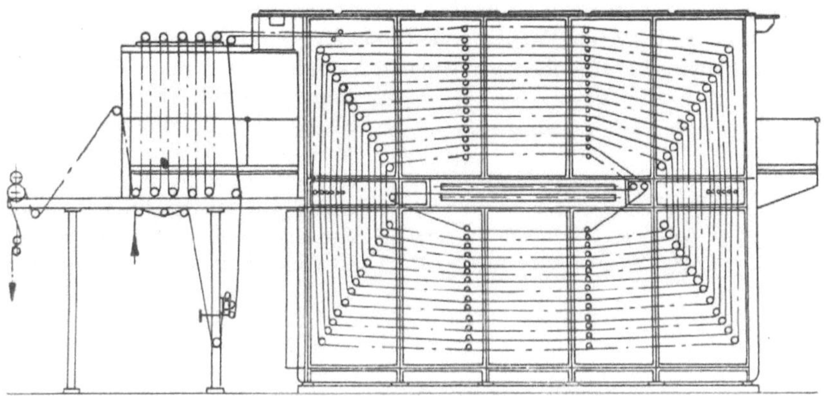

Abb. 22. Dämpfmansarde „System MEBE" mit spiralförmiger Warenführung. Benteler Werke A. G., Bielefeld.

Während bei dem Dämpfen der nach den normalen Druckverfahren hergestellten Drucken, bei denen mit der trockenen Ware in den Dämpfer eingefahren wird, eine wesentlich 100° C übersteigende Temperatur während des Dämpfprozesses aus den oben erwähnten Ursachen schädliche Wirkungen verursacht, sind höhere Temperaturen bei den Druck- und Färbeverfahren, bei denen die bedruckte Ware in nassem Zustande in den Dämpfer eingefahren und gedämpft wird, nicht nur ungefährlich, sondern sogar erwünscht. Wie an anderer Stelle ausgeführt wird (S. 197), kommt der schlagartigen Erreichung einer höheren Temperatur innerhalb der Druckfarbe oder der Färbeküpe für den Fixierungsprozeß eine hohe Bedeutung zu. Dies läßt sich bei Verwendung von nasser Ware nur dadurch erreichen, daß die im Dämpfer herrschende Temperatur noch beträchtlich höher liegt.

Der Colloresin-Dämpfer der I. G. Farbenindustrie A. G.[1] stellt im Prinzip einen Rollenkasten mit heizbaren Wänden dar, in dem die mit der Entwicklungsflotte imprägnierte Ware während 25 bis 30 Sekunden mit überhitztem Dampf von 115 bis 120° C gedämpft wird.

---

[1] DRP. 574939.

In weiterer Entwicklung wurde der bekannte Elektrofixierer von H. AUBAUER (I. G. Farbenindustrie A. G., DRP. 651607) ausgearbeitet (Abb. 23), in dem Küpenfarbstoffe bei sehr gutem Energiehaushalt, also bei niedrigen Kosten, fixiert werden können. Er besteht aus einem aus Edelstahl hergestellten Rollenkasten, in dessen oberem Teile elektrische Widerstandskörper angebracht sind, die zur Erzeugung einer intensiven Strahlungswärme dienen. Um ein zu starkes Antrocknen der Ware zu vermeiden, kann in dem Apparat zusätzlich mittels eines Wassergefäßes und elektrischen Heizelementen Wasserdampf erzeugt werden. In einem Vorkasten wird die Ware durch elektrische Heizelemente vorgewärmt. Dieser Apparat dient vor allem zum Fixieren von nach dem Colloresinverfahren gedruckten Farben sowie von Küpenfärbungen in kontinuierlicher Arbeitsweise nach den normalen Verfahren und nach dem Küpensäureverfahren (S. 190, 260). Es ist möglich, in diesem Apparate weit höhere Temperaturen zu erreichen, obwohl man normalerweise bei niedrigeren Temperaturen arbeitet. Die Arbeitsweise ist von ETTEL[1] beschrieben. Durch die hohe Temperatur im Inneren des Apparates tritt momentan eine Reduktion des Farbstoffes durch das Hydrosulfit ein, die binnen wenigen Sekunden vollständig beendigt ist. Im weiteren Durchgang durch den 30 m fassenden Apparat zieht die gebildete Leukoverbindung auf. Die Heißfärber, die bei 60° C fixiert werden, sind beim Austritt aus dem Dämpfer vollständig fixiert, während bei den Kaltfärbern die Fixierung erst außerhalb des Dämpfers auf dem Wege zur Waschmaschine vollzogen wird.

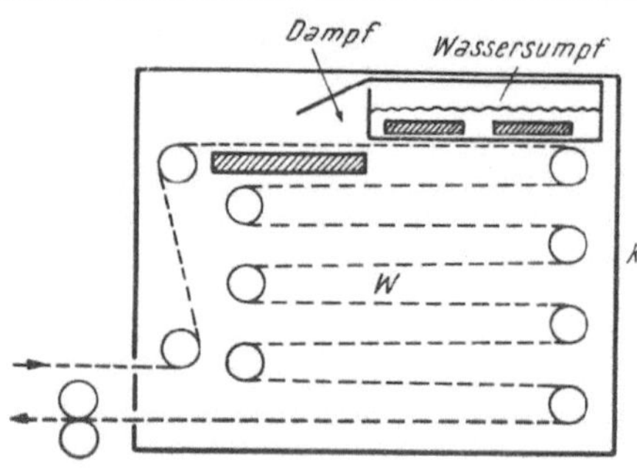

Abb. 23. Elektrofixierer von AUBAUER, DRP. 651607.

Nach Dr. JOACHIM MÜLLER besteht ein grundsätzlicher Unterschied zwischen dem Fixierungsvorgang bei dem Pottasche-Rongalit-Verfahren und dem Lauge-Hydrosulfit-Verfahren im Elektrofixierer. In letzterem Falle herrschen die gleichen Bedingungen wie in einer normalen Färbeküpe; daher sind auch die eine große Laugenmenge beanspruchenden hochaffinen Heißfärber am besten für die Fixierung im Elektrofixierer geeignet, während beim Pottasche-Rongalit-Druck gerade diese Farbstoffe größere Schwierigkeiten verursachen als die anderen. Beim Arbeiten auf dem Elektrofixierer durchläuft das Gewebe alle Temperaturbereiche, so daß für sämtliche Küpenfarbstoffe die optimalen Färbebedingungen vorhanden sind.

Der Elektrofixierer bietet folgende Vorteile: Die Druckware kann nach dem Drucken unbegrenzt lange liegen bleiben, bevor sie zum

---

[1] Melliand Textilber. **32**, 960—964 (1951).

Dämpfen kommt. Das Wasser, das zum Lösen der Chemikalien und der Leukoverbindung notwendig ist, ist schon auf der Faser vorhanden, so daß es nicht erst durch Kondensation des Dampfes gebildet werden muß. Man erreicht dadurch, daß auch niedrigere Temperaturen zur Verfügung stehen und Farbstoffe, die bei diesen besser aufziehen, unter optimalen Bedingungen fixiert werden. Die zum Verküpen notwendige Temperatur kann durch Ein- und Ausschalten von Heizelementen geregelt werden. Das für das Aufziehen der Natrium-Leukoverbindung notwendige Temperatur-Dampf-Gleichgewicht stellt sich mittels der Verdampfung des auf der Ware befindlichen Wassers ein. Die Ware verläßt den Dämpfapparat mit einer gewissen Feuchtigkeit, so daß ein Dampfüberschuß nicht notwendig ist, da die durch die exotherme Reaktion gebildete Wärmemenge durch das im Gewebe befindliche Wasser verbraucht wird. Die Dampftemperatur ist stets etwas über 100° C. Eine zusätzliche Zufuhr von Frischdampf ist möglich, aber normalerweise nicht nötig, wenn man von der Inbetriebnahme des Dämpfers absieht. Infolge des Fehlens von Salzen und Alkalien in den Druckfarben wird das bei manchen Küpenfarbstoffen gefürchtete Anreißen der Druckwalzen vermieden.

Pulvermarken können ohne Schwierigkeiten verwendet werden. Die Farbstoffe werden restlos fixiert, was beim Arbeiten im Mather-Platt nicht immer der Fall ist. Im Durchschnitt sind daher die Farbstoffausbeuten um ein Drittel gegenüber der normalen Arbeitsweise im Schnelldämpfer erhöht. Infolge der restlosen Ausnützung der Farbstoffe ergeben im Handel befindliche Farbstoffe, die aus mehreren Komponenten zusammengesetzt sind, Nuancen, die von den Typnuancen etwas abweichen. Im Vergleich zu dem Schnelldämpfer ist der Energiehaushalt sehr günstig, so daß ein billiges und dabei sicheres Arbeiten ermöglicht wird. Trotz dieser vielen Vorteile ist der Elektrofixierer nur in wenigen Druckereien anzutreffen. Außer für den eigentlichen Druckartikel kann er auch mit Vorteil in der modernen Kontinuefärberei mit Küpenfarbstoffen Anwendung finden, insbesondere für das kontinuierliche Färben nach dem Küpensäureverfahren (S. 196).

Diesen Vorteilen stehen aber gewisse Nachteile gegenüber. Vor allem ist es bisher noch nicht gelungen, eine in jeder Beziehung voll befriedigende Druckverdickung zu finden. Diese muß bei der Passage durch das Lauge-Hydrosulfit-Bad koagulieren, damit die Drucke nicht fließen und die gebildete Küpe den Fond nicht anfärbt. Die diesen Anforderungen genügende Verdickung mit Colloresin DK ergibt leider eine geringere Farbausbeute. Andere Verdickungen, vor allem aus Johannisbrotkernmehl, ergeben zwar bessere Ausbeuten, aber die Koagulation im Lauge-Hydrosulfit-Bad verläuft nicht so vollständig, sodaß eine gewisse Gefahr des Ausblutens besteht.

Nach GUND[1] sind Temperaturen im Dampfraum von 105 bis 110° C beim Dämpfen von Pigmentklotzen bei kurzen Passagen von 20 Sekunden

---

[1] Melliand Textilber. **34**, 130 (1953).

nicht nachteilig. Die Ware soll dabei einen Wassergehalt von zirka 100% haben. Die oben genannte Temperatur wird natürlich auf der Ware nicht erreicht, da durch das kalte Wasser eine Abkühlung bis unter 100° C eintritt. Bei einer Geschwindigkeit von 30 m pro Minute ist jedoch eine Anfangstemperatur von 100° C gerade genügend; durch Bildung von Reaktionswärme tritt eine Erwärmung auf 105 bis 110° C bei konstant gehaltener Dämpftemperatur ein. Amerikanische Veröffentlichungen nennen sogar Dämpfzeiten von 10 bis 20 Sekunden. Auf jeden Fall dürfen die Dämpfzeiten bei einer höheren Temperatur nicht zu lange sein, um ein zu starkes Erwärmen der Druckfarbe selbst zu vermeiden.

Dritter Teil

Die Indigosole und ihre Verwendung.

Die Indigosole, deren erster Vertreter im Jahre 1921 von M. BADER aufgefunden wurde, stellen haltbare, wasserlösliche Natriumsalze der Schwefelsäureester von Leukoküpenfarbstoffen dar. Sie werden unter dieser Bezeichnung von Durand & Huguenin, unter der Bezeichnung Anthrasolfarbstoffe von der I. G., bzw. den Farbwerken Hoechst, unter der Bezeichnung Soledonfarbstoffe von der ICI, als Cibantinfarbstoffe von der Ciba, als Tinosolfarbstoffe von Geigy, als Sandozolfarbstoffe von Sandoz und unter anderen Bezeichnungen von anderen Farbenfabriken in den Handel gebracht. Sie werden durch Sulfurierung der Leukoverbindungen mittels Chlorsulfonsäure in Gegenwart von Pyridin (Durand & Huguenin A. G. und I. G. Farbenindustrie) oder nach einem anderen Verfahren durch direkte Einwirkung der Chlorsulfonsäure auf die Leukoverbindung in statu nascendi in Pyridinlösung ohne deren Isolierung (ICI)[1] hergestellt.

Der einfachste Vertreter ist das Natriumsalz des Disulfoesters des Indigos, das Indigosol O:

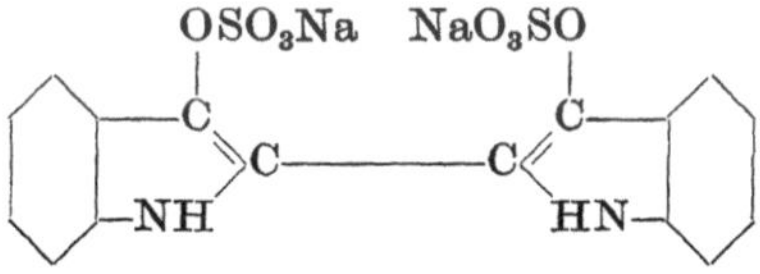

$$OSO_3Na \qquad NaO_3SO$$

Durch Abspaltung der Sulfogruppen und Oxydation mittels Oxydationsmitteln in saurem Medium werden die die Grundlage der betreffenden Indigosole bildenden Küpenfarbstoffe wieder zurückerhalten.

Der größte Teil der hierher gehörenden Farbstoffe leitet sich von indigoiden Küpenfarbstoffen ab, die anthrachinoiden Leukoküpenfarbstoffe lassen sich meistens schwerer in stabile und in sonstiger Hinsicht brauchbare Leukoester überführen, so daß leider die Anzahl der anthrachinoiden Vertreter noch gering ist. Immerhin sind gerade unter diesen einige besonders wertvolle Farbstoffe, wie Indigosolgoldgelb IGK und

---

[1] DRP. 410972, 418487, 424891, 428241, 431250, 431501, 433146, 433736, 435787, 436176, 441371, 465971, 470809 476811, 547083, 563623, 563958, 574190, 579327, 580013, 580534, 584718. — Amer. P. 1639206, 1668392. — Franz. P. 551666, 571264.

IRK, Indigosolblau IBC und Indigosolgrün IB. Die beiden letzteren
Farbstoffe verhalten sich etwas anders als die indigoiden Vertreter und
müssen daher teilweise nach Sondervorschriften gefärbt oder gedruckt
werden. Indigosolblau IBC stellt den einzigen Vertreter aus der Indanthrongruppe dar. Es gelang erst nach Überwindung verschiedener
Schwierigkeiten, den Leukoester des Indanthrenblau BC herzustellen,
wobei sämtliche vier Karbonylgruppen reduziert und verestert sind. Wie
an anderer Stelle ausgeführt wird, soll bei der richtig geleiteten normalen
Verküpung der Farbstoffe der Indanthrenblaugruppe im Gegensatz dazu
die Reduktion nur an einem Anthrachinonsystem, also nur an zwei
Karbonylgruppen stattfinden. Diese außergewöhnliche Konstitution des
Indigosolblau IBC bewirkt das etwas aus dem Rahmen fallende Verhalten des Farbstoffes bei seiner Verwendung (S. 320, 322, 349), indem
er nicht direkt in den Küpenfarbstoff, sondern über die Zwischenstufe des
Diesters zurück verwandelt wird:

Indigosolblau IBC (Tetrasulfoester)   Disulfoester

Indanthrenblau BC

Während der Tetrasulfoester, welcher gelb gefärbt und nur in neutralem bis alkalischem Bade beständig ist, hohe Löslichkeit und geringe
Substantivität besitzt, ist der bei einem p_H von 4,8 bis 5,2 entstehende
bordo gefärbte Disulfoester stärker substantiv.

Die Herstellung des Indigosolblau IBC und ebenso des Indigosolgrün IB in stabiler trockener Form gelang erst nach vielen Versuchen, indem man den alkalischen Farbstoffteigen Glukose, Melasse, Harnstoff oder Sulfitablauge zusetzte[1].

Die Indigosole ziehen meistens farblos oder schwach gefärbt aus neutralem oder schwach alkalischem Farbbade auf die Faser auf. Ihre Affinität zur Faser ist wesentlich geringer als die der nicht veresterten Leukoküpenfarbstoffe, in manchen Fällen ist nahezu überhaupt keine Affinität vorhanden.

Die Spaltung und Oxydation wird auf drei verschiedene Arten ausgeführt, 1. durch eine Nachbehandlung in sauren Oxydationsbädern, 2. durch Dämpfen, 3. durch Verhängen oder Liegenlassen.

Bei den Verfahren mit einer Nachbehandlung in sauren Bädern wird das Oxydationsmittel entweder gemeinsam mit dem Farbstoff auf die Faser gebracht oder dem sauren Entwicklungsbade zugesetzt. Es werden folgende Verfahren angewendet:

1. Das von H. PERNDANNER aufgefundene Nitritverfahren, welches in der Färberei am meisten angewendet wird.

2. Das Bichromat- und das neutrale Chromatverfahren.

3. Das nur in den Vereinigten Staaten verwendete Eisennitratverfahren.

Das Kupfervitriolverfahren[2], bei dem das Gewebe zuerst mit einer mit Ameisensäure angesäuerten 2%igen Kupfersulfatlösung präpariert und dann mit der Indigosolfarbe bedruckt wird, hat nur theoretisches Interesse.

Bei den Dämpfverfahren verwendet man Natrium- oder Ammonchlorat als Oxydationsmittel. Man kennt folgende Verfahren:

1. Bei dem ältesten und auch heute noch am meisten angewendeten Verfahren benützt man als säureabspaltende Mittel Rhodanammon oder Ammonoxalat.

2. An Stelle der säureabspaltenden Ammonsalze werden Ester organischer Säuren, vor allem Äthyltartrat („Solentwickler D"), verwendet, welche während des Dämpfens gespalten werden. Diese Methode ist besonders bei einigen schwer löslichen Indigosolen, welche durch die Ammonsalze ausgefällt werden können, vorzuziehen; dabei wirkt der Solentwickler D nicht nur als Säurelieferant, sondern auch als ausgezeichnetes Lösungsmittel für Indigosole.

3. Bei dem dritten Verfahren werden das Natriumchlorat und das Ammonsalz durch Ammonchlorat zersetzt. Abgesehen von der Vereinfachung des Rezeptes, hat dieses Verfahren den Vorteil, daß die Dämpfdauer wesentlich abgekürzt werden kann. Dieses Verfahren ist besonders geeignet, wenn gleichzeitig Anilinschwarz oder Rapidogenfarbstoffe gedruckt werden.

Das Dämpfen ist einfacher als bei Küpenfarbstoffen durchzuführen, da der Dampf nicht luftfrei sein muß. Man kann mit kurzer oder mit

---

[1] Amer. P. 2122113 von Durand & Huguenin.
[2] Amer. P. 1917101 von Durand & Huguenin.

langer Dämpfdauer dämpfen, je nachdem ob die mitgedruckten Farbstoffe aus anderen Gruppen eine kurze oder lange Dämpfdauer verlangen.

Weiters ist es möglich, die Indigosole ohne Naßentwicklung und ohne Dämpfen bei Anwendung des Aluminiumchloratverfahrens durch einfaches Liegenlassen der Ware während 24 Stunden zu entwickeln.

Die Indigosole werden durch Übergießen mit heißem Wasser, eventuell unter Zusatz von Lösungsmitteln gelöst; ein Aufkochen muß vermieden werden. Ein Verküpen wie bei Anwendung der Küpenfarbstoffe ist daher nicht notwendig und es fallen alle damit in Verbindung stehenden Schwierigkeiten weg. Die Lösungen der Indigosolfarbstoffe müssen ebenso wie die noch nicht entwickelten Färbungen und Drucke vor der Einwirkung intensiven Lichtes geschützt werden, da sie lichtempfindlich sind und durch die Lichteinwirkung eine vorzeitige Oxydation eintritt. Dies ist auch während des Färbens selbst zu beachten, da an den belichteten Stellen, an denen das Indigosol schon in den Küpenfarbstoff übergegangen ist, das Indigosol wieder von neuem aufgenommen wird, so daß diese Stellen dünkler als die nicht belichteten ausfallen.

Das wichtigste Anwendungsgebiet für die Indigosole ist die Druckerei. Im Direktdruck kann man sie ohne Schwierigkeiten neben Rapidogen- und Rapidechtfarbstoffen, diazotierten Basen und Farbsalzen auf naphtolierter Ware, Küpenfarbstoffen und Anilinschwarz drucken. Noch wichtiger ist ihre Verwendung im Reservedruck, da mit ihrer Hilfe die Erzeugung von Artikeln gelingt, die in der gleichen Echtheit und Einfachheit der Arbeitsweise auf anderem Wege überhaupt nicht herstellbar sind. Es soll nur die Verwendung der Indigosole in Reserven unter Anilinschwarz oder Variaminblau sowie als Fond mit vor- oder aufgedruckten Reserven mit Küpenfarbstoffen oder Rapidogen- und Rapidechtfarbstoffen erwähnt werden. Aber auch auf dem Gebiete der Unifärberei haben sie Bedeutung, z. B. dort, wo man mit den Färbemethoden der Küpenfärberei keine genügende Egalität und Durchfärbung erreicht.

Die wichtigsten Eigenschaften, die für die Verwendung der Indigosole maßgebend sind, sind 1. die Löslichkeit, 2. die Spaltbarkeit und Oxydierbarkeit, 3. das Aufziehvermögen. Für die praktische Verwendbarkeit ist daher ein Löslichkeitsminimum und eine Spalt- und Oxydierbarkeit innerhalb gewisser Grenzen notwendig. In Tabelle 5 sind die Eigenschaften der verschiedenen Indigosolfarbstoffe angeführt:

Tabelle 5.

Farbstoff	entspricht	Löslichkeit	Spaltbarkeit	Aufziehvermögen
Indigosolgelb V	1-p-Phenylbenzoyl-aminoanthrachin-non[1]	leicht	leicht	gering
Indigosolgelb HCG		leicht	leicht	kein
Indigosolgoldgelb IGK.....	Indanthrengold-orange GK	zieml. schwer	leicht	zieml. stark

[1] BIOS Final Report 1493, S. 73.

Fortsetzung der Tabelle 5.

Farbstoff	entspricht	Löslich-keit	Spaltbar-keit	Aufzieh-vermögen
Indigosolgoldgelb IRK.....	Indanthrengold-orange RK	schwer	leicht	zieml. stark
Indigosolorange HR	Helindonorange R	zieml. schwer	leicht	kein
Indigosolbrillantorange IRK	Indanthrenbrillant-orange RK	leicht	leicht	gering
Indigosolscharlach IB	Indanthrenschar-lach B	leicht	zieml. leicht	kein
Indigosolscharlach HB	Helindonscharlach B	schwer	zieml. schwer	kein
Indigosolrosa IR extra	Indanthrenbrillant-rosa R extra	schwer	schwer	kein
Indigosolbrillantrosa I3B ..	Indanthrenbrillant-rosa 3B	leicht	schwer	kein
Indigosolrot HR	Helindonrot R	leicht	schwer	gering
Indigosolrot IFBB	Indanthrenrot FBB	zieml. schwer	leicht	zieml. stark
Indigosolrotviolett IRH....	Indanthrenrot-violett RH	schwer	schwer	kein
Indigosoldruckviolett IRR .	Indanthrenviolett RR	leicht	leicht	gering
Indigosoldruckviolett IBBF	Indanthrenviolett BBF	leicht	schwer	gering
Indigosolbrillantviolett I4R	Indanthrenbrillant-violett 4R	zieml. schwer	leicht	zieml. stark
Indigosoldruckblau IB	Indanthrendruck-blau B	leicht	leicht	kein
Indigosoldruckblau IGG ...	Indanthrendruck-blau GG	leicht	leicht	kein
Indigosolblau IBC	Indanthrenblau BC	leicht	leicht	kein
Indigosol O	Indigo	leicht	leicht	kein
Indigosol OR	Indigo R	leicht	leicht	kein
Indigosol O4B.............	Indigo 4B	leicht	schwer	merkl.
Indigosol O6B.............	Indigo 6B	leicht	schwer	merkl.
Indigosol AZG	Alizarinindigo	leicht	leicht	merkl.
Indigosolgrün AB	Indigo-Alizarin-grün B	zieml. schwer	leicht	merkl.
Indigosolgrün IB..........	Indanthrenbrillant-grün B	zieml. schwer	leicht	stark
Indigosolgrün IGG	Indanthrenbrillant-grün GG	zieml. schwer	leicht	stark
Indigosolgrün I3G	Indanthrenbrillant-grün 3G	schwer	leicht	gering
Indigosololivgrün IB	Indanthrenoliv-grün B	schwer	leicht	stark
Indigosolbraun IRRD	Indanthrenbraun RRD	schwer	leicht	gering
Indigosolbraun IBR	Indanthrenbraun BR	zieml. schwer	leicht	zieml. stark
Indigosolbraun IVD		zieml. schwer	leicht	gering
Indigosolgrau IBL	Indanthrendruck-schwarz BL	leicht	leicht	gering
Indigosoldruckschwarz IB .	Indanthrendruck-schwarz B	leicht	leicht	gering

Während die meisten Indigosole durch Zusatz von warmem Wasser von 50 bis 60° C ohne Schwierigkeiten in Lösung gebracht werden können, ist es bei einigen schwer löslichen Indigosolfarbstoffen zweckmäßig, in einer 0,1%igen Sodalösung zu lösen. Die meisten Indigosolfarbstoffe sind, falls nicht zu große Elektrolytmengen anwesend sind, in Konzentrationen von mindestens 5% löslich; dies genügt im allgemeinen. Nur einige wenige Farbstoffe bieten durch ihre geringere Löslichkeit manchmal Schwierigkeiten. So beträgt die maximale Löslichkeit von Indigosolgoldgelb IRK 1,5%, von Indigosolscharlach HB 4,5%, von Indigosolrosa IR extra 3,5%, von Indigosolrotviolett IRH 3,5% und von Indigosolbraun IRRD 0,5%.

Die Löslichkeit wird auch durch große Mengen von Elektrolyten herabgesetzt, z. B. durch Kochsalz, Glaubersalz, Natriumnitrit usw., ferner bei Anwendung niedriger Temperaturen.

I. Verwendung der Indigosole in der Färberei.

A. Verwendung der Indigosole in der Färberei von pflanzlichen Fasern und von Kunstseide.

Das ausgezeichnete Egalisierungsvermögen und das sehr gute Durchfärbevermögen der Indigosole macht sie besonders zum Färben dichtgeschlagener Stoffe oder hartgedrehter Garne sowie von schlecht egalisierendem Material, wie z. B. mercerisierter Garne und Gewebe, geeignet, welche mit Indanthrenfarbstoffen auch bei Anwendung des Pigmentklotzverfahrens und anderer Spezialverfahren keine einwandfreien Resultate ergeben. Insbesondere bei feinen, dichtgewebten Geweben wie Popeline oder auch bei groben dichtgeschlagenen Geweben wie Segeltuch ist daher die Anwendung der Indigosole dem Färben mit Küpenfarbstoffen vorzuziehen, besonders bei hellen Färbungen, bei denen der höhere Preis der Indigosole keine Rolle spielt. Ihr gutes Egalisierungs- und Durchfärbevermögen ist darauf zurückzuführen, daß sie als Ester der Leukoverbindungen der Küpenfarbstoffe nicht durch die alleinige Einwirkung von Luftsauerstoff oxydiert werden und daß ihre Affinität zur Faser sehr gering ist.

Zum Färben von Stückware können Jigger, Haspelkufen und Foulards Verwendung finden. Da die Indigosole nur geringe Affinität zur Faser besitzen, ist aber die Verwendung der Haspelkufe sehr unrationell und nur dann zu rechtfertigen, wenn es sich um sehr empfindliche Gewebe handelt, vor allem Kunstseidengewebe. Sonst ist das Färben auf dem Jigger vorzuziehen, besonders aber das Klotzen auf dem Foulard. Letzteres Verfahren ist hinsichtlich der Leistungsfähigkeit und der Farbstoffausnützung weitaus am günstigsten. Man kann ohne Beeinträchtigung der Egalität und der Durchfärbung eine Produktion von 50 bis 100 m pro Minute erreichen.

Aus Traditionsgründen wird in den Färbereien auch heute noch ein großer Teil der Gewebe auf dem Jigger gefärbt, während die Druckereibetriebe das Klotzen auf dem Foulard mit anschließendem Trocknen in der Hotflue bevorzugen.

1. Färben der Indigosole auf dem Jigger.

Das von H. PERNDANNER erfundene Nitritverfahren ist das am meisten angewendete Verfahren. Man arbeitet in möglichst kurzem Flottenverhältnis (1 : 4 bis 1 : 10), um die Farbstoffverluste, die durch das geringe Aufziehvermögen der Indigosole bedingt werden, möglichst niedrig zu halten. Soweit es möglich ist, färbt man daher auch bei gewöhnlicher Temperatur $^1/_2$ bis $^3/_4$ Stunden, da die Indigosole fast ausnahmslos bei niedriger Temperatur das höchste Aufziehvermögen besitzen. Indigosolgrün IB und Indigosolbraun IRRD ziehen aber in größerer Konzentration bei 60° C besser auf. Man kann aber auch bei höherer Temperatur mit dem Färben beginnen, z. B. um bessere Durchfärbung zu erreichen, und im erkaltenden Bade zu Ende färben. Das Ausziehen der Farbstoffe wird durch den Zusatz von Glaubersalz verbessert. Nach Beendigung des Färbens wickelt man möglichst gleichmäßig auf und läßt weiter rotieren, falls man nicht sofort ins Entwicklungsbad einfährt. Vor dem Einfahren in das Entwicklungsbad wird gleichmäßig abgequetscht, jedoch nicht gespült, da der Indigosolfarbstoff größtenteils nicht fixiert ist und durch das Spülen herausgewaschen würde. Das Oxydationsbad enthält 20 cm³ Schwefelsäure 66° Bé und 1 g Natriumnitrit. Man entwickelt zirka $^1/_4$ Stunde in mindestens zwei Passagen, und zwar die leicht spaltbaren Indigosole bei 20° C, während man bei den schwerer spaltbaren bis auf 70° C gehen muß. Anschließend wird gespült und kochend geseift.

Am zweckmäßigsten ist es, mit mindestens zwei Jiggern zu arbeiten, von denen der eine die Färbeflotte enthält, während der andere zum Entwickeln, Spülen und Seifen dient, falls man nicht das Spülen und Seifen auf einem dritten Jigger vornimmt. Manchmal ist der zum Entwickeln dienende Jigger mit einem Luftgange ausgestattet. Von der Maschinenfabrik Julius Fischer, Nordhausen, wurde eine Stückfärbemaschine, die mit zwei auswechselbaren Färbebassins ausgestattet ist, für die Indigosolfärberei herausgebracht.

Man kann aber auch das Nitrit direkt dem Färbebade zusetzen. Dies ist mit der Gefahr verbunden, daß der Farbstoff ausgefällt wird, bietet jedoch den Vorteil, daß die Bildung von nitrosen Dämpfen im Entwicklungsbade vermieden wird.

In der gleichen Weise wie Baumwolle- lassen sich auch Leinen- und andere Bastfaserngewebe färben, für die besonders das gute Durchfärbevermögen der Indigosole einen großen Vorteil darstellt.

Bei Kunstseide und Zellwolle wirkt sich die größere Affinität günstig aus, ferner der Umstand, daß alkalische, die Regeneratzellulose stark quellende Bäder vermieden werden. Bei Mischgeweben aus Baumwolle und Fasern aus regenerierter Zellulose sind jedoch manche Farbstoffe, wie z. B. das Indigosolgrün IB, wegen ihres ungleichen Aufziehvermögens weniger geeignet.

Eine gewisse Ausnahmestellung nimmt das Indigosolblau IBC infolge seiner äußerst geringen Substantivität und Säure- bzw. Oxydationsempfindlichkeit ein. Bei hellen Farbtönen kann man aber durch Salzzusatz die Substantivität wenigstens soweit erhöhen, daß wenigstens beim Färben in kürzerem Flottenverhältnis auf dem Jigger die Farbstoffverluste noch erträglich sind. Die Säure- und Oxydationsempfindlichkeit und die geringe Substantivität des Indigosolblau IBC sind die Hauptursache für die beim Färben dieses Farbstoffes leicht auftretenden Fehler. Der diesen Farbstoff bildende gelbe Tetrasulfoester ist leicht löslich und besitzt nur eine geringe Substantivität (S. 314, 322). Durch Einwirkung von Säure geht er bei einem p_H-Wert von 4,8 bis 5,2 in den wesentlich stärker substantiven bordofarbigen Diester über, so daß der ursprünglich nur lose anhaftende Überschuß an Tetrasulfoester nach der Umwandlung in den Disulfoester fixiert wird und die Ursache von Flecken oder dünkleren Leisten bilden kann; es ist daher auf ein möglichst gleichmäßiges Aufwickeln des Gewebes und gleichmäßiges Abquetschen bei diesem Farbstoffe besonders zu achten. Eine weitere Schwierigkeit bedeutet die Oxydationsempfindlichkeit des Farbstoffes; die obere und die untere Grenze der Entwicklungsbedingungen liegen sehr nahe beisammen, da das Indanthrenblau BC, wie alle Derivate des Indanthrenblau, leicht überoxydierbar ist, anderseits aber die Umwandlung des Diesters in das Indanthrenblau BC keineswegs leicht vollkommen stattfindet, so daß die Färbung einerseits durch Überoxydation zu grünstichig, anderseits durch nicht vollständige Entwicklung zu rotstichig ausfallen kann. Besonders Zellwolle läßt sich in vielen Fällen schlechter entwickeln als Baumwolle. Sowohl die Überoxydation als auch die unvollständige Entwicklung bedingen unegale Färbungen. Bei unvollständiger Entwicklung fallen außerdem die Färbungen zu schwach aus. Der durch die Überoxydation hervorgerufene Fehler kann jedoch durch Nachbehandlung mit Hydrosulfit (S. 178) ziemlich behoben werden; er läßt sich auch schon während des Färbens durch Zusatz von Sulfitablauge (Dekol) einschränken. Bei dem „Essigsäureverfahren" von Durand & Huguenin wird die leichte Spaltbarkeit des Tetraesters in den stärker substantiven Diester ausgenützt, indem man während des Färbens durch Zusatz eines Ammonazetat-Essigsäure-Gemisches die Umwandlung vollzieht, wobei sich soviel Diester im Augenblick bildet, als die Faser gerade aufnehmen kann. Dann wird im gleichen Bade mit Nitrit und Schwefelsäure bei einem p_H von 1 bis 1,2 fertig entwickelt. Nach diesem Verfahren kann man Indigosolblau IBC sogar auf der Haspelkufe färben[1].

Bei Anwendung des Bichromatverfahrens wird in analoger Weise gearbeitet. Allgemein setzt man das Bichromat dem Entwicklungsbade zu; es werden 8 bis 10 g Natrium- oder Kaliumbichromat und 20 bis 30 cm³ Schwefelsäure 66° Bé pro Liter angewendet; die Badtemperatur beträgt 50 bis 70° C. Manche Farbstoffe sind für dieses Verfahren nicht

---

[1] Melliand Textilber. **1936**, 503; **1943**, 138—140.

geeignet, z. B. Indigosolblau IBC und Indigosolgrün IB, bei einzelnen Farbstoffen fallen die Nuancen stumpfer aus als bei dem Nitritverfahren. Das Verfahren bietet aber den Vorteil, daß die Bildung nitroser Dämpfe vermieden wird. Es wird viel weniger als das Nitritverfahren verwendet.

Ebenso ist auch das Ferrisalzverfahren wenig in Gebrauch. Dieses Verfahren hat die gleichen Vor- und Nachteile wie das Bichromatverfahren. Es ist auch nicht für alle Indigosolfarbstoffe geeignet. Man entwickelt mit 20 bis 30 g Ferrichlorid oder Ferrisulfat und 20 bis 30 cm³ Schwefelsäure pro Liter bei 40 bis 60° C. Die Überoxydation mancher Indigosole kann durch Zusatz von Ferrosalzen oder Salzen schwacher Säuren, die mit Ferrisalzen Doppelsalze bilden, vermieden werden.

Durch Trocknen der Färbungen vor dem Entwickeln erhält man allgemein dunklere Färbungen. Bei Farbstoffen ohne nennenswerte Substantivität sind die Farbstoffverluste ohne Zwischentrocknung sehr hoch, sie können z. B. bei Indigosolblau IBC 75% erreichen. Beim Trocknen dringt der Indigosolfarbstoff erst vollständig in die Faser ein, so daß auch die Waschechtheit besser wird als bei Entwicklung der nicht getrockneten Ware, bei der ein Teil des Farbstoffes nur oberflächlich auf der Faser sitzt. Es ist ferner sehr wichtig, daß nach dem Färben gut abgequetscht wird, um gute Reib- und Waschechtheit zu erzielen. Wenn man nach dem Färben nicht sofort entwickeln kann, ist es möglich, die gefärbte trockene Ware in unentwickeltem Zustande beliebig lange liegen zu lassen.

Selbstverständlich muß darauf geachtet werden, daß nicht Farbstoffe mit ganz verschiedenen Eigenschaften, z. B. ein leicht überoxydierbarer mit einem schwer entwickelbaren, miteinander verwendet werden.

Um die Farbstoffverluste möglichst gering zu halten, empfiehlt sich ein Weiterfärben auf stehendem Bade. Die Farbstoffnachsätze bei Kombination von mehreren Farbstoffen müssen dabei dem mehr oder minder hohen Ausziehvermögen der Farbstoffe angepaßt sein. Man kann auch nach dem ersten Färben und Entwickeln die gleiche Partie nochmals in dem gleichen Färbebade färben, um tiefere Färbungen zu erzielen.

Da das Trocknen nach dem Färben auf dem Jigger betriebsmäßig nur mit Schwierigkeiten auszuführen ist, sollte schon aus diesem Grunde dem Klotzen auf dem Foulard der Vorzug gegeben werden. Weitere Nachteile der Jiggerfärberei im Vergleich zu dem kontinuierlichen Arbeiten auf dem Klotzwege sind die geringere Produktion, der große Farbstoffverlust, die größere Gefahr unegaler Färbungen.

2. Färben der Indigosole auf der Haspelkufe.

Das Färben auf der Haspelkufe ist nur dort zu empfehlen, wo mit Rücksicht auf das Gewebe zu starke Spannungen, die bei Verwendung eines gewöhnlichen Jiggers unvermeidbar sind, vermieden werden müssen. Das Ansetzen der Färbebäder und der Entwicklungsbäder findet in der gleichen Weise wie beim Färben auf dem Jigger statt. Nach dem Färben wird die Ware auf 80 bis 90% Feuchtigkeitsgehalt abgeschleudert oder abgesaugt. Um die Farbstoffverluste einzuschränken, sollen nur solche Indigosole verwendet werden, die eine größere Affinität zu der Zellulosefaser besitzen und die sich leicht entwickeln lassen. Abgesehen davon, daß infolge des ungünstigen Flottenverhältnisses (zirka 1 : 30) beim Färben auf der Haspelkufe ein großer Teil der wenig substantiven Indigosolfarbstoffe in der Flotte unausgenützt zurückbleibt, wird beim Entwickeln in einem frischen Bade wieder ein großer Teil des auf der Ware befindlichen Farbstoffes abgelöst. Um diesen Übelstand zu vermeiden, wurde ein Einbadverfahren entwickelt. Man setzt dem Farbbade pro 100 Liter 50 g Nekal BX und 100 g Peregal O oder Setamol WS zu und geht bei Raumtemperatur mit dem Gewebe ein. Nachdem die Ware vollständig genetzt ist, wird der gelöste Farbstoff während $^1/_2$ Stunde zulaufen gelassen. Nach weiteren 30 Minuten läßt man 100 g Natriumnitrit, die vorher aufgelöst wurden, zufließen und setzt schließlich noch 2,5 bis 5 kg Glaubersalz zu; nach weiteren 15 Minuten werden 200 g Schwefelsäure 66° Bé, die vorher mit Wasser verdünnt wurden, unter gutem Umrühren zugegeben. Innerhalb von 15 Minuten ist die Entwicklung beendet; dann spült man, neutralisiert, seift kochend und spült wieder.

Für dieses Verfahren sind nicht alle Farbstoffe geeignet. Bei Indigosolblau, welches infolge seiner geringen Substantivität für das Verfahren ungeeignet ist, kann man das schon früher kurz erwähnte Ammoniak-Essigsäure-Verfahren anwenden, das von Durand & Huguenin herausgebracht wurde[1]. Dem Färbebad werden pro 100 Liter 500 cm³ Ammoniak und 50 g Nekal BX oder Setamol WS sowie das gut gelöste Indigosolblau IBC zugesetzt. Man geht bei Raumtemperatur mit der Ware ein und färbt 7 Minuten, dann setzt man innerhalb von 7 Minuten 2 kg aufgelöstes Glaubersalz nach und nach weiteren 7 Minuten 120 cm³ Essigsäure 50%ig, die vorher mit Wasser verdünnt wurde. In diesem Bade läßt man 30 Minuten laufen und steigert die Temperatur unterdessen allmählich auf 30 bis 35° C. Dabei geht die gelbe Farbstofflösung in die rotviolette Lösung des Diesters über, der leichter auf die Faser zieht. Nach weiteren 15 Minuten setzt man nochmals 60 cm³ Essigsäure 50%ig zu und nach 20 Minuten 200 g Natriumnitrit in Lösung und unter gutem Rühren 500 cm³ Schwefelsäure 66° Bé, die ebenfalls vorher mit Wasser verdünnt wurde; nach 10 Minuten ist die Entwicklung beendet. Dann wird gespült, neutralisiert, kochend geseift und gespült.

3. Stranggarnfärberei mit Indigosolen.

Das Färben mit Indigosolen nach dem Einbadverfahren und nach dem modifizierten Einbadverfahren für Indigosolblau IBC wird bei Garnen in der Kufe oder in der Stranggarnfärbemaschine in derselben Weise wie auf der Haspelkufe ausgeführt. Man kann auch nach der normalen Methode mit getrennten Färbe- und Entwicklungsbädern

---

[1] Dietrich: Melliand Textilber. **17**, 503 (1936).

arbeiten wie bei Stückware. Die Garnfärberei mit Indigosolen bietet meist keine Vorteile, außer beim Färben von hellen Tönen und besonders bei scharf gedrehten Garnen aus mercerisierter Baumwolle, Zellwolle oder Kunstseide im Interesse der Egalität und der Durchfärbung. Bei hart gedrehten Garnen beginnt man ohne Salzzusatz bei 60° C, färbt im erkaltenden Bade zu Ende und entwickelt bei 70° C mit Natriumnitrit und Schwefelsäure während 15 Minuten in getrenntem Entwicklungsbade.

4. Klotzen mit Indigosolen.

Das Färben der Indigosole auf dem Jigger stellt nicht das geeignetste Verfahren dar. Durch die Einführung der Sulfogruppen in die Leukoverbindungen der Indanthrene tritt in den meisten Fällen eine Erhöhung der Löslichkeit und gleichzeitig eine beträchtliche Herabsetzung der Affinität ein. Infolge der relativ niedrigen Affinität der Indigosole ist die Ausnützung des Farbstoffes auf dem Foulard eine wesentlich günstigere als auf dem Jigger oder gar auf der Haspelkufe. Außerdem kann man mit kleinen Farbtrögen arbeiten, so daß das Volumen der nicht ausgenützten Flotte auf ein Minimum herabgedrückt wird. Die erhaltenen Färbungen zeichnen sich durch gute Egalität, Durchfärbung, Wasch- und Reibechtheit aus. Helle Färbungen können ohne Zwischentrocknung vor dem Entwickeln hergestellt werden, während bei mittleren und dunklen Färbungen vor dem Entwickeln unbedingt getrocknet werden muß, um eine gute Farbstoffausnützung und eine gute Wasch- und Reibechtheit zu erzielen. Durch Dämpfen vor dem Entwickeln kann die Farbstoffausnützung noch weiter gesteigert werden. Bei nicht zu dunklen Tönen genügt ein Durchlauf, so daß man in kontinuierlicher Arbeitsweise das Färben mit oder ohne Zwischentrocknung mit dem anschließenden Entwickeln, Waschen und Seifen verbinden kann. Man erreicht auf diese Weise außerordentlich hohe Produktionsziffern, die die auf dem Jigger unter den günstigsten Bedingungen erreichten um das Vielfache übertreffen, indem man an den Färbefoulard eine Hotflue und eine Breitwaschmaschine oder eine Hotflue, einen zweiten Foulard für das Entwicklungsbad und eine Breitwaschmaschine zum Seifen und Waschen anschließt. Durch einen kleinen Dämpfkasten nach der Hotflue oder einen Luftgang nach dem Entwicklungsbade sowie eine Trockenanlage, z. B. Trockenzylinder zum Trocknen der fertiggestellten Ware, kann der kontinuierliche Prozeß weiter vervollkommnet werden. Man erreicht Produktionsziffern von 50 bis 100 m pro Minute, wenngleich man sich im Interesse der guten Durchfärbung und Egalität meistens mit niedrigeren Ziffern begnügt.

Für reservierte Klotzungen wird meistens das Dämpfverfahren vorgezogen, bei dem die meistens zur Buntilluminierung verwendeten Küpenfarbstoffe gleichzeitig mit der Entwicklung des Indigosolfond fixiert werden, während für Glattfärbungen die Naßentwicklungsverfahren vorzuziehen sind. Für dunklere Glattfärbungen kommen die Indigosole infolge ihres höheren Preises im allgemeinen nicht in Frage.

Um die geringe Affinität der Indigosole zur Faser möglichst vollkommen auszuschalten, arbeitet man mit Trögen mit einem Fassungsraum von höchstens 20 bis 25 Liter Inhalt. Man hat aber auch mit Spezialtrögen mit einem Inhalt von zirka 5 Liter gute Erfolge erzielt. Da bei höherer Temperatur die Affinität geringer wird, klotzt man bei Temperaturen zwischen 60 und 90° C, falls die Naßentwicklungsverfahren angewendet werden. Bei dem Dämpfverfahren muß man selbstverständlich in der Kälte arbeiten, da über 30° C die Spaltung der Farbstoffe unter dem Einfluß des sauren Salzes beginnt. Die Kombination von Farbstoffen mit stark verschiedener Substantivität und ebenso mit verschiedener Spaltbarkeit soll vermieden werden. Auch durch Erhöhung der Durchlaufsgeschwindigkeit kann dem substantiven Aufziehen der Farbstoffe entgegengearbeitet werden. Das geeignetste Verdickungsmittel ist Tragant; durch den Zusatz erhöhter Menge an Tragant wird die Egalität verbessert.

a) Naßentwicklungsverfahren.

Diese sind in erster Linie für das Färben von glatter Ware von Bedeutung. Das wichtigste Verfahren ist auch hier das Nitritverfahren. Die Klotzlösungen enthalten außer dem eventuell unter Zusatz von Lösungsmitteln gelösten Indigosolfarbstoff 10 g Nitrit, bei einem Farbstoffgehalt von mehr als 10 g zirka 12 g Nitrit, ferner 1 g Nekal BX oder ein anderes säurebeständiges Netzmittel sowie 1 g Ammoniak 25%ig oder 1 g Soda kalz. pro Liter, um einer vorzeitigen Spaltung des Indigosolfarbstoffes vorzubeugen. Man klotzt auf einem Zwei- oder Dreiwalzenfoulard mit einem möglichst kleinen Trog oder auf einer der für die Indigosolfärberei bestimmten Spezialkonstruktionen. Am zweckmäßigsten ist die kontinuierliche Arbeitsweise mit oder ohne Zwischentrocknung. Wenn man gezwungen ist, die Ware zwischendurch aufzurollen, muß sorgfältig darauf geachtet werden, daß kein stellenweises Antrocknen durch zu langes Lagern und keine Einwirkung des Sonnenlichtes stattfindet. Die getrocknete Ware kann jedoch unter Abschluß von Licht und Säuredämpfen ohne Gefahr längere Zeit unentwickelt liegen bleiben, z. B. die für den Aufdruck von Reserven bestimmte Ware. Durch eine Zwischentrocknung vor dem Entwickeln wird die Fixierung der Farbstoffe verbessert, so daß außer tieferen Nuancen auch bessere Durchfärbung, Wasch- und Reibechtheit erhalten werden. Durch anschließendes kurzes Dämpfen vor dem Entwickeln wird der Erfolg noch weiter erhöht. Die Entwicklung wird in einem 65 bis 75° C warmen Bade, welches 20 cm³ Schwefelsäure 66° Bé pro Liter enthält, bei einer 2 bis 3 Sekunden dauernden Passage in einem Foulard oder Jigger ausgeführt. Nach dem Passieren des Säurebades folgt ein Luftgang von 20 bis 30 Sekunden. Statt dessen kann man direkt im ersten Kasten einer Breitwaschmaschine entwickeln, wobei es genügt, daß das Säurebad gerade die unteren Leitwalzen bedeckt und ein Luftgang überflüssig ist. Zweckmäßig ist auch die Entwicklung auf der Variaminblaumaschine auszuführen. Durch Zusatz von 3 bis 5 g Harnstoff pro Liter zum Säurebad kann die Entwicklung von nitrosen Dämpfen fast ganz vermieden werden. Man kann auch das Nitrit anstatt in das Färbebad in das Entwicklungsbad geben.

Bei Farbstoffen mit extrem niedriger Substantivität wie beim Indigosolblau IBC kann durch Zusatz von zirka 50 g Glaubersalz pro Liter Farbflotte eine wesentliche Steigerung des Aufziehvermögens erreicht werden, so daß keine Gefahr besteht, daß die Färbung beim Seifen wesentlich heller wird, wenn ohne Zwischentrocknung gearbeitet wird. Durch den Glaubersalzzusatz kann auch das Wandern des Farbstoffes beim Trocknen auf Trockenzylindern vermieden werden. Wenn möglich, sollen Trockenzylinder nicht zum Trocknen verwendet werden; die ersten Trommeln müssen bombagiert werden.

Bei dem Klotzen nach dem Chromatverfahren setzt man entweder dem Färbebade 4 bis 10 g Natrium- oder Kaliumchromat pro Liter zu und entwickelt im Schwefelsäurebad, oder man setzt dem Färbebad nur den Farbstoff zu und entwickelt in einem Bade, welches 10 bis 20 g Natrium- oder Kaliumbichromat und 40 cm³ Schwefelsäure enthält, bei 35° C in einem Foulard während 2 bis 3 Sekunden mit anschließendem Luftgang oder in einem größeren Farbtrog mit längerer Passage (zirka 10 Sekunden) ohne Luftgang. Die sonstige Arbeitsweise ist die gleiche wie beim Nitritverfahren.

Wie schon früher erwähnt wurde, eignen sich nicht alle Indigosole für das Chromatverfahren. In manchen Fällen erhält man trübere Nuancen als bei dem Nitritverfahren.

b) Dämpfverfahren.

Dieses Verfahren ist in erster Linie für die Herstellung von Waren geeignet, welche mit Reserven bedruckt werden; für die Glattfärberei ist es zu umständlich.

Das Gewebe wird mit einer Farbflotte folgender Zusammensetzung geklotzt:

10 bis	50 g	Indigosolfarbstoff,
10 bis	50 g	Glyecin A,
	700 g	Wasser,
	50 g	Tragantverdickung 60 : 1000,
	10 g	Ammoniak,
10 bis	30 g	Ammonoxalat (oder 10 bis 15 g Rhodanammon),
6 bis	10 g	Natriumchlorat,
50 bis	100 g	Ammonvanadat 1 : 1000

auf 1 Liter.

Dann wird in der Hotflue getrocknet.

Man klotzt entweder die mit den Reserven bedruckte Ware oder druckt auf die geklotzte Ware. Die Färbungen werden durch 5 Minuten dauerndes Dämpfen gleichzeitig mit den Reserven entwickelt. Bei schwerer entwickelbaren Indigosolen erzielt man eine Verbesserung der Farbausbeute durch eine kurze Passage durch ein Schwefelsäure-Nitrit- oder Schwefelsäure-Bichromatbad.

In manchen Fällen ist das Solentwicklerverfahren besser geeignet,
z. B.:

60 g Indigosolblau IBC in
50 g Glycein A,
300 g Wasser und
50 g Tragantverdickung 60 : 1000 lösen, dann
45 g Natriumchlorat 1 : 2,
20 g Solentwickler D und schließlich
5 g vanadinsaures Ammon 1 : 1000 zusetzen.

Einstellen auf 1 Liter.

Bei dieser Klotzflotte geht die Entwicklung des Indigosolfarbstoffes
langsamer vor sich. Es wird dann wie bei der Verwendung der Klotzflotte mit säureabspaltenden Salzen fertiggestellt.

c) Verhängeverfahren.

Dieses Verfahren hat keine große Bedeutung erlangt und wird nur
selten ausgeführt. Dabei wird die mit der Klotzlösung imprägnierte
Ware zur Entwicklung des Farbstoffes über Nacht verhängt. Indigosol O
kann man z. B. nach folgender Rezeptur klotzen:

100 g Indigosol O extra in
770 g heißem Wasser lösen,
20 g Tragantschleim 60 : 1000 zusetzen, schließlich
nach dem Abkühlen
10 g Milchsäure,
50 g Natriumchlorat 10%ig und
50 g Kupfersulfat 10%ig hinzufügen.

1 Liter.

5. Garn- und Apparatenfärberei mit Indigosolen.

Das Färben von Stranggarn mit Indigosolen bietet vor dem Färben
mit den gewöhnlichen Küpenfarbstoffen vor allem dort Vorteile, wo
helle Nuancen auf schwer durchfärbbarem und schlecht egalisierendem
Material gefärbt werden sollen, z. B. bei hart gedrehtem Garn aus
mercerisierter Baumwolle oder aus Kunstseide. Für das Färben von
dunklen Tönen auf gewöhnlichem Stranggarn aus Baumwolle kommen
aber die Indigosole zu teuer.

Man kann die Garne auf Wannen oder auf mechanischen Stranggarnfärbemaschinen sowie auch auf Apparaten färben. Auf Wannen oder
auf Stranggarnfärbemaschinen arbeitet man mit einem Flottenverhältnis
von 1 : 20. Die Arbeitsweise lehnt sich weitgehend an die Stückfärberei
an. Man geht mit dem trockenen Material ein und färbt entweder nach
dem Einbad- oder nach dem Zweibadverfahren. Man färbt hartgedrehtes
Garn anfangs bei 60° C ohne Glaubersalz mit einem Netzmittel und färbt
in dem erkaltenden Bade unter portionenweisem Zusatz von Glaubersalz
zu Ende, da die Indigosole in der Kälte das höchste Aufziehvermögen
besitzen. Die Gesamtfärbedauer beträgt zirka $^3/_4$ Stunden. Die Entwicklung wird durch $^1/_4$stündige Behandlung in einem Entwicklungsbad
mit Schwefelsäure und Nitrit bei 70° C vorgenommen.

Zirkulationsapparate können zum Färben von Stranggarn ebenfalls verwendet werden, wenn sie aus säurefestem Material erzeugt sind; sonst muß die Entwicklung außerhalb des Zirkulationsapparates vorgenommen werden.

Kopse und Kreuzspulen können auf Apparaten nach dem Pack- oder nach dem Aufstecksystem gefärbt werden, wenn diese aus säurefestem Material bestehen. Das Färbebad, das auf 60° C erwärmt ist, enthält außer dem Farbstoff nur ein säurebeständiges Netzmittel und je 100 Liter Flotte pro 50 bis 1000 g Farbstoff 300 bis 800 g Natriumnitrit. Nach zirka 15 Minuten setzt man 25 bis 50 g kristallisiertes Glaubersalz je Liter zu und färbt im ganzen $^3/_4$ bis 1 Stunde. Nach dem Färben wird geschleudert oder abgesaugt und ohne Zwischenspülung sofort $^1/_4$ Stunde bei 70° C in einem 2% Schwefelsäure enthaltenden Bade oxydiert. Die Entwicklung muß auf jeden Fall so lange dauern, daß das Bad auch in die tiefsten Schichten der Kopse und Kreuzspulen eindringen kann.

Indigosolblau IBC kann nach dem Essigsäureverfahren analog der Stückfärberei gefärbt werden.

6. Färben von Kunstseide und Mischgeweben mit Indigosolen.

Die Indigosole haben zur Kunstseide und Zellwolle eine größere Affinität als zur Baumwolle. Sie sind daher zum Färben dieser Materialien auf dem Jigger besonders gut geeignet, da die Farbstoffverluste geringer als beim Färben von nativen Fasern auf dem Jigger sind. Die Färbeweise ist die gleiche wie für Baumwolle, mit der einzigen Ausnahme, daß Kunstseidenfärbungen bei 60 bis 80° C geseift werden.

Bei Mischgeweben aus regenerierten und nativen Zellulosen verursacht das ungleiche Aufziehvermögen bei der Herstellung tieferer Farbtöne Schwierigkeiten. Insbesondere Indigosolgrün IB ist für Mischgewebe aus Kunstseide und nicht mercerisierter Baumwolle kaum geeignet. Je nach Art der Kunstseide sind die Farbunterschiede verschieden stark. Mischgewebe aus Kunstseide und mercerisierter Baumwolle lassen sich eher gleichmäßig färben. Hellere Töne lassen sich verhältnismäßig gut gleichmäßig färben.

Beim Färben von Mischgeweben aus Kunstseide und Naturseide in saurem Bade nach der für die Seidenfärberei üblichen Vorschrift reservieren die Indigosole mit wenigen Ausnahmen, z. B. Indigosolgrün IB und Indigosolgoldgelb IGK und IRK, die Kunstseide ebenso wie die Baumwolle vollständig. Man kann mit diesen und einigen anderen Indigosolen Kunstseide und natürliche Seide in ungefähr gleicher Farbtiefe färben, indem man unter Glaubersalzzusatz bei normaler Temperatur färbt und, ohne zu spülen, in einem Bade mit 20 cm³ Schwefelsäure 66° Bé und 0,25 g Natriumnitrit je Liter bei 45° C entwickelt.

B. Verwendung der Indigosole in der Färberei von animalischen Fasern.

1. Verwendung der Indigosole in der Wollfärberei.

Die Indigosole besitzen trotz ihres höheren Preises in der Wollfärberei große Vorteile vor den einfachen Küpenfarbstoffen. In erster

Linie ist der Umstand, daß alkalische, die Wollfaser schädigende Bäder vermieden werden können, ein beachtlicher Vorteil, da die Indigosole in saurem Bade auf Wolle gefärbt und entwickelt werden.

Man kann die Wolle als loses Material, als Kammzug, als Garn und als Stückware in einfacher Weise auf den sonst in der Wollfärberei üblichen Apparaturen färben. Dies ist ein nicht zu unterschätzender Vorzug gegenüber der Küpenfärberei, etwa mit Indigo. Die hohe Affinität der Indigosole, die sich praktisch wie saure Wollfarbstoffe verhalten, ermöglicht es, daß auch tiefe Töne in einem Zuge gefärbt werden können. Beim Färben in der Indigoküpe sind dagegen drei bis vier Züge notwendig. Die Entwicklung wird entweder mittels Schwefelsäure und Nitrit oder mittels Schwefelsäure und Bichromat vorgenommen, so daß in letzterem Falle ebenso wie beim Färben eine weitgehende Analogie zum Färben mit Nachchromierungsfarbstoffen vorhanden ist.

Die Echtheitseigenschaften der Indigosole entsprechen denen der Küpenfarbstoffe, aus denen sie erzeugt sind, und sind wesentlich höher als auf vegetabilischen Fasern. Die Lichtechtheit ist meistens von der Größenordnung 7 oder 8, die Wasser-, Seewasser-, Wasch- und Walkechtheit sind ebenfalls die höchstmöglichen, auch die anderen Echtheitseigenschaften sind sehr gut, lediglich die Dekatierechtheit und die Reibechtheit lassen etwas zu wünschen übrig. Während des zweiten Weltkrieges wurden daher unter anderem die Monturenstoffe für die amerikanische Kriegsmarine mittels Indigosolen gefärbt.

Indigosol O und OR werden abweichend von den anderen Indigosolfarbstoffen gefärbt und mittels Schwefelsäure und Nitrit entwickelt. Das Färbebad wird außer mit dem gelösten Farbstoff mit 10% Glaubersalz (krist.), 1% Rongalit C und 3 bis 6% Ameisensäure 85% (bei hellen Farbtönen 3 bis 8% Essigsäure 30%) beschickt. Man geht bei 40° C ein, treibt zum Kochen und färbt $^1/_2$ Stunde, dann setzt man 2% Schwefelsäure 96% (66° Bé) zu und erschöpft das Färbebad innerhalb von $^3/_4$ Stunden; dann kühlt man mittels frischen Wassers auf 25° C ab. Während des Färbens soll das Bad eine hellgrüne Farbe aufweisen; falls es blau wird, muß man etwas Rongalit nachsetzen, um den oxydierten Farbstoff wieder zu reduzieren, da sonst die Reibechtheit schlechter wird. Auf jeden Fall muß nach dem Färben die Färbeflotte vollständig entfernt werden, bevor mit dem Entwickeln begonnen wird, da man sonst keine gute Reibechtheit erzielt. Dem Entwicklungsbad, das in derselben Apparatur wie das Färbebad verwendet werden kann, setzt man 7 g Schwefelsäure 96% (66° Bé) zu und läßt in diesem Bade 10 Minuten kalt laufen; dann setzt man eine Lösung von 0,4 bis 2,7% Natriumnitrit zu, je nach der Farbtiefe, und behandelt bei Indigosol O 1 Stunde bei 25° C, bei Indigosol OR $^3/_4$ Stunden bei 50° C; dann wird gründlich gespült und eventuell mit Soda neutralisiert und nochmals gespült. Durch den Zusatz von kationaktiven Verbindungen vom Sapamintyp[1], die man dem Entwicklungsbade zusetzt, läßt sich die Reibechtheit verbessern; ein

---

[1] DRP. 516 669, Durand & Huguenin.

derartiges Produkt ist die Indigosolseife SP, die in Mengen von 2 bis 4 g pro Liter angewendet wird.

Man kann an Stelle des Nitrits 0,5 bis 3,4% Bichromat unter Zusatz von 1% Rhodanammon zur Entwicklung verwenden. Die Farbtöne sind aber weniger rein.

Die übrigen Indigosolfarbstoffe werden in einer anderen Weise gefärbt und entwickelt. Es sind aber nicht alle Buntindigosole geeignet. Man beschickt das Färbebad mit der Farbstofflösung und 5% Ammonsulfat. Man geht bei 40° C ein, treibt in $^1/_2$ Stunde zum Kochen und kocht $^1/_2$ Stunde. Dann erschöpft man das Färbebad innerhalb $^1/_2$ Stunde kochend nach Zusatz von 1 bis 10% Essigsäure 30%ig, je nach Farbtiefe. Nach kurzem Spülen entwickelt man in einem Bade, das man mit 0,7 bis 3,5% Bichromat, je nach Farbstoff und Farbtiefe, 1 bis 2% Rhodanammon und, nachdem die Ware 15 Minuten bei 30° C darin gelaufen ist, mit 10 g Schwefelsäure 96% (66° Bé) beschickt. Man erwärmt dann innerhalb $^1/_2$ Stunde auf 85° C und behandelt $^1/_2$ Stunde bei 85 bis 90° C, spült, neutralisiert eventuell mit Soda und spült nochmals. Der Zusatz des Rhodanammons dient als Puffersubstanz, um eine Überoxydation der Farbstoffe und ein Angilben der Wolle durch das Bichromat zu verhindern, so daß die Farbtöne reiner ausfallen.

Eine andere Färbeweise ist bei Indigosolgrün IB notwendig. Der unter Zusatz von 0,3 g Hydrosulfit und 0,25 g Soda kalz. (je Gramm Farbstoff) gelöste Farbstoff wird dem Farbbade zugesetzt und dann 1% Hydrosulfit und 10 bis 20% Ammonsulfat je nach der Farbtiefe zugesetzt. Man erwärmt in $^1/_2$ Stunde auf 90^b C, färbt $^1/_2$ Stunde bei 90 bis 95° C und spült. Das Entwicklungsbad wird mit 10 g Schwefelsäure 96% (66° Bé) je Liter angesetzt. Man läßt 10 Minuten kalt laufen und setzt dann 0,4 bis 1,5% Natriumnitrit je nach Farbtiefe zu. Nach einer Entwicklung in kalter Flotte während 1 Stunde wird gründlich gespült, eventuell mit Soda neutralisiert und nochmals gespült.

Die Nuancierung von Indigosolfarbstoffen wird meistens mit sauren Farbstoffen ausgeführt.

Es hat sich gezeigt, daß man eine gute Farbstoffausbeute dann erzielt, wenn man die Wolle vor dem Färben vorchloriert.

2. Verwendung der Indigosole in der Seidenfärberei.

Die Indigosole lassen sich auf Seide nach Art der sauren Farbstoffe färben. Man färbt in saurem Bade; es entfällt daher das die Seidenfaser gefährdende Arbeiten in alkalischen Flotten, wie es bei Verwendung der eigentlichen Küpenfarbstoffe notwendig ist. Man färbt die Indigosole im allgemeinen nur auf unerschwerter Seide; nur für ganz helle Töne können sie auch auf erschwerter Seide Verwendung finden. Für dunkle Töne sind sie allgemein zu teuer. Die Verwendung der Indigosole ist nur für ausgesprochene Waschartikel zu empfehlen.

Die Echtheitseigenschaften der Indigosole auf Seide sind nicht so gut wie auf Wolle; die Lichtechtheit ist wesentlich niedriger als auf Wolle, ja selbst die Lichtechtheit der anthrachinoiden Vertreter, z. B. Indigosolgoldgelb IRK oder Indigosolgrün IB, die auf Baumwolle eine Lichtechtheit von 7 bzw. 7 bis 8 erreichen, entspricht nur der Stufe 5.

Man färbt $^1/_4$ Stunde kalt unter Zusatz von 1 bis 2% Rongalit C und 2 bis 5% Essigsäure 30%ig, dann fügt man 2 bis 5% Ameisensäure 80%ig zu und behandelt $^1/_4$ Stunde kalt; dann erhöht man allmählich die Temperatur auf 85 bis 90° C; nach $^1/_2$ Stunde ist das Bad erschöpft. Dann spült man und oxydiert in einem Bade, das 0,2 bis 1,8% Chromkali und 2% Rhodanammon enthält, zuerst kalt $^1/_4$ Stunde, dann nach Zusatz von 5 bis 10 g Schwefelsäure 66° Bé (96%) im Liter noch $^1/_4$ Stunde kalt, dann $^1/_2$ Stunde bei 85° C. Dann wird gespült, mit Ammoniak oder mit Soda neutralisiert, geseift und gespült.

Indigosolgrün IB färbt man in abweichender Weise unter Zusatz von 2% Hydrosulfit und 6 bis 20% Ammonsulfat (oder Glaubersalz), die in zwei Portionen zugesetzt werden, indem man in der Kälte beginnt und dann bei 80 bis 90° C zu Ende färbt. Die weitere Behandlung entspricht der der anderen Farbstoffe. Die Oxydation kann außer mit Bichromat auch mit Natriumnitrit ausgeführt werden. Indigosolgelb HCG, das sonst in der gleichen Weise wie die Mehrzahl der Indigosole gefärbt wird, zieht erst nach Zusatz von 2% Schwefelsäure vollständig aus. Ebenso verhält sich Indigosoldruckschwarz IB. Indigosolblau IBC wird von den Farbenfabriken für die Seidenfärberei nicht empfohlen.

Bis zu 20% mit Zinn-Phosphat-Silikat erschwerte Seide kann in folgender Weise gefärbt werden. Man läßt zuerst in dem Bade, das außer 0,1 bis 5% Farbstoff 1 bis 2% Rongalit C enthält, 5 bis 10 Minuten in der Kälte laufen, setzt 10 bis 20 g Glaubersalz je Liter nach und läßt $^1/_4$ Stunde in der Kälte laufen, dann setzt man 2 bis 4% Ameisensäure 80%ig nach und färbt $^1/_4$ Stunde kalt, steigert allmählich auf 85 bis 90° C und färbt $^1/_2$ Stunde bei dieser Temperatur. Dann oxydiert man in der gleichen Weise wie bei unerschwerter Seide.

Indigosole können analog dem Druckverfahren geklotzt werden:

10 bis 20 g Indigosolfarbstoff,
500 g Wasser,
10 bis 20 g Glycin A (Fibrit D),
50 g Tragantverdickung 60 : 1000,
10 g oxalsaures Ammon,
10 g Ammoniak 25%ig.
———————
1 Liter.

Nach dem Trocknen und halbstündigen Dämpfen wird mit 0,5 g Bichromat und 10 cm³ Schwefelsäure 66° Bé im Liter 1 Minute bei 75° C behandelt, gespült und kochend geseift.

C. Verwendung der Indigosole in der Färberei der Polyamid- und Polyurethanfasern.

Nach einem Verfahren von Durand & Huguenin[1] kann man Nylon und andere Polyamidfasern mit Indigosolfarbstoffen in gegenüber den

---

[1] Dyer, Text. Printer, Bleacher a. Finisher **90**, 240 (1944).

normalen Verfahren erhöhter Lichtechtheit färben. Nylon wird mit 1%
Hydrosulfit und 1% Indigosolfarbstoff bei 30° C während 10 Minuten
gefärbt; dann werden 2% Essigsäure 80%ig zugesetzt und das Färben
bei der gleichen Temperatur 10 Minuten fortgesetzt; nach Zusatz von
2% Ameisensäure 85%ig wird nach 10 Minuten die Temperatur der
Flotte auf 90° C erhöht und bei dieser Temperatur 1 Stunde zu Ende
gefärbt. Die Entwicklung erfolgt durch 1% Kaliumbichromat und 2%
Ammonrhodanid, zuerst 10 Minuten bei 30° C, dann nach Zusatz von
10 cm^3 Schwefelsäure 66° Bé je Liter Flotte und Erhöhung der Flotten-
temperatur auf 90° C innerhalb einer Stunde. Dann wird bei 50 bis
60° C neutralisiert und bei 90° C geseift. Anschließend wird 40 Minuten
bei einem Druck von $2^1/_2$ atü gedämpft.

Die Lichtechtheit der gedämpften Färbungen ist ausgezeichnet.
Allem Anschein nach findet eine Agglomeration der ursprünglich fein
verteilten Farbstoffpartikel in der Nylonfaser statt.

Bei folgenden Farbstoffen ergibt sich eine bedeutende Steigerung der
Lichtechtheit auf Polyamidfasern durch das Dämpfen:

1%ige Färbung auf Nylon Indigosolfarbstoff	Lichtechtheit	
	nicht gedämpft	gedämpft
Indigosolbrillantorange IRK	1	7
Indigosolscharlach IB	3	6
Indigosolscharlach HB............	3—4	6
Indigosolrosa IR extra	3—4	7
Indigosolrotviolett RH	2	6
Indigosolpurpur AR	1	4—5
Indigosoldruckblau IB............	3	6
Indigosolbraun IRRD	2	7
Indigosolgrau IBL	2	6

Bei folgenden Farbstoffen ergibt sich eine geringere Steigerung der
Lichtechtheit auf Polyamidfasern durch das Dämpfen:

1%ige Färbung auf Nylon Indigosolfarbstoff	Lichtechtheit	
	nicht gedämpft	gedämpft
Indigosolgelb HCG	3	3—4
Indigosolgoldgelb IGK	1	3
Indigosolgoldorange IRR	2	3
Indigosolorange HR..............	2	4
Indigosol O4B	2—3	4
Indigosolgrün AB...............	3	3
Indigosolbraun IVD..............	1	3—4
Indigosolviolett ABFF...........	1	2

Die Dibenzanthrone Indigosolgrün IB, Indigosolgrün IGG und Indigo-
solbrillantviolett I4R können aus einem Glaubersalz enthaltenden Bade
auf Nylon gefärbt werden; die Entwicklung erfolgt, wie oben beschrieben

wurde, jedoch ohne Dämpfen; die erreichte Lichtechtheitsstufe beträgt bei den grünen Farbstoffen 7, bei dem violetten 6 bis 7. Indigosolblau IBC, Indigosololivgrün IB und Indigosolbraun IBR können auf Nylon nicht einwandfrei gefärbt werden.

II. Verwendung der Indigosole in der Druckerei.

A. Verwendung der Indigosole in der Druckerei der pflanzlichen Fasern und der Kunstseide.

1. Direktdruck mit Indigosolen.

Obwohl die Indigosole teurer sind als die Küpenfarbstoffe, aus denen sie erzeugt werden, bieten sie in vielen Fällen genügend Vorteile, die ihre Verwendung rechtfertigen. Der Druck mit diesen Farbstoffen bietet im allgemeinen keine Schwierigkeiten; vor allem können alle Unregelmäßigkeiten, welche beim Dämpfen der Druckfarben mit Küpenfarbstoffen auftreten, vermieden werden, da die Dampfschwankungen und der etwaige Gehalt des Dampfes an Luft bei der Entwicklung der Indigosole nach dem Dampfverfahren keine schädigende Wirkung haben, bei dem Naßentwicklungsverfahren und bei dem Verhängeverfahren das Dämpfen aber überhaupt entfällt. Man erzielt daher egale und gut durchdringende Drucke mit guter Reibechtheit auch dort, wo beim normalen Küpendruck Schwierigkeiten auftreten. Beim Drucken mit Kupferwalzen wird das lästige Anreißen der Walzen, wie es bei bestimmten Küpenfarbstoffen vorkommt, vermieden. Während die gewöhnlichen Küpendruckfarben nach dem Drucken so rasch als möglich gedämpft werden müssen, können die Indigosoldruckfarben vor dem Dämpfen lange Zeit liegen bleiben, so daß die Druckmaschinen bis zum Arbeitsschluß ausgenützt werden können und das Dämpfen auf den nächsten Tag verschoben werden kann. Von ganz besonderem Interesse sind aber die Indigosole im Hand-, Film- und Spritzdruck, da bei diesen Verfahren mit dem Dämpfen so lange gewartet werden kann, bis eine genügende Menge an bedruckter Ware vorrätig ist. Meistens werden im Hand-, Film- und Spritzdruck das Nitrit- und das Aluminiumchloratverfahren angewendet, so daß man das Dämpfen ganz vermeiden kann. Dies ist von großem Vorteil für viele Kleinbetriebe, welche über keine Dämpfanlage verfügen und auf diese Weise dennoch in der Lage sind, küpenechte Drucke auszuführen. Auch der Umstand, daß die Indigosoldruckfarben im Gegensatz zu den Küpendruckfarben keine größeren Mengen Alkali enthalten oder überhaupt neutral sind, stellt einen großen Vorteil beim Drucken dar, besonders bei Verwendung von mit Wollfilz überzogenen Druckmodeln oder Reliefwalzen sowie bei Verwendung von Filmdruckschablonen, die mit Müllergaze hergestellt sind. Besonders das Aluminiumchloratverfahren wird im Hand-, Film- und Spritzdruck sehr bevorzugt, da die Entwicklung durch einfaches Liegenlassen an der Luft bewirkt wird; dabei ist eine eventuell durch die Einwirkung von Sonnenlicht hervorgerufene Vorentwicklung ohne schädlichen Einfluß auf die Egalität des Druckes. Bei dem üblichen Dämpfen von Garndrucken im Kessel stört der Luftgehalt des Dampfes nicht, der sich bei Verwendung von Kesseln zum Dämpfen kaum vermeiden läßt.

Zu der Verbreitung des Direktdruckes mit Indigosolen trug der Umstand viel bei, daß sie ohne Schwierigkeiten neben diazotierten Basen und Farbsalzen auf naphtolierter Ware, neben Rapidecht- und Rapidogenfarbstoffen, neben Anilinschwarz, neben Beizenfarbstoffen und neben Küpenfarbstoffen gedruckt werden können.

Trotz des höheren Preises der Farbstoffe im Vergleich zu den entsprechenden Küpenfarbstoffen stellen sich die damit hergestellten Drucke keineswegs teurer, da die Farbstoffausnützung meistens eine sehr gute ist, besonders bei hellen Tönen, keine größeren Chemikalienzusätze notwendig sind und auch der Arbeitsprozeß verhältnismäßig einfach ist.

Die besten Ergebnisse erzielt man mit Stärke-Tragant-Verdickungen, bei Kunstseide und Kunstseide-Baumwolle-Mischgeweben auch mit Dextrin-Tragant- oder Dextrin-Britischgummi-Gummi-Verdickungen. Die verhältnismäßig billige Verdickung verbilligt die Druckfarben so weit, daß diese in hellen Tönen kaum teurer sind als die mit den Küpenfarbstoffen angesetzten.

Die Vorgänge innerhalb der Druckfarben kann man sich nach TORINUS[1] folgendermaßen vorstellen: Ein Teil des Indigosolfarbstoffes befindet sich in gelöstem Zustande in der Druckfarbe, während der Rest ausgefallen ist. Inwieweit der Farbstoff im Dämpfprozeß ausgenützt werden kann, hängt demnach einerseits von seiner mehr oder minder großen Löslichkeit, anderseits von der Geschwindigkeit seiner Spaltung und Fixierung ab. Wenn sich der Farbstoff während des Dämpfprozesses rascher entwickelt, als die Auflösung stattfindet, ist der vor dem Lösen entwickelte Anteil für die Fixierung auf der Faser verloren. Leicht lösliche Indigosole dringen schon beim Drucken und Trocknen in die Faser ein, schwerer lösliche aber erst beim Dämpfen, so daß in diesem Falle eine langsamere Entwicklung im Interesse einer vollständigen Fixierung erwünscht ist. Falls aber die Entwicklung rascher vor sich geht als das Lösen und das Eindringen des Farbstoffes in die Faser, haftet der Anteil an Farbstoff, welcher vor dem Eindringen in die Faser entwickelt wurde, nur oberflächlich in leicht abwaschbarer Form auf der Faser. Die Folge sind schlechte Wasch- und Reibechtheit der Färbung und ungenügende Ausnützung des Farbstoffes. Zusätze von Lösungsmitteln, wie Glycin A, verbessern die Löslichkeit und das Eindringen in die Faser bei schwer löslichen Indigosolen, z. B. bei Indigosolgoldgelb IRK; dabei wird nicht nur die Löslichkeit erhöht, sondern gleichzeitig die Spaltung gebremst, so daß die vorzeitige Entwicklung des nicht vollständig gelösten Indigosolfarbstoffes vermieden wird. Auch auf die Egalität wirkt der Zusatz von Lösungsmitteln günstig. Es ist daher auch verständlich, warum bei den Naßentwicklungsverfahren, bei denen durch das Dämpfen noch keine

---

[1] Melliand Textilber. **16**, 327ff. (1935); **21**, 530ff. (1940).

Spaltung und Fixierung des Farbstoffes eintritt, dennoch eine Verbesserung der Farbstoffausbeute, der Egalität und der Durchfärbung erzielt wird, wenn sie vor dem Entwickeln gedämpft werden. Außer dem Glyecin A wirken in ähnlicher Weise andere Lösungsmittel, z. B. Dehapan O (Gemisch aus Phenol, Harnstoff und einem höheren Alkohol, z. B. Furfurylalkohol), Solutionssalz B (mono- und dibenzylsulfanilsaures Natrium) u. a.

Besonders bei Zellwolle ist infolge der starken Quellung der Faser die Aufnahme des Farbstoffes durch die Faser verzögert, so daß die Gefahr der Entwicklung des Farbstoffes außerhalb des Faserinneren groß ist.

Indigosolgrün IB, welches meist zu den schwerer löslichen Farbstoffen gezählt wird, ist tatsächlich selbst in höheren Konzentrationen gleichmäßig in der Druckfarbe verteilt; es wird auch nicht durch Salze ausgefällt. Es besitzt aber eine hohe Teilchengröße, so daß es sich in drucktechnischer Hinsicht ähnlich wie die wirklich schwerlöslichen Farbstoffe verhält. Trotz seiner hohen Substantivität ist die Fixierbarkeit des Indigosolgrüns B eine geringe, z. B. läßt es sich nach dem Nitritverfahren ohne Dämpfen schlechter fixieren als das weniger substantive, aber höher dispergierte Indigosolgrau IBL.

Von Zellwolle werden die Indigosole mit großen Teilchen viel schlechter als von Baumwolle aufgenommen, während sich solche mit kleiner Teilchengröße auf Zellwolle günstiger verhalten. Da bei Indigosolgrün IB die Entwicklung des Farbstoffes rasch vor sich geht, können die großen Teilchen nicht mehr rechtzeitig von Zellwolle aufgenommen werden, so daß sich die schlechtere Fixierbarkeit im Vergleich zu Baumwolle sowohl im Dämpfverfahren als auch im Naßentwicklungsverfahren ohne Dämpfen erklären läßt. Es ist daher besonders bei Zellwolle das Arbeiten nach einem Naßentwicklungsverfahren mit Vordämpfen zu empfehlen. Die Zusätze an säureabspaltenden Verbindungen, wie Rhodanammon, Ammonoxalat oder Äthyltartrat, müssen daher bei diesem Farbstoffe bei Anwendung des Dämpfverfahrens sehr niedrig gehalten werden, ja sie können sogar zweckmäßig ganz unterbleiben.

a) Naßentwicklungsverfahren.

α) **Nitritverfahren.** Dieses von H. PERNDANNER erfundene Verfahren ist besonders gut geeignet, wenn neben den Indigosolen Naphtol AS-, Rapidecht- und Rapidogenfarbstoffe gedruckt werden sollen. Die mit der Stärke-Tragant-Verdickung verdickten Druckfarben enthalten außer dem Indigosolfarbstoff 10 bis 20 g Natriumnitrit und 2 g Soda kalz. oder Ammoniak. Der Alkalizusatz bezweckt die Verbesserung der Haltbarkeit der Druckfarben. Außerdem setzt man besonders den schwerlöslichen Indigosolfarbstoffen Lösungsmittel zu, z. B. Dehapan O (Gemisch aus Harnstoff, Phenol und einem höher siedenden Alkohol), Glyecin A (Thiodiäthylenglykol), Solutionssalz B und B neu (benzylsulfanilsaures Natrium), Solentwickler GA (Monoäthylglykol) und Fibrit D (Monoäthyl- und Butyldiäthylenglykol) usw. Der Farbstoff wird mit warmem Wasser gelöst, nur das Indigosolblau IBC muß immer kalt gelöst werden, da es sonst vorzeitig gespalten wird.

Es liegt auf der Hand, daß bei dem Nitritverfahren und ebenso auch bei dem Chromat- und den anderen Naßentwicklungsverfahren eine gute Löslichkeit und eine nicht zu rasche Spaltbarkeit der Leukoester von ausschlaggebender Bedeutung für die möglichst vollständige Fixierung des Farbstoffes ist. Der ungelöste Anteil wird ebenfalls gespalten und oxydiert, ohne dabei fixiert zu werden, so daß er in einer leicht abspülbaren Form auf der Gewebeoberfläche sitzt.

Durch Dämpfen vor dem Entwickeln kann auch bei dem Nitritverfahren die Ausgiebigkeit der meisten Indigosole erhöht werden. Dies ist darauf zurückzuführen, daß der nicht gespaltene Leukoester dabei schon teilweise in die Faser eindringt und der Anteil, welcher während der eigentlichen Naßentwicklung in die Faser wandern soll, dadurch verkleinert ist.

Die Entwicklung wird durch eine Passage durch ein 60 bis 70° C warmes Bad mit 20 cm³ Schwefelsäure 66° Bé und 20 g Glaubersalz pro Liter durchgeführt. Leichter spaltbare Indigosole können schon bei 30° C entwickelt werden. Dem Nitritbad setzt man etwas Harnstoff oder Ameisensäure zu, um die Bildung nitroser Dämpfe zu verhindern. Die Passage dauert 8 bis 10 Sekunden, bei schwer netzbaren Geweben länger, bei leicht netzbaren genügen 2 bis 3 Sekunden und eine anschließende Luftpassage von 20 Sekunden. Man kann auch das Nitrit aus der Druckfarbe weglassen und es dem Schwefelsäurebad zusetzen.

Der Leukoester muß sich nach dem Einfahren in das Entwicklungsbad möglichst rasch spalten, da sonst die Gefahr besteht, daß er von der Faser in das Entwicklungsbad wandert und dort entwickelt wird. Durch Erhöhung der Temperatur des Entwicklungsbades auf 70° C wird die Spaltung und Fixierung beschleunigt.

Bei gleichzeitiger Verwendung von Naphtol AS-Farbstoffen ist das Nitritverfahren das vorteilhafteste, da der Dämpfprozeß entfällt. Man druckt die Indigosole neben Farbsalzen oder diazotierten Basen auf das mit Naphtol vorpräparierte Gewebe und entwickelt in der üblichen Weise mit 20 cm³ Schwefelsäure unter Zusatz von 10 cm³ Ameisensäure oder 2 bis 3 g Harnstoff pro Liter. Einige leichter entwickelbare Indigosole kann man auch mit Oxalsäure entwickeln. Der umgekehrte Weg, nämlich die Ware mit den Naphtolaten und Indigosolen zu bedrucken, dann durch eine Diazolösung zu passieren und schließlich mit Schwefelsäure zu entwickeln, ist weniger zu empfehlen, besonders da auch der Farbton und die Farbtiefe mancher Indigosole ungünstig beeinflußt wird.

Bei gemeinsamer Verwendung von Druckfarben mit Indigosolen und solchen mit Rapidecht- oder Rapidogenfarbstoffen können die Indigosole und die Rapidecht- bzw. Rapidogenfarbstoffe in dem gleichen Entwicklungsbade, welches 25 g Ameisensäure 90%ig, 25 g Oxalsäure und 20 g Glaubersalz pro Liter enthält, entwickelt werden; man passiert durch das nahezu kochende Bad während zirka 40 bis 60 Sekunden. Man kann aber die Rapidecht- und Rapidogenfarbstoffe durch ein vorangehendes Dämpfen mit Essigsäure und Ameisensäure enthaltendem Dampf entwickeln, dabei tritt bei den meisten Indigosolen eine mehr oder minder weitgehende Vorentwicklung ein, welche durch eine Passage durch ein 20 cm³ Schwefelsäure 66° Bé enthaltendes, 30° C warmes Bad zu Ende geführt wird. Das Nitrit wird entweder der Indigosoldruckfarbe oder dem Schwefelsäurebad zugesetzt. Schließlich wird gespült, neutralisiert, geseift und gespült. Indigosole und Rapidechtfarbstoffe können auch zur Erzeugung von Mischtönen, vor allem für Grün, miteinander vermischt werden, da sie sich gegenseitig nicht beeinflussen, wobei die Entwicklung mit Oxalsäure, wie oben beschrieben wurde, vorzunehmen ist. Das Trockentrommelverfahren, welches für nebeneinander gedruckte Indigosole und Rapidecht- bzw. Rapidogenfarbstoffe verwendet werden kann, bietet den erwähnten Verfahren gegenüber keine Vorteile und ist meistens weniger sicher zu handhaben (S. 339, 344).

Mitgedrucktes Anilinschwarz kann durch die Einwirkung des Nitrits geschädigt werden.

β) **Bichromat- und Chromatverfahren.** Bei diesen Verfahren verfährt man analog wie bei dem Nitritverfahren. Bei dem Bichromatverfahren entwickelt man in einem Bade, welches 40 cm³ Schwefelsäure 66° Bé und 30 g Natrium- oder Kaliumbichromat enthält, während 2 Sekunden bei 35° C und läßt einen Luftgang von 30 Sekunden folgen. Eine Abänderung stellt das neutrale Chromatverfahren dar, bei welchem neutrales Natrium- oder Kaliumchromat der Druckfarbe zugesetzt wird und das Bichromat aus dem Entwicklungsbade weggelassen wird. Man setzt der außer dem Farbstoff, eventuell ein Lösungsmittel und eine geringe Menge Soda oder Ammoniak enthaltenden, mit Stärke-Tragant-Verdickung verdickten Druckfarbe zirka 10 bis 30 g Natrium- oder Kaliumchromat zu. Die Entwicklung findet durch eine 10 bis 30 Sekunden dauernde Passage durch ein 40 bis 50° C warmes Bad mit 25 cm³ Schwefelsäure 66° Bé, 30 g Oxalsäure und 50 g Glaubersalz kalz. statt. Durch ein vorhergehendes Dämpfen wird die Farbausbeute verbessert, leicht entwickelbare Indigosole werden unter Umständen sogar vollständig entwickelt. Bei diesem Verfahren besteht weniger die Gefahr der Oxyzellulosebildung wie bei dem Bichromatverfahren, außerdem lassen sich einige Indigosole, die mit dem Bichromatverfahren keine günstigen Ergebnisse geben, nach dem neutralen Chromatverfahren drucken. Indigosolblau IBC ergibt auch nach dem neutralen Chromatverfahren keine brauchbaren Resultate.

Für das Drucken auf naphtolierter Ware ist das Bichromatverfahren ungeeignet, da dabei eine Bräunung des Bodens eintritt. Man arbeitet daher mit dem neutralen Chromatverfahren analog dem Nitritverfahren.

Wichtiger ist die gemeinsame Verwendung mit Rapidecht- und Rapidogenfarbstoffen. Man druckt entweder nach dem Bichromat- oder nach dem neutralen Chromatverfahren angesetzte Indigosoldruckfarben. Die Entwicklung kann entweder nach dem Trockentrommelverfahren oder mittels Säuredampfes oder mittels eines Naßentwicklungsverfahrens stattfinden.

Bei der Trockenzylinder- und bei der Säuredampfentwicklung ist eine Entwicklung mit Schwefelsäure überflüssig, wenn den Druckfarben neutrales Chromat zugesetzt ist, da dabei die Indigosole meistens gleichzeitig mit den Rapidecht- und Rapidogenfarbstoffen entwickelt werden. Bei der Trockenzylinderentwicklung klotzt man mit einem Bade, welches 10 g Oxalsäure, 25 g Ameisensäure 90%ig, 25 g Essigsäure 50%ig und 20 g Glaubersalz pro Liter enthält und trocknet auf Trockenzylindern, wobei die Ware mit der unbedruckten Seite über die nicht zu heiße erste Trommel laufen muß; bei dieser Arbeitsweise entwickeln sich die Indigosole in den meisten Fällen gemeinsam mit den Rapidecht- und Rapidogenfarbstoffen. Man kann durch ein nachfolgendes Bad mit Schwefelsäure und Bichromat die Indigosolentwicklung ausführen, wenn man den Druckfarben kein Chromat zusetzt. Falls man die mit Indigosolen und Rapidecht- bzw. Rapidogenfarbstoffen bedruckte Ware mit saurem Dampf dämpft, ist bei Verwendung des neutralen Chromatverfahrens eine nachträgliche Entwicklung des Indigosolfarbstoffes meistens auch überflüssig, bei Verwendung des Bichromatverfahrens wird die Entwicklung des Indigosols durch ein Bad mit Schwefelsäure und Bichromat ausgeführt. Man kann weiters wie bei dem Nitritverfahren mit oder ohne Dämpfen nur durch eine Passage durch das Ameisensäure-Oxalsäure-Bad entwickeln.

Bei gemeinsamer Anwendung mit Anilinschwarz ist das Chromat- bzw. Bichromatverfahren dem Nitritverfahren vorzuziehen.

γ) **Eisenchloridverfahren.** Das Eisenchloridverfahren, das keine nennenswerte Bedeutung erlangt hat, lehnt sich an das Nitrit- und das Bichromatverfahren an. Die Druckfarben enthalten nur den Indigosolfarbstoff; die Entwicklung wird in einem 40° C warmen Bade mit 30 g Eisenchlorid, 20 g Schwefelsäure 66° Bé und 20 g Kochsalz pro Liter durchgeführt. Das Verfahren ist nicht für alle Indigosole geeignet, außerdem wird der weiße Grund in Mitleidenschaft gezogen.

δ) **Kupfersulfatverfahren.** Auch dieses Verfahren hat kaum Bedeutung erlangt. Die bedruckte Ware wird durch ein Bad, welches Kupfersulfat und Milchsäure enthält, durchgenommen; bei dem darauffolgenden Trocknen auf Trockenzylindern tritt die Entwicklung der Indigosole ein. Die Faser kann bei diesem Verfahren geschädigt werden. Man kann auch auf mit Ameisensäure und Kupfersulfat vorgeklotzte Ware drucken oder das Kupfersulfat der Druckfarbe zusetzen.

ε) **Eisennitratverfahren.** Das Eisennitratverfahren wird nur in den Vereinigten Staaten verwendet, wo man aber mit sehr großer Leistung arbeitet. Die Druckfarben enthalten außer dem in der zwei- bis vierfachen Menge „Durit O" (Polyglykolderivat, Durand & Huguenin) gelösten Indigosolfarbstoff noch die halbe bis einfache Menge Natriumchromat (bei hellen Tönen muß der Chromatzusatz verdoppelt werden). Es ist wichtig, daß die für jeden einzelnen Farbstoff verschieden hoch bemessenen Quantitäten an Lösungsmittel genau eingehalten werden, da sonst der Farbstoff ausfällt. Bei sehr hohen Farbstoffmengen kann man weniger Lösungsmittel verwenden, muß aber dann die Mischung aus Farbstoff und Lösungsmittel ohne Wasser direkt der Druckfarbe zusetzen. Als Verdickung wird Stärke-Tragant-Verdickung verwendet, wobei aber der

Tragantzusatz entsprechend der Lösungsmittelmenge erhöht werden muß.

Nach dem Drucken wird auf der Breitwaschmaschine während 2 bis 6 Sekunden bei 65 bis 80° C in einem Bade entwickelt, welches pro Liter 40 cm³ Schwefelsäure 66° Bé und 40 cm³ Eisennitratbeize 47° Bé enthält. Nach einer Luftpassage von 30 Sekunden wird die gut gespülte Ware im nächsten Kasten mit einer Lösung von Oxalsäure und Natriumazetat behandelt, um das Eisen vollständig aus der Ware zu entfernen.

b) Dämpfverfahren.

Die Dämpfverfahren bieten vor allem dort Vorteile, wo mit Rücksicht auf die gleichzeitig gedruckten anderen Farbstoffe ohnehin gedämpft werden muß. Man gebraucht als die Leukoester spaltende Substanzen Verbindungen, welche neutral reagieren, beim Dämpfen aber Säuren abspalten, als Oxydationsmittel die Salze der Chlorsäure, ferner noch Katalysatoren, vor allem das Ammoniumvanadat. Die Dämpfverfahren sind fast für alle Indigosole sehr gut geeignet. Man unterscheidet 1. das Rhodanammon- bzw. Ammonoxalatverfahren, 2. das Solentwicklerverfahren, 3. das Ammonchloratverfahren, 4. das Harnstoff-Durit-Verfahren.

α) **Rhodanammon- und Ammonoxalat-Dämpfverfahren.** Bis auf die sehr schwer löslichen Indigosolfarbstoffe Indigosolgrün AB und Indigosolbraun IRRD lassen sich alle Farbstoffe mittels dieses Verfahrens drucken. Die Druckfarben enthalten außer dem Farbstoff und einem eventuellen Zusatz eines der für Indigosolfarbstoffe geeigneten Lösungsmittel Rhodanammon oder Ammonoxalat als säureabspaltende Verbindungen, Natriumchlorat als Oxydationsmittel und Ammonvanadat als Sauerstoffüberträger. Man druckt z. B. nach folgenden Vorschriften:

80 g Indigosolscharlach IB,	25 g Indigosolrosa IR,
50 g Glyzerin,	40 g Solutionssalz B,
310 g Wasser,	40 g Glyecin A,
450 g neutrale Stärke-Tragant-Verdickung,	315 g Wasser,
40 g Ammonrhodanid 1 : 1,	450 g neutrale Stärke-Tragant-Verdickung,
40 g Natriumchlorat 1 : 2,	50 g Ammoniumrhodanid 1 : 1,
10 g Ammoniak,	50 g Natriumchlorat 1 : 2,
20 g Ammonvanadat 1 : 100.	10 g Ammoniak,
1000 g.	20 g Ammoniumvanadat 1 : 100.
	1000 g.
60 g Indigosoldruckviolett IRR,	100 g Indigosolblau IBC,
350 g Wasser,	50 g Glyecin A,
450 g neutrale Stärke-Tragant-Verdickung,	320 g Wasser,
60 g Rhodanammon 1 : 1,	450 g neutrale Stärke-Tragant-Verdickung,
60 g Natriumchlorat 1 : 2,	40 g Rhodanammon 1 : 1,
10 g Ammoniak,	20 g Natriumchlorat 1 : 2,
10 g Ammoniumvanadat 1 : 100.	10 g Ammoniak,
1000 g.	10 g Ammonvanadat 1 : 100.
	1000 g.

60 g Indigosolgoldgelb IRK,	80 g Indigosolgrün IB,
60 g Glyecin A,	100 g Dehapan O,
360 g Wasser,	240 g Wasser,
450 g neutrale Stärke-Tragant-Ver- dickung,	450 g neutrale Stärke-Tragant- Verdickung,
30 g Natriumchlorat 1 : 2,	40 g Natriumchlorat 1 : 2,
20 g Ammoniak,	60 g Rhodanammon 1 : 1,
10 g Oxalsäure,	20 g Ammoniak,
10 g Ammoniumvanadat 1 : 100.	10 g Ammoniumvanadat 1 : 100.
1000 g.	1000 g.

Da das Indigosolgrün IB außerordentlich leicht gespalten wird, sind die mit Rhodanammon angesetzten Druckfarben nicht sehr haltbar; man kann das Rhodanammon vollständig aus der Druckfarbe weglassen, da sich der Farbstoff auch ohne eine säureabspaltende Verbindung beim Dämpfen entwickelt. Das Rhodanammon kann durch die gleiche Menge Ammonoxalat ersetzt werden.

Die angegebenen Farbstoffmengen sind für die tiefsten Farbtöne bestimmt; meistens wird man mit wesentlich geringeren Mengen auskommen und satte Töne erreichen. Nach dem Drucken dämpft man 8 bis 15 Minuten, wäscht und seift kochend.

Naphtol AS-Farben kann man neben Indigosolfarben, die nach dem Dämpfverfahren gedruckt werden, sowohl durch Aufdruck der Diazoverbindungen auf naphtolierte Ware als auch durch Naphtolataufdruck mit anschließender Passage durch eine Diazolösung erzeugen; es ist aber zweckmäßiger, nach dem Nitrit- oder einem anderen Naßentwicklungsverfahren zu arbeiten.

Rapidecht- und Rapidogenfarbstoffe können neben Indigosolen, die nach dem Dämpfverfahren gedruckt werden, verwendet werden. Am einfachsten ist es, nach dem Drucken 3 bis 5 Minuten mit Essigsäure und Ameisensäure enthaltendem Dampfe zu dämpfen. Dabei werden die Rapidecht- und Rapidogenfarbstoffe gleichzeitig mit den Indigosolen entwickelt. Falls keine Dämpfanlage vorhanden ist, die für das saure Dämpfen geeignet ist, kann man nach der Naßentwicklungsmethode oder nach dem Trockentrommel-Entwicklungsverfahren arbeiten. Bei der Naßentwicklungsmethode werden die Indigosolfarbstoffe in der üblichen Weise durch Dämpfen entwickelt, dann passiert man durch ein Bad, welches 25 cm³ Essigsäure 50%ig, 5 cm³ Ameisensäure 90%ig und 25 g Glaubersalz enthält, bei nahezu Kochtemperatur, wobei sich die Rapidecht- und Rapidogenfarbstoffe entwickeln. Dann wird gespült, kochend geseift und gespült. Bei der Trockenzylinderentwicklung wird die vorher zur Entwicklung der Indigosole neutral gedämpfte Ware mit einer Lösung von 30 g Essigsäure 50%ig, 30 g Ameisensäure 90%ig und 25 g Glaubersalz pro Liter geklotzt und dann sofort über mäßig geheizte Trockenzylinder genommen, wobei die unbedruckte Seite über die erste Trommel laufen muß.

Mischungen von Indigosolen mit Rapidogen- oder Rapidechtfarbstoffen sind nach dem Dämpfverfahren nicht möglich.

Da die Entwicklung des Dampfanilinschwarz durch einen dem Indigosoldämpfverfahren sehr ähnlichen Oxydationsprozeß erfolgt, bereitet das

Drucken von Indigosolen neben Anilinschwarz nach dem Dämpfverfahren überhaupt keine Schwierigkeiten.

β) **Solentwicklerverfahren.** Bei diesem Verfahren verwendet man als Säurespender das Äthyltartrat (Solentwickler D), welches sich während des Dämpfens in Weinsäure und Alkohol spaltet. Dieses Verfahren ist besonders bei den für das Rhodanammonverfahren nicht geeigneten Farbstoffen Indigosolbraun IRRD und Indigosolgrün AB, ferner bei Indigosolgoldgelb IGK, Indigosolscharlach HB und Indigosolrosa IR von Vorteil. Man druckt nach folgender Vorschrift:

  40 g Indigosolbraun IRRD,
  60 g Solentwickler D,
  50 g Dehapan O,
350 g Wasser,
450 g neutrale Stärke-Tragant-Verdickung,
  30 g Natriumchlorat 1 : 2,
  20 g Ammonvanadat 1 : 100.
———
1000 g.

γ) **Ammonchloratverfahren.** Das Ammonchloratverfahren[1] hat den Vorteil der Fixierung mit kurzer Dämpfzeit. Es zeichnet sich durch seine einfache Rezeptur aus, da das säureabgebende Mittel und das Oxydationsmittel durch das Ammonchlorat gebildet wird. Die Druckfarbe enthält außer Stärke-Tragant-Verdickung, Farbstoff und Lösungsmittel bei manchen Farbstoffen nur Ammonchlorat und Ammonvanadat. Dabei schwankt die Menge an Ammonchlorat und Ammonvanadat in weiten Grenzen, je nachdem es sich um ein leicht oder schwer entwickelbares Indigosol handelt, z. B.:

40 g Indigosolrotviolett IRH,
200 g Dehapan O,
110 g heißes Wasser,
450 g neutrale Stärke-Tragant-
      Verdickung,
150 g Ammonchloratlösung 15° Bé,
  50 g Ammonvanadat 1 : 100.
———
1000 g.
	80 g Indigosolgrün IB,
	  50 g Dehapan O,
	390 g heißes Wasser,
	450 g neutrale Stärke-Tragant-
	      Verdickung,
	  20 g Ammonchloratlösung 15° Bé,
	  10 g Ammonvanadat 1 : 100.
	———
	1000 g.

Die Ammonchloratlösung erhält man durch Zusammenmischen einer Lösung von Bariumchlorat (323 g in 400 cm³ kochendem Wasser und 133 g Ammonsulfat in 450 cm³ kochendem Wasser) und Abfiltrieren.

Nach dem Drucken wird 2 bis 4 Minuten gedämpft, dann gespült, kochend geseift und gespült.

Auf Kunstseiden ergeben sich manchmal Schwierigkeiten hinsichtlich der Fixierung. Man muß daher die reduzierenden Substanzen entfernen, bevor man druckt. Dies kann durch eine Vorbehandlung in einem Bade mit 10 cm³ Ammoniak im Liter bei 60° C während 20 Minuten oder in einem Bade mit Soda und einem Fettlöserpräparat ausgeführt werden. Die Vorbehandlung hängt von der jeweils angewendeten Schlichte und eventuellen Spinnmattierung ab, bei mit Leim oder mit Stärke geschlichteten Waren genügt der normale Entschlichtungsprozeß. Außer-

---

[1] DRP. 668386.

dem muß man bei Kunstseide die Dämpfdauer ungefähr auf das Doppelte verlängern (dies gilt auch für die anderen Dämpfverfahren).

Bei leicht spaltbaren Indigosolen genügt unter Umständen auch ein ein- bis zweitägiges Verhängen bei 50° C zur Entwicklung.

δ) **Harnstoff-Durit-Verfahren.** Auch dieses Verfahren wird in den Vereinigten Staaten angewendet. Die mit Stärke-Tragant-Verdickung verdickten Druckfarben enthalten außer dem Farbstoff die doppelte Menge Harnstoff, die ein- bis zweifache Menge Durit ADF, ein Drittel des Farbstoffgewichtes neutrales Chromat und ein Viertel Rhodanammon. Bei einigen leicht spaltbaren Farbstoffen, wie Indigosolgrün IB, unterbleibt der Zusatz an Rhodanammon, während Indigosolblau IBC ohne Chromat gedruckt werden muß. Nach dem Drucken wird 4 Minuten mit Essigsäure und Ameisensäure enthaltendem Dampfe gedämpft und, falls die Entwicklung nicht vollständig war, noch durch ein 40° C warmes Bad mit 2 Vol.-% Schwefelsäure und $^1/_2$ Gew.-% Natriumbichromat 6 Sekunden lang passiert, dann wird gespült, kochend geseift und gespült. Das Verfahren ist besonders gut geeignet, wenn neben den Indigosolen Rapidogen- und Rapidechtfarbstoffe gedruckt werden, die sich gleichzeitig mit den Indigosolen während des sauren Dämpfens entwickeln.

c) Verhängeverfahren.

α) **Aluminiumchloratverfahren.** Das Aluminiumchloratverfahren[1] ermöglicht es, die Indigosole ohne Dämpfen und ohne Naßentwicklung zu entwickeln, indem man die bedruckte Ware einfach 24 bis 48 Stunden liegen läßt. Die Druckfarben werden auf ein Gewebe, das mit 1 g Ammonvanadat und 5 g Weinsäure pro Liter geklotzt wurde, aufgedruckt. Bei Kunstseide, Zellwolle und Leinen, auf denen sich die Indigosole schwerer fixieren, können die Mengen an Weinsäure noch erhöht werden, außerdem setzt man eventuell Glycin A zu. Die mit Stärke-Tragant-Verdickung verdickten Druckfarben enthalten außer dem Farbstoff und einem eventuellen Zusatz an Solutionssalz B oder Dehapan O bei allen Farbstoffen 60 bis 100 g Glycin A, das bei diesem Verfahren nicht nur als Lösungsmittel, sondern auch als Entwicklungsmittel dient, ferner 20 bis 30 g 10%ige Weinsäurelösung und 30 bis 50 g Aluminiumchloratlösung 25° Bé. Bei Indigosolgrün IB hält man den Zusatz an Weinsäure und Aluminiumchlorat möglichst niedrig und setzt außerdem 10 g Ammoniak oder 2 g Zinnsalz zu. Bei Indigosolblau IBC kann man überhaupt keine haltbare Druckfarbe nach dem Aluminiumchloratverfahren erzeugen und verwendet statt dessen eine Ammonchloratfarbe. Die Aluminiumchloratlösung stellt man sich durch Zusammenmischen von wässerigen Lösungen von 1000 g Aluminiumsulfat und 1570 g Bariumchlorat und Abfiltrieren des ausgefällten Bariumsulfates her; man kann aber auch 1000 g Aluminiumchloratlösung 25° Bé durch 330 g Aluminiumsulfat und 330 g Natriumchlorat, in Wasser gelöst, ersetzen.

Nach dem Drucken erfolgt die Entwicklung durch Liegenlassen während 24 Stunden, dann wird gespült, kochend geseift und gespült.

---

[1] DRP. 525302 und Brit. P. 356577, Durand & Huguenin.

Das Verfahren ist besonders geeignet für kleinere Hand-, Film- und Spritzdruckbetriebe, die in maschineller Hinsicht weniger gut ausgerüstet sind. Für den Hand- und Filmdruck sind Britischgummi- oder Stärke-Britischgummi-Tragant-Verdickungen besser geeignet.

Wenn nach dem Aluminiumchloratverfahren angesetzte Indigosoldruckfarben neben Diazoverbindungen bzw. Farbsalzen auf mit Naphtolen vorpräparierte Ware gedruckt werden sollen, setzt man dem Naphtolklotz 1 g Ammonvanadat pro Liter zu, während die Druckfarben an Stelle der Weinsäure 4 bis 10 g Aluminiumsulfat pro Liter enthalten. Nach dem Drucken läßt man zur Entwicklung der Indigosole in einem warmen Raum 24 Stunden liegen.

Das Aluminiumchloratverfahren ist sehr gut geeignet, wenn Indigosole und Rapidecht- oder Rapidogenfarbstoffe nebeneinander gedruckt werden sollen, für Mischungen von Indigosolen mit Rapidecht- oder Rapidogenfarbstoffen ist es aber unbrauchbar. Wenn man ohne Dämpfen arbeitet, druckt man auf die mit Ammonvanadat und Weinsäure präparierte Ware Indigosole nach dem Aluminiumchloratverfahren, Rapidechtfarbstoffe nach der normalen Rezeptur, Rapidogenfarbstoffe unter Zusatz von Zinkoxyd. Nach dem Drucken entwickelt man die Indigosole durch Liegenlassen und dann die Rapidecht- bzw. Rapidogenfarbstoffe durch Passieren durch eine Essigsäure-Ameisensäure-Lösung bei nahezu Kochtemperatur in üblicher Weise. Ohne Naßentwicklung und Liegenlassen können die Indigosole gemeinsam mit den Rapidecht- oder Rapidogenfarbstoffen durch Dämpfen mit Essig- und Ameisensäure enthaltendem Dampf entwickelt werden.

Anilinschwarz kann ebenfalls neben Indigosolen, die nach dem Aluminiumchloratverfahren gedruckt werden, verwendet werden.

β) **Persulfatverfahren.** Das Persulfatverfahren ist im Prinzip dem Aluminiumchloratverfahren ähnlich; als oxydierende Substanz wird Ammoniumpersulfat in Kombination mit Ammoniumchlorat verwendet. Fox[1] gibt folgende Vorschrift an:

<pre>
 60 g Indigosolbraun IVD,
 60 g Dehapan GB,
 50 g Dehapan O,
170 g Wasser,
550 g Stärke-Tragant-Verdickung,
 60 g Ammoniumchloratlösung 15° Bé,
 40 g Ammoniumpersulfat 1 : 3,
 10 g Ammonvanadat 1 : 100.
────────
1000 g.
</pre>

Nach dem Drucken wird durch 24stündiges Liegenlassen entwickelt.

d) Direktdruck mit Indigosolen neben Chromfarbstoffen.

Dort, wo die Echtheit eine geringere Rolle spielt, wird das Nebeneinanderdrucken von Indigosolen und Chromfarbstoffen von Interesse sein. Anderseits kann die Echtheit von mit Chromfarbstoffen erzeugten

---

[1] Vat Dyestuff and Vat Dyeing, 2. Aufl., S. 172. London 1948.

Artikeln verbessert werden, wenn man die violetten, blauen und grünen hellen Töne mittels Indigosolen herstellt. Man kann auch manche Chrombeizenfarbstoffe mit Indigosolen mischen, z. B. Indigosolgrün IB mit Chromzitronin. Wenn man dunkle Nuancen, z. B. schwarze, dunkelbraune oder marineblaue Töne, neben helleren Tönen drucken soll, ist aus preislichen Gründen ebenfalls die Verwendung von Chrombeizenfarbstoffen für die dunklen Nuancen in Betracht zu ziehen.

e) Reservieren von Indigosoldrucken.

Indigosoldrucke können in der gleichen Weise wie die Indigosolklotzungen reserviert werden. Die Verfahren sind an dieser Stelle näher beschrieben (S. 352). Man kann aber umgekehrt mittels Indigosoldruckfarben Druckfarben anderer Farbstoffgruppen, z. B. Anilinschwarz oder Variaminblau, reservieren, wobei ebenfalls vollkommen analog zu dem Reservieren der entsprechenden Färbungen verfahren wird (S. 346). Alle diese Verfahren sind besonders für den Gründeldruck von Interesse.

2. Verwendung der Indigosole für Buntreserven.

a) Indigosole als Reserven unter Anilinschwarz.

Indigosole haben vor den Küpenfarbstoffen im Reservedruck unter Anilinschwarz den Vorteil, daß sie nicht Höfe bilden, wie es bei den Küpenfarbstoffen häufig der Fall ist. Im allgemeinen ist es von den lokalen Dampfverhältnissen abhängig, ob man Reserven mit Küpenfarbstoffen oder mit Indigosolen den Vorzug geben soll. Ein weiterer Vorteil besteht darin, daß Indigosole anstandslos neben Rapidecht- bzw. Rapidogenfarbstoffen als Reserven unter Anilinschwarz gedruckt werden können und daß die Entwicklung der Indigosole, Rapidecht- bzw. Rapidogenfarbstoffe und des Anilinschwarzes in einer Dämpfoperation vorgenommen werden kann. Indigosolreserven unter Anilinschwarz können erzeugt werden, indem man entweder die Reserven auf weiße Ware vordruckt und mit Anilinschwarz überklotzt oder indem man auf die mit Anilinschwarz vorgeklotzte Ware die Reserven druckt. Bei dem ersten Verfahren kann die Ware vor dem Klotzen und Dämpfen längere Zeit liegen bleiben, während bei dem zweiten sofort nach dem Klotzen gedruckt und gedämpft werden muß. Nachteilig ist aber bei dem ersten Verfahren der Umstand, daß die Reserven nicht so scharf herauskommen und insbesondere feine Partien kaum einwandfrei reserviert werden, so daß im allgemeinen das Bedrucken der geklotzten Ware mit den Reserven vorgezogen wird.

α) **Vordruckreserven.** Man bedruckt die Ware mit Indigosolreserven folgender Zusammensetzung:

10 bis 30 g	Indigosolfarbstoff,
30 g	Dehapan O,
330 bis 310 g	heißes Wasser,
450 g	Stärke-Tragant-Verdickung,
150 g	Zinkoxyd 1 : 1,
30 g	Natronlauge 38° Bé.
1000 g.	

Mitgedruckte Rapidogenreserven werden nach folgender Vorschrift gedruckt:

80 g Rapidecht- oder Rapidogenfarbstoff,
30 g Spiritus oder Türkischrotöl,
30 g Natronlauge 38° Bé,
150 g warmes Wasser,
450 g Stärke-Tragant-Verdickung,
150 g Zinkoxyd 1 : 1,
110 g Wasser.

1000 g.

Man druckt mit einem Anilinschwarzklotz (Ferrocyanschwarz), dem man 40 cm³ Essigsäure 50%ig und 10 cm³ Ameisensäure 90%ig im Liter zusetzt, und trocknet sofort auf nicht zu heißen Trockenzylindern, wobei die Ware mit der nicht bedruckten Seite über die erste Trockentrommel laufen muß, dann wird 2 bis 5 Minuten im Schnelldämpfer gedämpft und durch ein 20 bis 30° C warmes Bad mit 3 g Kaliumbichromat, 20 cm³ Schwefelsäure 66° Bé und 3 cm³ Ammonvanadat 1 :100 im Liter während 30 Sekunden passiert, gespült, mit Soda neutralisiert, kochend geseift und gespült. Das Chromieren kann auch bei 65° C innerhalb von 8 Sekunden ausgeführt werden oder kann durch eine Nitritpassage (2 g Nitrit) bei 30° C ersetzt werden. Dann wird das Anilinschwarz mittels Chromkali und Soda chromiert und in der üblichen Weise fertiggestellt.

Statt der Trockenzylindermethode kann man auch die Säuredampfmethode zur Entwicklung der Rapidecht- und Rapidogenfarbstoffe anwenden, wobei einzelne Indigosole mehr oder minder vollständig mitentwickelt werden.

Bei Verwendung von Zinkazetat als reservierende Substanz an Stelle des Zinkoxyds und der Natronlauge ist die Ausnützung der Indigosolfarbstoffe besser. Man arbeitet in diesem Falle mit einem Zusatz von 200 g Zinkazetat zu der Reservefarbe. Eine weitere Verbesserung der Ausnützung der Indigosolfarbstoffe kann man dadurch erreichen, daß man das bedruckte Gewebe vor dem Klotzen 4 Minuten dämpft.

Von Durand & Huguenin wurde eine andere Methode zum Reservieren des Anilinschwarzes mit Indigosolfarbstoffen ausgearbeitet, bei der man Natriumzitrat und Natriumazetat als Reservierungsmittel und Aluminiumchlorat als Entwicklungsmittel verwendet. Die Reserven werden nach folgender Vorschrift angesetzt:

10 bis   80 g Indigosolfarbstoff,
80 g Glyecin A,
50 g Dehapan O,
170 bis 100 g Wasser,
450 g neutrale Stärke-Tragant-Verdickung,
100 g Natriumzitrat,
40 g Natriumazetat 1 : 1,
100 g Aluminiumchlorat 25° Bé.

1000 g.

Nach dem Drucken wird scharf getrocknet, mit einem Anilinschwarzklotz, dem zur leichteren Entwicklung der allenfalls mitgedruckten

Rapidogenfarbstoffe etwas Essigsäure zugesetzt ist, geklotzt, 2 Minuten im Schnelldämpfer gedämpft, dann wird das Anilinschwarz mit Soda und Bichromat chromiert und wie üblich fertiggestellt.

β) **Aufdruckreserven.** Man zieht meistens die Arbeitsweise vor, bei der man die Ware mit Anilinschwarz klotzt und dann die Reserven aufdruckt. Die Zusammensetzung des Anilinschwarzklotzes ist etwa folgende:

> 90 g Anilinsalz,
> 5 g Anilinöl,
> 200 g Wasser,
> 35 g Natriumchlorat,
> 300 g Wasser,
> 80 g Ferrocyankalium,
> 300 g Wasser.
>
> 1 Liter.

Damit keine vorzeitige Oxydation eintritt, welche die Reserveeffekte trübt, muß man die Reserven gleich nach dem Klotzen und Trocknen aufdrucken. Am günstigsten ist es, für Gelb, Rot und Orange Rapidogenfarbstoffe, für Blau und Grün Indigosole zu verwenden. Man druckt z. B. folgende Reserven auf:

Weißreserve:

200 g Zinkoxyd,
400 g Tragantverdickung 60 : 1000,
300 g Natriumazetat 1 : 1,
100 g Albuminlösung 1 : 1.

1000 g.

Rapidogenreserve:

80 g Rapidogenfarbstoff,
30 g Spiritus,
30 g Natronlauge 38° Bé,
150 g lauwarmes Wasser,
400 g Stärke-Tragant-Verdickung,
150 g Zinkoxyd 1 : 1,
120 g Natronlauge 38° Bé,
40 g Wasser.

1000 g.

Die Indigosolfarbstoffe können wieder nach dem Bichromatverfahren oder nach dem Nitritverfahren gedruckt werden, z. B.:

> 30 g Indigosolgrün IB,
> 40 g Glyecin A,
> 130 g Wasser,
> 200 g neutrale Stärke-Tragant-
> Verdickung,
> 30 g Rapidechtgelb I 3 G,
> 50 g Natronlauge 38° Bé,
> 30 g Spiritus,
> 90 g Wasser,
> 200 g neutrale Stärke-Tragant-
> Verdickung,
> 150 g Zinkoxyd 1 : 1,
> 50 g Natronlauge 38° Bé.

1000 g.

> 40 g Indigosolblau IBC,
> 40 g Glyecin A,
> 310 g Wasser,
> 400 g neutrale Stärke-Tragant-
> Verdickung,
> 150 g Zinkoxyd 1 : 1,
> 60 g Natronlauge 38° Bé.

1000 g.

Nach dem Drucken dämpft man 5 Minuten mit Essigsäure und Ameisensäure enthaltendem Dampf und passiert durch ein 30° C warmes Bad mit 2 g Natriumnitrit und 20 cm³ Schwefelsäure 66° Bé im Liter während 20 Sekunden, spült, chromiert in einem 50° C warmen Bade mit 2 g Kaliumbichromat und 2 g Soda im Liter und stellt, wie üblich, fertig. Statt dessen kann man die Ware nach dem Dämpfen durch ein Bad mit 3 g Kaliumbichromat, 20 cm³ Schwefelsäure 66° Bé und 3 cm³ Ammonvanadat 1 : 100 bei 65° C während 8 Sekunden passieren und fertigstellen, falls Indigosolblau IBC, welches gegen die Einwirkung von Bichromaten in saurer Lösung empfindlich ist, nicht mitgedruckt wurde. Wenn keine Rapidogenfarbstoffe gleichzeitig gedruckt wurden, ist das Dämpfen mit Essigsäure und Ameisensäure enthaltendem Dampf nicht notwendig, sondern es genügt ein neutrales Dämpfen, ebenso wenn man den Rapidogenreserven 30 g Rhodanammon oder eine andere säureabspaltende Verbindung zusetzt.

Man kann auch die Indigosolfarbstoffe nach dem Dämpfverfahren drucken; in diesem Falle verwendet man Sulfite und Natriumazetat als Reservierungsmittel, z. B. nach folgender Vorschrift:

$$\left\{\begin{array}{l} 50 \text{ g Indigosolfarbstoff,} \\ 50 \text{ g Glycin A,} \\ 325 \text{ g Wasser,} \end{array}\right.$$

450 g neutrale Stärke-Tragant-Verdickung,
 50 g Ammonoxalat oder Rhodanammon 1 : 1,
 10 g Ammoniak 25%ig,
 40 g Kaliumsulfit 45° Bé,
 25 g Natriumazetat.
______
1000 g.

Die Entwicklung der Indigosolfarbstoffe und des Anilinschwarzes findet gleichzeitig während des Dämpfens statt.

Außerdem kann man die Indigosolfarbstoffe nach dem Zitratverfahren aufdrucken, wobei aber die Menge des Natriumzitrates auf 40 g herabgesetzt wird, während die Reserve sonst genau so angesetzt wird, wie für das Vordruckreserveverfahren. Nach dem Drucken wird 2 Minuten im Schnelldämpfer gedämpft, dann chromiert und in der üblichen Weise fertiggestellt.

b) Indigosole als Reserven unter Variaminblau.

Eine besondere Bedeutung haben die Indigosole für die Erzeugung des Variaminblaureserveartikels erlangt, da erst durch ihre Verwendung für Buntreserven die außergewöhnlich große Verbreitung dieses Artikels in der Textildruckerei ermöglicht wurde. Die Buntreserven unter Variaminblau werden fast ausschließlich mittels diazotierter Basen bzw. Farbsalzen und Indigosolen hergestellt. Die Arbeitsweise ist relativ einfach und die Echtheit der Drucke ist sehr hoch, so daß sowohl der Ätzdruck auf Indigo, auf diazotierten oder nachbehandelten Direktblaufärbungen und auf Variaminblau selbst als auch der Reservedruckartikel unter Indigo und Indanthrenblau in weitestem Maße an Boden verloren haben, besonders da sich viele Farbtöne oder Kombinationen von Nuancen herstellen lassen, deren Erzeugung auf einem anderen Wege überhaupt nicht möglich ist.

Die Indigosolreserven werden auf die mit Naphtolen vorpräparierte Ware nach einem der folgenden Verfahren gedruckt: 1. Dämpfverfahren, 2. Bleichromatverfahren, 3. Aluminiumchloratverfahren, 4. Kupfersulfatverfahren.

Für dunklere Nuancen verwendet man vielfach mercerisierte Gewebe, um an Farbstoff zu sparen. Die Gewebe werden z. B. nach folgender Vorschrift präpariert:

$$10 \text{ bis } 15 \text{ g} \quad \text{Naphtol AS,}$$
$$15 \text{ bis } 20 \text{ cm}^3 \text{ Türkischrotöl,}$$
$$\underline{10 \text{ bis } 18 \text{ cm}^3 \text{ Natronlauge } 38° \text{ Bé.}}$$
$$1 \text{ Liter.}$$

Die Natronlaugenmenge ist bei mercerisierter Ware etwas herabzusetzen, bei hellen Färbungen etwas zu erhöhen.

Die Kupplungsenergie der Diazoverbindung der Variaminblaubase ist verhältnismäßig gering, so daß die Kupplung überhaupt vollständig verhindert werden kann, wenn man die Kupplungsenergie durch Zusatz von sauer reagierenden Verbindungen, z. B. Aluminiumsulfat, Zinksulfat, oder von organischen Säuren, wie Weinsäure oder Zitronensäure, noch weiter herabsetzt. Diese Reservierungsmethode wird zur Herstellung von Weißreserven und von Buntreserven mit diazotierten Basen oder Farbsalzen mit höherer Kupplungsenergie, die man vor allem für lebhafte Rot- und Orangetöne neben den Indigosolreserven verwendet, allgemein angewandt, z. B. nach folgenden Vorschriften:

Weißreserve:

$$\begin{cases} 150 \text{ bis } 200 \text{ g} & \text{schwefelsaure Tonerde} \\ & 1:1, \\ 350 \text{ bis } 300 \text{ g} & \text{Wasser,} \end{cases}$$
$$500 \text{ g} \quad \text{Stärke-Tragant-}$$
$$\underline{\text{Verdickung.}}$$
$$1000 \text{ g.}$$

Weißreserve für Gründel:

$$\begin{cases} 50 \text{ bis } 80 \text{ g} & \text{Weinsäure,} \\ 450 \text{ bis } 420 \text{ g} & \text{Wasser,} \end{cases}$$
$$500 \text{ g} \quad \text{Stärke-Tragant-}$$
$$\underline{\text{Verdickung.}}$$
$$1000 \text{ g.}$$

Buntreserven:

$$30 \text{ bis } 70 \text{ g} \quad \text{Echtfarbsalz,}$$
$$390 \text{ bis } 270 \text{ g} \quad \text{Wasser,}$$
$$500 \text{ g} \quad \text{Stärke-Tragant-Verdickung,}$$
$$\underline{80 \text{ bis } 160 \text{ g} \quad \text{schwefelsaure Tonerde } 1:1.}$$
$$1000 \text{ g.}$$

An Stelle der Stärke-Tragant-Verdickung kann auch Colloresin V-Verdickung verwendet werden; es ist aber wegen der Empfindlichkeit gegenüber Aluminiumsalzen notwendig, vor Zusatz der schwefelsauren Tonerde anzusäuern. Colloresin V ist zelluloseglykolsaures Natrium.

α) **Dämpfverfahren.** Das Dämpfverfahren hat den Nachteil, daß ein Dämpfprozeß als zusätzliche Operation notwendig ist; außerdem kann die Nuance des Variaminblaufonds und der mitgedruckten Eisfarbenreserven durch das Dämpfen ungünstig beeinflußt werden.

Der Naphtolgrundierung werden 20 bis 30 g Harnstoff pro Liter zugesetzt. Man druckt mit den für den Direktdruck üblichen Indigosoldruckfarben, eventuell unter Zusatz einer höheren Menge an oxalsaurem

Ammon oder Rhodanammon, welche gleichzeitig als Entwicklungsmittel für den Indigosolfarbstoff und als Reservierungsmittel für das Variaminblau dienen. Man setzt die Druckfarben nach folgender Vorschrift an:

<pre>
 40 bis 60 g Indigosolfarbstoff,
 40 bis 60 g Glyecin A,
290 bis 230 g Wasser,
        500 g Stärke-Tragant-Verdickung,
         35 g Rhodanammon oder oxalsaures Ammon,
 35 bis 60 g Natriumchlorat 1 : 2,
 10 bis   5 g Ammoniak 25%ig,
         50 g Ammonvanadat 1 : 100.
       ─────
       1000 g.
</pre>

Nach dem Drucken wird 5 Minuten im Schnelldämpfer gedämpft, um die Indigosole zu entwickeln, dann wird der Variaminblauboden in der gleichen Weise wie bei dem Bleichromatverfahren entwickelt.

An Stelle des oxalsauren Ammons kann man auch Aluminiumsulfat als säureabspaltendes Mittel nach folgender Vorschrift verwenden:

<pre>
 10 bis 30 g Indigosolfarbstoff,
 20 bis 50 g Dehapan O,
259 bis 209 g Wasser,
        450 g Stärke-Tragant-Verdickung,
         60 g Natriumchlorat 1 : 2,
        200 g Aluminiumsulfat 1 : 1,
          1 g Soda.
       ─────
       1000 g.
</pre>

β) **Bleichromatverfahren.** Dieses Verfahren stellt eine Abwandlung des Chromatverfahrens dar und kann auch für den Direktdruck verwendet werden, ohne jedoch dort irgendwelche Vorteile im Vergleich zu dem Chromat- bzw. Bichromatverfahren zu bieten. Im Reservedruck unter Variaminblau stellt es aber das am meisten verwendete Verfahren dar, welches recht sicher funktioniert; es hat den Vorteil, daß man ohne Dämpfen arbeiten kann. Als reservierende Substanzen werden einerseits reduzierende Verbindungen, welche die Diazoverbindungen zerstören, verwendet, vor allem Natriumbisulfit und Kaliumsulfit, anderseits aber auch sauer reagierende Verbindungen, wie Zinksulfat. Die Druckfarben werden nach folgenden Vorschriften angesetzt:

<pre>
 20 bis 80 g Indigosolfarbstoff,   20 bis 80 g Indigosolfarbstoff,
 20 bis 70 g Fibrit D,   10 bis 50 g Dehapan O,
320 bis 200 g heißes Wasser,   350 bis 200 g heißes Wasser,
        450 g Stärke-Tragant-Ver-   450 g Stärke-Tragant-Ver-
              dickung,   dickung,
         60 g Natriumbisulfit 38° Bé   50 bis 100 g Zinksulfat,
              oder Kaliumsulfit   120 g Chromgelb 60%ig.
              45° Bé,   ─────
 10 bis 20 g Rhodanammon,   1000 g.
        120 g Chromgelb 60%ig.
       ─────
       1000 g.
</pre>

Den Chromgelbteig 60%ig stellt man her, indem man 2,5 kg Bleiazetat, gelöst in 10 Liter Wasser, mit 1 kg Kaliumbichromat, gelöst in 10 Liter Wasser, umsetzt.

Bei Indigosolblau IBC sind die Ergebnisse oft nicht zufriedenstellend, wenn man nach der normalen Vorschrift arbeitet. Es ist günstiger, das Rhodanammon durch Ammonsulfat teilweise oder ganz zu ersetzen. Es hängt dies mit der geringen Substantivität des Indigosolblau IBC zusammen. Während bei dem Dämpf- und bei dem Aluminiumchloratverfahren eine gute Löslichkeit des Farbstoffes die Voraussetzung für eine gute Farbstoffausnützung bildet, ist bei dem Bleichromatverfahren bei leicht löslichen Farbstoffen der Ausfall oft aus folgenden Gründen schlecht: 1. Im Variaminblaubad kann der Farbstoff leicht aus der Faser in das Bad wandern. 2. Im Salzsäurebad kann der Farbstoff ebenfalls leicht in das Bad wandern, da die Reaktion der Salzsäure mit dem Bleichromat einige Zeit dauert. Diese Verluste kann man nur durch raschen Durchlauf durch die Bäder und Erhöhung der Temperatur des Salzsäurebades verringern. Bei Indigosolblau IBC sind die Verhältnisse besonders ungünstig, da der Farbstoff leicht löslich und gleichzeitig fast ohne Substantivität ist. Es ist daher notwendig, den Tetraester möglichst rasch in die weniger leicht lösliche Diesterstufe zu verwandeln. Der Tetraester geht schon in neutralem Medium in der Wärme oder in schwach saurem Medium in der Kälte in den Diester über (S. 314, 322). Man läßt daher das Rhodanammon aus den Reserven weg und setzt statt dessen eine größere Menge Ammonsulfat zu. Infolge der Neutralisation durch das Alkali der Naphtolierung entsteht ein neutrales bis schwach alkalisches Medium, beim Trocknen in der Wärme tritt die Umwandlung des gelben, leicht löslichen Tetraesters in den bordofarbigen, schwer löslichen Diester ein, der sich nicht mehr von der Faser ablösen läßt. Im Salzsäurebad findet dann die Umwandlung des Diesters in den vollkommen unlöslichen blauen Küpenfarbstoff statt. Man druckt Indigosolblau nach folgender Vorschrift:

```
 20 bis  50 g Indigosolblau IBC,
 20 bis  50 g Dehapan O,
330 bis 270 g Wasser,
        500 g Stärke-Tragant-Verdickung,
         50 g Chromgelb Teig 60%ig,
         40 g Kaliumsulfit 45° Bé,
         40 g Ammonsulfat.
       ─────────
       1000 g.
```

Indigosolgrün IB und Indigosolgelb IGK, bei denen ziemlich geringe Löslichkeit mit leichter Spaltbarkeit und hohem Aufziehvermögen vereint sind, ergeben dagegen sehr gute Resultate nach dem Normalverfahren.

Die bedruckte Ware wird in kontinuierlicher Arbeitsweise in folgender Weise entwickelt und fertiggestellt. Man passiert zuerst auf einem Foulard mit einem Trog von 30 bis 40 Liter Inhalt durch ein 15 bis 20° C warmes Bad mit 20 bis 35 g Variaminblausalz B oder RT im Liter. Darauf folgt eine Luftpassage oder besser eine Passage über einen Trockenzylinder oder zwischen Heizplatten oder durch einen kleinen Dämpfkasten mit einer Durchlaufszeit von zirka 20 Sekunden bei 110 bis

120° C oder mit einer längeren Durchlaufszeit bei niedrigerer Dampftemperatur. Diese Arbeitsweise ist sehr vorteilhaft, um die Kupplung vollständig zu machen. Man erhält so um zirka 30 bis 40% tiefere Färbungen. Um die durch die Ware mitgebrachte Lauge abzustumpfen, empfiehlt sich der Zusatz von 1 g Zinksulfat pro Liter Variaminblausalzflotte. Das Verhältnis zwischen Naphtol AS und Variaminblausalz B soll bei einem Abquetscheffekt des Foulards von 100% ungefähr 1:2 betragen, bei höherer Variaminblausalzmenge fallen die Farbtöne trüber aus. An diese Entwicklungsapparatur wird eine Breitwaschmaschine direkt angeschlossen. Der erste, eventuell auch der zweite Kasten enthält ein Bad mit 20 bis 30 cm³ Salzsäure von 80° C, in dem die Indigosole innerhalb von 15 bis 30 Sekunden entwickelt werden, dann folgen ein Spülkasten mit Spritzvorrichtung und ein oder zwei Kasten mit 10 bis 15 cm³ Natriumbisulfit 38° Bé im Liter von 70 bis 80° C, um die weißen Effekte rein zu erhalten, dann wird gespült, kochend geseift und gespült.

γ) **Aluminiumchloratverfahren.** Das Aluminiumchloratverfahren zeichnet sich durch die einfache Arbeitsweise aus. Den Naphtolklotzbädern setzt man 1 g Ammonvanadat pro Liter zu. Die Menge der Natronlauge 38° Bé soll ungefähr gleich groß sein wie die Naphtolmenge im Klotzbad und diese möglichst nicht überschreiten, da dadurch die Entwicklung der Indigosole behindert wird. Der Zusatz soll in der Wärme stattfinden und man soll auch bei 80° C grundieren. Die Buntreserve wird nach folgender Vorschrift angesetzt:

$$
\left.
\begin{array}{l}
40 \text{ bis } \ 80 \text{ g Indigosolfarbstoff,} \\
40 \text{ bis } \ 80 \text{ g Fibrit D,} \\
260 \text{ bis } 180 \text{ g warmes Wasser,}
\end{array}
\right.
$$

$$
\begin{array}{rl}
500 \text{ g} & \text{Stärke-Tragant-Verdickung,} \\
40 \text{ g} & \text{schwefelsaure Tonerde } 1:1, \\
120 \text{ g} & \text{Aluminiumchlorat } 25° \text{ Bé.} \\
\hline
1000 \text{ g.} &
\end{array}
$$

Zur vollständigen Entwicklung der Indigosole wird die Ware über Nacht liegen gelassen oder 1 bis 2 Minuten im Schnelldämpfer gedämpft, dann folgt das Entwicklungsbad mit Variaminblausalz und die übrige Behandlung wie bei dem Bleichromatverfahren, nur muß die Behandlung in den Bisulfitbädern kalt erfolgen.

Beim Drucken von Viskose nach dem Aluminiumchloratverfahren ist ein Dämpfen während 5 bis 8 Minuten unbedingt erforderlich, da auch bei längerem Liegenlassen keine vollständige Entwicklung der Indigosole eintritt.

Um das Ammonvanadat aus der Klotzfarbe weglassen zu können und dadurch die Haltbarkeit der grundierten Gewebe zu erhöhen, ohne die Haltbarkeit der Druckfarben durch einen Zusatz an Ammonvanadat zu beeinträchtigen, wurde von Durand & Huguenin ein Verfahren entwickelt, bei dem man der Grundierungsflotte 10 g Natriumchlorat zusetzt und das Aluminiumchlorat aus der Druckfarbe wegläßt, dafür aber Aluminiumsulfat und Ammonvanadat zusetzt:

20 bis 80 g Indigosolfarbstoff,
  0 bis 50 g Dehapan O,
255 bis 145 g heißes Wasser,
        500 g Stärke-Tragant-Verdickung,
        200 g Aluminiumsulfat 1 : 1,
         25 g Ammonvanadat 1 : 100.
        _____
       1000 g.

Die Ware wird dann in der gleichen Weise, wie früher beschrieben wurde, fertiggestellt.

Indigosolblau IBC wird bei dem Aluminiumchloratverfahren leicht überoxydiert, so daß man es zweckmäßig nach dem Ammonchloratverfahren neben den nach dem Aluminiumchloratverfahren angesetzten Indigosoldruckfarben druckt.

δ) **Kupfersulfatverfahren.** Bei dem Kupfersulfatverfahren, welches aber sehr selten angewendet wird, wird die Fixierung der Indigosolfarbstoffe ohne Dämpfen bewerkstelligt. Man druckt nach folgender Vorschrift:

40 bis 80 g Indigosolfarbstoff,
        60 g Glyecin,
350 bis 310 g heißes Wasser,
        500 g Stärke-Tragant-Verdickung,
         50 g Zinksulfat.
        _____
       1000 g.

Nach dem Drucken wird, wie bei dem Bleichromatverfahren beschrieben ist, durch ein Variaminblaubad mit anschließendem Luftgang genommen, dann folgt ein 70 bis 80° C warmes Bad, das 40 g Kupfersulfat und 40 g Schwefelsäure 66° Bé im Liter enthält, dann lauft die Ware über einen zweiten Luftgang und wird anschließend gespült, kochend geseift und gespült.

c) **Indigosolreserven unter Küpenfarbstoffen.**

Über die Erzeugung dieses Artikels wird auf S. 285 berichtet.

3. Buntätzen unter Verwendung von Indigosolen.

a) **Buntätzen mit Indigosolen auf küpenfarbigen Böden.**

Nach diesem Verfahren kann man küpenfarbige Böden auch mit vielen Indigosolen küpenecht buntätzen, die sich von ätzbaren Küpenfarbstoffen ableiten. Dieses Verfahren ist leichter auszuführen als das Ätzen von Küpenfärbungen mit Küpenfarbstoffe enthaltenden Buntätzen. Den Ätzfarben setzt man außer dem Indigosolfarbstoff noch Rongalit, Leukotrop W und Zinkoxyd zu:

20 bis 40 g Indigosolfarbstoff,
        50 g Dehapan O,
80 bis 60 g heißes Wasser,
        300 g Dextrin- oder Gummiverdickung 1 : 1,
        150 g Soda,
        150 g Rongalit C,
        150 g Leukotrop W,
        100 g Zinkoxyd 1 : 1.
        _____
       1000 g.

Nach dem Drucken wird 8 Minuten im Schnelldämpfer gedämpft, 8 Sekunden breit durch ein 70° C warmes Bad mit 20 g Natriumbichromat und 30 cm³ Schwefelsäure 66° Bé im Liter passiert, um das Indigosol zu entwickeln, gespült, neutralisiert, kochend geseift, gespült.

b) Buntätzen mit Indigosolen auf Naphtolböden.

Dieses Verfahren hat wenig praktische Bedeutung, da einerseits die Naphtole leichter ätzbar als die Küpenfarbstoffe sind, so daß eine wesentlich größere Anzahl an hinreichend ätzbeständigen Küpenfarbstoffen zur Verfügung steht, und anderseits nicht alle Naphtolfärbungen genügend beständig gegen die Einwirkung des warmen Bichromat-Schwefelsäure-Bades sind.

4. Das Ätzen von Indigosolfärbungen.

Da die fertigen Indigosolfärbungen vollkommen identisch mit den aus der Küpe hergestellten Indanthrenfärbungen sind, verhalten sich jene vollkommen gleich wie diese.

5. Reservieren von Indigosolklotzungen.

Die Herstellung von Drucken auf mit Indigosolen gefärbten Böden hat große Bedeutung erlangt, da diese Artikel auf dem Wege über Reserven in großer Echtheit erzeugt werden können und die gefärbten Böden große Echtheit, gute Egalität und Durchfärbung vereinen; die Erzeugung ist in den meisten Fällen ohne größere Schwierigkeiten möglich, während das Ätzen der Indigosolfärbungen, die mit den Küpenfarbstoffen vollkommen identisch sind, meistens nur in hellen Tönen, bei vielen Farbstoffen überhaupt nicht zu guten Ergebnissen führt. Man kann sowohl mit Aufdruckreserven auf vorgeklotzte Ware als auch mit Vordruckreserven und nachträglichem Überklotzen oder Pflatschen der Ware arbeiten. Welchem der beiden Verfahren man den Vorzug gibt, hängt von den jeweiligen Umständen, vor allem auch von den verwendeten Farbstoffen selbst, der Art der Entwicklung und der vorhandenen maschinellen Einrichtung ab. Als Reservierungsmittel dienen in erster Linie Alkalien und Reduktionsmittel. Für Buntreserven verwendet man hauptsächlich Küpenfarbstoffe, ferner besonders für lebhafte Rottöne Rapidecht- und Rapidogenfarbstoffe. Bei Küpenfarbstoffen genügen im allgemeinen die zum Fixieren des Farbstoffes notwendigen Zusätze an Alkalien und Reduktionsmittel zum Reservieren des Indigosolfond, bei Rapidecht- und Rapidogenfarbstoffen setzt man den in normaler Weise mit Natronlauge angesetzten Druckfarben zusätzlich noch Zinkoxyd und Natriumthiosulfat zu.

a) Weißreserven unter Indigosolklotzungen.

Zum Reservieren von nach dem Dämpfverfahren zu entwickelnden Klotzungen eignet sich vor allem Natriumthiosulfat oder Natriumazetat z. B. nach folgender Vorschrift:

```
 50 bis 250 g  Natriumazetat oder Natriumthiosulfat,
350 bis 150 g  Wasser,
        500 g  Britischgummiverdickung 1 : 1,
        100 g  Zinkoxyd 1 : 1.
       ──────
       1000 g.
```

Sie enthalten keine flüchtigen Zersetzungsprodukte, welche die Entwicklung der Indigosole stören könnten. Bei dünkleren Indigosolklotzungen ergeben Rongalit enthaltende Reserven bessere Resultate. Nach dem Trocknen wird 8 bis 15 Minuten gedämpft, gespült, kochend geseift und gespült.

Wenn die Indigosole durch ein Naßentwicklungsverfahren entwickelt werden (Nitrit- oder Chromatverfahren), müssen die Reserven Natriumthiosulfat oder noch besser Rongalit C, eventuell gemeinsam mit Leukotrop W enthalten:

```
 50 bis 200 g  Rongalit C,
  0 bis  50 g  Leukotrop W,
        150 g  Natriumazetat,
        100 g  Zinkoxyd 1 : 1,
        500 g  Britischgummiverdickung 1 : 1,
200 bis   0 g  Wasser.
       ──────
       1000 g.
```

Nach dem Drucken wird der Indigosolboden im Schwefelsäurebade, wie üblich, bei 60° C höchstens 2 bis 3 Sekunden entwickelt, dann folgt eine 20 bis 30 Sekunden dauernde Luftpassage, nach dem Spülen wird neutralisiert, kochend geseift und gespült.

Manche Indigosole lassen sich mit den bisher erwähnten Reserven nicht reservieren. Es handelt sich dabei um Abkömmlinge anthrachinoider Küpenfarbstoffe: Indigosolblau IBC, Indigosolgrün IB, Indigosololivgrün IB und Indigosolbraun IBR. Bei diesen Indigosolen kann man die Wirkung der Reserve durch Zusatz albuminoider Körper, wie Leim, Gelatine u. dgl., unterstützen, deren Wirkung aber als eine mechanische aufzufassen ist („Reserve X")[1]. Besonders geeignet ist eine Kombination einer Leimmit einer Industriegummiverdickung. Zwecks Vermeiden des Gerinnens setzt man der Verdickung Harnstoff oder Resorzin zu. Durch Zusatz von Leukotrop wird die Wirkung unterstützt. Ferner setzt man Soda und Zinkoxyd zu. Soda ist besser als die hygroskopische Pottasche geeignet, da diese leicht Ränderbildung verursacht. Rongalit C darf vor allem bei Reserven unter Indigosolblau IBC nicht zugesetzt werden, da der Tetrasulfoester der Leukoverbindung (S. 314) auch in alkalischem Medium durch Reduktionsmittel in eine unlösliche Verbindung übergeht. Bei Verwendung dieser Reserven druckt man die Reserven auf die weiße Ware und überklotzt mit der Indigosolfarbe. Indigosolblau IBC läßt sich durch nachträglichen Aufdruck von Reserven überhaupt nicht mehr reservieren, da schon eine geringe Einwirkung von Wärme genügt, um den Tetrasulfoester in den schwer löslichen und nicht mehr von der

---

[1] DRP. 636995 und Franz. P. 793279 von Durand & Huguenin.

Faser entfernbaren Diester zu verwandeln. Die Reserven haben folgende Zusammensetzung:

$$\begin{array}{rl}
150 \text{ g} & \text{Soda,} \\
130 \text{ g} & \text{Wasser,} \\
500 \text{ g} & \text{Reserve X } 2:3, \\
20 \text{ g} & \text{Leukotrop W oder O,} \\
100 \text{ g} & \text{Zinkoxyd } 1:1, \\
60 \text{ g} & \text{Kaolin } 1:1, \\
\underline{40 \text{ g}} & \text{Glyzerin.} \\
1000 \text{ g.} &
\end{array}$$

Statt der Reserve X hat sich auch folgende Verdickung bewährt:

$$\begin{array}{rl}
200 \text{ g} & \text{Industriegummi Pulver,} \\
770 \text{ g} & \text{Leimlösung } 1:10, \\
\underline{30 \text{ g}} & \text{Harnstoff werden } 1^{1}/_{2} \text{ Stunden verkocht.} \\
1000 \text{ g.} &
\end{array}$$

Nach dem Drucken wird mit dem Indigosol geklotzt und in der üblichen Weise entwickelt und fertiggestellt.

Bei Verwendung dieser Vordruckreserve kann man beim Klotzen durch das volle Bad passieren, während die anderen Vordruckreserven nicht widerstandsfähig genug sind, so daß man zwischen zwei Walzen klotzt, von denen die untere, gegen die die bedruckte Seite geführt wird, im Bade läuft.

b) Reservieren von Indigosolklotzungen mit
Küpenfarbstoffen.

Dieses Verfahren stellt die eleganteste Methode zur Erzeugung von küpenfarbigen Mustern auf küpenfarbigem Grunde dar. Die Ausführung ist einfacher und sicherer als das Reservieren von Küpenfarbstoffen mit Küpenfarbstoffen und als das Buntätzen von Küpenfarbstoffen mit Küpenfarbstoffen. Man kann sowohl nach dem Dämpfverfahren als auch nach dem Naßentwicklungsverfahren mit Nitrit oder Chromat arbeiten, ferner können die Reserven vor oder nach dem Klotzen gedruckt werden. Die Naßentwicklungsverfahren sind bei den leicht entwickelbaren Indigosolen ohne größere Schwierigkeit auszuführen, bei den schwerer entwickelbaren ist das Dämpfverfahren günstiger, besonders bei den Aufdruckreserven, bei denen ohnehin gedämpft werden muß, um die Küpenfarbstoffe zu fixieren.

Die Küpenfarben werden in der für den Direktdruck üblichen Weise angesetzt. Ein Zusatz von Zinkoxyd oder Kaolin ist günstig, besonders bei Vordruckreserven, um ein Fließen zu vermeiden; ebenso ist es zweckmäßig, an Stelle von Pottasche die weniger zum Fließen neigende Soda zu verwenden. Vordruckreserven werden vor dem Klotzen gedämpft und nochmals getrocknet, um eine Hofbildung zu vermeiden. Bei Verwendung von Nitrit- oder Chromatklotzlösungen muß bei schwer entwickelbaren Indigosolen der Zusatz an Nitrit oder Chromat erhöht werden, um möglichst rasch durch das Entwicklungsbad passieren zu können. Die Temperatur der Indigosolflotte soll 20 bis 25° C nicht überschreiten, um die

Reserven zu schonen. Es ist günstiger, zu pflatschen, da dabei die Substantivität der Indigosole ausgeschaltet wird. Die Entwicklung findet in einem Bade mit 10 bis 20 cm³ Schwefelsäure 66° Bé bei 60° C in möglichst kurzem Durchlaufe statt. Anschließend an das Säurebad folgt eine Luftpassage von zirka 10 Sekunden, dann ein 50 bis 60° C warmes Sodabad, um die Entwicklung des Indigosols rechtzeitig zu unterbrechen, dann wird gespült, gründlich kochend geseift, um eine Trübung der Reserven beim Lagern zu verhindern, und gespült. Bei hellen Färbungen kann man ohne Zwischentrocknung nach dem Klotzen entwickeln.

Wenn man nach dem Dämpfverfahren arbeitet, verwendet man entweder das Rhodanammon-, bzw. Ammonoxalatverfahren oder das Solentwicklerverfahren. Besonders bei Anwendung von Ammonoxalat oder Rhodanammon besteht bei manchen schwer löslichen Indigosolen die Gefahr des Ausfällens des Farbstoffes, so daß dann mit Solentwickler D gearbeitet werden muß. Nach dem Klotzen muß nochmals zur Entwicklung der Indigosole gedämpft werden, dann wird in üblicher Weise fertiggestellt. Für die Dämpfverfahren ist es zweckmäßiger, zuerst mit dem Indigosol zu klotzen und die Küpenfarbstoffreserven aufzudrucken.

Um eine Hofbildung oder eine ungenügende Entwicklung des Fonds zu vermeiden, müssen die Zusätze an Rongalit, Pottasche bzw. Soda und Glyzerin möglichst niedrig gehalten werden, während der Gehalt an entwickelnden Verbindungen eventuell erhöht wird.

Nach dem Drucken wird gedämpft, gespült, mit Perborat in essigsaurer Lösung oxydiert, gespült, mit 5 cm³ Wasserglas 36° Bé oder 1 bis 2 cm³ Natronlauge 38° Bé behandelt und kochend geseift, um eine nachträgliche Trübung der reservierten Stellen zu verhindern.

Auch das Nitrit- und das Chromatverfahren eignet sich für Aufdruckreserven auf vorgeklotzter Ware. Die Nitrit- und Chromatklotzungen haben vor den Klotzungen mit Ammonoxalat oder Rhodanammon den Vorteil, daß sie lange liegenbleiben können, während letztere bald verarbeitet werden müssen.

Nach dem Drucken wird 5 Minuten gedämpft und auf dem Foulard durch ein 50° C warmes Bad von 10 bis 20 cm³ Schwefelsäure 66° Bé pro Liter und über einen Luftgang passiert, anschließend durch ein kochendes Alkalibad und ein kochendes Seifenbad genommen. Dem Schwefelsäurebad setzt man bei Verwendung von Nitrit Harnstoff oder Ameisensäure zu, um die Entwicklung nitroser Gase zu verhindern. Überoxydiertes Indanthrenblau wird durch eine Nachbehandlung mit einer neutralen Lösung von 15 g Hydrosulfit in 100 Liter Wasser korrigiert.

Bei Aufdruckreserven wird zwar die Gefahr des Fließens der Reserven vermieden, es ist aber schwerer, reine Reserveeffekte zu erhalten, besonders bei leicht entwickelbaren Indigosolen.

Einige Indigosolfarbstoffe lassen sich nicht auf den gewöhnlichen Wegen reservieren. Es handelt sich vor allem um Indigosolblau IBC, Indigosolgrün IB, Indigosololivgrün IB und Indigosolbraun IBR. Indigosolblau IBC kann z. B. nicht als Fond für Aufdruckreserven verwendet werden. Es stellt einen leicht spaltbaren Tetrasulfoester dar, der schon unter den beim Trocknen herrschenden Temperaturverhältnissen in neutralem Medium in den bordofarbigen, schwer löslichen und eine beachtliche Substantivität aufweisenden Diester übergeht, der nicht mehr vollständig von der Faser entfernbar ist (S. 314, 320). Man kann auch unter Zuhilfenahme des Nitritverfahrens mit Aufdruckreserven nicht zu einer einwandfreien Reserve gelangen, da auch auf den reservierten Stellen, auf denen das Oxydationsmittel verbraucht ist, die Säure des Entwicklungsbades genügt, um den Tetraester in den nicht mehr vollständig entfernbaren Diester zu verwandeln. Auch Rongalit verwandelt selbst in neutralem oder alkalischem Medium den Tetrasulfoester in die unlösliche Zwischenverbindung. Man muß daher zum Reservieren von Indigosolblau IBC mit Küpenfarbstoffen auf Glukose als Reduktionsmittel für den Küpenfarbstoff zurückgreifen, während man den Weißreserven nur Natronlauge und Zinkoxyd, aber kein Reduktionsmittel zusetzt. Der Träger des Reduktionszustandes ist daher nur das Alkali. Der Indigosolklotz ist am besten mit Solentwickler D anzusetzen, um die Entwicklung des Indigosolblau IBC möglichst zu bremsen. Beim Dämpfen entwickeln sich Fond und Reserve gleichzeitig. Das Dämpfverfahren mit Ammonoxalat oder Rhodanammon ist ungeeignet, da schon während des Trocknens die Spaltung in das bordofarbige Zwischenprodukt eintritt. Man druckt z. B. auf vorgeklotzten Indigosolfond nach folgenden Vorschriften:

Klotzlösung.	60 g	Indigosolblau IBC,
	50 g	Glycin A,
	300 g	Wasser,
	60 g	Tragant 60 : 1000,
	50 g	Natriumchloratlösung 1 : 2,
	20 g	Solentwickler D,
	100 g	Ammonvanadat 1 : 1000.

Auf 1 Liter stellen.

Weißreserve.	300 g	Britischgummiverdickung 1 : 1,
	100 g	Industriegummiverdickung 1 : 2,
	200 g	Kaolin 1 : 1,
	100 g	Zinkoxyd 1 : 1,
	80 g	Soda oder Natronlauge 38° Bé,
	220 g	Wasser.

1000 g.

Buntreserve.	200 g	Küpenfarbstoff Teig,
	100 g	geschmolzene Glukose,
	100 g	Soda,
	300 g	Britischgummiverdickung 1 : 1,
	100 g	Industriegummiverdickung 1 : 1,
	100 g	Kaolin 1 : 1,
	75 g	Zinkoxyd 1 : 1,
	25 g	Natronlauge 38° Bé.

1000 g.

Nach dem Klotzen und Drucken wird 5 Minuten bei etwas über 100° C gedämpft, gespült, kochend geseift, mit einem kochenden Bad mit Peregal O oder mit Eulysin A und Soda behandelt und gespült.

Für die anderen schwer reservierbaren Indigosolfarbstoffe kommt vor allem die Reservierung mit einer die „Reserve X" (Eiweißprodukt) enthaltenden Druckfarbe in Betracht. Man druckt auf das weiße Gewebe folgende Reserve:

> 200 g Küpenfarbstoff Teig,
> 50 g Glyzerin,
> 430 g Reserve X 2 : 3,
> 120 g Pottasche,
> 100 g Rongalit C,
> 100 g Zinkweiß 1 : 1.
> 1000 g.

Nach dem Drucken trocknet man 5 Minuten, überklotzt mit einer Indigosollösung für das Nitritverfahren, trocknet bei dunklen Färbungen, während man bei hellen Färbungen das Trocknen unterlassen kann, entwickelt mit Schwefelsäure und stellt in der üblichen Weise fertig.

Über Reserven unter Indigosolfärbungen s. a. JOCHUM[1] und NESTELBERGER[2].

Von theoretischem Interesse ist die Variante, Indigosolfärbungen mittels Indigosolen zu reservieren[3]. Man bedruckt das Gewebe mit einer Reserve, welche außer dem Indigosolfarbstoff, eventuell einem Lösungsmittel und der Verdickung lediglich Zinkweiß und Nitrit enthält, überklotzt mit einer Nitritklotzlösung in vollem Bade, entwickelt ohne Zwischentrocknung mit Schwefelsäure und stellt in der üblichen Weise fertig. Nach diesem Verfahren lassen sich auch die Farbstoffe Indigosolgrün IB und Indigosololivgrün IB reservieren. Als Lösungsmittel für den Indigosolfarbstoff in der Druckfarbe kann ein Gemisch aus Harnstoff und Phenol verwendet werden („Dehapan O", Durand & Huguenin).

c) Reservieren von Indigosolklotzungen mit Rapidecht- und Rapidogenfarbstoffen.

Für die Erzeugung von lebhaften Rottönen, aber auch von anderen lebhaften Nuancen auf mit Indigosolen geklotzten Böden sind die Rapidecht- und Rapidogenfarbstoffe sehr gut geeignet. Die Arbeitsweise ist einfach; die Entwicklung der Rapidecht- und Rapidogenfarbstoffe wird auf die gleiche Weise wie im Direktdruck mittels des Trockentrommelverfahrens oder mittels sauren Dämpfens oder in saurem Bade vorgenommen. Als Reservierungsmittel werden Natriumazetat und -thiosulfat gemeinsam mit Zinkoxyd den Reservedruckfarben zugesetzt. Es sind daher eine ganze Reihe von Varianten möglich, da die Indigosole außerdem nach dem Nitrit-, Chromat-, Aluminiumchlorat- und Dämpfverfahren geklotzt werden können.

α) **Das Reservieren von Indigosolklotzungen mit Rapidechtfarbstoffen.** Man kann z. B. zuerst einen Indigosolfarbstoff nach dem Dämpfverfahren mit einem Ammonoxalat als säureabspaltendes Mittel ent-

---

[1] Melliand Textilber. **17,** 414, 415 (1936).
[2] Melliand Textilber. **19,** 590—593 (1938).
[3] DRP. 645469; Brit. P. 469843 und Franz. P. 803590, Durand & Huguenin.

haltendem Indigosolklotz klotzen, dann druckt man einen Rapidechtfarbstoff nach folgender Vorschrift auf:

> 80 g Rapidechtfarbstoff werden in einem Gemisch von
> 30 g Natronlauge 38° Bé,
> 30 g Spiritus oder Türkischrotöl und
> 150 g Natronlauge gelöst und in
> 500 g neutrale Stärke-Tragant-Verdickung eingerührt,
> 50 g neutrale Chromatlösung 20%ig,
> 70 g Natriumthiosulfat und
> 90 g Wasser werden schließlich zugesetzt.
>
> 1000 g.

Man trocknet bei mäßiger Temperatur, dämpft 5 bis 10 Minuten im
Schnelldämpfer (neutral), spült, seift kochend in einem 1 cm³ Natronlauge enthaltendem Bade, spült. Eventuell kann nach dem Dämpfen eine
Passage durch ein Essigsäurebad eingeschaltet werden. Bei Mitverwendung von Küpenfarbstoffreserven schaltet man ein Perborat-Essigsäure-
Bad ein. Die Rapidechtfarbstoffe können aber auch in saurem Medium
wie die Rapidogenfarbstoffe entwickelt werden.

β) **Das Reservieren von Indigosolklotzungen mit Rapidogenfarbstoffen.** Da mit Rapidogenfarbstoffen haltbarere Druckfarben erzeugt
werden können und auch mehr Nuancen existieren, druckt man mehr mit
diesen Farbstoffen, wo die Gelegenheit zu saurem Dämpfen oder einem
anderen sauren Entwicklungsverfahren vorhanden ist. Bei Verwendung
eines Naßentwicklungsverfahrens, vor allem des Nitritverfahrens für den
Indigosolklotz, hat man die Möglichkeit, die geklotzte Ware längere Zeit
aufzubewahren und erspart sich das Dämpfen, welches durch Hofbildung
und anderweitig Schwierigkeiten verursachen kann.

1. Nitrit- und Chromatverfahren. Meistens druckt man die
Reserven auf die vorgeklotzte Ware. Die Klotzlösungen enthalten etwa
50% mehr Nitrit als sonst üblich, also zirka 15 g pro Liter Klotzflotte,
sonst ist die Lösung normal angesetzt. Die Reserven werden wie die
üblichen Direktdruckfarben mit Rapidogenfarbstoffen, aber mit einem
Zusatz von Zinkoxyd und Natriumthiosulfat oder einem erhöhten Zusatz
von Natronlauge angesetzt, z. B.:

> 80 g Rapidogenfarbstoff in
> 30 g Natronlauge 38° Bé,
> 30 g Türkischrotöl oder Spiritus und
> 150 g lauwarmem Wasser lösen, in
> 500 g neutrale Stärke-Tragant-Verdickung einrühren, schließlich
> 150 g Zinkweiß 1:1 und
> 60 g Natriumthiosulfat zusetzen.
>
> 1000 g.

Man nimmt dann die Ware durch ein Bad mit

> 10 g Oxalsäure krist.,
> 20 g Ameisensäure 90%ig,
> 20 g Essigsäure 50%ig,
> 25 g Glaubersalz.
>
> 1 Liter.

Nach dem Klotzen wird sofort auf nicht zu warmen Trockentrommeln getrocknet, wobei die nicht bedruckte Seite auf die erste Trommel zu liegen kommt, dann wird gespült, kochend geseift, gespült und getrocknet. Man kann statt der Passage durch das Säurebad auch pflatschen.

Statt der Trockentrommelbehandlung kann man durch eine 2 bis 3 Sekunden dauernde Passage durch ein 90 bis 95° C warmes saures Entwicklungsbad mit 10 g Oxalsäure, 20 cm³ Ameisensäure 90%ig und 20 g Glaubersalz im Liter die Rapidogenfarbstoffe und die Indigosolfarbstoffe entwickeln. Man quetscht ab, nimmt über einen Luftgang von 20 bis 30 Sekunden, spült, seift kochend und spült.

An Stelle des Nitritverfahrens kann in der gleichen Weise das Chromatverfahren angewendet werden. Die Entwicklung des Rapidogenfarbstoffes kann auch durch das Säuredämpfverfahren vorgenommen werden.

Bei den schwer reservierbaren Indigosolfarbstoffen, vor allem bei Indigosolblau IBC, Indigosolgrün IB, Indigosololivgrün IB und Indigosolbraun IBR, druckt man mit einer Rapidogendruckfarbe, welche mit Reserve X angesetzt ist:

80 g Rapidogenfarbstoff,
30 g Spiritus,
30 g Natronlauge 38° Bé,
60 g Wasser,
600 g Reserve X 2 : 3,
200 g Zinkoxyd 1 : 1.
―――――――
1000 g.

Nach dem Drucken wird sauer gedämpft, dann mit einer Indigosolklotzlösung nach dem Nitritverfahren überklotzt, getrocknet und in der üblichen Weise mit Schwefelsäure entwickelt und fertiggestellt.

2. Dämpfverfahren. Beim Dämpfen der mit Indigosolen geklotzten und mit Rapidogenfarben bedruckten Gewebe entwickeln die zur Oxydation der Indigosole notwendigen sauren Salze die Rapidogene teilweise, jedoch nicht vollständig, wenn man einfach die gewöhnlichen Direktdruckfarben verwendet. Es entstehen dadurch Unegalitäten, da z. B. die Ränder stärker entwickelt werden. Man kann nun entweder durch Zusatz von Natriumthiosulfat und Zinkoxyd die vorzeitige Entwicklung der Rapidogenfarbstoffe bremsen oder im Gegenteil dazu die Menge der sauren Salze im Indigosolklotzbade soweit erhöhen oder mit saurem Dampf dämpfen, daß die Entwicklung der Rapidogenfarbstoffe während des Dämpfens vollständig verläuft.

Bei der ersten Arbeitsweise klotzt man mit einem Indigosol nach der normalen Vorschrift für das Dämpfverfahren mit Rhodanammon oder Ammonoxalat, bzw. bei den schwer löslichen Indigosolen mit Solentwickler D und überdruckt mit Rapidogenfarben, welche zusätzlich 100 g Zinkoxyd und 10 bis 20 g Natriumthiosulfat sowie eine um 20 g erhöhte Menge an Natronlauge 38° Bé enthalten. Nach dem Drucken dämpft man 8 bis 10 Minuten, um den Indigosolfond zu entwickeln, und passiert dann zur Entwicklung der Rapidogenreserven zirka 5 Sekunden durch ein 90 bis 95° C warmes Bad mit 25 cm³ Essigsäure 50%ig, 10 cm³ Ameisensäure und 25 g Glaubersalz pro Liter. Nach dem Abquetschen folgt ein Luftgang von 20 Sekunden, dann wird gespült, neutralisiert, kochend geseift und gespült.

Man kann aber auch nach der zweiten Arbeitsweise die Indigosole und Rapidogenfarbstoffe zugleich entwickeln, indem man mit weniger Reservierungsmittel in der Druckfarbe arbeitet und die Menge des sauren Salzes oder des Säure abspaltenden Esters in dem Indigosolklotz erhöht, z. B. indem man um 15 g Rhodanammon oder um 20 g Solentwickler D mehr als normal verwendet. Nach dem Drucken wird 8 bis 10 Minuten gedämpft, gespült, kochend geseift und gespült.

Wenn die Indigosolböden hell sind und daher wenig Farbstoff verwendet wird, können normale Indigosolklotze und normale Rapidogen-direktdruckfarben anstandslos verwendet werden. Man dämpft dann und entwickelt die Rapidogenfarbstoffe anschließend in einem Essigsäure-Ameisensäure-Bad.

Es besteht ferner die Möglichkeit, den Indigosolfond und die Rapidogenreserve in der bekannten Weise durch Dämpfen mit einem Essigsäure und Ameisensäure enthaltenden Dampfe zugleich zu entwickeln.

Eine weitere Abänderung besteht darin, daß man die Rapidogenreserve, welche Zinkoxyd und Thiosulfat enthält, vordruckt, mit einem Indigosolklotz mit erhöhten Mengen an saurem Salz überklotzt und durch Dämpfen Fond und Reserve zugleich entwickelt.

Die reservierende Wirkung der üblichen Reserven ist in manchen Fällen, besonders bei Indigosolblau IBC, Indigosolgrün IB, Indigosololivgrün IB und Indigosolbraun IBR ungenügend. Außer dem Zusatz von Leukotrop O (Dimethylphenylbenzylammoniumchlorid, S. 271) werden noch weitere quaternäre Ammoniumverbindungen bzw. Pyridiniumverbindungen empfohlen, z. B. Trimethyl-Phenylammonium-Methylsulfat[1], Benzylpyridiniumchlorid[2], ferner Salze quaternärer Phosphonium- und tertiärer Sulfoniumbasen mit einem längeren aliphatischen Rest, wie z. B. Cetyl-Trimethyl-Phosphoniumbromid, Cetyl-Dimethyl-Sulfonium-Methylsulfat, Dodecyl-Dimethyl-Sulfoniumbromid[3].

In einer Reihe von weiteren Patenten der ICI werden Verfahren zur Reservierung von Indigosolfärbungen beschrieben, die darauf beruhen, daß die Oberfläche des Gewebes örtlich wasserabstoßend gemacht wird. An das bekannte „Velan"-Verfahren[4] lehnt sich das Brit. P. 491 931 an, in welchem quaternäre Ammoniumverbindungen verwendet werden, bei denen aber der höhere Fettrest über eine Brücke mit dem Stickstoffatom verbunden ist, z. B. das Stearyl-Amido-Methyl-Pyridiniumchlorid. In den Brit. P. 489 235 und 492 157 wird die Reservierung durch Vordruck einer Emulsion eines Isocyanates, z. B. Heptadezylisocyanates, auf das Gewebe beschrieben, wobei die Faser immunisiert wird[5].

---

[1] Brit. P. 445 224, Durand & Huguenin.
[2] DRP. 636 208; Brit. P. 433 865; Franz. P. 785 532, ICI.
[3] DRP. 636 823; Brit. P. 441 330.
[4] WEISS: Spezial- und Hochveredlungsverfahren der Textilien aus Zellulose, S. 173. Wien: Springer-Verlag. 1951.
[5] S. a. Franz. P. 835 079.

In den DRP. 636209, Franz. P. 786445, Brit. P. 435111 der ICI werden Aluminium- und andere Schwermetallsalze, welche mit den Indigosolen unlösliche Verbindungen ergeben, zum Reservieren verwendet.

6. Verwendung der Indigosole in der Druckerei von Azetatseide.

Die Indigosole besitzen mit Ausnahme von Indigosolgrün IB und Indigosolgoldgelb IGK kaum eine nennenswerte Affinität zur Azetylzellulose und es gelingt daher beim normalen Färben von Mischgeweben aus Baumwolle oder Viskose und Azetatseide in kaltem Bade mit den meisten Indigosolfarbstoffen eine weiß reservierte Azetatseide zu erhalten.

Man gelangt daher auch beim Drucken nach dem für Baumwolle und Kunstseide üblichen Dämpfverfahren auf Azetatseide zu keinen befriedigenden Resultaten, da sie während der kurzen Dämpf- und Entwicklungsdauer nur ungenügend von den Indigosolen durchdrungen wird; der Farbstoff wird lediglich auf der Oberfläche abgelagert und man erhält Drucke und Färbungen ohne Wasch- und Reibechtheit. Man muß daher den Prozeß abändern, indem man nach dem Drucken oder Klotzen trocknet und 10 bis 20 Minuten dämpft, bevor man mit Schwefelsäure und Nitrit oder Bichromat bei einer gegenüber dem normalen Baumwollverfahren erhöhten Temperatur und bei verlängerter Zeitdauer entwickelt. Der Prozeß erinnert an die beim Drucken auf Seide übliche Arbeitsweise. Durch das Dämpfen wird das Indigosol auf der Azetatseide fixiert, so daß es auch in nicht entwickeltem Zustande nicht mehr von der Faser durch Waschen oder selbst durch Seifen entfernt werden kann. Auch die Oxydation wird verschärft. Das Natriumnitrit kann anstatt im Entwicklungsbad auch in der Druck- oder in der Klotzfarbe zugesetzt werden.

Man bedruckt das Gewebe mit einer Farbe folgender Zusammensetzung:

$$
\begin{array}{rl}
5 \text{ bis } 80 \text{ g} & \text{Indigosolfarbstoff in} \\
475 \text{ bis } 385 \text{ g} & \text{Wasser, eventuell unter Zusatz eines} \\
& \text{Lösungsmittels lösen, verdicken mit} \\
500 \text{ g} & \text{Tragantverdickung } (80:1000), \\
15 \text{ bis } 30 \text{ g} & \text{Natriumnitrit und} \\
\underline{5 \text{ g}} & \text{Ammoniak zusetzen.} \\
1000 \text{ g.} &
\end{array}
$$

Das getrocknete Gewebe wird 10 bis 20 Minuten gedämpft, dann 2 bis 4 Minuten in einem Bade mit 20 cm³ Schwefelsäure 66° Bé je Liter bei 75 bis 80° C behandelt, gespült, kurz bei 60 bis 70° C geseift und gespült.

Beim Bichromatverfahren wird die Druck- oder Klotzfarbe lediglich mit dem Indigosolfarbstoff ohne Zusatz des Oxydationsmittels angesetzt. Nach dem Drucken wird getrocknet, 20 bis 30 Minuten gedämpft, 4 Minuten in einem 75° C warmen Bade, das 10 cm³ Schwefelsäure 66° Bé und 2,5 g Natriumbichromat je Liter enthält, behandelt, gespült, bei 50 bis 60° C geseift und gespült.

Neben den Indigosolen können Rapidogenfarbstoffe gedruckt werden. Diese werden entweder durch Dämpfen mit Essigsäure-Ameisensäure während 4 bis 8 Minuten im Mather-Platt oder durch längeres Dämpfen (30 Minuten) im Runddämpfer entwickelt.

Auf Mischgeweben aus Baumwolle oder Viskose kann man die Azetatseide beim Drucken oder Klotzen mit Indigosolen reservieren, indem man das Dämpfen vor dem Entwickeln unterläßt und das Gewebe nur solange in dem heißen Säurebad läßt, bis die Entwicklung des Farbstoffes auf der Baumwolle bzw. Viskose vollzogen ist. Umgekehrt kann man aber die Zellulose reservieren und nur die Azetatseide färben, indem man nach dem Zwischendämpfen seift und dann entwickelt.

B. Verwendung der Indigosole in der Druckerei der animalischen Fasern.

1. Verwendung der Indigosole in der Wolldruckerei.

Obwohl die Wolle eine relativ teure Faser ist, werden Gewebe aus Wolle meistens mit den billigen und wenig echten sauren und basischen Farbstoffen bedruckt. Eine praktische Verwendung der Küpenfarbstoffe selbst ist in der Druckerei der Wolle nicht gebräuchlich, da ihre Fixierung eine nicht zu vermeidende Schädigung der Wolle verursacht. Im Gegensatz dazu tritt beim Drucken mit Indigosolen, die in neutralem oder schwach saurem Medium fixiert werden, keine Faserschädigung ein. Trotzdem konnten die Indigosole im Wolldruck keine durchschlagenden Erfolge erzielen, da sie an Lebhaftigkeit weit hinter den basischen und sauren Farbstoffen zurückbleiben. Immerhin werden sie überall dort verwendet, wo man die Echtheit in den Vordergrund stellt.

Für das Drucken auf Wolle kommt einerseits das Dämpfverfahren mit Natriumchlorat und Rhodanammon, anderseits das Bleichromatverfahren mit Bleichromat und Rhodanammon bzw. Diäthyltartrat (Solentwickler D) in Betracht. Das Bichromatverfahren und das Nitritverfahren sind jedoch für den Wolldruck nicht geeignet.

Um gute Resultate zu erzielen, muß die Wolle, die bedruckt werden soll, vorher chloriert werden. Die Chlorierung wird durch eine ungefähr 15 Sekunden dauernde Passage durch ein Bad, welches in 1000 Liter 30 Liter Natriumhypochloritlösung 5° Bé und 500 cm³ Schwefelsäure enthält, bewirkt. Pro Kilogramm Wolle werden dabei ungefähr 11 bis 12 g aktives Chlor aufgenommen. Dann wird gespült.

Beim Dämpfverfahren wird die Ware mit einer Druckfarbe ähnlicher Zusammensetzung wie für den Baumwolldruck bedruckt, die außer dem gelösten Farbstoff, Lösungsmitteln wie Glyzerin und der Verdickung vor allem Natriumchlorat, Rhodanammon und Ammonvanadat enthalten; z. B.:

40 bis 60 g	Indigosolfarbstoff,
0 bis 20 g	Solutionssalz B,
100 bis 0 g	Glyzerin,
0 bis 50 g	Glyecin A,
100 bis 100 g	Wasser,
100 bis 200 g	Ammonvanadat 1 : 1000,
20 bis 40 g	Natriumchlorat 1 : 3,
10 bis 50 g	Rhodanammon 1 : 1,
630 bis 480 g	Britischgummiverdickung 1 : 1 oder Stärke-Tragant-Verdickung.
1000 g.	

An Stelle des Rhodanammons kann auch Solentwickler D (Diäthyltartrat) als Säureabspalter verwendet werden.

Nach dem Drucken und Trocknen wird die Ware in einem Befeuchtungsapparat angefeuchtet, in feuchte Baumwolltücher eingewickelt und 1 Stunde im Runddämpfer gedämpft, wobei der Druck nicht 0,2 atü übersteigen darf, um die Weißböden nicht anzugilben. Dann wird gespült und lauwarm geseift. Eine Behandlung mit Indigosolseife SP (sapaminartiges Produkt) in schwefelsaurer Lösung verbessert die Reibechtheit.

Bei einer Variante dieses Verfahrens wird das Natriumchlorat nicht der Druckfarbe zugesetzt. Nach dem Drucken und Trocknen wird die Ware 10 Minuten im Schnelldämpfer oder 20 Minuten im Dämpfkasten mit Sattdampf gedämpft, dann breit durch eine Rollenkufe, die ein 85 bis 90° C warmes Bad mit 30 cm³ Schwefelsäure 96° Bé (66%) und 30 g Natriumchlorat im Liter enthält, während 25 bis 30 Sekunden passiert, wobei die Entwicklung stattfindet; anschließend wird gespült, gegebenenfalls in einem Bad, das 15 cm³ Natriumbisulfit 38° Bé im Liter enthält und mit Schwefelsäure schwach angesäuert ist, 5 bis 15 Minuten behandelt, gründlich gespült, bei 60° C geseift, gespült und fertiggestellt.

Das Natriumchloratverfahren eignet sich für alle Indigosole mit Ausnahme von Indigosol O und Indigosolblau IBC.

Bei dem Bleichromatverfahren wird der gelöste Farbstoff in die Stammverdickung, die Bleichromat enthält, eingerührt und dann die anderen Bestandteile, wie Rhodanammon bzw. Solentwickler D, zugemischt. Die Stammverdickung enthält außerdem essigsaures Natrium, um zu verhindern, daß sich die Indigosole schon während des Dämpfens entwickeln. Die Entwicklung des Farbstoffes findet in einem heißen, Salzsäure und Oxalsäure enthaltenden Bade statt.

Stammverdickung:

220 g	Chromgelb Teig 60%ig werden mit
80 g	Igepon (1 : 10) angeteigt, dann mit
300 g	Tragantverdickung (60 : 1000),
320 bis 290 g	Britischgummiverdickung (1 : 1),
60 bis 90 g	essigsaurem Natrium und
20 g	Terpentin verrührt.
1000 g.	

Druckfarbe:

40 bis 60 g	Indigosolfarbstoff,
100 g	Glyzerin,
270 bis 250 g	Wasser,
550 g	Stammverdickung,
40 g	Rhodanammon oder Solentwickler D.
1000 g.	

Nach dem Drucken und Trocknen wird 10 Minuten im Schnelldämpfer mit Sattdampf bei 101° C gedämpft, dann während 40 bis 50 Sekunden breit durch ein 85 bis 90° C heißes Bad, das 25 cm³ Salzsäure 32$^1/_2$%ig (20° Bé) und 3 bis 5 g Oxalsäure im Liter enthält, passiert, wobei die Entwicklung stattfindet. Dann wird gründlich gespült, eventuell durch ein 50 bis 80° C heißes Bad, das 15 cm³ Natriumbisulfit 38° Bé im Liter enthält, während $^1/_2$ bis 1 Minute genommen, anschließend wieder gespült, bei 60° C geseift und gespült. Die Entwicklung kann gegebenenfalls auch auf einer Haspelkufe stattfinden.

Für dieses Verfahren eignen sich die meisten Indigosole gut, mit Ausnahme von Indigosol O, Indigosolblau IBC, Indigosolgrün IB und Indigosolgrau IBL.

2. Verwendung der Indigosole zum Bedrucken von Seide.

Für das Bedrucken von Seide mit Indigosolen eignen sich nur das Dämpfverfahren (Natriumchloratverfahren) und das Chromatverfahren, das Nitritverfahren jedoch nicht, da die Seide dabei angegilbt wird.

Das Dämpfverfahren wird in der gleichen Weise wie bei Baumwolle (S. 338) angewendet; es eignet sich nur für unerschwerte Seide. Man dämpft 20 bis 30 Minuten.

Sowohl für unerschwerte als auch für erschwerte Seide ist das Chromatverfahren geeignet; die Resultate sind besser als beim Dämpfverfahren.

Man setzt das Bichromat entweder der Druckfarbe oder dem Entwicklungsbade zu. In ersterem Falle bedruckt man mit einer Druckfarbe folgender Zusammensetzung:

```
 10 bis  40 g Indigosolfarbstoff mit
        225 g Wasser, eventuell unter Zusatz von
         50 g Glyecin A oder Solutionssalz B lösen, dann mit
715 bis 685 g Britischgummiverdickung 1 : 1 verrühren.
       1000 g.
```

Nach dem Drucken und Trocknen wird $^1/_2$ Stunde im Sterndämpfer gedämpft, 1 Minute bei 75° C in einem Bade, das 0,5 g Natriumbichromat und 20 cm³ Schwefelsäure 96%ig (66° Bé) im Liter enthält, behandelt, gespült und heiß geseift. Dieses Verfahren eignet sich vor allem für helle Töne.

Wenn man dunkle Töne druckt, ist folgende Arbeitsweise zweckmäßiger. Man bedruckt mit einer Druckfarbe folgender Zusammensetzung:

```
 10 bis 100 g Indigosolfarbstoff mit
         50 g Glyecin A und
180 bis  95 g heißem Wasser anteigen, mit
710 bis 625 g Britischgummiverdickung 1 : 1 verrühren;
 40 bis 120 g Natriumbichromatlösung 20% und
         10 g Ammoniak 25% zusetzen.
       1000 g.
```

Nach dem Drucken und Trocknen dämpft man $^1/_2$ Stunde im Runddämpfer und entwickelt 2 bis 5 Minuten in einem 80° C heißem Bade, das pro Liter 10 cm³ Schwefelsäure 66° Bé (96%), 10 cm³ Ameisensäure 90%ig, 5 g Oxalsäure und 10 g Glaubersalz enthält, spült, seift heiß und spült.

Bei Anwendung des Chromatverfahrens kann man Rapidogenfarbstoffe neben den Indigosolen drucken.

Mit Klotzfarben analoger Zusammensetzung kann man auch Färbungen erzeugen.

Die Schwefelfarbstoffe und ihre Verwendung.

Obwohl die Schwefelfarbstoffe allgemein als eine selbständige Farbstoffgruppe behandelt werden, sollen sie im Anschluß an die Küpenfarbstoffe kurz erwähnt werden, da sie trotz aller Unterschiede dennoch gewisse Ähnlichkeiten sowohl in chemischer als auch koloristischer Hinsicht aufweisen. Wie die Küpenfarbstoffe lassen sie sich durch Reduktion in alkalischem Medium unter Bildung von Leukoverbindungen verküpen und ziehen aus diesen Küpen substantiv auf die Faser auf. Färbungen der Küpenfarbstoffe lassen sich in der gleichen Weise wie Küpenfärbungen durch vorgedruckte sauer reagierende oder oxydierend wirkende Verbindungen reservieren. Es gibt ferner eine Reihe von Farbstoffen, welche zwischen den Schwefelfarbstoffen und den Küpenfarbstoffen stehen, so daß geradezu ein Übergang von den eigentlichen Küpenfarbstoffen über die Indocarbone und die Hydronfarbstoffe und weiter über die schwefelhaltigen Thioindigofarbstoffe zu den schwefelfreien Indigofarbstoffen, bzw. über Thiazolgruppen enthaltende anthrachinoide Küpenfarbstoffe zu der großen Gruppe der Anthrachinon-Küpenfarbstoffe existiert.

Die Schwefelfarbstoffe sind in Wasser normalerweise unlöslich. Um sie in Lösung zu bringen, muß man sie mit einer Schwefelnatriumlösung behandeln. Ähnlich wie bei den Küpenfarbstoffen findet dabei ein Reduktionsvorgang statt, indem —SS—-Brücken aufgelöst und in —SH- bzw. —SNa-Gruppen verwandelt werden, welche die Wasserlöslichkeit herbeiführen. Die Reduktion kann aber auch genau so wie bei den Küpenfarbstoffen durch Hydrosulfit bzw. Rongalit und Natronlauge oder durch Glukose und Natronlauge herbeigeführt werden; letztere Arbeitsweisen sind die im Druck mit Schwefelfarbstoffen üblichen. Die Leukoverbindungen der Schwefelfarbstoffe haben meistens eine andere Färbung als die des nicht reduzierten Farbstoffes, meistens entweder eine gelbliche oder eine stumpfe Nuance. Sie verhalten sich also hinsichtlich der Färbung der Küpe ähnlich den Indigo- und Thioindigoderivaten im Gegensatz zu den lebhaft gefärbte Küpen bildenden anthrachinoiden Küpenfarbstoffen; überhaupt stehen sie in ihren Eigenschaften den indigoiden Farbstoffen näher als den anthrachinoiden. Während z. B. die Färbung der Faser in einer Küpe des Indanthrenblau oder eines anderen anthrachinoiden Küpenfarbstoffes in kürzester Zeit stattfindet, können Indigo, Thioindigo und Derivate, Hydronblau und die eigentlichen

Schwefelfarbstoffe die Faser nur bei längerem Verweilen im Farbbade in dünkleren Tönen anfärben. Die Leukoverbindung befindet sich im kolloidalen Zustande im Färbebad, während der nicht verküpte Farbstoff meist nur eine Suspension in Wasser bilden kann[1]. Die Leukoverbindungen sind verhältnismäßig beständig, so daß von den Farbenfabriken reduzierte wasserlösliche Produkte, wie die Immedialleukofarbstoffe, in den Handel gebracht wurden.

Hinsichtlich der Echtheiten erreichen die Schwefelfarbstoffe die anthrachinoiden Küpenfarbstoffe und in den meisten Fällen auch die weniger echten indigoiden Küpenfarbstoffe nicht. Sie besitzen aber vielfach beachtliche Echtheitseigenschaften. So erreichen die Schwarzmarken allgemein die Lichtechtheitsstufe 7, einzelne Blaumarken die Lichtechtheitsstufe 6. Die Waschechtheit ist allgemein gut. Meistens sind die Echtheiten der blauen, grünen und schwarzen Farbstoffe, welche Thiazinabkömmlinge darstellen, besser als die der gelben, orangen und braunen, die Thiazolderivate sind. Die Chlorechtheit ist bei allen Vertretern schlecht.

A. Verwendung der Schwefelfarbstoffe in der Färberei.

Das Färben mit Schwefelfarbstoffen ist verhältnismäßig einfach. Der Farbstoff wird mit Türkischrotöl, Igepon T oder einem anderen oberflächenaktiven Produkt und warmen Wasser angeteigt und mit Schwefelnatrium in kochendem Wasser in Lösung gebracht. Die zum Lösen und Färben notwendige Schwefelnatriummenge ist bei jedem Farbstoff verschieden, im allgemeinen genügt die ein- bis zweifache Menge, einzelne Farbstoffe benötigen aber die drei- oder vierfache Menge. Bei zu wenig Schwefelnatrium können Farbstoffabscheidungen im Bade eintreten, so daß die Reibechtheit und die Egalität der Färbung beeinträchtigt wird. Insbesondere die Kanten und die Enden des Gewebes werden dünkler und bronzig bzw. fleckig. Den Mangel an Schwefelnatrium erkennt man an dem trüben Aussehen der Flotte. Bei zuviel Schwefelnatrium wird das Aufziehen verlangsamt und es resultieren hellere Färbungen.

Das Färbebad wird mit Soda enthärtet, dann wird der gelöste Farbstoff und Salz — eventuell in mehreren Portionen — zugesetzt und aufgekocht. Man färbt zirka $^3/_4$ bis 1 Stunde bei Kochtemperatur. Zwecks Ersparnis an Heizdampf wurden aber verschiedene Farbstoffe, besonders während des Krieges, auch mehr oder minder anstandslos bei niedrigerer Temperatur gefärbt. Bei hellen Tönen geht man bei niedriger Temperatur ein und erwärmt dann allmählich, wobei kein Salz zugesetzt wird. Manche Farbstoffe ergeben bei 50 bis 60° C gefärbt lebhaftere Töne. Nach dem Färben wird gut abgequetscht bzw. geschleudert, gespült, eventuell mit Essigsäure und Chromkali oder Perborat oxydiert, gespült.

---

[1] HALLER: Färber-Ztg. **1912**; Chemische Technologie der Baumwolle, S. 108.

Die zum Färben verwendeten Gefäße, Maschinen und Apparate dürfen keine Bestandteile aus Kupfer oder seinen Legierungen enthalten.

Wichtig ist, daß das Färbegut während des Färbens nicht längere Zeit der Einwirkung des Luftsauerstoffes ausgesetzt wird, da dadurch Flecken oder bronzierende Leisten entstehen. Es ist daher beim Färben auf dem Jigger notwendig, daß die Stücke möglichst kantengleich auflaufen. Wenn während des Färbens eine Unterbrechung unvermeidbar ist, muß man zumindest die Aufwickelwalze mit der aufgewickelten Ware ständig laufen lassen, da bei ruhender Ware die Flotte nach unten sackt und Oxydationsflecken entstehen. Am besten geeignet ist ein eiserner Doppeljigger mit Quetschwalzen, so daß die Ware nach dem Färben abgequetscht und auf dem anderen Jigger gespült werden kann. Falls auf demselben Jigger gefärbt und gespült werden muß, läßt man die Ware ständig laufen, während die Flotte abgelassen und gleichzeitig das Spülwasser zufließen gelassen wird.

Dem Bronzieren kann man durch Zusatz von Igepon T, Eulysin A, Laventin HW und anderen Textilhilfsmitteln, ferner von Tannin, Leim usw. entgegenwirken. Durch eine Nachbehandlung mit diesen Substanzen kann die Reibechtheit verbessert werden.

Stapelwaren und Druckwaren mit vorgedruckten Reserven färbt man auf Rollenkufen, wobei man mit der trockenen Ware eingeht. Zwischen dem Färbe- und dem Spültrog ist ein Luftgang empfehlenswert, um die Färbung zu oxydieren.

Garne werden auf Kufen oder Garnfärbemaschinen mit Abquetschvorrichtung gefärbt. Dabei verfährt man analog wie bei dem Färben von Stücken. Beim Färben auf Kufen verwendet man am besten U-förmig gebogene Stäbe. Man kann auch auf Apparaten färben. In diesem Falle soll die Farbstofflösung vor Zugabe zur Farbflotte durch ein Tuch passiert werden. Die Flotte muß nach dem Färben durch Absaugen oder durch Pumpen oder durch Abschleudern möglichst gründlich aus dem Material entfernt werden. Die Schwefelnatriummenge ist beim Färben in Apparaten zu erhöhen.

Durch Avivieren mit Ölemulsionen, durch Dämpfen unter Luftzutritt oder durch feuchtwarmes Lagern kann die Lebhaftigkeit verschiedener Farbstoffe erhöht werden. Besonders bei Schwefelblaufärbungen erhält man lebhaftere Töne durch eine Nachbehandlung mit 1 bis $1^1/_2\%$ Wasserstoffsuperoxyd 30%ig oder 1 bis 2% Natriumperborat und 0,5 bis 1% Ammoniak; dabei wird aber die Waschechtheit herabgesetzt.

Die wichtigste Nachbehandlung ist die mit Chromkali und Kupfervitriol, wobei die Licht-, Wasch-, Koch- und Säureechtheit der meisten Farbstoffe verbessert und Änderungen des Farbtones durch Nachoxydation verhindert werden. Durch die Behandlung selbst ändert sich der Farbton. Die gefärbte Ware wird nach dem Spülen mit 1 bis 1,5% Chromkali, 0,5 bis 1% Kupfervitriol, 2 bis 3% Essigsäure 30%ig bei 70 bis 80° C 20 bis 30 Minuten lang nachbehandelt. In Eisenapparaten darf diese Nachbehandlung nicht ausgeführt werden; in diesem Falle ist das Kupfersulfat durch Nickelsulfat zu ersetzen.

Bei Schwarz wird mit Natriumazetat nach dem Färben imprägniert, um ein Morschwerden der Ware durch Schwefelsäure, welche sich beim Lagern durch Oxydation von Schwefel bilden kann, zu verhindern.

Um das Lösen der Schwefelfarbstoffe zu erleichtern, brachte die I. G. Farbenindustrie haltbare Leukopräparate einzelner Farbstoffe in den Handel, die ohne Zusatz von Schwefelnatrium gelöst und gefärbt werden können und schon bei mäßiger Temperatur sehr gut auf die Faser ziehen. Abgesehen von der Ersparnis an Dampf erreicht man dadurch eine wesentliche Vereinfachung der Arbeitsweise und beim Färben von regenerierten Zellulosen, die alkaliempfindlich sind, eine Schonung des Materials. Das Egalisiervermögen der Immedialleukofarbstoffe ist sehr gut, so daß sie sowohl für die Apparatenfärberei als auch für Ton-in-Ton-Färbungen auf Mischgespinsten und Mischgeweben aus Baumwolle und Zellwolle gut geeignet sind.

Die Immedialleukofarbstoffe werden mit wenig Wasser von 30° C angeteigt, dann mit der 10- bis 20fachen Menge Wasser von 30° C übergossen. Man läßt unter zeitweisem Umrühren zirka 10 Minuten stehen, dann kann die Farbstofflösung dem mit 2 bis 4% kalzinierter Soda und 5 bis 30% Koch- oder Glaubersalz, eventuell unter Zusatz eines Netz- und Egalisiermittels, beschickten Farbbade zugesetzt werden. Helle Töne werden eventuell ohne Salzzusatz gefärbt, besonders auf Kupferseide. Auf Zellwolle erreicht man bei 50° C, auf Kupferseide schon bei 30° C die vollen Farbtiefen. Man kann aber auch bei höheren Temperaturen färben; dies wird zur Verbesserung der Durchfärbung vorgenommen.

Die Färbungen werden durch gründliches Spülen, eventuell auch durch Absäuern fertiggestellt.

Hinsichtlich der Echtheiten entsprechen die Färbungen den mit Schwefelfarbstoffen (Immedialfarbstoffen) erzeugten. Die Naßechtheit kann durch eine Nachbehandlung mit Solidogen FFL erhöht werden.

Manche Schwefelfarbstoffe, wie Immedialschwarz SR, sind ebenfalls ohne Schwefelnatrium löslich und färbbar.

Den Immedialleukofarbstoffen entsprechen die Thionolfarbstoffe „M" der ICI, die in Wasser als Leukoverbindungen in Lösung gehen.

Die Immedial-Spezial-Farbstoffe werden nicht mit Schwefelnatrium, sondern mit Reduziersalz IN in schwach alkalischem Bade gelöst und gefärbt. Dadurch wird ebenfalls beim Färben von regenerierter Zellulose eine gute Durchfärbung und eine Schonung des Materials erreicht[1].

B. Verwendung der Schwefelfarbstoffe in der Druckerei.

Die Schwefelfarbstoffe werden in ähnlicher Weise wie die Küpenfarbstoffe in Form ihrer Leukoverbindungen im Direktdruck auf der Faser fixiert. Mit Ausnahme der Indocarbone, welche teilweise sogar Indanthrenechtheit erreichen, werden sie wegen ihrer geringeren Echtheit, ihrer meist geringen Lebhaftigkeit, der schlechteren Fixierbarkeit

---

[1] Melliand Textilber. **33**, 795 (1952).

und der Eigenschaft, Kupferwalzen zu schwärzen, heute wenig im Zeugdruck verwendet. Sie werden aber noch für Spezialartikel, z. B. im Garndruck für den Hosenzeugartikel angewendet. Um die Schwärzung der Kupferwalzen zu vermeiden, brachten verschiedene Farbenfabriken vor vielen Jahren Farbstoffe, welche kein Schwefelnatrium und keinen freien Schwefel enthielten, heraus („Thiogenfarbstoffe Marke D" der Hoechster Farbwerke und „Immedialfarbstoffe für Druck" von L. Cassella & Co.). Diese wurden nicht mit Schwefelnatrium, sondern ebenso wie die Küpenfarbstoffe mit Rongalit und Natronlauge oder mit Glukose und Natronlauge verküpt und fixiert. Die Farben sind stark alkalisch. Man kann aber auch mit den gewöhnlichen Schwefelfarbstoffen drucken, indem man den Druckfarben Sulfite oder Formaldehyd (20 bis 50 cm³ pro kg Druckfarbe) zusetzt, um das Schwefelnatrium zu binden. Durch eine Vorpräparation mit Glukose-, Dextrin- oder Leimlösung oder durch Zusatz von β-Naphtol zu der Druckfarbe erhält man vollere Farbtöne. Man druckt z. B. nach folgenden Vorschriften:

I. 30 bis 60 g Immedialfarbstoff mit   Alkalische Stärkeverdickung:
     60 bis 30 g Wasser,
        150 g Glyzerin,   100 g Maisstärke mit
        150 g Natronlauge 38° Bé und 1500 g Wasser anteigen,
        80 g Traubenzucker 1 : 1 an-   20 g Natronlauge 38° Bé zu-
          teigen, 2 Stunden auf   geben, unter Rühren auf
          60° C erwärmen, dann in   60° C erwärmen, bis die
       350 g alkalische Stärkever-   Masse durchscheinend ge-
          dickung einrühren und   worden ist, dann kalt
       100 g Natronlauge 38° Bé zu-   rühren.
          fügen, einige Stunden
          stehenlassen, schließlich
        80 g Traubenzucker 1 : 1
          zusetzen.

     1000 g.

II. 20 bis 60 g Immedialfarbstoff mit
     40 bis 60 g Glyzerin anteigen und mit
     40 bis 100 g Traubenzucker,
     20 bis 40 g Rongalit C 1 : 1,
     60 bis 100 g Natronlauge 38° Bé,
     10 bis 30 g Soda kalz. und
   310 bis 160 g Wasser auf 60° C erwärmen, dann in
   500 bis 450 g Stärke-Britischgummi-Verdickung einrühren.

     1000 g.

Nach dem Drucken wird 5 Minuten mit reichlich gesättigtem Dampf im luftfreien Schnelldämpfer gedämpft, dann auf der Breitwaschmaschine mit 5 cm³ Salzsäure 32%ig (20° Bé) und eventuell 1 bis 2 g Natriumbichromat im Liter behandelt, gespült, kochend geseift und gespült.

Wenn man ohne Rongalit C druckt, muß man die Glukosemenge erhöhen. Nicht gereinigte Schwefelfarbstoffe druckt man nach folgender Vorschrift der Firma L. Cassella & Co.[1]:

---

[1] Kleines Handbuch der Färberei, Bd. 4, Druckerei, S. 23. 1924.

50 bis 100 g	Immedialfarbstoff,	Glyzerin-Pottasche-Verdickung:
100 bis 100 cm³	Natronlauge 45° Bé,	
80 bis 100 cm³	Wasser und	300 g Britischgummi,
50 bis 100 g	Glukose werden bei 75° C in Lösung gebracht, dann in	140 g Wasser,
		160 g Gummiwasser 1 : 1,
		100 g Glyzerin,
660 bis 450 g	Glyzerin-Pottasche-Verdickung eingerührt sowie	300 g Pottaschelösung 1 : 1.
20 bis 50 g	Hydrosulfit und	1000 g.
20 bis 50 g	Rongalit zugesetzt; nach dem Erkalten werden	
20 bis 50 cm³	Formaldehyd 30%ig nachgesetzt.	

1000 g.

Wenn man keine Kupferwalzen verwendet, wie z. B. im Garndruck, kann man mit Schwefelnatrium nach folgender Vorschrift drucken:

30 bis 90 g Immedialfarbstoff mit ,
30 bis 90 g Schwefelnatrium krist. und
310 bis 190 g Wasser kochend lösen,
     300 g Tragantschleim 65/1000 g zufügen, dann
     160 g Natriumbisulfit 38° Bé und nach dem Erkalten
     120 g Natriumbikarbonat und
      50 g Traubenzucker zusetzen.

1000 g.

Schwefelfärbungen können mit Zinkchlorid enthaltenden Reserven in der gleichen Weise wie Küpenfärbungen reserviert werden. Schwermetallsalze, die mit Schwefelnatrium gefärbte Sulfide bilden, wie z. B. Kupferoder Bleisalze, können nicht verwendet werden. Für Buntreserven wird das Gewebe mit Naphtolen vorpräpariert, dann mit den Reserven, die Farbsalze oder Diazoverbindungen enthalten, bedruckt.

Weißreserve.

200 g Gummi,
300 g Wasser,
300 g Zinkchlorid,
200 g Wasser.

1000 g.

Über Buntreserven mit basischen und Beizenfarbstoffen s. HALLER[1].
Man färbt entweder kalt oder bei 50 bis 90° C, nach dem Abquetschen wird durch eine Luftpassage oxydiert, gespült, mit 5 cm³ Salzsäure 20° Bé im Liter bei 40° C abgesäuert, gespült, kochend geseift und gewaschen.
Buntreserven mit Küpenfarbstoffen können nach folgendem von HALLER angegebenen Rezept gedruckt werden:

150 g Küpenfarbstoff Teig 20%ig,
250 g Rongalit C 1 : 3,
250 g Britischgummi 1 : 3,
250 g Zinkchlorid,
100 g Natronlauge 40° Bé.

1000 g.

[1] Chemische Technologie der Baumwollveredlung, S. 329, 330.

Die Reduktion des Küpenfarbstoffes soll nicht in der Druckfarbe, sondern erst während des Dämpfens erfolgen. Nach dem Dämpfen wird mit dem Schwefelfarbstoff geklotzt. Die Fixierung des Küpenfarbstoffes wird durch die Passage durch das alkalische Farbbad vervollständigt.

Schwefelfarbstoffe lassen sich am leichtesten mittels Chloratätzen ätzen. Man muß aber sehr starke Ätzen verwenden, so daß die Faserschwächung durch Oxyzellulosebildung unvermeidlich wird. Man verwendet entweder Ätzen mit chlorsaurem Aluminium oder mit dem die Faser weniger angreifenden chlorsauren Natrium. Außer den Chloraten werden den Ätzen Ferricyansalze zur Unterstützung der Ätzwirkung zugesetzt. HALLER gibt folgende Ätzen an:

Aluminiumchloratätze.

200 g Britischgummi mit
 70 g Wasser und
560 g Aluminiumchlorat 35° Bé erwärmen und
150 g Natriumchlorat zusetzen, nach dem Erkalten
 20 g Ferricyankalium nachsetzen.
——————
1000 g.

Natriumchloratätze.

200 g Natriumchlorat in
200 g Wasser lösen, mit
140 g Koalinteig 1 : 1 sowie
200 g Britischgummi vermischen und aufkochen, während des Abkühlens bei 70° C
150 g Weinsäure pulverisiert zusetzen und nach dem Erkalten
 23 g Ferricyannatrium in
 87 g Wasser gelöst, einrühren.
——————
1000 g.

Nach dem Drucken wird die Ware gut getrocknet, ein- bis zweimal im Schnelldämpfer gedämpft, dann durch ein zirka 50° C warmes Bad mit 5 bis 10 cm³ Natronlauge 38° Bé im Liter passiert, gespült, geseift und fertiggestellt.

Der Ätzdruck mit Chloratätzen findet wegen der damit verbundenen Faserschwächung hauptsächlich bei dicken Geweben, z. B. bei Moleskin, Velveton, Englisch Leder, Duvetine, Genua Cords, Samt u. dgl. (Warnsdorfer Artikel) Anwendung.

Mittels Rongalit C und Leukotrop W bzw. Leukotrop O oder auch mit Rongalit CL lassen sich die Schwefelfarbstoffe in ähnlicher Weise wie die Küpenfarbstoffe mehr oder minder gut ätzen. Im allgemeinen erhält man aber auf dunklen Böden nur schwer einwandfreie Ätzeffekte, so daß man das Verfahren hauptsächlich auf Halbätzen beschränkt, z. B. für den Cordsamtartikel.